Data Science with Python
Technical Detail and Business Practice

Python数据科学
技术详解与商业实践

常国珍 赵仁乾 张秋剑 著

图书在版编目（CIP）数据

Python 数据科学：技术详解与商业实践 / 常国珍，赵仁乾，张秋剑著．—北京：机械工业出版社，2018.7（2023.1 重印）

ISBN 978-7-111-60309-2

I. P…　II. ①常…　②赵…　③张…　III. 软件工程－程序设计　IV. TP311.561

中国版本图书馆 CIP 数据核字（2018）第 130743 号

Python 数据科学：技术详解与商业实践

出版发行：机械工业出版社（北京市西城区百万庄大街 22 号　邮政编码：100037）

责任编辑：张锡鹏　　责任校对：殷　虹

印　　刷：固安县铭成印刷有限公司　　版　　次：2023 年 1 月第 1 版第 6 次印刷

开　　本：186mm×240mm　1/16　　印　　张：27.25

书　　号：ISBN 978-7-111-60309-2　　定　　价：99.00 元

客服电话：（010）88361066　68326294

Preface 前 言

本书是一本集数据分析、数据挖掘、机器学习为一体，面向商业实战的养成式学习手册。为有志从事数据科学工作的读者提供系统化的学习路径，使读者掌握数据科学的理念、思路与分析步骤。

本书力图淡化技术，对于方法的介绍也尽量避免涉及过多的数学内容，而且都辅以图形进行形象地展现。本书将不同算法看作功能各异的工具，比如用于煮饭的闷锅、用于炒菜的炒锅，每种工具的操作方式都应该遵循相应的说明书，因此对于每种算法我们强调其假设、适用条件与商业数据分析主题的匹配。我们在实践教学中发现，业务经验丰富和有较好商业模式理解能力的学员，在掌握数据科学的技能方面具有明显的优势。这主要是因为这类学员有较强的思辨能力和分析能力，学习的目的性和质量意识较强，不只是简单地模仿和套用数学公式，所以本书也注重对读者思辨能力和分析能力的培养。

本书相当于 Python 的数据科学工具箱，专门提供了不同数据运用主题的操作框架。不同于一般泛泛而讲的运用案例，落地性强，便于读者实际运用。

本书不是一本教科书或案例集，而是一本提供数据挖掘路线图与解决方案的实战手册。2014 年我们编写了一套使用 SAS 进行商业数据分析的书，得到了读者的认可。2016 年我们同时启动了 R 和 Python 数据科学方面的写作工作。我们在 Python 上投入了数倍于 R 的精力，但是 R 的书如期问世，而本书却推迟了近一年，原因是 Python 目前还无法满足精细数据分析的要求。

在数据分析领域，如果说 SAS 是冲锋枪，那 R 就是手枪，Python 就是匕首。打过 CS 的同学都知道，使用冲锋枪不需要枪法有多好，只要资金充足，新手都能得心应手。而使用手枪的必定是枪法很准的老手。出门使用匕首杀敌的，必定是神级选手。但是切记，不是使用匕首就是神级，只有使用匕首杀敌并活下来的才是。Python 虽然语法优美，开发效率和执行效率均高，但是它是开发工程师的语言，不是面向分析师的，因此分析师要想需要造很多轮子。Python 虽然目前方兴未艾，但是在数据科学领域的路还很漫长，投资于未来是艰苦而收益颇丰的。作为用好 Python，一部由工作在一线的“文科”背景作者编写的数据科学图书，本书力图降低 Python 的学习难度，尝试提供不同分析主题的数据科学工作模板，满足亿万“文科生”的数字化转型需求。

读者对象

（1）大数据营销分析人员

营销是大数据落地项目最多的领域，也是数据科学活跃的重镇，数据分析能力将是衡量营销分析人员最重要的指标。可以说未来的每一位营销分析人员，都必须是数据科学工作者。

（2）顾客关系管理人员和数据产品经理

随着工业 4.0 时代的到来，标准化制造将逐步被定制化制造取代。因此对客户价值、客户满意度与客户忠诚度的分析将会愈加重要，这些都需要使用到本书中介绍的数据科学工具。

（3）风险管控人员

本书可以作为风险预测模型的工具箱使用。

（4）IT 转型人员

在我们开设的数据科学课程中，将近 1/3 的学员从事 IT 工作，学员们表示本书内容对其转型提供了很大的帮助。

（5）大中院校学生

本书的内容面向实战，适合作为本硕阶段的参考书。

如何阅读本书

本书有三种阅读方式。

第一种方式：阅读完第 1 章之后，直接阅读第 19 章，以案例为导向，遇到不懂的知识点再翻阅之前的内容。这个方式适合在岗的初级数据工作者。

第二种方式：按照客户生命不同周期的数据分析主题，分别从本书中找到获客营销、信用评级、客户画像、精准营销、客户分群、交叉销售、流失预警等内容并逐一学习。这个方式适合市场营销方向的工作者和学生使用。

第三种方式：按照章节逐一阅读，按照知识点由易到难递进式学习。这个方式学习周期长，适合有教师带领学习时使用。

勘误和支持

除封面署名的作者外，参加本书编审和校对工作的还有：吴璐、曾珂、钱小菲。由于作者的水平有限，编写时间仓促，书中难免会出现一些错误或者不准确的地方，恳请读者批评指正。另外有一些工作的点滴所获，也希望与读者第一时间分享，我们会不定时发布在作者的知乎页面[1]。书中的全部源文件除可以从华章网站[2]下载外，还可以从知乎主页下载，我们也会将相应的功能更新及时发布出来。如果你有更多的宝贵意见，也欢迎发送邮件至 guozhen. chang@ qq. com，期待能够得到你们的真挚反馈。

致谢

常国珍在此感谢硕、博期间的两位恩师——北大社会学系周云教授和北大光华管理学院姜国华教授，前者引领我进入社会科学的大门，后者指导我以价值投资的理念对待工作和生活，解决安身立命之本。同时感谢我家人的关心和理解，尤其感谢我的妻子杨巧巧女士，正是她的付出，才能让我安心写作。

赵仁乾在此感谢北京电信规划设计院的领导与同事，他们给予了我项目机会和经验传承，让我能够更快成长。感谢我的父母、妻子和孩子，正是在他们的关心和理解下，我才能专心于本书的写作。

张秋剑在此感谢星环的孙元浩、张月鹏先生给予我的机遇；感谢沃趣的陈栋、李建辉先生给予我的信任；感谢优网的马建功、孟慧智先生给予我的栽培；感谢上海师范大学的王笑梅、李建国老师给予我的教诲。感谢我的家人给予我的坚定支持，以及所有不能一一道谢的朋友们。

感谢机械工业出版社的编辑杨福川、张锡鹏为本书的出版付出的艰辛劳作。感谢上海市房屋土地资源信息中心的吴璐、第一车贷的曾珂为本书的修改提供的宝贵建议。

谨以此书献给和我们一样在摸索中继续前行的朋友们！

常国珍　赵仁乾　张秋剑

---

[1] https://www. zhihu. com/people/CoolFarmer/。

[2] 参见网站 www. hzbook. com——编辑注。

目　录 *Contents*

第1章 Chapter 1

数据科学家的武器库

数据科学目前使用最广泛的就是描述性数据分析和预测性数据分析，而 Python 语言作为一种简单实用的数据分析语言深受世界各地数据科学家的喜爱。本章将简要介绍数据科学的概念以及常用方法。

随着计算机技术的发展和有用数据的快速增长，数据科学应运而生。数据科学的总体目标就是在已有数据集的基础上，通过特定的算法提取信息，并将其转化为可理解的知识，方便近一步探索使用。本章我们会介绍数据科学的基本概念以及常见的方法及示例。

1.1 数据科学的基本概念

数据科学并不是一门学科，它是为了完成商业或工业上的目标，从数据获取知识，为行动提出建议的方法、技术和流程的最佳实践。数据学与数据科学是一对共生且容易混淆的概念。前者是研究数据本身，研究数据的各种类型、状态、属性及变化形式和变化规律；后者是为自然科学和社会科学研究提供一种新的方法，称为科学研究的数据方法，其目的在于揭示自然界与人类的行为现象和规律[⊖]。举个例子，北京 **** 信用管理有限公司是一家典型的数据公司，其有两个主要业务，第一个是为会员机构提供个人客户的信贷数据，第二个是反欺诈与信用风险管理的产品和咨询服务。第一个业务的工作内容是从会员机构获取数据，并提供数据存储与管理的服务。按照马克思主义政治经济学的观点，这类工作是附加价值极低

⊖ 引用自百度百科的数据学与数据科学词条：https://baike.baidu.com/item/数据学和数据科学/3565373。

的，只能获得社会一般劳动报酬[一]。如果只做第一类工作，股东就不高兴了，因为公司没有故事可以讲，不能在资本市场上获得高估值。第二类工作属于公司的增值服务，数据科学工作者将数据与金融借贷的业务知识相结合，为会员机构提供风控方面的咨询服务。这类业务的边际报酬在客户量达到一定阈值之后是递增的，即一元的投入会获得高于一元的产出，因此可以为企业高筑商业的安全边际[二]，这样在资本市场上也好讲故事了。最后总结一下，数据学是基础，数据科学是研发。不做研发的企业只能成为代工厂。

图 1-1 是一个展示数据科学工作者的工作范式。请读者牢记下面这张图，以后我们的工作都是在重复这个步骤。

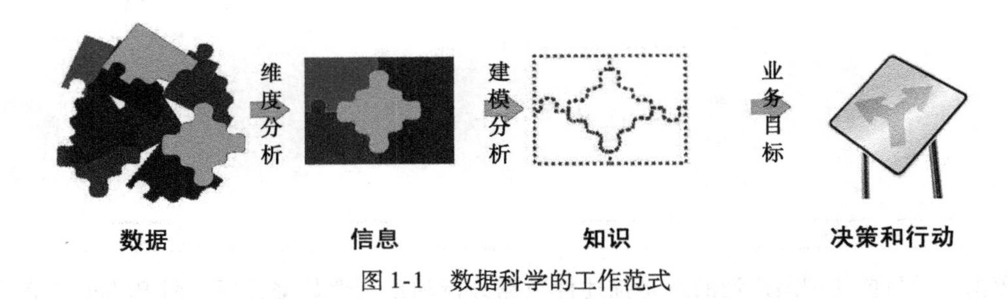

图 1-1 数据科学的工作范式

有一个淘宝商家希望通过促销的方式激活沉默客户。这里的“决策和行动”就是向一些客户发送打折券。打折券不应该随意发送的，比如黏性很高的客户不发送打折券也会持续购买，而向价值很低的客户发送打折券也不能提高利润。为了明确哪些客户是应该发送打折券的，需要了解关于客户的三个知识：客户的流失可能性、客户价值、客户对打折券的兴趣度[三]。这些关于客户的知识往往被称为客户标签，根据获取标签的难度分为基础、统计、模型三个层次。

基础客户标签是可以从原始数据直接获取的，比如性别、年龄段、职业。基础客户标签是可以供决策使用的知识，也等价于信息和数据。统计标签是通过原始数据汇总得到的，比如客户的价值标签，需要将客户历史上一段时间内在企业的所有消费进行汇总，并扣除消耗的成本。统计标签通过对原始数据进行简单的描述性统计分析得到，其等价于信息。模型标签比较复杂，是在基础标签、统计标签和已有的模型标签的基础上，通过构建数据挖掘模型

[一] 数据存储与管理、数据安全领域是可以通过研发获得超额收益的，但是这不是征信公司的本职工作，而是 Oracle、华为这类 IT 科技公司的本职工作。

[二] 《安全边际》是全球前十大基金管理人塞思·卡拉曼于 1991 年出版的投资经典，参加百度百科的安全边际词条：https://baike.baidu.com/item/安全边际/499569?fr=aladdin。

[三] 关于个体客户的知识往往被称为“客户标签”。客户标签经常和客户画像混淆。两者的主要差异是分析的视角不同。客户标签是通过对客户的微观分析得到的变量（数据分析中也称为列、属性、特征），根据获取标签的难度分为基础、统计、模型三个层次的标签；客户画像是从产品、地域、时域等角度对客户属性（标签）进行描述性统计，以获得客户的总体特征。客户画像在市场研究、产品设计、风险偏好、营销渠道选择等方面有重要的应用。

得到的，比如客户的流失概率、违约概率的标签。具体到本例，客户的流失可能性、客户价值、客户对打折券的兴趣度这三个标签都属于统计标签。表 1-1 是该商家的交易流水表，记录了每位客户每笔交易的时间、金额和交易类型。从这些交易流水数据中获取信息的最简单而通用的方法被称为 RFM 模型（详见 5.3 节）。

表 1-1 淘宝商家的交易流水

客户编号	交易时间	交易额	交易类型
10001	6/14/2009	58	特价
10001	4/12/2010	69	特价
10001	5/4/2010	81	正常
10001	6/4/2010	60	正常

图 1-2 是从表 1-1 的数据通过 RFM 模型得到信息之后，将每个信息进行二分类，得到客户分群。R（最后一次消费时间）这个标签可以代表客户的流失可能性，最后一次消费时间越久远的，流失的可能性越高。M（一段时期内消费的总金额）这个标签可以代表客户的价值，消费额高的价值高。因此可以初步确定重要保持和重要挽留组的客户都属于应该营销的客户。最后一个标签是客户对打折券的兴趣度。直接使用 RFM 模型是不能满足要求的。可以按照交易类型，计算每个客户所有交易类型中购买特价产品的 F（一段时期内消费的频次）或 M 的占比。这里有人会开始纠结了，两个标签该选哪个呢？其实"对打折券的兴趣度"是一个概念，可以有多种方法得到不同的标签代表这个概念。要是追求完美，可以使用后续章节中讲的主成分方法进行指标合成，简单点的话，随便选一个就可以了。

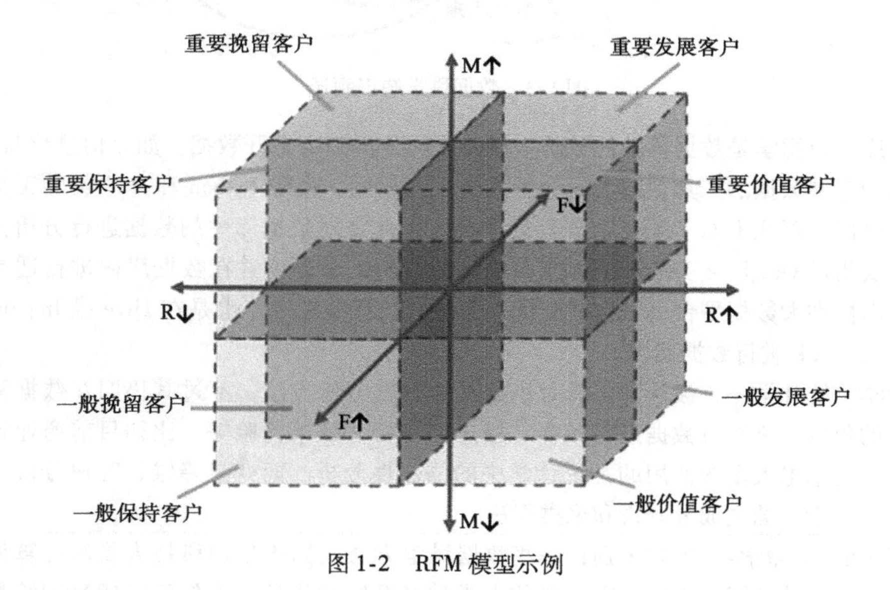

图 1-2 RFM 模型示例

经过以上数据分析，最终可以有针对性地进行折扣券营销了。细心的读者可以发现，数据分析是按照图 1-1 所示的工作范式从右至左进行规划和分析，从左至右进行实际操作的。本案例比较简单，数据量不大的话，使用 Excel 进行数据分析即可，没必要一定请专职来做，店主本人做就可以了。

以上工作内容好像和数学没什么关系，非理科生也可以胜任。不过当一个企业的年销售额达到几十亿，活跃客户量达到几十万时，就必须聘请专业的数据科学工作者，使用复杂的算法和专业的分析工具来操作了。与数据科学相关的知识涉及多个学科和领域，包括统计学、数据挖掘、模式识别、人工智能（机器学习）、数据库等（见图 1-3）。正由于数据科学的算法来源比较复杂，同一概念在不同领域的称呼是不一样的。在本书校审过程中也引起了来自不同学科的专家的争论，为了便于本书读者将来与不同领域的专家沟通，本书中出现的术语会力争同时列出不同领域中的称呼。

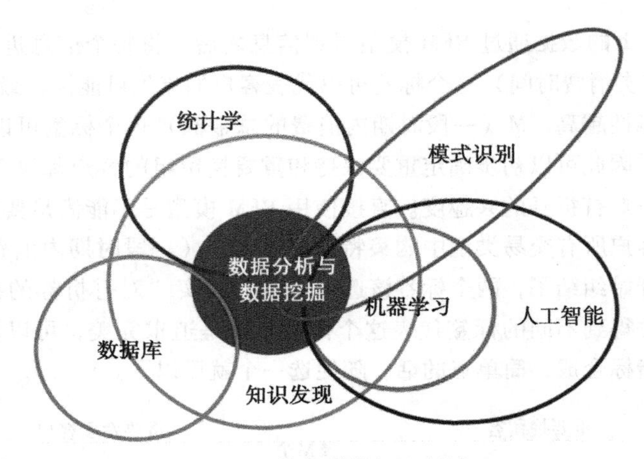

图 1-3　数据科学知识领域

数据库：数据学是数据科学的基础，任何数据分析都离不开数据。如今信息化日趋完善，数据库作为存储数据的工具，被数据分析人员广泛使用。由于 Python 和 R 之类的工具都是内存计算，难以处理几十 G（千兆字节）的数据。因此在对数据库中的数据进行分析前，数据分析师需要借助 Oracle 之类的数据库工具得到待分析的数据，并在数据库内进行适当的清洗和转换。即使在大数据平台上做数据分析，大量的数据整理工作也是在 Hive 或 Impala 中处理后，再导入 Spark 进行数据建模。

统计学：统计学一直被认为是针对小数据的数据分析方法，不过其仍旧在数据科学领域担任重要的角色，比如对数据进行抽样、描述性分析、结果检验等。比如目前商业智能中的数据可视化技术绝大多数使用的是统计学中的描述性分析。而变量降维、客户分群主要还是采用多元统计学中的主成分分析和聚类算法。

人工智能/机器学习/模式识别：一些数据科学方法起源于早期科技人员对计算机人工智能的研究，比如神经网络算法，它是模仿人类神经系统运作的，不仅可以通过训练数据进行学习，而且能根据学习的结果对未知的数据进行预测。

以上这些方法，对数学水平的要求越来越高，对业务知识的要求越来越低。很多人视数学为进入数据科学的拦路虎，这是完全没有必要的。在一开始接触数据科学时，完全可以从业务需求出发，以最简单的方法完成工作任务。读者也不要迷恋高深的技术，这里我们引入机器学习中非常重要的一对概念，即偏差与方差[㊀]。偏差是指在建模数据上是否可以预测得准，预测的越准，模型就要越复杂，对数学的要求就越高，比如大家经常听到的“逻辑回归预测的没有神经网络准”。但是偏差小的模型为了提高预测的准确度，把数据中的噪声也当成了规律，在另外一批数据上使用往往表现不好，这被称为过拟合现象。我们把在从训练数据集得到的模型在测试数据集上的表现，称为方差，也有人称为确定性。首先我们理解一下方差和确定性的关系，方差是统计学的概念，表达一个指标的取值偏离其均值的情况。比如一位同学的数学考试成绩永远是 80 分，而另一位同学的成绩在 60 至 100 之间变化，则第二位同学考试成绩的方差大，不确定性高，俗称不靠谱。我们当然希望模型的预测结果是靠谱的，即方差小。根据科学家发现的规律，模型越简单，方差越小。因此模型的复杂度是有一个合理范围的，高深的数学知识不一定有用，只是可以让我们选择模型的时候更自由罢了。

1.2 数理统计技术

数理统计博大精深，分为频率和贝叶斯两大学派。不过作为面向商业运用的数据科学家，对入门级选手的数理统计要求并不高，只要具备文科高等数理统计的基础足矣，比如学习过被广泛采用的《经济数学第三册》，或者任何一本商业统计学、社会统计学、教育统计学等教程。

1.2.1 描述性统计分析

描述性分析是每个人都会使用的方法。比如新闻中每次提及居民的收入情况，报告的永远是均值，而不是一一念出每个人的收入。企业财务年报中经常提及的是年收入、利润总额，而不是每一笔交易的数据。这些平均数、总和就是统计量。描述性分析就是从总体数据中提炼变量的主要信息，即统计量。日常的业务分析报告就是通过标准的描述性分析方法完成的，其套路性很强。做这类分析只要明确分析的主题和可能的影响因素，确定可量化主题和影响因素的指标，根据这些指标的度量类型选择适用的统计表和统计图进行信息呈现即可。图 1-4 展现了统计表的类型和对应的柱形图。

关于描述性统计分析详细的内容，大家可以阅读 4.2 节的制作报表与统计制图的内容，这些内容看上去较为枯燥空洞，让我们以一个例子表现其用途。目前商业智能的概念比较流行，图 1-5 是某知名商业智能软件的截图，看上去高大上，其实就是图 1-4 中方法的运用。比

㊀ 请参考知乎中的响应解释：https://www.zhihu.com/question/27068705。

如最下面的“普通小学基本情况”报表就是“汇总表”的直接运用。比如左下角的“普通小学专任教师数”是柱形图的变体，使用博士帽的数量替代柱高；右下角的“各省份小学学校数量占比”中，使用气泡的大小代表各省小学数量的占比情况。

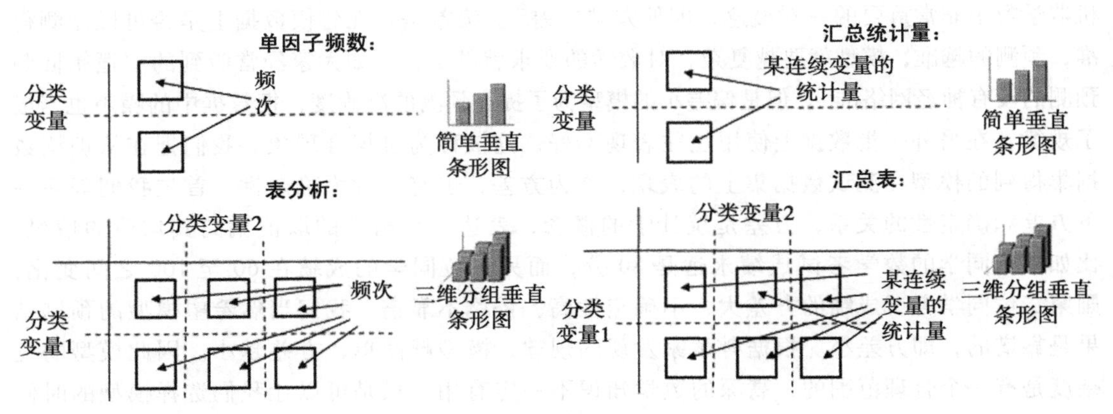

图 1-4 描述性统计分析方法

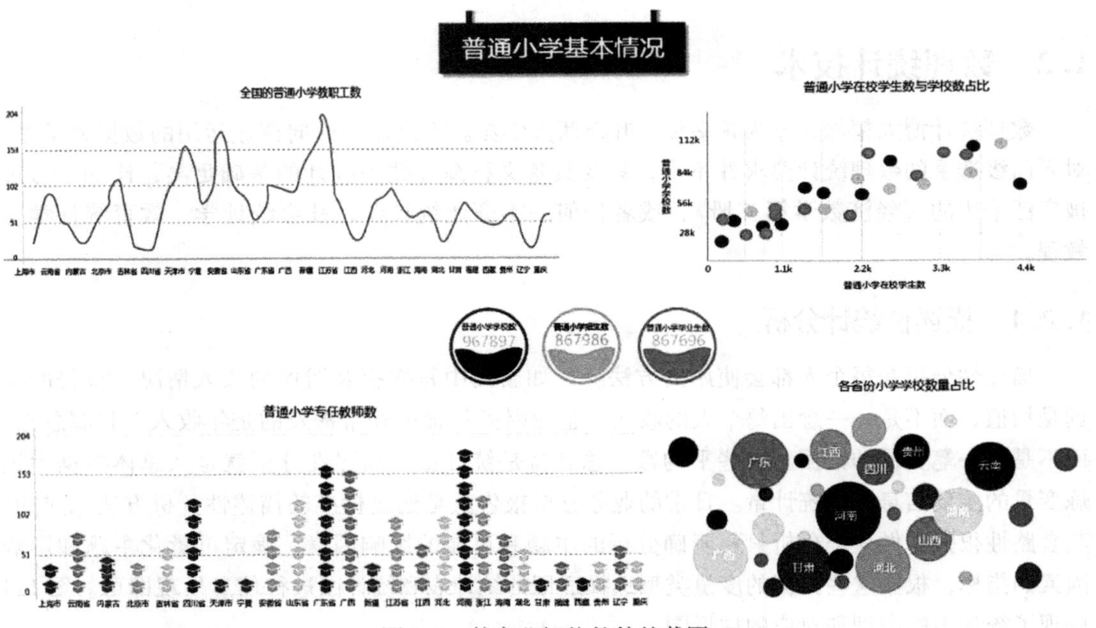

图 1-5 某商业智能软件的截图

学习描述性统计分析很简单，一上午就可以学完这些知识，并可以胜任95%以上的业务分析报告编写工作。剩下的难点是对业务的理解和对数据的寻找了，要靠多读分析报告积累业务经验。

1.2.2 统计推断与统计建模

统计推断及统计建模，含义是建立解释变量与被解释变量之间可解释的、稳定的，最好是具有因果关系的表达式。在模型运用时，将解释变量带入该表达式，用于预测每个个体被解释变量的均值。目前针对统计推断，广泛存在两个误解：

（1）统计推断无用论：认为大数据时代只做描述性分析即可，不需要统计推断。由于总体有时间和空间两个维度，即使通过大容量与高速并行处理可以得到空间上的总体，但是永远无法获取时间上的总体，因为需要预测的总是新的客户或新的需求。而且更重要的是，在数据科学体系中，统计推断的算法往往是复杂的数据挖掘与人工智能算法的基础。比如特征工程中大量使用统计推断算法进行特征创造与特征提取。

（2）学习统计推断的产出/投入比低：深度学习大行其道的关键点是产出/投入比高。实践表明，具有高等数学基础的学生可以通过两个月的强化训练掌握深度学习算法，并投入生产。而培养同样基础的人开发可商业落地的统计模型的培训时间至少半年。原因在于统计推断的算法是根据分析变量的度量类型定制开发的，这需要分析人员对各类指标的分布类型有所认识，合理选择算法。而深度学习算法是通用的，可以在一个框架下完成所有任务。听上去当然后者的产出/投入比更高，但是效率与风险往往是共存的，目前来自于顶尖 IA 公司的模型开发人员已经发现一个问题：解决同样问题，统计模型开发周期长而更新频次低；深度学习算法开发周期短而优化频次高。过去深度学习所鼓吹的实时优化给企业造成了过度的人员投入。因此深度学习的综合受益不一定高，而本书的目的之一就在于降低统计推断学习的成本。读者将来只要按照表 1-2 根据分析数据按图索骥即可，这将大大缩减学习时间。

表 1-2 统计推断与建模方法

预测变量 X \ 被预测变量 Y		分类（二分）	连　续
单个变量	分类（二分）	列联表分析 | 卡方检验	双样本 t 检验
	分类（多个分类）	列联表分析 | 卡方检验	单因素方差分析
	连续	双样本 t 检验	相关分析
多个变量	分类	逻辑回归	多因素方差分析 | 线性回归
	连续	逻辑回归	线性回归

1.3 数据挖掘的技术与方法

数据挖掘的方法分为描述性与预测性两种，两者在实践中都有广泛的应用（见图 1-6）。这两类方法均是基于历史数据进行分析。差异在于，预测性模型从历史数据中找出规律，并用于预测未来；描述类模型用于直观地反映历史状况，为我们后续的分析提供灵感（见图 1-7）。

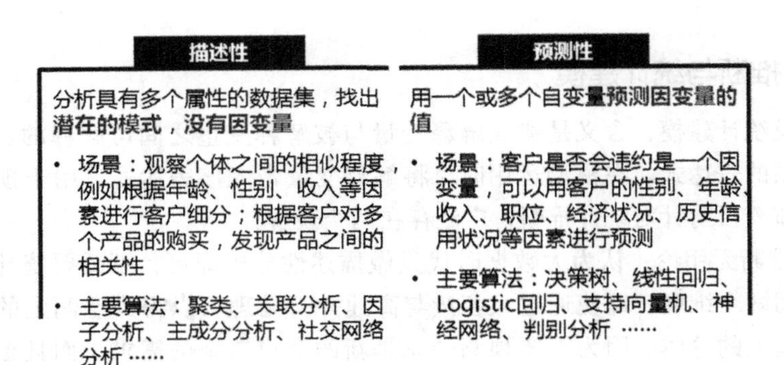

图1-6 数据挖掘算法分类

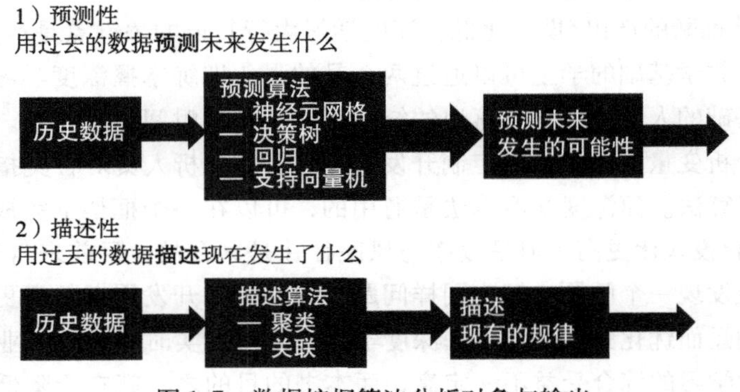

图1-7 数据挖掘算法分析对象与输出

描述性数据挖掘也被称为模式识别，建模数据一般都具有多个属性或变量，属性用于描述各个观测的特征。在观察个体与个体之间的相似程度时，比如用户在年龄、性别、收入等方面的相似程度，可以通过这些属性的综合相似程度判断个体的相似程度，而由相似个体组成的族群很可能会有相似的行为习惯。在购物篮数据中（每次交易中的商品信息），每笔交易的商品组合都是有价值的信息，从中可以发现商品之间的关联关系，即用户在购买什么商品后更有可能购买另一种商品，有助于发现具有关联特征且不明显的规则，例如人们购买尿布之后往往也会购买啤酒。

预测性数据分析的数据有明确的预测变量与相应的因变量。在业务场景中，关注未来一段时间内预测变量的状况，可以根据其与自变量的关系，构建模型预测。例如在银行领域，贷款的客户是否会违约是该领域的重点业务问题，可以通过客户数据中与违约有关的自变量，如性别、年龄、收入、职位、经济状况、历史信用记录等来预测未来客户是否会违约。在互联网领域，客户流失和客户响应是该领域重点关注的业务问题，也可以通过相应的自变量对其进行预测，与之类似的还有电子商务领域中关注客户是否返柜等业务问题。

预测性数据挖掘用于预测未来发生了什么，使用的模型算法如下。

- 线性回归：对连续型预测变量进行回归预测分析。
- 逻辑（Logistic）回归：对二元预测变量进行回归预测分析。
- 神经元网络：模拟神经元工作原理，依据数据进行训练和预测。
- 决策树：模拟人类决策过程，依据一定规则生成树状图并进行预测。
- 支持向量机：将低维数据映射到高维空间并进行分类预测。

从目的、算法或模型的角度上，描述性数据挖掘用于描述现有的规律，常见的算法如下。

- 聚类分析：根据观测之间相似度大小将观测进行聚类，常见客户分群、市场细分。
- 关联规则分析：发现强关联规则的物品组合，常用于商品的交叉销售。
- 因子、主成分分析：发现变量之间的相关性，将多维数据降维，并对降维后的数据进行解释。

1.4　描述性数据挖掘算法示例

下面对描述性数据挖掘算法的实际应用做简要的介绍。

1.4.1　聚类分析——客户细分

某银行希望将客户分类以达到精准营销的目的，在这个业务场景下，可以使用聚类分析。

这里使用了两个变量对客户数据进行细分，即客户交易次数与客户循环信用次数。对于银行来说，交易次数产生的手续费以及循环贷款产生的利息收入是重要的收入来源。图 1-8 显示了某银行 6 个月的客户交易数据。

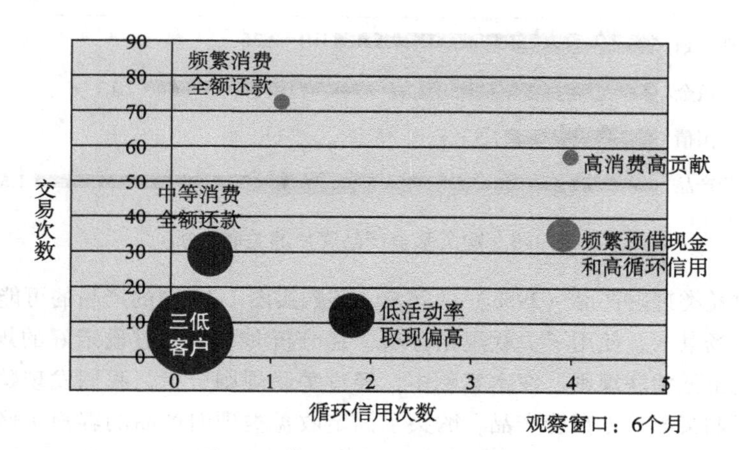

图 1-8　信用卡客户聚类分析示例

根据聚类分析结果图，将客户分为 6 大类，如表 1-3 所示。

表 1-3 信用卡客户分群营销策略

序号	客户类型	交易次数	循环信用次数	描述
1	频繁消费全额还款	较高	低	交易次数多，但基本一次性还款，可见其资金很充裕且交易需求大，主要产生手续费收入
2	中等消费全额还款	中	较低	交易次数中等，一次性还款，资金可能很充裕，可以考虑转化此类客户以提高手续费收入
3	低活动率取现偏高	较低	中	交易次数偏低，且循环多次还款，可能这类客户的资金不太充裕，且交易需求低
4	高消费高贡献	高	较高	交易次数多且多次还款，说明交易需求强大而且循环信用产生的利息收入较高，但是风险也较高，需要重点观察这类客户
5	频繁预借现金和高循环信用	中	较高	交易次数中等，但循环信用次数高，此类客户也是贡献较高客户，可考虑在保留的基础上进行转化（高交易次数多为这一方向）
6	三低客户	较低	较低	交易次数、循环信用、消费都很低。这类客户占据了客户数量的大多数，想要转化此类客户可能比较困难

1.4.2 关联规则分析

某银行有很多金融产品，现需要对金融产品进行交叉销售或捆绑销售以提高销售量与销售额，那么如何选择金融产品的组合呢？

购买基金产品（28%）的客户，还购买图 1-9 中的产品的可能性如图所示。

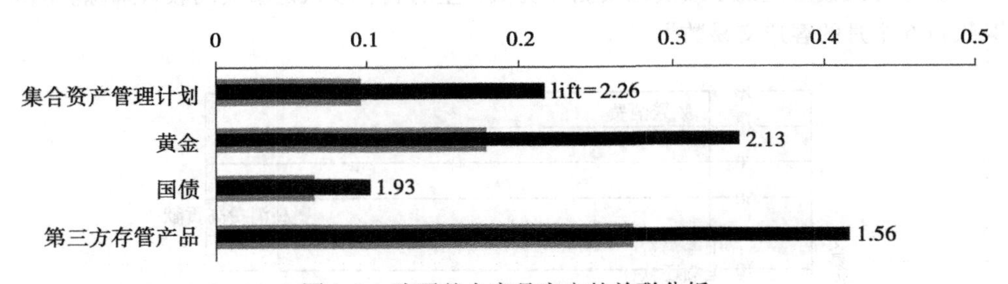

图 1-9 购买基金产品客户的关联分析

购买固定收益类理财产品（39%）的客户，还购买图 1-10 中的产品的可能性如图所示。

在这个业务场景下，使用了关联规则分析。在分析时可以通过设定好的规则支持度、置信度和提升度输出强关联规则。在本案例中，经过关联规则分析，我们发现购买了基金产品的客户更倾向于购买第三方存管产品，购买了固定收益类理财产品的客户更倾向于购买结构型理财产品。从这个业务场景中，可以看出在优化产品销售组合时，关联规则分析可以给出合适的组合以供参考与借鉴。当然，关联规则分析还有很多其他应用场景，比如基于关联规则分析的推荐系统可以在用户购买一个商品后，通过系统对其他商品进行推荐。

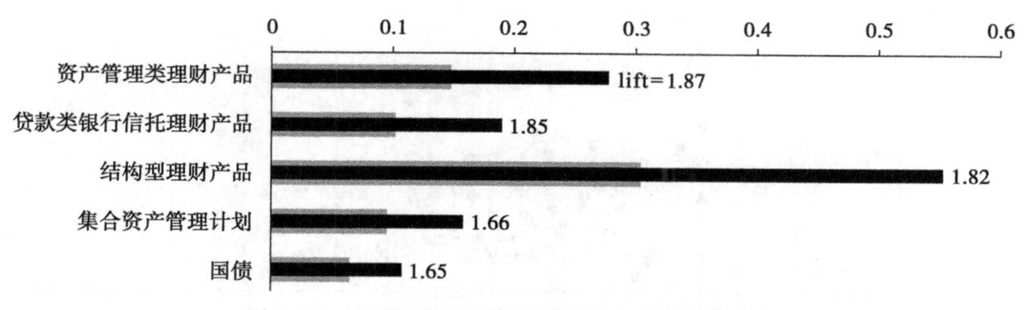

图 1-10　购买固定收益类理财产品客户的关联分析

1.5　预测性数据挖掘算法示例

下面对预测性数据挖掘算法的实际应用做简要介绍。

1.5.1　决策树

如图 1-11 所示的树状图展现了当代女大学生相亲的决策行为。其考虑的首要因素的是长相，其他考虑因素依次为专业、年龄差和星座，同意与否都根据相应变量的取值而定。决策树算法模拟了上述的决策行为，按照这些要求，可以对候选相亲男性的数据进行分类预测，然后根据预测结果找出女大学生心仪的男性。

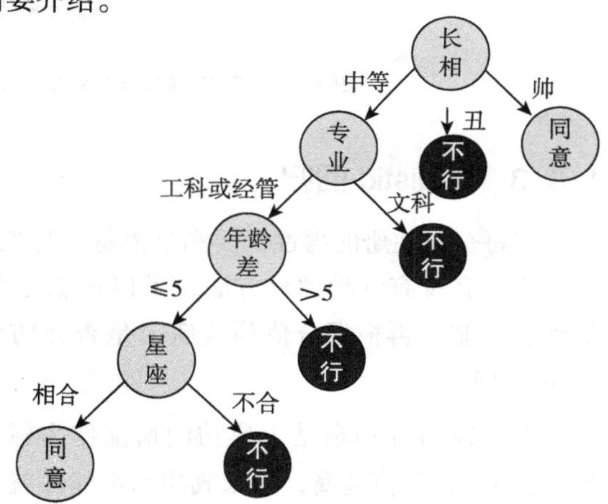

图 1-11　当代女大学生相亲的决策树算法示意

1.5.2　KNN 算法

决策树以女性相亲为例，那么对于一个在婚恋交友网站注册的男性，如何预测该男性的相亲成功率呢？这里使用 KNN 算法（K-NearestNeighor，最邻近算法）进行预测。

这里采用三个变量或属性来描述一个男性，即收入、背景和长相。在已有的数据中，深灰色点代表相亲成功的人，白点代表相亲不成功的人，中间连接线条的黑点代表一个新来的男性，KNN 算法在预测这个新人相亲是否成功时，会找到他和附近的 K 个点，并根据这些点是否相亲成功来设定新人约会成功的概率，比如图 1-12 中黑点与两个深灰色点、一个白点最近，因此该点相亲成功的可能性占 2/3。

KNN 算法属于惰性算法，其特点是不事先建立全局的判别公式或规则。当新数据需要分类时，根据每个样本和原有样本之间的距离，取最近 K 个样本点的众数（Y 为分类变量）或均值（Y 为连续变量）作为新样本的预测值。该预测方法体现了一句中国的老话“近朱者赤，近墨者黑”。

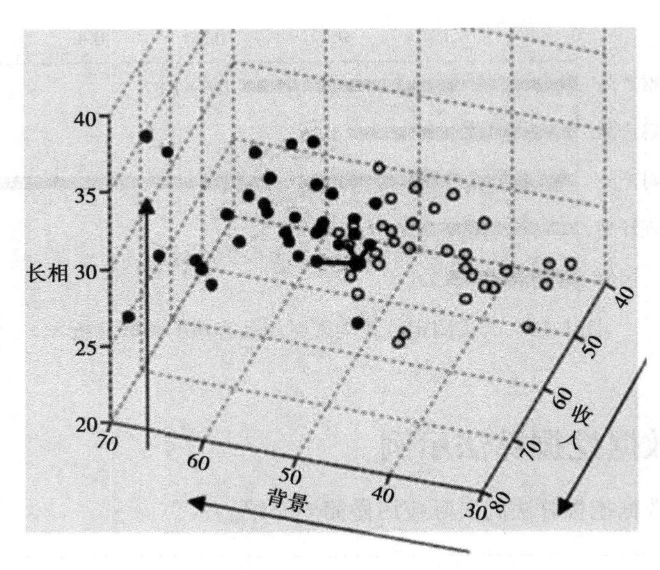

图 1-12 婚恋网站 KNN 算法示意（黑色点代表成功约会的人）

1.5.3 Logistic 回归

若每个新注册的男性都要和过去每个男性的相亲经历比较才能预测相亲成功率就太麻烦了，那么有没有一种评分方法，可以根据之前男性相亲成败的数据，创建一种为新人打分的评分机制，再根据分值预测新人是否会约会成功呢？有的，这种评分机制的算法模型是 Logistic 回归。

将以往男性相亲是否成功的情况作为标准（打分），分值越高，相亲成功的可能性就越高，这个打分自然和广大女性考虑的重要因素相关，比如收入、长相等。

本案例将男性的收入与长相作为自变量，将相亲是否成功作为预测变量，构建 Logistic 回归模型。图 1-13 中白点代表相亲成功，可以看出随着长相与收入的提升，相亲成功的概率越来越高。

这里 Logistic 回归拟合了 $P(y=1)$ 的等高线。该值越高，说明相亲成功的概率越高。

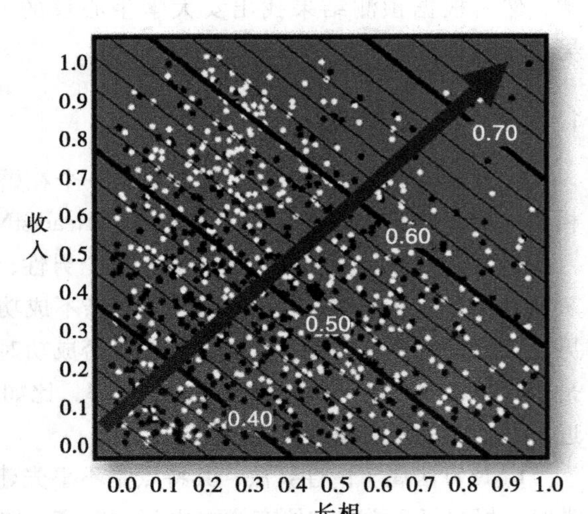

图 1-13 逻辑回归算法示意

1.5.4 神经网络

Logistic 回归做出的等高线有可能是不精

确的。大家都知道，在相亲决策中，长相和收入不是等比换算的。比如收入很高的男性，只要长相不太差，那么约会成功的可能性非常高；而长相很出色的男性即使收入不高，也会被青睐。为了得到这种精确的预测结果，神经网络被发明和运用。以神经网络为例，该方法不是沿着概率的变化方向做标尺，而是与概率变化方向垂直的方向做划分。如果数据是空间线性可分的，则如图 1-14a 所示，随机地以一条直线作为模型判断依据。如果数据是空间非线性可分的，则会得到解释因素和结果之间复杂的关系。从图 1-14b 中可以看出，神经网络并不像 Logistic 回归那样对数据进行线性划分，而是对数据进行非线性划分，这也是神经网络的一大特点。

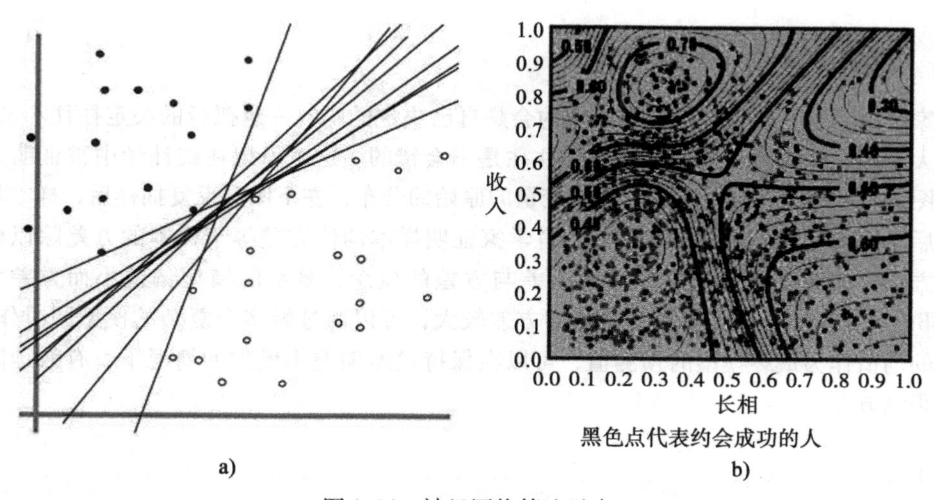

图 1-14　神经网络算法示意

1.5.5　支持向量机

支持向量机和神经网络很相似。但是神经网络的划分依据是随机产生的，不是预测风险最小的分割方式。支持向量机本质上是形成一个超平面对数据点进行分割，但并不是所有的点对形成超平面的作用都很重要。比如对于长相和收入得分都很高的男性来说，相亲成功的可能性很高，而长相和收入得分都很低的男性相亲成功的可能性则很低。我们不需要太关注这类男性，而是把重点放在超平面附近的那些男性上，这就是支持向量机的基本思想，这些超平面附近的点即是“支持点”。

支持向量机旨在寻找一个高维超平面，从而能够划分开低维度下相亲成功与不成功的点，达到分类预测的目的。另外，一些数据在低维空间中会有线性不可分的问题，此时支持向量机可以将数据在形式上进行升维处理，从而能够在高维空间中轻松划分数据，如图 1-15所示。

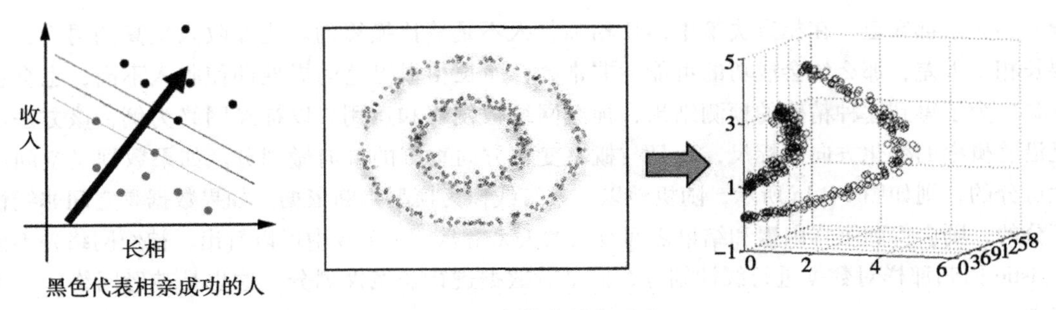

图 1-15　支持向量机示意

1.5.6　集成学习

大家考虑一下，通常女性决定和谁约会是自己决定的吗？一意孤行的决定往往不会幸福，通过七大姑八大姨集体讨论定出的人选往往是不会错的。这个思想在统计学中被证明是有效的。如图 1-16a 所示，左上图是某随机变量的原始的分布，左下图是反复抽样后，样本均值的分布。后者的离散情况明显低于前者，科学家证明样本均值方差等于样本的方差除以样本量的开平方。之前我们讲过机器学习中偏差与方差的概念，复杂的模型偏差小而方差大。如图 1-16b的右图所示，每个基模型的预测方差较大，可以通过做多个复杂的模型同时作预测，取预测的均值作为最终模型的预测值，可以在保持模型偏差不增加的情况下，有效地降低整体模型预测方差。

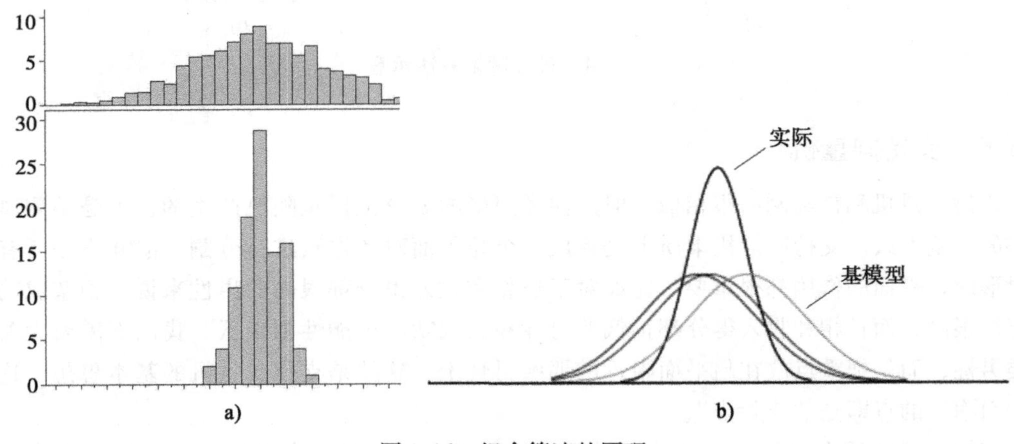

图 1-16　组合算法的原理

这就是集成学习（也被称为组合方法）的思想，该类方法被认为是预测能力最强、最稳健的模型，其原理体现了“兼听则明”的传统观点。该方法不求做出一个大而准的模型，而是通过反复的自抽样，构造不同的分类模型，每个小模型都可以是决策树或神经网络等，每个小模型使用的方法也都可以不一样。每个预测样本的打分为所有模型预测的均值或众数，作为集成学习的最终结果。其操作如图 1-17 所示。

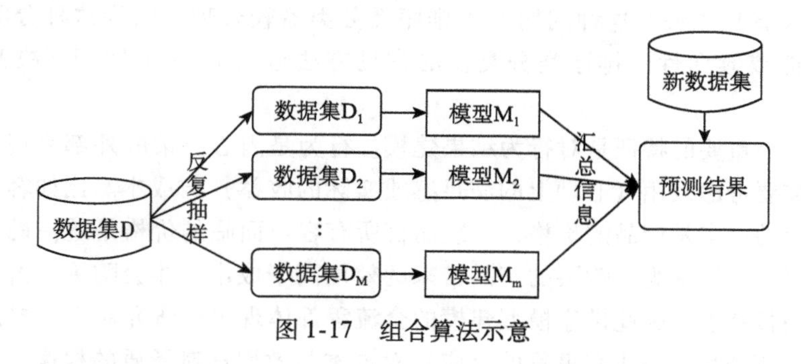

图 1-17　组合算法示意

以上对组合算法中的装袋法作了简单介绍，另外还有提升法。详细内容参见本书第 17 章。

1.5.7　预测类模型讲解

预测类模型根据被解释变量的度量类型，分为对连续变量建模的回归，对分类变量建模的分类器，其中以二分类器为主。这里的回归不是仅有线性回归，还有回归决策树、回归神经网络，甚至最近邻域（KNN）和支持向量机（SVM）也可以做回归，不过由于商业中后两者并不常用。而大家常听到的逻辑回归属于分类模型，不属于回归，这个名称的问题是统计学和机器学习的学科差异造成的。

分类器算法也很多，其中最主要的是二分类器。至于多分类器，由于其统计学中的功（power）比较低（指犯第二类统计错误的概率较高，用白话说就是模型不靠谱），因此多用作示意讲解，很少直接用于做预测。实际工作中把多分类问题转化为多个二分类模型来实现。

人类在日常生活中会遇到形形色色的分类问题。比如小孩在识物时，父母与老师都会耐心地拿着图片告诉小孩这是苹果，那是梨子，可以通过形状、颜色对它们加以区分。人类在进行分类识别时，是根据已知的经验，加上归纳，形成一套事物的分类规则，这样就能够比较容易辨识与推断陌生的事物了。分类器的工作机制与人类对事物进行分类的过程非常类似，它根据已知类别的样本形成规则，然后对未知类别样本进行分类。

常见的分类器包括 Logistic 回归、分类决策树、神经网络、支持向量机、朴素贝叶斯等。

以下我们重点讲解二分类器。基于训练样本的规则，分类器可以对未知分类的数据进行分类预测，根据业务场景以及模型原理的不同，可以将二分类器分为两类：

1. 排序类分类器（业内称为评分卡模型）

这种分类器在进行预测时，输出的结果是类别的概率。对应到实际业务场景中，即难以以一个普适的标准定义研究目标的类别，换言之，目标的类别不能被稳定地辨识。例如，在汽车违约贷款模型中，客户逾期多长时间不还款能被定义为违约？在客户营销响应模型中，营销多长时间后客户产生购买行为被定义为响应？在客户流失预测模型中，客户多久不产生业务往来算是流失？这种问题使用排序类分类器较合理，因为这种分类器可以表示事物发生的可能或倾向性。排序类分类器的常见方法包括 Logistic 回归、决策树、神经网络等。

排序模型一个重要的特征是对行为结果建模。行为是内心决策的外部表现，理性的人在做一项决定时需要考虑效用（心理上的满足感或实际的收益）与成本。比如客户营销响应模型中，客户付出的成本是产品的价格，一般而言所有客户面临的价格是统一的，而客户的效用各有不同，只有客户认为其购买的产品带来的效用高于成本，才会购买。由于需要待建模的事件有这个明显特点，因此排序模型建模的全流程都体现出被研究对象（排序模型只研究有思维能力的人或动物，不研究事物的反应）对成本与效用这对矛盾的权衡。比如信用模型中由于客户贷款后的效用是给定的（客户拿到贷款一万元，则其收益就是一万），而每个人的违约成本不一样，其中收入稳定性、社会关系丰富程度都是直接反映客户违约成本的变量，比如客户通信录中经常通信的联系人越多，代表其社会关系越丰富，越不会因为一万元不还而藏匿起来，失去其社会关系。

排序类模型往往会融入到商业决策中，是对客户倾向性高低的一个度量工具。这类问题的商业需求不是为了精确预测被研究个体实际上是否一定购买或违约的真实结果，因为这里就不存在这个真实结果的统一定义，而需要的是一个准确的排序能力。这类模型对变量要求很高，而对算法要求不高，Logistic 回归和决策树由于可解释性强，便于商业理解并形成策略，因此被广泛使用。神经网络模型一般用于评估数据的可用性。这里需要强调一下，不是可以出预测概率的算法都适用于排序模型，比如 SVM 模型也可以出概率，但是该算法的强项是做分类，在预测概率方面并不擅长。

2. 决策类分类器

这种分类器进行分类预测时将会输出准确的类别而非类别的概率。对应到实际的业务场景中，即研究目标的类别是有普遍标准的，能够被清晰辨识。例如，在客户交易欺诈类模型中，交易欺诈是一种被法律定义的违法行为，一旦满足既定标准，客户的行为就会被定义为欺诈；在图像识别中，识别结果也是一个可以被明确定义的类别。决策类分类器的常见方法有贝叶斯网络、最近领域（KNN 算法）、SVM、深度学习等。

排序类算法适用于被解释变量是人为定义的情况，比如信用评分、流失预测、营销响应。决策类算法适用于被解释变量是客观存在的、非人为定义的，比如交易欺诈（欺诈属于犯罪行为，只要花时间追查，总是有最终定论的）、人脸识别、声音识别等。分类器如图 1-18 所示。

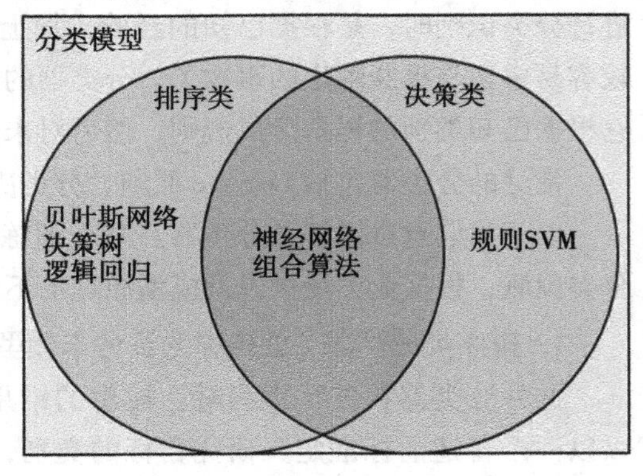

图 1-18 对二分类模型的进一步划分

1.5.8　预测类模型评估概述

根据以上讲解的回归、二分类器，不同的算法选择不同的评估指标。主要指标见表 1-4。

表 1-4　分类模型类型与评估统计指标的选择

分类模型类型	统 计 指 标
决策（Decisions、二分类器）	精确性/误分类/召回率/准确度/利润/成本
排序（Rankings、二分类器）	ROC 曲线（一致性） Gini 指数 K-S 统计量
估计（Estimates、回归）	误差平方均值 SBC/可能性

其中决策类模型主要关注于二分类的准确性等指标，排序类模型关心对倾向性排序的一致性。回归模型关心的是预测值与实际值之间的差异。以上是预测类模型评估的简介，详细内容请翻阅 8.4 节的模型评估内容。

Chapter 2 第2章

Python 概述

2.1 Python 概述

2.1.1 Python 简介

Python 是一款面向对象、直译式的计算机编程语言。它包含了一整套功能完善的标准库，能够轻松完成很多常见的编程任务。

Python 由 Guido Van Rossum 于 1989 年圣诞节期间设计，他力图使 Python 能够简单直观、开源、容易理解且适合快速开发，这一设计理念可以概括为“优雅”“明确”“简单”。而 Python 正是在这种设计思想下不断的成为一款流行的编程语言。在 2017 年最新的 TIOBE 编程社区指数中，Python 名列第五，且依旧有上升的趋势。

Python 的主要应用分为以网站开发、科学计算、图形用户界面 GUI。各个方面都提供了完善的开发框架。国内网站中豆瓣网、知乎、果壳网等就使用了 Python 的 WEB 框架，此外 Google 等也有很多 Python 的重要应用，此外在科学计算方面，Python 的 Scipy、Numpy、Pandas、Scikit-Learn 等框架也非常成熟，这也使得 Python 成为一款非常适合数据科学的工具。

2.1.2 Python 与数据科学

2017 年 5 月 KDnuggets 做了一个常规性调查项目，试图分析市面上数据科学工具的流行程度，近 3000 个与数据科学有关团体进行了投票。结果显示，Python 在数据科学领域是非常受欢迎的，其 2017 年排名第一，并且受欢迎程度的增长率也非常高：

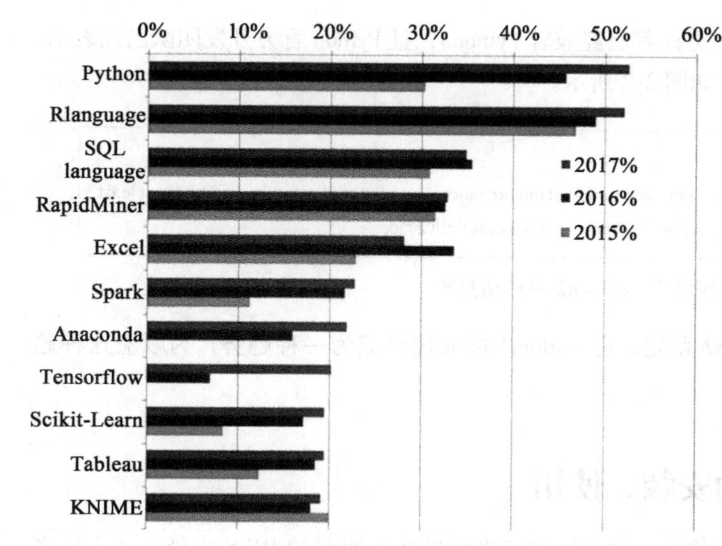

工具	2017使用比例	相对2016年增长率	独立使用比例
Python	52.60%	15%	0.20%
R	52.10%	6.40%	3.30%
SQL	34.90%	-1.80%	0%
RapidMiner	32.80%	0.70%	13.60%
Excel	28.10%	-16%	0.10%
Spark	22.70%	5.30%	0.20%
Anaconda	21.80%	37%	0.80%
Tensorflow	20.20%	195%	0%
Scikit-Learn	19.50%	13%	0%
Tableau	19.40%	5.00%	0.40%
KNIME	19.10%	6.30%	2.40%

图 2-1 KDnuggets 调查中最受欢迎的 10 种数据分析工具㊀

此外还有很多机构提供了类似的结论，例如 O'Reilly。总之，在网站应用、GUI 开发后，数据分析也成为 Python 的一个重要方向。

Python 之所以能够在分析领域流行起来，原因在于 Python 编程本身语法简单、极易上手。此外在众多开发者的努力下，Python 中涌现出一大批优秀、成熟、易用的数据分析框架。对于第二点，这里简单介绍 Python 中主要的数据分析框架，如下表所示：

表 2-1 Python 常用数据分析框架

名 称	解 释
Numpy	数组、矩阵的存储、运算框架
Scipy	提供统计、线性代数等计算框架
Pandas	结构化数据的整合、处理框架
Statsmodel	常见统计分析模型框架
Scikit-Learn	机器学习框架
Matplotlib	数据可视化框架

2.1.3 Python2 与 Python3

Python2 于 2000 年发布，至今已有十多年历史，版本也已更新到 2.7。而 Python3 于 2008 年开始发布，现在版本已更新到 3.6。Python3 的设计采用了向后兼容的模式，这就使得一些稳定的 Python2 的第三方库无法直接在 Python3 中使用，遭到一些诟病。

㊀ KDnuggets 网提供有关商业数据分析、机器学习、大数据工具的综合信息，图片来自：http://www.kdnuggets.com/2016/06/r-python-top-analytics-data-mining-data-science-software.html。

不过目前来看，很多主流的第三方库都已经兼容 Python3，且 Python 官方开发团队已经表示，Python2 可能将于 2020 年停止维护，如图 2-2 所示。

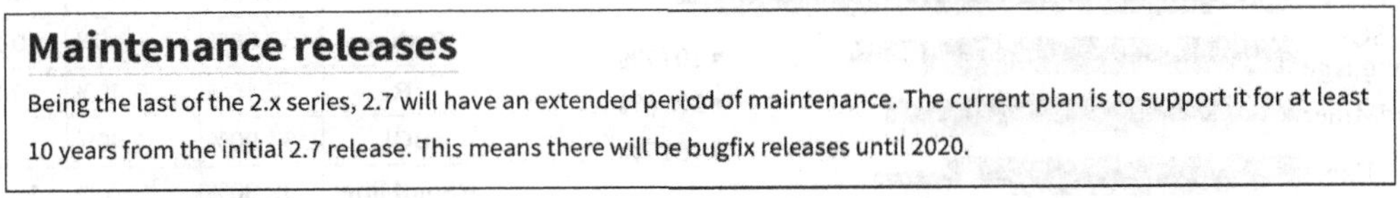

Maintenance releases

Being the last of the 2.x series, 2.7 will have an extended period of maintenance. The current plan is to support it for at least 10 years from the initial 2.7 release. This means there will be bugfix releases until 2020.

图 2-2 Python2 维护信息[1]

虽然现在 Python3 还没有 Python2 稳定，但 Python2 被取代将成为一种趋势，为顺应这种趋势，本书中将使用 Python3。

2.2 Anaconda Python 的安装、使用

Python 的集成开发环境（IDE）软件，除了标准二进制发布包所附的 IDLE 之外，还有许多其他选择。这些 IDE 能够提供语法着色、语法检查、运行调试、自动补全、智能感知等便利功能。为 Python 专门设计的 IDE 有 Pycharm、Anaconda、PyScripter、Eric 等，这些 IDE 各具特点。

在众多 IDE 中，Anaconda Python 是一款适合数据分析者的集成开发环境，包含了常用科学计算、数据分析、自然语言处理、绘图等包，所有的模块几乎都是最新的，容量适中。Anaconda 使用了 conda 和 pip 包管理工具，安装第三方包非常方便，避免了管理各个库之间依赖性的麻烦。Anaconda 集成了 Python、IPython、Spyder 和众多的框架与环境，且支持 Python2 和 Python3，包括免费版、协作版、企业版等。

Anaconda 集成的 Jupter Notebook 由于支持 Latex 等功能，被国外数据科学工作者和大学讲师广泛使用，成为 Python 数据科学领域标准 IDE 工具。而 Anaconda 集成的另外一个 IDE——Spyder 的风格和 R 语言的 Rstuido 基本一致，成为从 R 语言转到 Python 阵营的人的首选。

2.2.1 下载与安装

进入 Anaconda 官方网站[2]，在网页下方可以找到相应版本的下载地址，如图 2-3 所示。网站上提供了三种操作平台的安装包下载地址，对于对应的操作系统使用者，请选择相应的系统版本对应的安装包下载。

Windows 用户下载后安装包为 .exe 结尾的可执行文件。点击即可安装，为了正常使用，安装时请务必勾选“**Add Anaconda to my PATH environment variable**”选项，该选项将把 Anaconda 的路径信息添加到环境变量中去，这样我们才可以在任意位置访问 Anaconda 中的文件。如果安装完成后无法正常执行本小节下的代码，则很有可能是因为未勾选该选项。此时需要我们手动将

[1] 图 2-2 摘自 Python 的官方网站，网址为 https://www.python.org/dev/peps/pep-0373/。

[2] Anaconda 官方网站：https://www.continuum.io/downloads/。

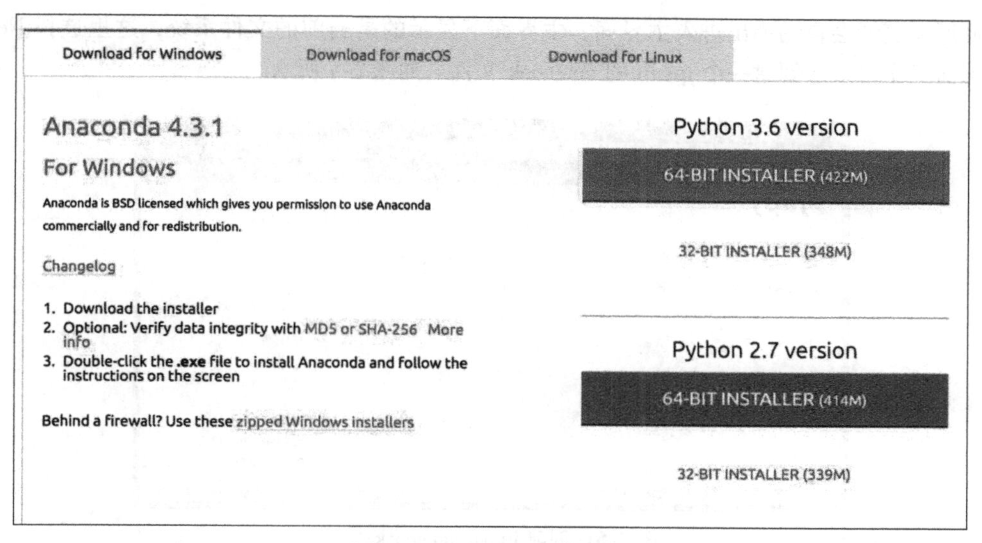

图 2-3　Anaconda 下载页面

若干个文件路径添加至环境变量中（视 Anaconda 版本不同需要添加的数量不同），或者卸载后重新安装（推荐使用该方法）。

2.2.2　使用 Jupyter Notebook

Jupyter Notebook 是一款 Anaconda 默认提供的一款交互式的开发环境，该环境既可以集成 Python，同时也可以集成 R。这款工具非常适合交互式的数据分析任务，其支持 markdown 语法，非常适合展示与报告。

这里在安装好 Anaconda 后，Windows 用户打开 CMD 命令行，进入任意文件夹后输入 jupyter notebook 开启程序。Mac 或 Linux 用户打开 terminal 输入 jupyter notebook 开启程序。如图 2-4 所示：

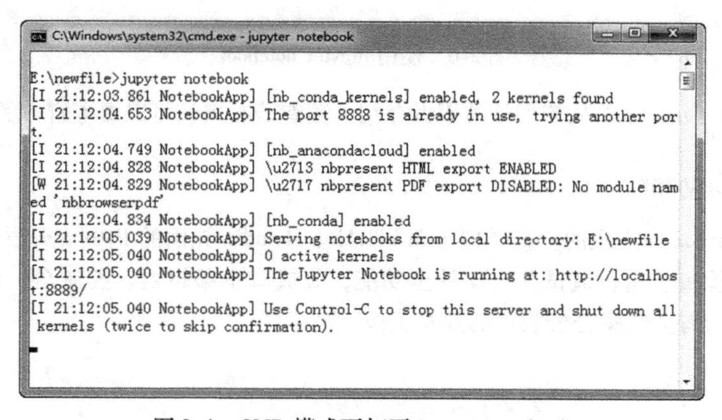

图 2-4　CMD 模式下打开 jupyter notebook

此后浏览器会自动弹出进入主界面，主界面下显示的是当前的文件系统，这里选择 New 可以在当前工作目录下创建一个 ipynb 的 notebook 文件。如图 2-5 所示。

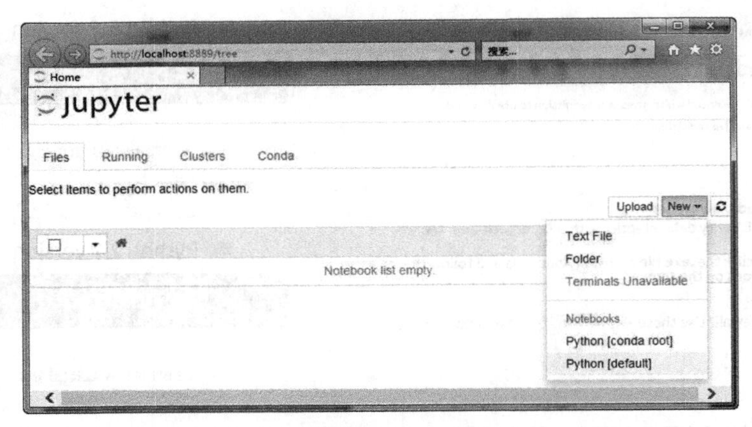

图 2-5　创建 jupyternotebook 文件

图 2-6 的示例是在 Python 中进行简单的四则运算。

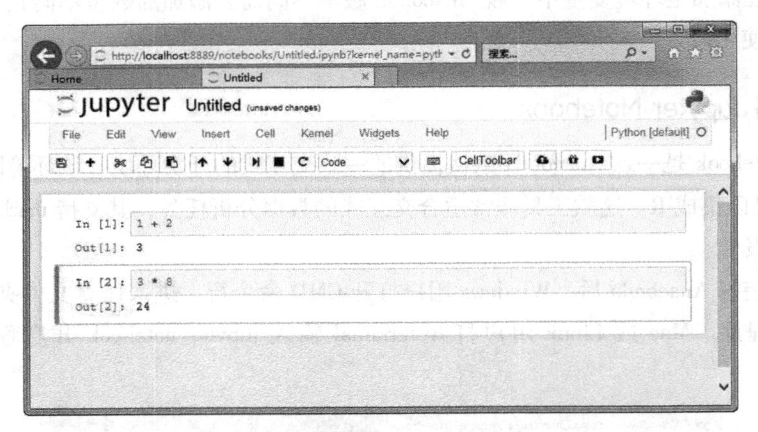

图 2-6　使用 jupyter notebook

这里对 Jupyter notebook 的使用细节不做介绍，读者若有兴趣可以参考官方的指导手册[⊖]。

2.2.3　使用 Spyder

Spyder 是 Anaconda 提供的一款类似于 MATLAB、Rstudio 界面的 Python 开发环境，其提供了语法着色、语法检查、运行调试、自动补全功能，集成脚本编辑器、控制台、对象查看器等模块，非常适合进行有关数据分析项目的开发工作。

⊖ Jupyter Notebook 官方指导手册：https://jupyter.readthedocs.io/en/latest/index.html。

在安装好 Anaconda 后，Windows 用户打开 CMD，输入 spyder 开启程序。Mac 或 Linux 用户打开 terminal 输入 spyder 开启程序。如图 2-7 所示。

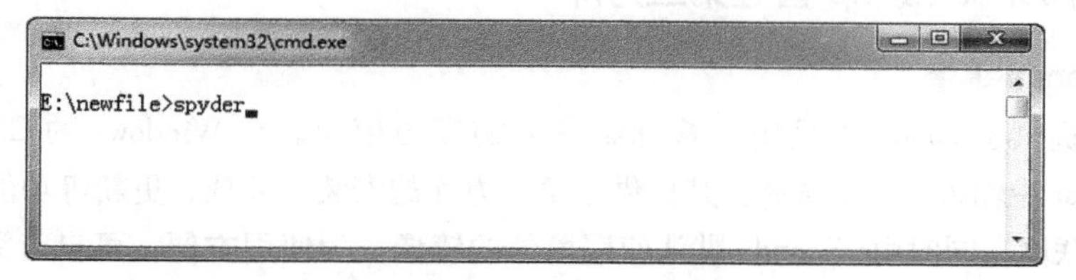

图 2-7　CMD 模式下进入 Spyder

进入 Spyder 后，默认的窗口布局是仿 MATLAB 型，各个位置上，左边是脚本编辑器栏目，右上是对象查看器、帮助文档栏、右下是控制台，即 Python 编译器。如图 2-9 所示：

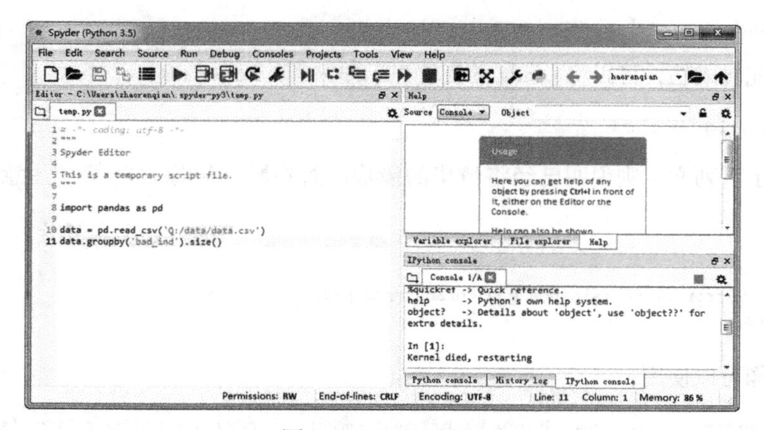

图 2-8　Spyder 界面

这里示例在 Spyder 中运行 Python 脚本，点击上方栏目进行运行，如图 2-9 所示：

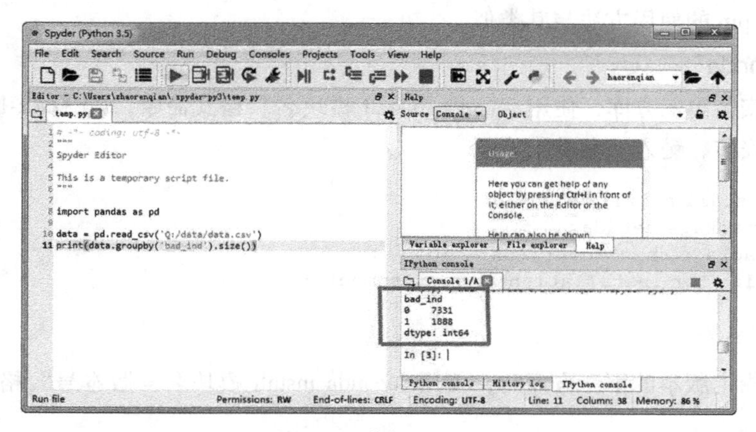

图 2-9　使用 Spyder

其他的使用细节读者若有兴趣可以参考 Spyder 官方的指导手册[1]。

2.2.4 使用 conda 或 pip 管理第三方库

1. 添加 conda 镜像

Anaconda 提供了 conda 工具用于管理第三方的库与模块。在 Windows 的 CMD 中，Mac 或 Linux 的 terminal 中输入 conda 命令，其提供了第三方库的安装、卸载、更新等功能。使用时计算机需要连接互联网，同时由于 conda 默认使用境外的镜像，为使用方便，可自行添加 conda 的国内镜像。

打开 cmd，并分别输入下列两句命令，则会添加清华的镜像：

```
>conda config --add channels https://mirrors.tuna.tsinghua.edu.cn/anaconda/pkgs/free/
>conda config --set show_channel_urls yes
```

要看是否配置成功，可以将 conda 的配置显示出来：

```
>conda config --show
```

如果包括了下列文本则说明已经将清华的镜像配置在默认镜像之前了（注意结果中没有引号）：

```
channels:
  - https://mirrors.tuna.tsinghua.edu.cn/anaconda/pkgs/free/
  - defaults
```

要移除镜像可以使用：

```
>conda config --remove channels https://mirrors.tuna.tsinghua.edu.cn/anaconda/pkgs/free/
```

此外，Anaconda 集成了 pip 工具，在管理第三方库方面具有与 conda 类似的功能，本节主要介绍 conda，pip 的使用方法与其类似。

2. 使用 conda

具体上说安装第三方库，使用“conda install 模块名”格式命令，以 Scikit-Learn 为例，进入后提示是否安装，键入 y 完成安装：

```
>conda install scikit-learn
Fetching package metadata .......
Solving package specifications: ..........
Package plan for installation in environment …
…
Proceed ([y]/n)?
```

需要安装指定版本的第三方库时，使用“conda install 模块名 = 版本号”格式命令，进入

[1] Spyder 官方指导手册：https://pythonhosted.org/spyder/。

后提示是否安装，键入y完成安装。例如：

```
>conda install scikit-learn=0.18
Fetching package metadata .......
Solving package specifications: ..........
Package plan for installation in environment …
…
Proceed ([y]/n)?
```

同样可以使用update命令更新现有的第三方库为最新版本（“conda update 模块名”）或指定版本（“conda update 模块名=版本号”）。以下演示了使用conda命令更新scikit-learn。提示是否更新时，键入y即可完成更新。

```
>conda updatescikit-learn
Fetching package metadata .......
Solving package specifications: ..........
Package plan for installation in environment …
…
Proceed ([y]/n)?

>conda updatescikit-learn=0.18
Fetching package metadata .......
Solving package specifications: ..........
Package plan for installation in environment …
…
Proceed ([y]/n)?
```

若需要卸载第三方库，可以使用“conda remove 模块名”命令，进入后提示是否卸载，键入y完成卸载。

```
>conda remove scikit-learn
Fetching package metadata .......
Solving package specifications: ..........
Package plan for installation in environment …
…
Proceed ([y]/n)?
```

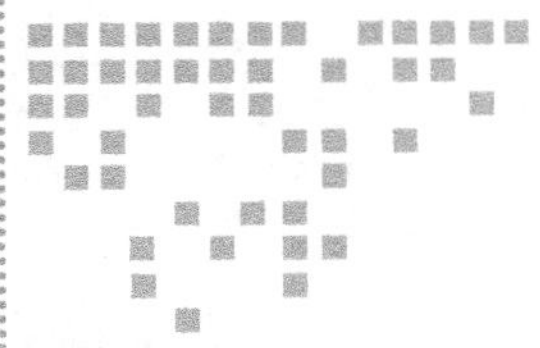

Chapter 3 第3章

数据科学的 Python 编程基础

编程基础是熟练使用 Python 语言进行数据处理、数据分析的必要前提。本章主要介绍使用 Python 进行数据分析时必备的编程基础知识，主要涉及 Python 的基本数据类型、数据结构、程序控制、读写数据等内容。

Python 编写代码时，是以缩进作为代码块的标识，而不使用花括号等字符，这与其他语言有较大差别。这种方式显示的代码可读性更高，通常使用四个空格或一个 tab 做缩进，如果是 Python 编程的新手，要注意这一点。

3.1 Python 的基本数据类型

Python 的基本数据类型包括几种，如表 3-1 所示：

表 3-1 Python 基础数据类型

名　称	解　释	示　例
str	字符串	'a', "1"
float	浮点数	1.23, 11.0
int	整数	3, 4
bool	布尔	True, False
complex	复数	1 +2j, 2 +0j

下面一一进行详述。

3.1.1 字符串（str）

Python 中，单引号、双引号、三引号包围的都是字符串，如下所示

```
>'spam eggs'
'spam eggs'
>"spam eggs"
'spam eggs'
>'''spam eggs'''
'spam eggs'
>type('spam eggs')
str
```

此外，Python 中的字符串也支持一些格式化输出，例如换行符“\n”和制表符“\t”：

```
>print ('First line. \nSecond line. ')
First line.
Second line.
>print('1\t2')
12
```

当然，有时候为避免混淆，也会使用转义字符“\”，用于转义“\”后一位的字符为原始输出。

```
>"\"Yes,\" he said. "
'"Yes," he said. '
```

此外还可以通过在引号前加 r 来表示原始输出

```
> print('C:\some\name')  #有换行符的输出
C:\some
Ame
>print(r'C:\some\name')  #原始输出
C:\some\name
```

Python 中字符串支持加运算表示字符串拼接

```
>'pyt'+'hon'
'python'
```

3.1.2　浮点数和整数（float、int）

Python 可以处理任意大小的整数，当然包括负整数，在程序中的表示方法和数学上的写法一模一样。

```
> 1+1
2
```

Python 支持数值的四则运算，如下所示：

```
> 1+1  #加法
2
> 1-1  #减法
0
> 1*1  #乘法
1
```

```
> 2**2  #2 的 2 次方
4
> 2/3   #除法
0.6666666666666666
> 5//2  #除法(整除)
2
> 5%2   #余数
1
```

Python 可以处理双精度浮点数，可以满足绝大部分数据分析的需求，要精确空值数字精度，还可以使用 Numpy 扩展库。

此外，可以使用内置函数进行数值类型转换，例如转换数值字符为数值：

```
>float("1")
1.0
>int("1")
1
```

3.1.3 布尔值（Bool： True/False）

Python 布尔值一般通过逻辑判断产生，只有两个可能结果：True/False。

整型、浮点型的“0”和复数 0＋0j 也可以表示 False，其余整型、浮点型、复数数值都被判断为 True，如下代码通过逻辑表达式创建 bool 逻辑值：

```
>1 == 1
True
> 1 > 3
False
> 'a' is 'a'
True
```

当然，Python 中提供了逻辑值的运算即“且”“或”“非”运算，

```
>True and False#且
False
>True or False #或
True
>not True #非
False
```

布尔逻辑值转换可以使用内置函数 bool，除数字 0 外，其他类型用 bool 转换结果都为 True。

```
>bool(1)
True
>bool("0")
True
>bool(0)
False
```

Python 中对象类型转换可参考表 3-2。

表 3-2　Python 数据类型转换

数据类型	中文含义	转换函数
Str	字符串	str( )
Float	浮点类型	float( )
Int	整数	Int( )
Bool	逻辑	bool( )
Complex	复数	complex( )

3.1.4　其他

Python 中，还有一些特殊的数据类型，例如无穷值、nan（非数值）、None 等。可以通过以下方式创建：

```
>float('-inf')  #负无穷
-inf
>float('+inf')  #正无穷
inf
```

下面是无穷值的一些运算，注意正负无穷相加返回 nan（not a number），表示非数值：

```
>float('-inf')+1
-inf
>float('-inf')/-1
inf
>float('+inf')+1
inf
>float('+inf')/-1
-inf
>float('-inf')+float('+inf')
nan
```

非数值 nan 在 Python 中与任何数值的运算结果都会产生 nan，nan 甚至不等于自身。如下所示。nan 可用于表示缺失值。

```
>float('nan') == float('nan')
False
```

此外，Python 中提供了 None 来表示空，其仅仅支持判断运算，如下所示：

```
>x = None
> x is None
True
```

3.2　Python 的基本数据结构

Python 的基本数据类型包括以下几种，这些数据类型表示了自身在 Python 中的存储形式。

在 Python 中可以输入 type（对象）查看数据类型。

3.2.1 列表（list）

1. 列表简介

列表 list 是 Python 内置的一种数据类型，是一种有序的集合，用来存储一连串元素的容器，列表用[ ]来表示，其中元素的数据类型可不相同。

```
>list1 = [1,'2',3,4]
>list1
[1,'2',3,4]
```

除了使用“[ ]”创建列表外，还可以使用 list( )函数：

```
>list([1,2,3])
[1, 2, 3]
>list('abc')
['a', 'b', 'c']
```

可以通过索引对访问或修改列表相应位置的元素，使用索引时，通过“[ ]”来指定位置。在 Python 中，索引的起始位置为 0，例如取 list1 的第一个位置的元素：

```
>list1[0]
1
```

可以通过“:”符号选取指定序列位置的元素，例如取第 1 个到第 3 个位置的元素，注意这种索引取数是前包后不包的（包括 0 位置，但不包括 3 位置，即取 0，1，2 位置的元素）：

```
>list1[0:3]
[1, '2', 3]
```

此外，Python 中的负索引表示倒序位置，例如 -1 代表 list1 最后一个位置的元素：

```
>list1[-1]
4
```

列表支持加法运算，表示两个或多个列表合并为一个列表，如下所示：

```
>[1,2,3]+[4,5,6]
[1, 2, 3, 4, 5, 6]
```

2. 列表的方法

Python 中，列表对象内置了一些方法。这里介绍 append 方法和 extend 方法，append 方法表示在现有列表中添加一个元素，在循环控制语句中，append 方法使用较多，以下是示例：

```
> list2 = [1,2]
> list2.append(3)
> list2
[1 ,2 ,3]
```

extend 方法类似于列表加法运算，表示将两个列表合并为一个列表：

```
> list2 = [1,2]
> list2.extend([3,4,5])
> list2
[1, 2, 3, 4,5]
```

3.2.2 元组（tuple）

元组与列表类似，区别在于在列表中，任意元素可以通过索引进行修改。而元组中，元素不可更改，只能读取。下面展示了元组和列表的区别，列表可以进行赋值，而同样的操作应用于元组则报错。

```
>list0 = [1,2,3]
> tuple0 = (1,2,3)
> list0[1] = 'a'
> list0
[1, 'a', 3]
> tuple0[1] = 'a'
TypeError      Traceback (most recent call last)
<ipython-input-35-2bfd4f0eedf9> in <module>()
----> 1 tuple0[1] = 'a'
TypeError: 'tuple' object does not support item assignment
```

这里通过“( )”创建元组，Python 中，元组类对象一旦定义虽然无法修改，但支持加运算，即合并元组。

```
>(1,2,3) + (4,5,6)
(1, 2, 3, 4, 5, 6)
```

元组也支持像列表那样通过索引方式进行访问。

```
>t1 = (1,2,3)
>t1[0]
1
> t1[0:2]
(1,2)
```

3.2.3 集合（set）

Python 中，集合（set）是一组 key 的集合，其中 key 不能重复。可以通过列表、字典或字符串等创建集合，或通过“{}”符号进行创建。Python 中集合主要有两个功能，一个功能是进行集合操作，另一个功能是消除重复元素。

```
>basket = {'apple', 'orange', 'apple', 'pear', 'orange', 'banana'}
>basket
{'apple', 'banana', 'orange', 'pear'}
>basket = set(['apple', 'orange', 'apple', 'pear', 'orange', 'banana'])
> basket
```

```
{'apple', 'banana', 'orange', 'pear'}
> basket = set(('apple', 'orange', 'apple', 'pear', 'orange', 'banana'))
> basket
{'apple', 'banana', 'orange', 'pear'}
```

Python 支持数学意义上的集合运算，比如差集、交集、补集、并集等，例如如下集合：

```
>A = {1,2,3}
>B = {3,4,5}
```

A、B 的差集，即集合 A 的元素去除 AB 共有的元素：

```
>A - B
{1, 2}
```

A、B 的并集，即集合 A 与集合 B 的全部唯一元素：

```
>A |B
{1, 2, 3, 4, 5}
```

A、B 的交集，即集合 A 和集合 B 共有的元素：

```
>A & B
{3}
```

A、B 的对称差，即集合 A 与集合 B 的全部唯一元素去除集合 A 与集合 B 的公共元素：

```
>A ^ B
{1, 2, 4, 5}
```

需要注意集合不支持通过索引访问指定元素。

3.2.4 字典（dict）

Python 内置了字典 dict，在其他语言中也称为 map，使用键 - 值（key-value）存储，具有极快的查找速度，其格式是用大括号 {} 括起来 key 和 value 用冒号“:”进行对应。例如以下代码创建了一个字典：

```
>dict1 = {'Nick':28,'Lily':28,'Mark':24}
> dict1
{'Lily': 28, 'Mark': 24, 'Nick': 28}
```

字典本身是无序的，可以通过方法 keys 和 values 取字典键值对中的键和值，如下所示：

```
>dict1.keys()
['Nick', 'Lily', 'Mark']
> dict1.values()
[28, 28, 24]
```

字典支持按照键访问相应值的形式，如下所示：

```
>dict1['Lily']
28
```

这里需要注意定义字典时，键不能重复，否则重复的键值会替代原先的键值，如下所示，键‘Lily’产生重复，其值被替换。

```
>dict3 = {'Nick':28,'Lily':28,'Mark':24,'Lily':33}
{'Lily': 33, 'Mark': 24, 'Nick': 28}
```

3.3　Python的程序控制

程序控制结构是编程语言的核心基础，Python的编程结构有三种，本节将详细介绍这三种结构。

3.3.1　三种基本的编程结构简介

简单来说，程序结构分为三种：顺承结构、分支结构和循环结构（图3-1）。

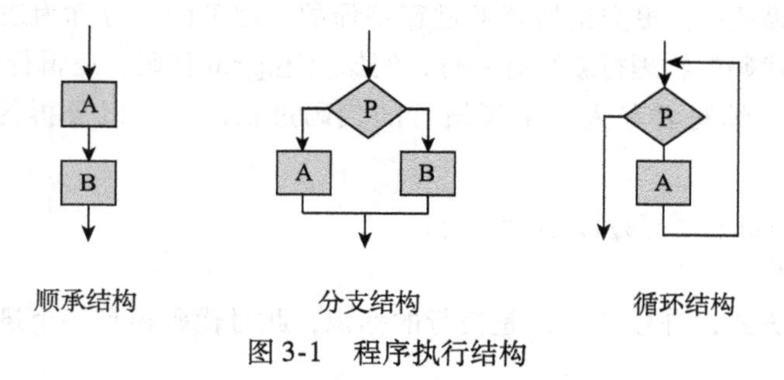

图3-1　程序执行结构

- 顺承结构的程序特点是依照次序将代码一个个地执行，并返回相应的结果，这种结构较为简单，易于理解。
- 分支结构的程序多出了条件判断，即满足某种条件就继续执行，否则跳转到另外的条件上进行执行。
- 循环结构用于处理可以迭代的对象，这种结构通过循环可迭代的对象，然后对每一个对象执行程序并产生结果。在迭代次数较多的情况下，使用顺承结构往往要写非常长的代码，而循环结构则非常简单。

这些结构中，分支结构往往需要条件判断语句进行控制，比如if、else等，而循环结构则需要循环语句for进行控制，当然分支结构与循环结构完全可以混合，这时就可以通过条件循环语句while进行控制。

下面我们具体看看这几个结构的程序。

3.3.2　顺承结构

1. 顺承结构

现在创建一个列表a：

```
>a = [1,2,3,4,5]
```

需要打印列表a中的所有元素，可以有如下写法，虽然烦琐但完成了任务。这种顺序执行的编程结构就是顺承结构：

```
> print (a[0])
> print (a[1])
> print (a[2])
> print (a[3])
> print (a[4])
1
2
3
4
5
```

2. 逻辑行与物理行

Python中，代码是逐行提交给解释器进行编译的，这里的一行称为逻辑行，实际代码也确实是一行，那么代码的物理行就只有一行，例如上述print代码，逻辑行和物理行是统一的。

但某些情况下，编写者写入一个逻辑行的代码过长时，可以分拆为多个物理行执行，例如：

```
>tuple(set(list([1,2,3,4,5,6,7,8])))
(1, 2, 3, 4, 5, 6, 7, 8)
```

可以写为如下方式，符号‘\’是换行的标识，此时代码还是一个逻辑行，但有两个物理行。

```
> tuple(set(list([1,2,3,\
                  4,5,6,7,8])))
(1, 2, 3, 4, 5, 6, 7, 8)
```

当多个逻辑行代码过短时：

```
>x = 1
> y = 2
> z = 3
> print(x,y,z)
(1, 2, 3)
```

可以使用分号“;”将多个逻辑行转化为一个物理行执行：

```
> x = 1;y = 2;z = 3;print(x,y,z)
(1, 2, 3)
```

3.3.3 分支结构

分支结构的分支用于进行条件判断，Python中，使用if、elif、else、冒号与缩进表达。详细语法可见以下示例，下面的语法的判断逻辑为：

若数值x小于0，令x等于0，若成立则打印信息'Negative changed to zero'；

若第一个条件不成立，判断x是否为0，若成立打印'Zero'；

若第一个、第二个条件不成立，再判断x是否为1，若成立打印‘single’；

若第一个、第二个、第三个条件都不成立，打印‘more’。

以x = -2测试结果：

```
>x = -2
>if x < 0:
>   x = 0
>    print('Negative changed to zero')
>elif x == 0:
>    print('Zero')
>elif x == 1:
>    print('Single')
>else:
>    print('More')
'Negative changed to zero'
```

这里，if、elif、else组成的逻辑是一个完整的逻辑，即程序执行时，任何条件成立，都会停止后面的条件判断。这里需注意，当多个if存在时的条件判断的结果：若把上述代码中的elif改为if后，程序执行的结果会发生变化，如下所示：

```
> x = -2
>if x < 0:
>    x = 0
>    print('Negative changed to zero')
>if x == 0:
>    print('Zero')
>if x == 1:
>    print('Single')
>else:
>    print('More')
'Negative changed to zero'
'Zero'
'More'
```

此时，上述程序的多个if语句是串行的关系。上一个if语句的判断结果即使成立，下一个if语句也会进行条件判断，而不是跳过。所以x = -2在第一个if语句外会被赋值为0后继续执行，第二个if判断为真，第三个if判断为假时，再跳到else进行执行。在写条件判断结构的程序时需要注意。

3.3.4　循环结构

这里介绍Python中的for循环结构和while循环结构，循环语句用于遍历枚举一个可迭代对象的所有取值或其元素，每一个被遍历到的取值或元素执行指定的程序并输出。这里可迭代对象指可以被遍历的对象，比如列表、元组、字典等。

1. for 循环

下面是一个 for 循环的例子，i 用于指代一个可迭代对象 a 中的一个元素，for 循环写好条件后以冒号结束，并换行缩进，第二行是针对每次循环执行的语句，这里是打印列表 a 中的每一个元素。

```
> a = [1,2,3,4,5]
> for i in a:
>   print(i)
1
2
3
4
5
```

上述操作也可以通过遍历一个可迭代对象的索引来完成，a 列表一共 5 个元素，range (len(a)) 表示生成 a 的索引序列，这里打印索引并打印 a 向量索引下的取值。

```
> a = ['Mary', 'had', 'a', 'little', 'lamb']
> for i in range(len(a)):
>    print(i, a[i])
(0, 'Mary')
(1, 'had')
(2, 'a')
(3, 'little')
(4, 'lamb')
```

2. while 循环

while 循环一般会设定一个终止条件，条件会随着循环的运行而发生变化，当条件满足时，循环终止。while 循环可以通过条件制定循环次数，例如通过计数器来终止循环，如下所示，计数器 count 每循环一次自增 1，但 count 为 5 时，while 条件为假，终止循环。

```
>count = 1
>while count < 5:
>    count = count + 1
>    print(count)
2
3
4
5
```

以下是一个比较特殊的示例，演示如何按照指定条件循环而不考虑循环的次数，例如编写循环，使 x 不断减少，当 x 小于 0.0001 时终止循环，如下所示，循环了 570 次，最终 x 取值满足条件，循环终止。

```
>x =10
>count = 0
>while True:
>    count = count + 1
>    x = x - 0.02* x
```

```
>    if x < 0.0001:
>        break
>print (x,count)
(9.973857171889038e-05, 570)
```

3. break、continue、pass

上例中 while 循环代码中使用了 break 表示满足条件时终止循环。此外，也可通过 continue、pass 对循环进行控制。continue 表示继续进行循环，例如让如下代码打印 10 以内能够被 3 整除的整数，注意 continue 和 break 的区别：

```
>count = 0
>while count < 10:
>    count = count + 1
>    if count % 3 == 0:
>        print(count)
>        continue
3
6
9
```

使用 break：

```
>count = 0
>while count < 10:
>    count = count + 1
>if count % 3 == 0:
>        print(count)
>        break
3
```

pass 语句一般是为了保持程序的完整性而作为占位符使用，例如以下代码中 pass 没有任何操作。

```
>count = 0
>while count < 10:
>    count = count + 1
>    if count % 3 == 0:
>        pass
>else:
>        print(count)
1
2
4
5
7
8
10
```

4. 表达式

在 Python 中，诸如列表、元组、集合、字典都是可迭代对象，Python 为这些对象的遍历提供了更加简洁的写法。例如如下列表对象 x 的遍历，且每个元素取值除以 10：

```
>x = [1,2,3,4,5]
>[i/10 for i in x]
[0.1, 0.2, 0.3, 0.4, 0.5]
```

上述［i/10 for i in x］的写法称为列表表达式，这种写法比 for 循环更加简便。此外对于元组对象、集合对象、字典对象，这种写法依旧适用，最终产生一个列表对象。

```
>x = (1,2,3,4,5) #元组
>[i/10 for i in x]
[0.1, 0.2, 0.3, 0.4, 0.5]
>x = set((1,2,3,4,5))#集合
>[i/10 for i in x]
[0.1, 0.2, 0.3, 0.4, 0.5]
>x = {'a':2,'b':2,'c':5}#字典
>[i for i in x.keys()]
['a', 'c', 'b']
>[i for i in x.values()]
[1, 3, 2]
```

此外 Python 还支持集合表达式与字典表达式用于创建集合、字典，例如如下形式创建集合：

```
>{i for i in [1,1,1,2,2]}
{1, 2}
```

字典表达式可以用如下方式创建：

```
>{key:value for key,value in [('a',1),('b',2),('c',3)]}
{'a': 1, 'b': 2, 'c': 3}
```

3.4 Python 的函数与模块

3.4.1 Python 的函数

函数是用来封装特定功能的实体，可对不同类型和结构的数据进行操作，达到预定目标。像之前的数据类型转换函数入 str、float 等就属于函数。当然除了 Python 的内置函数与第三方库的函数外，还可以自定义函数从而完成指定任务。

1. 自定义函数示例

例如自定义求一个列表对象均值的函数 avg，sum 与 len 函数是 Python 内置函数，分别表示求和与长度：

```
>def avg(x):
>    mean_x = sum(x)/len(x)
>    return(mean_x)
```

运行完毕后，就可以调用该函数进行运算了：

```
>avg([23,34,12,34,56,23])
30
```

2. 函数的参数

函数的参数可以分为形式参数与实际参数。

形式参数作用于函数的内部，其不是一个实际存在的变量，当接受一个具体值时（实际参数），负责将具体值传递到函数内部进行运算，例如之前定义的函数 avg，形式参数为 x，如下加粗部分。

```
>def avg(x):
>    mean_x = sum(x)/len(x)
>    return(mean_x)
```

实际参数即具体值，通过形式参数传递到函数内部参与运算并输出结果。刚才的例子中，实际参数为一个列表，即如下加粗部分：

```
>avg([23,34,12,34,56,23])
```

函数参数的传递有两种方式：按位置和按关键字。当函数的形式参数过多时，一般采用按关键字传递的方式，通过形式参数名 = 实际参数的方式传递参数，如下所示，函数 age 有四个参数，可以通过指定名称的方式使用，也可按照顺序进行匹配：

```
>def age(a,b,c,d):
>    print (a)
>    print (b)
>    print (c)
>    print (d)
>
>age(a = 'young',b = 'teenager',c = 'median',d = 'old') #按关键字指定名称
young
teenager
median
old
>age('young','teenager','median','old') #按位置顺序匹配
young
teenager
median
old
```

函数的参数中，亦可以指定形式参数的默认值，此时该参数称为可选参数，表示使用时可以不定义实际参数，例如如下例子，函数 f 有两个参数，其中参数 L 指定了默认值 None：

```
>def f(a, L=None):
    if L is None:
        L = []
    L.append(a)
    return L
```

使用该函数时，只需指定 a 参数的值，该函数返回一个列表对象，若不给定初始列表 L，则创建一个列表，再将 a 加入到列表中：

```
>f(3)
[3]
```

也可指定可选参数 L 的取值：

```
>f(3,L = [1,2])
[1, 2, 3]
```

3. 匿名函数 lambda

Python 中设定了匿名函数 lambda，简化了自定义函数定义的书写形式，使得代码更简洁。例如通过 lambda 函数定义一个函数 g：

```
>g = lambda x:x +1
>g(1)
 2
```

该函数相当于如下自定义函数：

```
>def g(x):
>   return(x +1)
>g(1)
2
```

3.4.2 Python 的模块

为了编写可维护的代码，可以把很多函数分组，分别放到不同的文件里，这样，每个文件包含的代码就相对较少，很多编程语言都采用这种组织代码的方式。在 Python 中，一个 . py 文件就称之为一个模块（Module），其内容形式是文本，可以在 IDE 中或者使用常用的文本编辑器进行编辑。

❑ 自定义模块

使用文本编辑器创建一个 mod. py 文件，其中包含一个函数，如下所示：

```
#module
def mean(x):
  return(sum(x)/len(x))
```

使用自定义模块时，将 mod. py 放置在工作目录下，通过“import 文件名”命令载入：

```
>import mod
```

在使用该模块的函数时，需要加入模块名的信息，如下：

```
>mod.mean([1,2,3])
2
```

载入模块还有很多方式，如下（注意别名的使用）：

```
>import mod as m# as 后表示别名
>m.mean([1,2,3])
2

>from modimport mean #从mod中载入指定函数mean
>mean([1,2,3])
2

>from modimport *  #从mod中载入所有函数
>mean([1,2,3])
2
```

❑ 载入第三方库

import命令还可以载入已经下载好的第三方库，使用方式与上面所展示的一致。例如，载入Numpy模块：

```
>import numpyas np
```

此时就可以使用Numpy模块中的函数了，例如Numpy中提供的基本统计函数：

```
>x = [1,2,3,4,5]
>np.mean(x)# 均值
3.0
>np.max(x)# 最大值
5
>np.min(x)# 最小值
1
>np.std(x)# 标准差
1.41421356237
>np.median(x)# 中位数
3.0
```

Numpy提供了强大的多维数组、向量、稠密矩阵、稀疏矩阵等对象，支持线性代数、傅里叶变换等科学运算，提供了C/C++及Fortron代码的整合工具。Numpy的执行效率比Python自带的数据结构要高效的多，在Numpy的基础上，研究者们开发了大量用于统计学习、机器学习等科学计算的框架，基于Numpy的高效率，这些计算框架具备了较好的实用性。可以说，Numpy库极大地推动了Python在数据科学领域的流行趋势。

若不太清楚如何使用Python中（含第三方包和库）的方法和对象，可以查阅相关文档或使用帮助功能，代码中获取帮助信息的方式有多种，比如如下几种：

```
>?np.mean
>??np.mean
>help(np.mean)
>np.mean??
```

3.5 Pandas读取结构化数据

Numpy中的多维数组、矩阵等对象具备极高的执行效率，但是在商业数据分析中，我们不仅需要一堆数据，还需要了解各行、列的意义，同时会有针对结构化数据的相关计算，这些是Numpy不具备的。为了方便分析，研究者们开发了Pandas用于简化对结构化数据的操作。

Pandas是一个基于Numpy开发的更高级的结构化数据分析工具，提供了Series、DataFrame、Panel等数据结构，可以很方便地对序列、截面数据（二维表）、面板数据进行处理。DataFrame即是我们常见的二维数据表，包含多个变量（列）和样本（行），通常称为数据框；Series是一个一维结构的序列，会包含指定的索引信息，可以视作是DataFrame中的一列或一行，操作方法与DataFrame十分相似；Panel是包含序列及截面信息的三维结构，通常称为面板数据，通过截取会获得对应的Series和DataFrame。

由于这些对象的常用操作方法是十分相似的，本节读取与保存数据以及后续章节进行的数据操作，都主要使用DataFrame进行演示。

3.5.1 读取数据

1. 使用Pandas读取文件

Python的Pandas库提供了便捷读取本地结构化数据的方法，这里主要以csv数据为例。pandas.read_csv函数可以实现读取csv数据，读取方式见以下代码，其中'data/sample.csv'表示文件路径：

```
>import pandas as pd
>csv = pd.read_csv('data/sample.csv')
>csv
id name   scores
0  1   小明     78.0
1  2   小红     87.0
2  3   小白     99.0
3  4   小青  99999.0
4  5   小兰      NaN
```

按照惯例，Pandas会以pd作为别名，pd.read_csv读取指定路径下的文件，然后返回一个DataFrame对象。在命令行中打印DataFrame对象其可读性可能会略差一些，如果在jupyter notebook中执行的话，则DataFrame的可读性会大幅提升，如图3-2所示：

	id	name	scores
0	1	小明	78.0
1	2	小红	87.0
2	3	小白	99.0
3	4	小青	99999.0
4	5	小兰	NaN

图3-2 jupyter notebook中的DataFrame展现

打印出来的DataFrame包含了索引（index，第一列）、列名（column，第一行）及数据内容（value，除第一行和第一列之外的部分）。

此外，read_csv函数有很多参数可以设置，这里列出常用参数，如表3-3所示。

表3-3 pandas.read_csv参数一览

参数	说明
filepath_or_buffer	csv文件的路径
sep = ','	分隔符，默认逗号
header = 0	int或list of ints类型，0代表第一行为列名，若设定为None将使用数值列名
names = [...]	list，重新定义列名，默认None
usecols = [...]	list，读取指定列，设定后将缩短读取数据的时间与内存消耗，适合大数据量读取，默认None
dtype = {...}	dict，定义读取列的数据类型，默认None
nrows = None	int类型，指定读取大数据量的前多少行，默认None
na_values = ...	str类型，list或dict，指定读取为缺失值的值
na_filter = True	bool类型，自动发现数据中的缺失值功能，默认打开（True），若确定数据无缺失可以设定为False以提高数据载入的速度
chunksize = 1000	int类型，分块读取，当数据量较大时可以设定分块读取的行数，默认为None，若设定将返回一个迭代器
encoding = 'utf-8'	str类型，数据的编码，Python3默认为'utf-8'，Python2默认为'ascii'

Pandas除了可以直接读取csv、Excel、Json、html等文件生成DataFrame，也可以从列表、元组、字典等数据结构创建DataFrame，

2. 读取指定行和指定列

使用参数usecol和nrows读取指定的列和前n行，这样可以加快数据读取速度。如下所示，读取原数据的两列、两行：

```
>csv = pd.read_csv('data/sample.csv',\
                   usecols=['id','name'],\
                   nrows=2)#读取'id'和'name'两列,仅读取前两行
>csv
id  name
0   1   小明
1   2   小红
```

3. 使用分块读取

参数chunksize可以指定分块读取的行数，此时返回一个可迭代对象，这里big.csv是一个4500行4列的csv数据，这里设定chunksize=900，分5块读取数据，每块900行，4个变量，如下所示：

```
>csvs = pd.read_csv('data/big.csv',chunksize=900)
>for i in csvs:
>    print (i.shape)
(900, 4)
(900, 4)
(900, 4)
```

```
(900, 4)
(900, 4)
```

可以使用 pd. concat 函数再读取全部数据。

```
>csvs = pd.read_csv('data/big.csv',chunksize=900)
>dat = pd.concat(csvs,ignore_index=True)
>dat.shape
(4500, 4)
```

4. 缺失值操作

使用 na_values 参数指定预先定义的缺失值，数据 sample. csv 中，“小青”的分数有取值为 99999 的情况，这里令其读取为缺失值，操作如下：

```
>csv = pd.read_csv('data/sample.csv',
                   na_values='99999')
>csv
id  name   scores
0  1  小明   78.0
1  2  小红   87.0
2  3  小白   99.0
3  4  小青    NaN
4  5  小兰    NaN
```

5. 文件编码

读取数据时，常遇到乱码的情况，这里需要先弄清楚原始数据的编码形式是什么，再以指定的编码形式进行读取[⊖]，例如 sample. csv 编码为'utf-8'，这里以指定编码（参数 encoding）读取。

```
>csv = pd.read_csv('data/sample.csv',
                   encoding='utf-8')
>csv
id  name   scores
0    1   小明     78.0
1    2   小红     87.0
2    3   小白     99.0
3    4   小青 99999.0
4    5   小兰      NaN
```

3.5.2 写出数据

Pandas 的数据框对象有很多方法，其中方法“to_csv”可以将数据框对象以 csv 格式写入到本地中。to_csv 方法的常见参数见表 3-4：

⊖ Python 编码格式参考：https://docs.python.org/3/library/codecs.html#standard-encodings。

表 3-4　pandas. to_csv 参数一览

参　数	解　释
path_or_buf	写到本地 csv 文件的路径
sep = ','	分隔符，默认逗号
na_rep = ''	缺失值写入代表符号，默认''
header = True	bool，是否写入列名，默认 True
cols = [...]	list，写入指定列，默认 None
index = True	bool，是否将行数写入指定列，默认 true
encoding = str	str，以指定编码写入

例如以以下方式写出，'data/write. csv'表示写出的路径，encoding = 'utf-8'表示以'utf-8'编码方式输出，index = False 表示不写出索引列。

```
>csv.to_csv('data/write.csv',encoding='utf-8',index=False)
```

Chapter 4 第4章

描述性统计分析与绘图

描述性统计分析是数据分析过程的第一步，有人也称之为探索性数据分析，两者有细微差别。数据描述强调方法，即如何从现有的数据中获取得到主要的信息，比如人民的平均收入等；数据探索强调过程，即通过数据描述的方法，对研究的客体有更深入的认识，比如人民的平均收入是多少，每年变化情况如何，受什么因素的影响。

在一个数据科学模型开发的过程中，探索数据贯穿始终，占用整个模型开发40%的工作量[⊖]。本章将系统介绍 Python 描述性统计分析以及绘图的相关技巧。

4.1 描述性统计进行数据探索

本节主要介绍常见的数据描述性统计分析方法并举例进行说明，以便我们在进行深入分析前对数据集的特征进行探索。

4.1.1 变量度量类型与分布类型

在进行数据分析之前，要先明确变量的度量类型（名义、等级、连续）：

（1）名义变量（无序分类变量）：包含类别信息的变量，且类别间没有大小、高低、次序之分。比如人口统计学中的“性别”“民族”“居住城市”指标以及银行风控中的“违约率”指标。

（2）等级变量（有序分类变量）：有序型变量是一种分类变量，但类别有大小、高低、次

⊖ 另外的60%工时中，数据清洗与转换占40%，建模占20%。越是熟练的数据科学工作者，建模占用的时间越少。

序之分，比如问卷调查中的“消费者满意度”，人口统计学中的“年龄段”指标等。

（3）连续型变量：连续型变量在规定范围区间内可以被任意取值，比如人口统计学中的收入指标，只要不低于0，其他的数字都可能出现，类似的变量还有互联网领域的网站流量，宏观经济数据中的GDP等。

名义变量和等级变量又统称为分类变量。分类变量是相对于连续变量而言的。从表象来看，取值的水平（即不同的值）数量有限的就是分类变量，数量无限的就是连续变量。但是在实际工作中需要注意两点：1）因为分类变量的水平数量过多会给分析带来麻烦，因此过多水平的名义变量需要进行水平数量的压缩，这被称为“概化”。过多水平的等级变量可以选在进行“概化”或者当作连续变量进行分析。从统计学的角度讲，等级变量是不能当作连续变量处理的，但是实际工作中我们会不自主地这样做，比如大家在分析周岁年龄时，虽然本质上这个变量是一个多水平的等级变量，但是我们都当作连续变量来处理。至于等级变量的水平数量超过多少算作连续变量，是由数据分析师自己决定的，不过一般的建议值是20。2）注意变量的度量类型是统计学上的概念，和Python的基本数据类型（存储类型）是两码事。比如民族是名义变量，但是在数据存储时为了节约空间，并不会存储“汉族、满族”等汉字，而是存储其编码，比如“1、2”，其中“1”代表“汉族”，“2”代表“满族”等。在做数据分析时要倍加小心，因为Python在统计功能上并不完善，如果不特别声明，Python会把所有数值变量当作连续变量来处理。这个问题在后续的使用statsmodels和Scikit-Learn建立统计和数据挖掘模型时会遇到。

变量的分布类型是对实际变量分布的一个概括和抽象。我们经常说某个变量服从某个分布，这都是从简化分析的角度作的一个假设，并基于该假设进行后续的分析。比如经常遇到的分布有二项分布、正态分布、卡方分布、t分布、f分布、均匀分布和泊松分布等。这里探察变量分布的意义在于，只要知道某个变量服从（根据人为判断）某个分布，就可以很快地了解变量在相应取值时的概率（分布是从无数个变量频率得到的，对其统计特性有了深入的分析），并且结合相应的业务场景做出解释。

以正态分布为例对变量的分布形态解读，如图4-1所示。首先，正态分布是关于均值左右对称的，呈钟形；其次，正态分布的均值和标准差具有代表性，只要知道其均值和标准差，这个变量的分布情况就完全知道了；再次，在正态分布中，均值 = 中位数 = 众数。

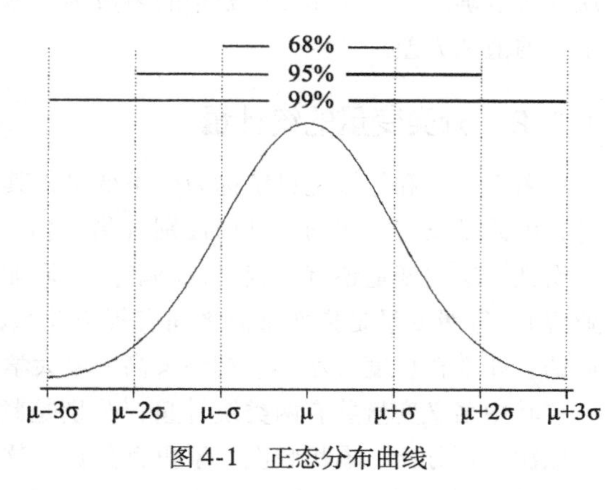

图4-1　正态分布曲线

正态分布的标准差和曲线下面积有一个比较好记忆的关系。比如，变量取值距离均值两倍标准差内出现的概率为95%。这表明该变量出现大于均值加两倍标准差的概率为2.5%，小于均值减两倍标准差的概率也为2.5%。

图 4-2 提供了其他常见分布的分布曲线。依照偏度由高到低分别是正态分布、伽玛分布和对数正态分布。这里需要提一下对数正态分布，其在统计分析中应用最为广泛。顾名思义，这种类型的分布在取对数之后服从正态分布。因为具有这样的良好属性，只要是右偏较大的变量，在精确度要求并不严格（用于营销、管理的分析精度要求都不高，金融、生物等要求精度高）的统计分析中，通常先对偏态分布进行对数转换。而对于精确度要求较高的统计分析领域，则采用有针对性的分析方式，比如伽玛回归。

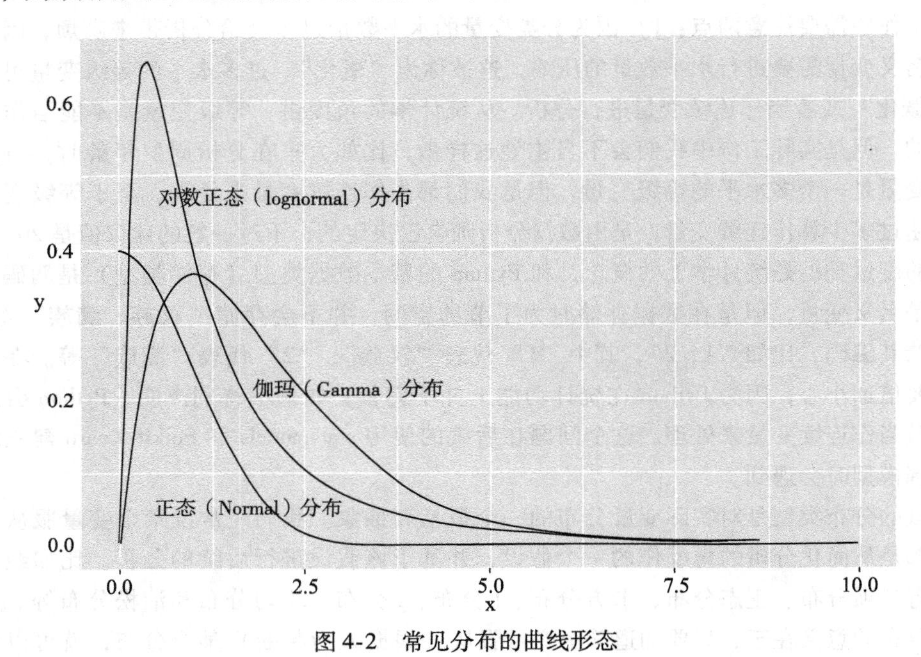

图 4-2 常见分布的曲线形态

一个变量的分布有有限个参数，只要明确这些参数的取值，该变量分布的具体形态和性质就可以确定了。比如二项分布的参数为任意一个类别的概率，正态分布的参数有两个，分别是均值和方差。

4.1.2 分类变量的统计量

名义变量和等级变量统称为分类变量，其中名义变量是指变量值不能比较大小的分类变量，因此是没有方向的，例如性别（男/女），我们既不能说女性高于男性，也不能说男性高于女性。这类变量还有民族（汉/满等）、职业（教师/工人/服务员等）、行业（采掘业/制造业等）。等级变量是指变量值之间有等级关系，可以比较大小/高低的分类变量，因此是有方向的，如教育程度（小学 < 初中 < 高中 < 大学）、产品质量（低 < 中 < 高）等。

其中名义变量共有两类统计量，分别是频次、百分比。等级变量共有四类统计量，分别是频次、百分比、累积频次、累积百分比。这里以一个名义变量为例，名义变量的分布即为相应类别下数据的频次。以“是否出险”变量为例，计算其在相应类别下的频次与百分比。

如表 4-1 所示。

表 4-1 名义变量的统计量

是否出险	频次	百分比
否	3028	71.5
是	1205	28.5

绘制的柱形图如图 4-1 所示。柱形图以柱子的高度代表分类变量的统计量，既可以代表频次，也可以代表百分比。

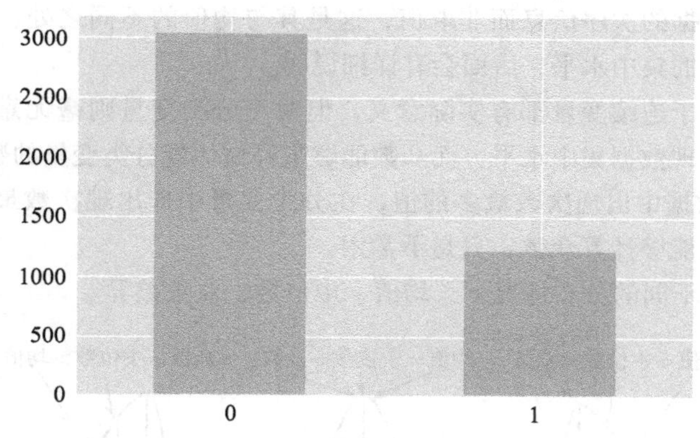

图 4-3 名义变量的柱形图表示

在柱形图中 0 代表没有出险，1 代表出险。

4.1.3 连续变量的分布与集中趋势

描述连续变量的统计量主要有如图 4-4 所示的四类统计量，分别用于描述数据的集中趋势、离中趋势、偏态程度与尖峰程度，其中第一类统计量常常作为整个变量的代表，因此非常重要。

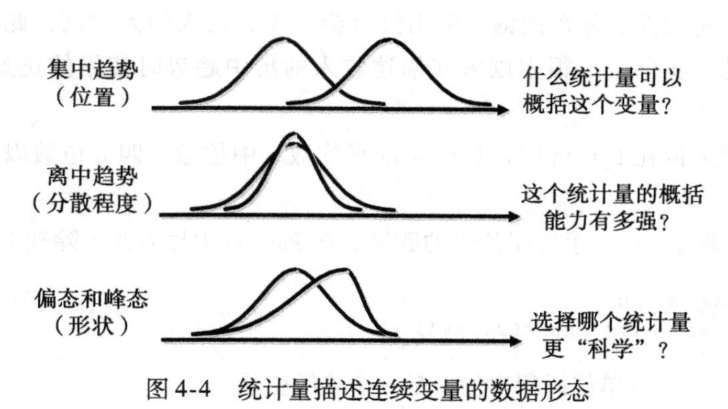

图 4-4 统计量描述连续变量的数据形态

数据的集中水平：使用某个指标代表数据的集中趋势，常见的指标有平均数、中位数与众数。

（1）平均数：即用加总变量的取值除以变量的个数。反映了数据集中水平。例如使用人均 GDP 体现某国家或地区的人民生活水平。

（2）中位数/四分位数/百分位数：首先将数据从小到大排列，再选取中间位置的数字作为数据的集中水平，这个数字就是中位数。当选取其他位置时，比如四分之一水平与四分之三水平位置时，就变成了四分位数。

与之类似的还有百分位数。

中位数使用了数据的次序信息而非取值，这是其与均值的不同之处，而某些时候中位数比均值更能反映数据的集中水平，后面会有详细说明。

上述两种指标对于连续变量都有实际意义，但对于分类变量则毫无意义，例如性别的平均数或中位数难以展现数据集中水平，而众数能够很好地体现分类变量的数据集中水平。

（3）众数：即数据中出现次数最多的值，在分类变量中即出现次数最多的一类数据，当然对于连续型变量也能够计算众数，只是不常用。

图 4-5 描述了在不同的分布情况下，均值、中位数、众数差异。

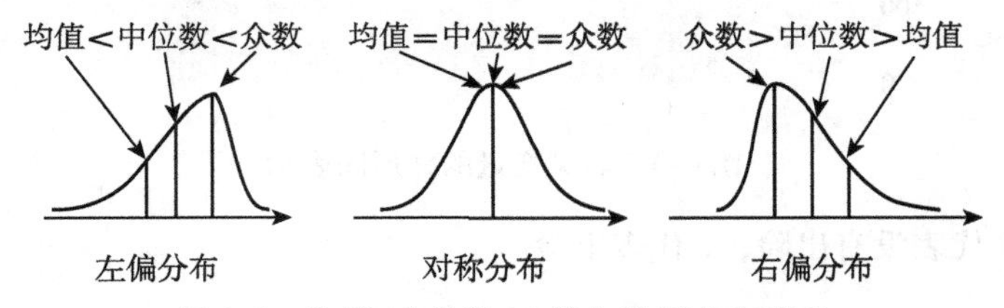

图 4-5　均值/中位数/众数与数据分布形态

可以看到，当数据分布对称时，三者数值大小是一致的，在这种情况下三者都可以很好地反映数据的集中趋势，但是当数据不对称的时候，三者会有明显区别，描述数据集中水平的能力也会有所差异。例如收入是一个典型的右偏分布的变量，高收入的人数量极少，但收入极高，这样就会将数据的分布拉偏，平均值就会被极大收入的人拉高，此时中位数更能反映数据的集中趋势。实际上，很多国家在描述收入的集中趋势时使用的正是收入的中位数，而非平均数。

接下来会演示如何在 Python 中计算变量的平均数、中位数、四分位数以及输出变量分布的直方图。

sndHsPr 数据集是一份二手房屋价格的数据，在 Pandas 中导入并去除缺失值：

```
>import pandas as pd
>data = pd.read_csv('sndHsPr.csv')
```

其中变量 price，表示单位面积房价，是一个连续变量。

求 price 的均值平均数：

```
> snd.price.agg(['mean','median','std'])
mean      61151.810919
median    57473.000000
std       22293.358147
```

求 price 的四分位数，忽略缺失值：

```
>data.price.quantile([0.25,0.5,0.75])
0.25    42812.25
0.50    57473.00
0.75    76099.75
Name:price, dtype: float64
```

查看 price 变量的分布，这里的 bins 参数表示直方图下的区间个数：

```
>data.price.hist(bins =20)
```

如图 4-6 所示，可以看出单位面积房价略有一些右偏。

直方图是观察连续变量分布最直观的工具。它与柱形图类似，由于连续变量取任意一个值的概率趋于零，因此需要将连续变量分段（称为分箱），然后统计每段数据中的频次，如图 4-7 所示。

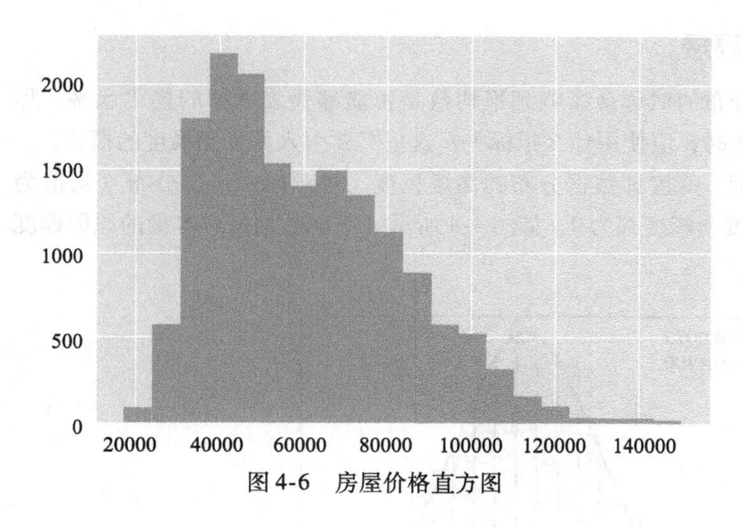

图 4-6　房屋价格直方图

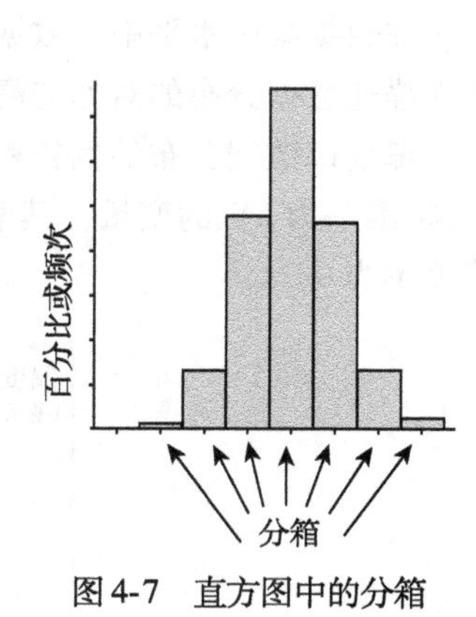

图 4-7　直方图中的分箱

4.1.4　连续变量的离散程度

只描述数据的集中水平是不够的，因为这样会忽视数据的差异情况。这里需要引入另一种指标或统计量用以描述数据的离散程度。

描述数据离散程度的常见指标有极差、方差和平均绝对偏差。

（1）极差：即变量的最大值与最小值之差。

（2）方差和标准差：

$$方差(Variance):\sigma^2 = \frac{1}{n-1}\sum_{i=1}^{n}(x_i - \bar{x})^2$$

$$标准差(StandardDeviation):\sigma = \sqrt{\frac{1}{n-1}\sum_{i=1}^{n}(x_i - \bar{x})^2}$$

(3) $$平均绝对偏差(MeanAbsoluteDeviation):MAD = \frac{1}{n}\sum_{i=1}^{n}|x_i - \bar{x}|$$

三种指标都能够反映数据的离散程度，但方差和标准差以其优秀的数学性质（可求导）得到广泛使用。

在 Python 中可以使用以下方法求变量的极差、方差、标准差与平均绝对偏差。

这里仍旧使用信用评分变量 price：

求 price 的极差时，可以通过 max 与 min 函数得到变量的最大值与最小值：

```
>data.price.max()-data.price.min()
```

求 price 的方差与标准差：

```
>data.price.var()#求方差
>data.price.std()#求标准差
```

4.1.5 数据分布的对称与高矮

在数据集中水平中，数据分布的对称会影响到平均数是否能够代表数据的集中水平。那么在描述数据分布的对称与高矮时，应使用什么指标呢？这里需要引入偏度和峰度的概念。

偏度即数据分布的偏斜程度，峰度即数据分布的高矮程度。对于标准正态分布（均值为0，标准差为1）的变量，其偏度与峰度都为0，如图4-8 所示（下面数据因样本量的原因偏度峰度不为0）。

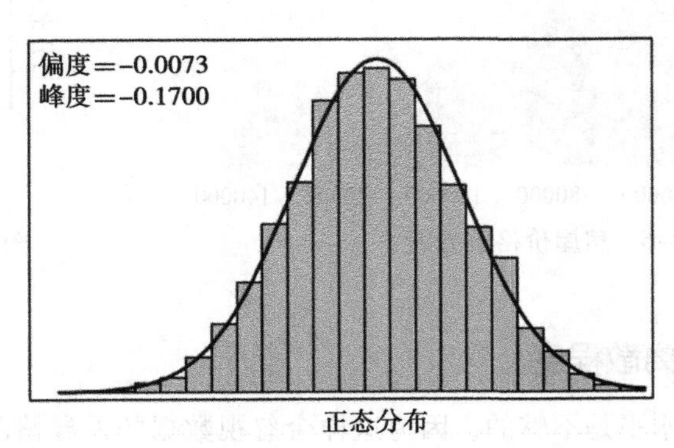

图4-8 正态样本的偏度/峰度示意

偏度大小以及正负取决于分布偏移的方向及程度，如图4-9 所示。

左偏分布时，偏度小于0；对称分布时，偏度为0；右偏分布时，偏度大于0。

峰度大小与正负取决于分布相较标准正态分布的高矮，如图4-10 所示。

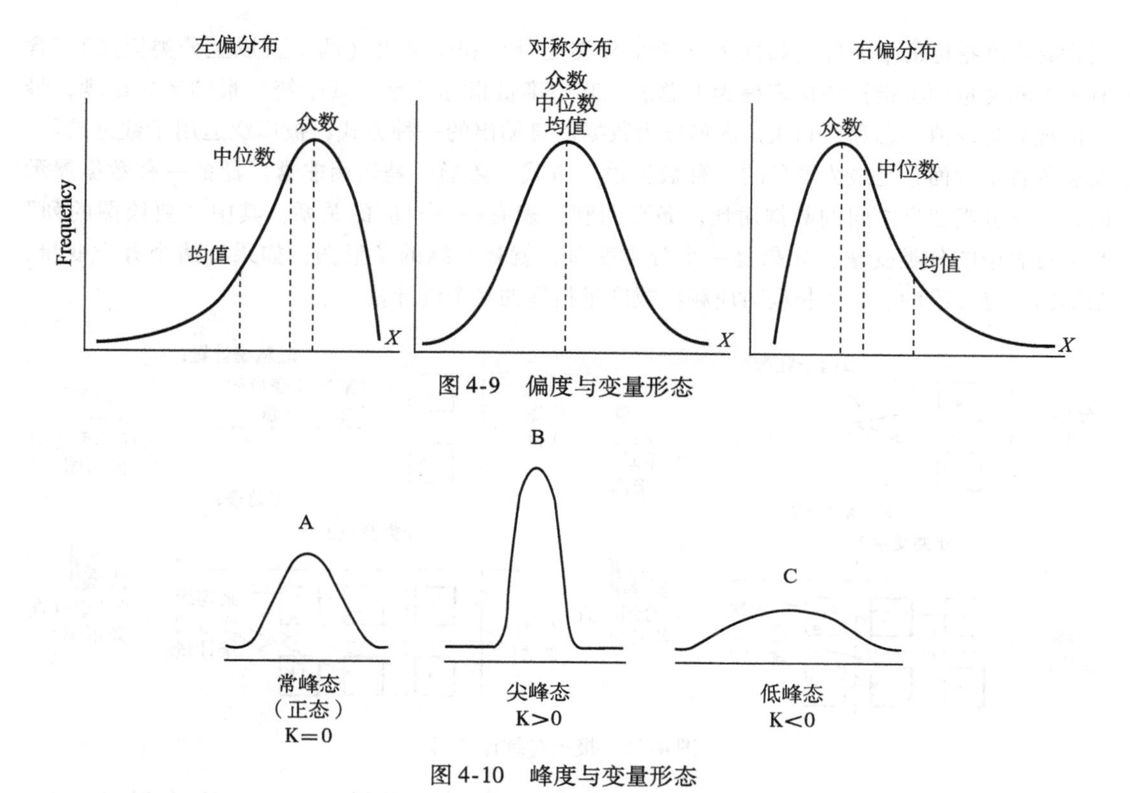

图 4-9　偏度与变量形态

图 4-10　峰度与变量形态

峰度大于 0，说明变量的分布相比较于标准正态分布要更加密集。同理，峰度小于 0 则较为分散。

在 Pandas 中，提供了 skew 和 kurtosis 方法实现偏度与峰度。例如，模拟 100 个标准正态分布的随机数如下所示：

```
>normal = pd.Series(np.random.randn(1000),name='normal')
```

计算数据的偏度，使用 skew 方法如下：

```
>normal.skew()
-0.019933802156108845
```

计算数据的峰度，使用 kurtosis 方法如下：

```
>normal.kurtosis()
-0.014272384542110217
```

4.2　制作报表与统计制图

报表会展现数据的主要信息，其中分为维度（分类变量）指标和度量（连续变量）指标。

仅含有维度指标的报表称为频次表（单个分类变量）和交叉表（两个及以上分类变量），含有维度和度量两类指标的报表称为汇总表，其中度量指标总是以某个统计量的形式出现，最常出现的是均值、总和、频次。图形作为数据信息输出的一种方式，被广泛运用于数据展示、交流等各个方面，是最为形象的一种数据输出方式。条形图是运用非常广泛的一种数据展示图，便于分类变量之间的数据对比。条形图和报表有一一对应的关系。其中"要绘图的列"是汇总表中的分类变量。如果是一个分类变量，就是一维的条形图；如果有两个分类变量，条形图就是二维的。条的长度对应频次或度量指标的某个统计量。

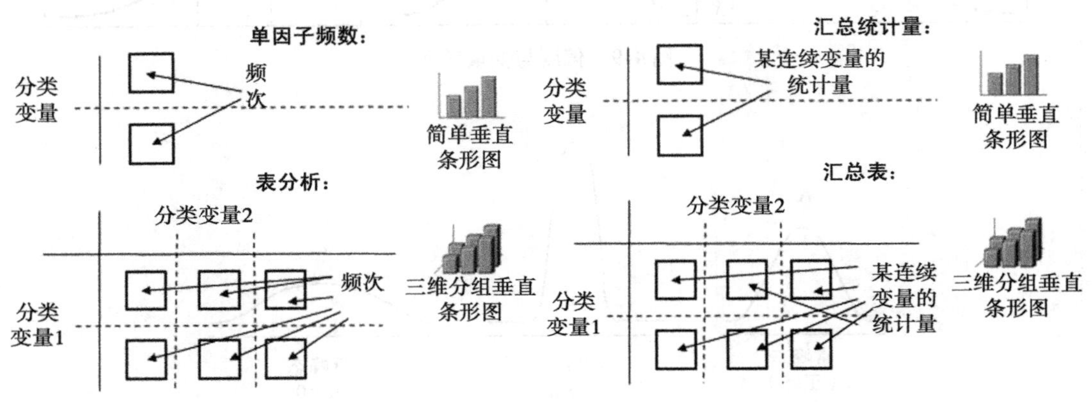

图 4-11 报表与统计图形

接下来使用一份二手房数据（sndHsPr. csv）演示如何制作报表并进行可视化展现。以下是该数据的变量名和意义。我们关心的是单位面积房价，不但关心其本身的统计特征（统计量），还关心影响这个变量的因素。

dist	roomnum	halls	AREA	floor	subway	school	price	district
城区（拼音）	卧室数	厅数	房屋面积	楼层	是否地铁房	是否学区房	单位面积房价	城区（中文）

制作报表就是根据数据类型，选取合适统计量并进行展现的过程。如图 4-12 所示，表现的是一个比较全面的二维表模版，而三维表只不过是简单的叠加而已。水平轴和垂直轴分别是两个分类变量。单元格中存放的是某个变量的统计量，如果单元格中没有放入任何变量，单元格展现的是频次或百分比等指标。如果放入了某个连续变量，则单元格展现的就是这个连续变量的某个统计量。比如均值、总和等。

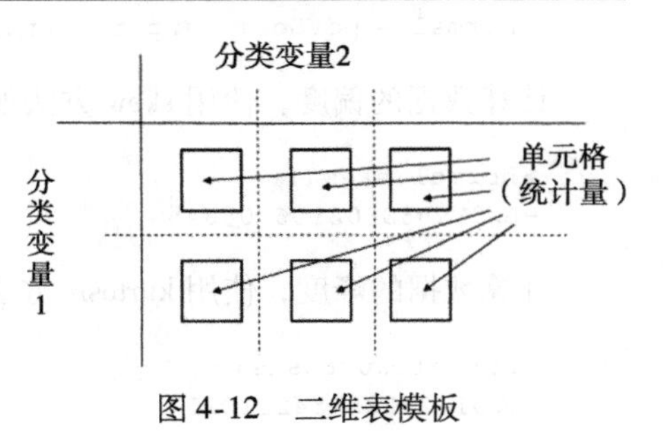

图 4-12 二维表模板

将二维表模版的内容进行缩减，分别可以得到单因子频数、表分析、汇总统计量和汇总表任务，具体说明如下。

单因子频数：仅分析单个分类变量的分布情况，提供每个水平的频次、百分比和累积值，如图4-13所示。

snd为读入数据后的数据框名称，district为该住房所在城区的中文名称，value_counts()函数获取每城区出现的频次，完整的语句为snd.district.value_counts()。用条形图展现这个频次统计的语句为snd.district.value_counts().plot(kind='bar')，其中“kind =”为图表类型，柱形图为bar，饼形图为pie。

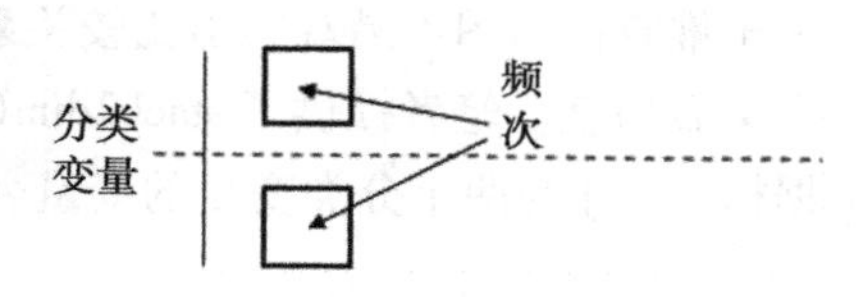

图4-13 单因子频数统计

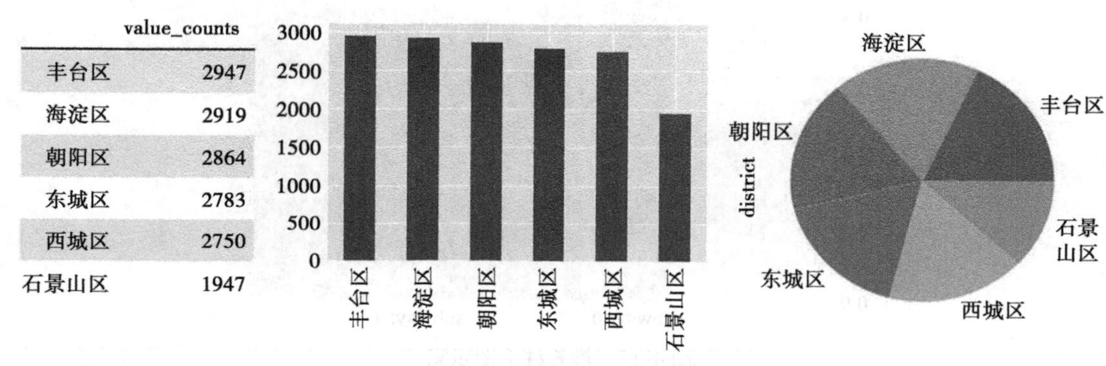

图4-14 单因子统计图形示意

表分析：分析两个分类变量的联合分布情况，提供每个单元格的频次、百分比和边沿分布情况，如图4-15所示。

表分析（也称为交叉表）用的函数为pd.crosstab()，比如分析是否有地铁与是否是学区房之间的关系，语句为pd.crosstab（snd.subway，snd.school）。可以使用标准化的堆叠柱形图对表分析的结果进行展现。其步骤是先获取交叉表的结果，然后使用div（sub_sch.sum（1），axis = 0）函数计算交叉表的行百分比，然后作柱形图。

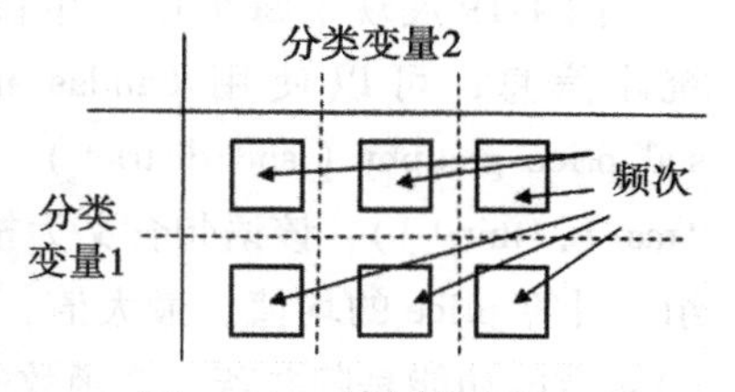

图4-15 表分析示意

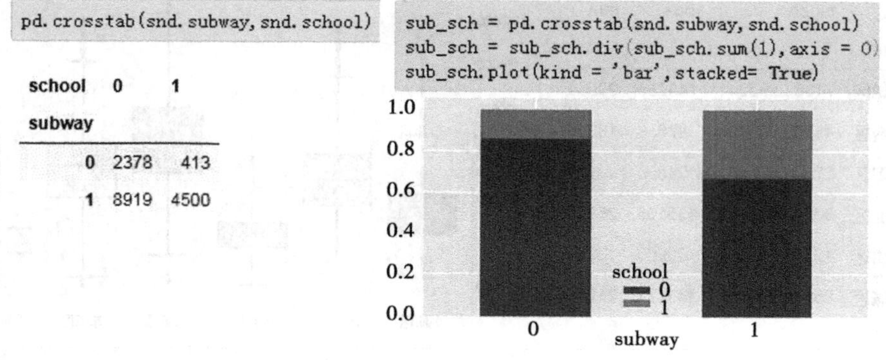

图4-16 表分析统计图形

标准化堆叠柱形图无法展现横轴变量本身的分布情况，因此许多报告中使用堆叠柱形图。由于堆叠柱形图不易观察出比较关系，笔者所不推荐使用。读者可以采用图 4-17 来展现全部交叉表信息。笔者提供了 stack2dim( ) 函数制作下图，主要参数：raw 为 Pandas 的 DataFrame 数据框，i、j 为两个分类变量的变量名称，要求带引号，比如“school”。

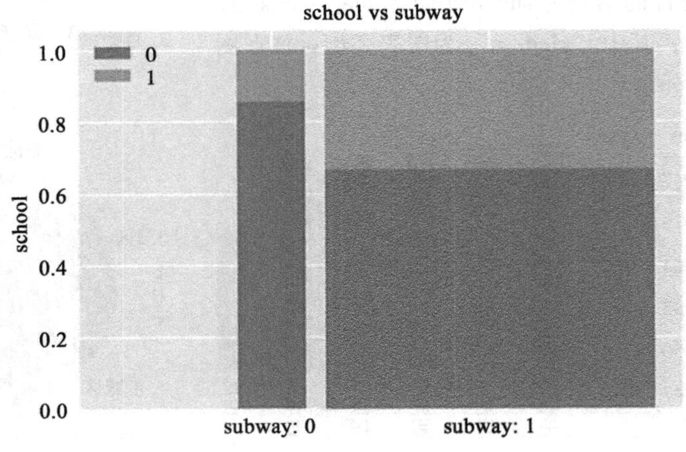

图 4-17　堆叠柱形图示意

汇总统计量：按照某个分类变量分组，对连续变量进行描述性统计。分布分析也提供了类似的功能，如图 4-18 所示。

图 4-19 展现了每个城区单位面积房价的主要统计信息，可以使用 Pandas 相应的方法函数 snd. price. groupby (snd. district) . agg ([' mean ', 'max','min'])，该语句含义为按照 district 变量分组，计算 price 的均值、最大值、最小值，其中 agg ( ) 函数的功能是归并若干个函数的结果。

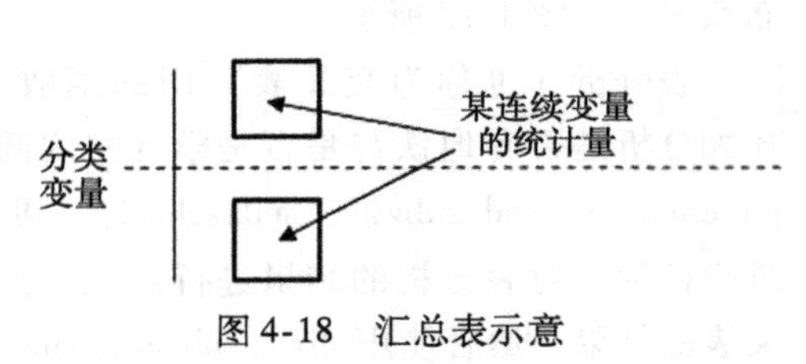

图 4-18　汇总表示意

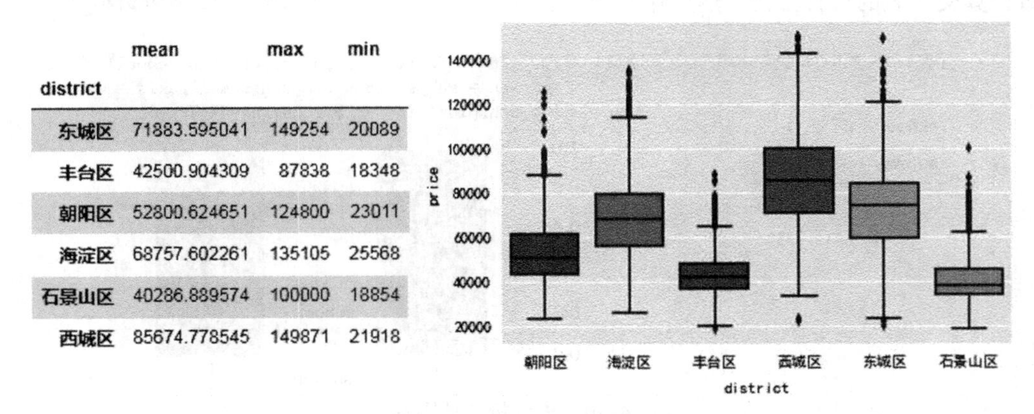

district	mean	max	min
东城区	71883.595041	149254	20089
丰台区	42500.904309	87838	18348
朝阳区	52800.624651	124800	23011
海淀区	68757.602261	135105	25568
石景山区	40286.889574	100000	18854
西城区	85674.778545	149871	21918

图 4-19　汇总统计表与图形

盒须图也称为箱线图，能够提供某变量分布以及异常值的信息，其通过分位数来概括某变量的分布信息从而比较不同变量的分布。

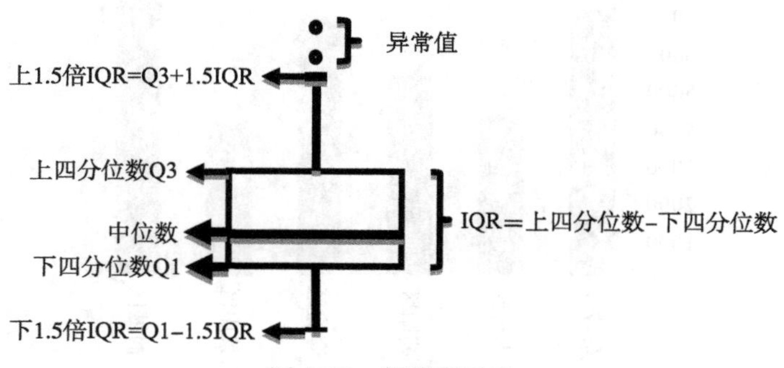

图4-20　箱线图示意

箱线图的基本元素包括：

（1）IQR。变量上下四分位数之间的数据，这个范围代表了数据中50%的数据。

（2）中位数。中位数的位置代表变量中位数在总体分布中的位置。

（3）1.5倍IQR。上下1.5倍IQR表示上下1.5倍IQR范围的数据。超出这个区间范围的数据即异常值。

（4）多个箱线图的比较。在进行不同变量的箱线图比较时，可以通过中位数位置来比较两变量数据的中位数差异状况。

图4-21[⊖]对比了直方图与箱线图，可以看出两者具有一致性。

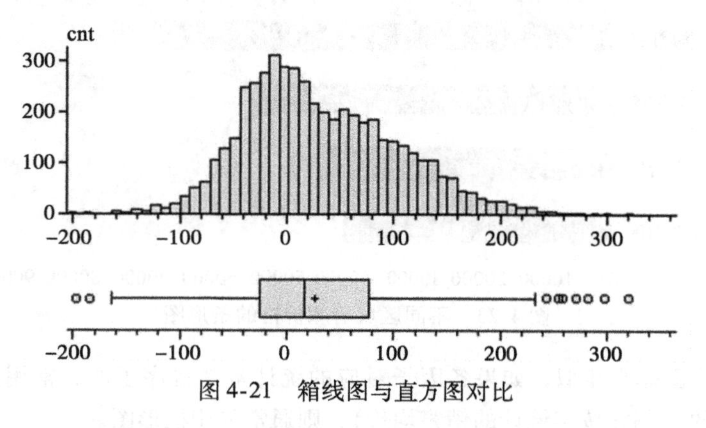

图4-21　箱线图与直方图对比

分类盒须图表现了连续变量的多个统计信息，如果只展现一个统计量，可以使用柱形图，使用的语句为 snd. price. groupby(snd. district). mean(). plot(kind = 'bar')，其中使用每个城区单位面积房屋均价作为柱高，如图4-22所示。

⊖ 出自：http://junkcharts. typepad. com/junk_charts/boxplot/。

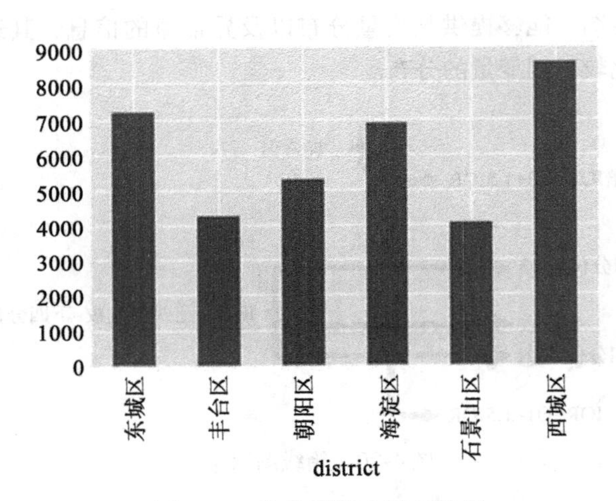

图 4-22 在柱形图中展现数据

如果我们关心的是每个城区平均房屋价格的排序情况，则使用条形图，如图 4-23 所示。使用的语句为：snd. price. groupby(snd. district). mean( ). sort_values(ascending = True). plot(kind = 'barh')

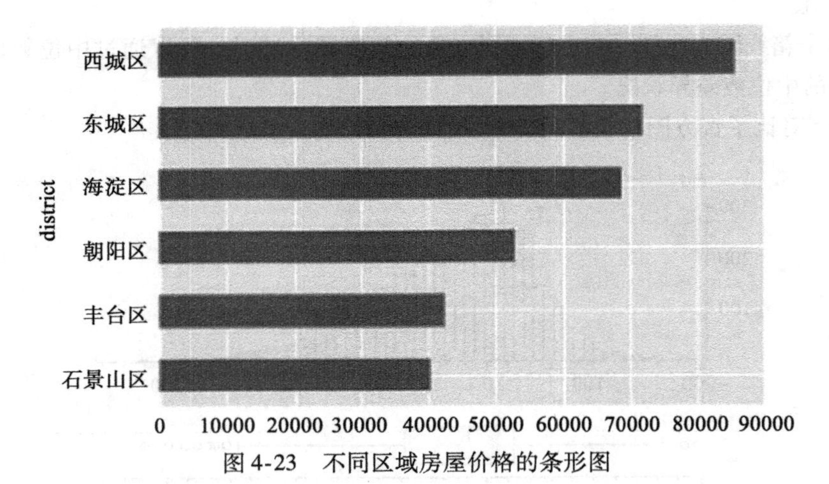

图 4-23 不同区域房屋价格的条形图

条形图与柱形图非常相似，如果各因子对应的统计量是排序了的，常用条形图；而如果因子本身是有序的（例如按年统计的销售均价），则通常采用柱形图。

4.3 制图的步骤

通过对数据进行可视化，可以很直观地了解数据的分布情况，根据分布做出业务解释。本节会详细讲解制图步骤，使读者能够更加规范地完成数据的可视化。

在进行描述性图表展示时，制图分为以下四步（图 4-24）：

1）整理原始数据：对初始数据进行预处理和清洗，以达到制图的要求。

2）明确表达的信息：根据初始可用数据，明确分析所要表达的信息。

3）确定比较的类型：明确所要表达信息中对目标比较的类型。

4）选择图表类型：选择合适的图表类型，进行绘制并进行展示。

图 4-24　制图时的逻辑

第一步，对于初始数据要进行预处理以达到制图的目的，预处理环节包括对数据的分组汇总以及对不良、错误、缺失值的处理，如图 4-25 所示：

整理原始数据 → 确定表达的信息 → 确定比较的类型 → 确定图表类型

年份	销售员	市场	销售额	利润
2010	赵	东	267310	32117
2010	钱	南	295000	38171
2010	李	南	291520	35639
2010	周	南	316470	41241
2010	郑	南	296340	29595
2011	钱	西	275680	27857
2011	孙	西	298030	36228
2011	周	北	314990	38385
2011	吴	东	337040	44445
2011	郑	东	303160	24127

整理好的规整数据是做后续分析的基础。

图 4-25　制图步骤——原始数据整理示意

第二步，确定表达的信息。数据经过整理后蕴含了很多的信息，根据业务目标重点处理需要关注的信息。例如在图 4-26 中，初始数据可以表达两个方面的信息，即时间序列信息与区域比较信息，此时可以根据需求对这些信息进行比较并为下一步的展示做好基础工作。

第三步，确定比较的类型。展示图形是为了比较各个维度的差异情况，例如时间序列可以比较不同时间指标的差异，区域比较可以比较不同地域指标的差异情况，除此之外还可以比较很多维度，如图 4-27 所示：

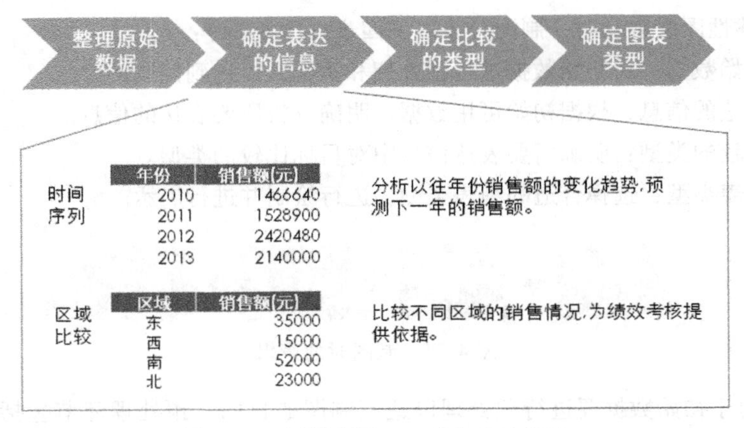

图 4-26 制图步骤——确定表达信息

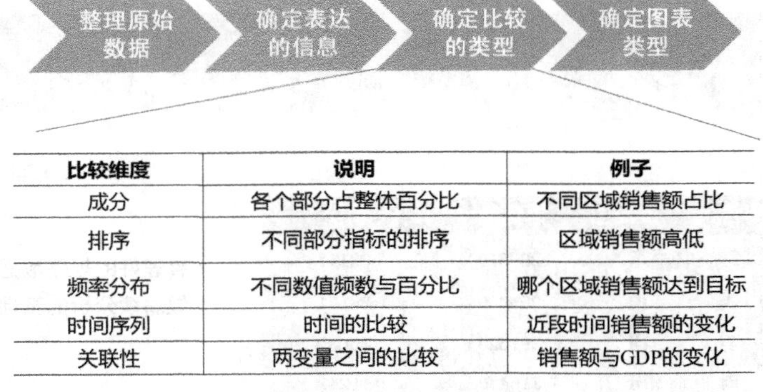

比较维度	说明	例子
成分	各个部分占整体百分比	不同区域销售额占比
排序	不同部分指标的排序	区域销售额高低
频率分布	不同数值频数与百分比	哪个区域销售额达到目标
时间序列	时间的比较	近段时间销售额的变化
关联性	两变量之间的比较	销售额与GDP的变化

图 4-27 制图步骤——确定比较类型

第四步，确定图表类型。图表类型多种多样，选择合适的图表表达特定的信息是必要的（图 4-28）。

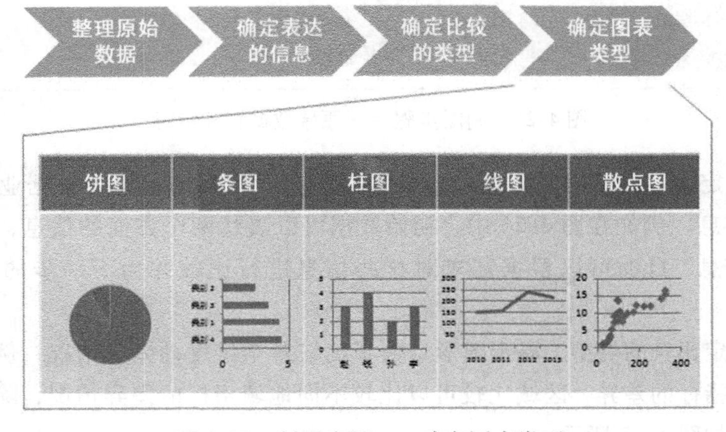

图 4-28 制图步骤——确定图表类型

而不同图表在表达特定的信息时也是有所讲究的，一般可参考图4-29：

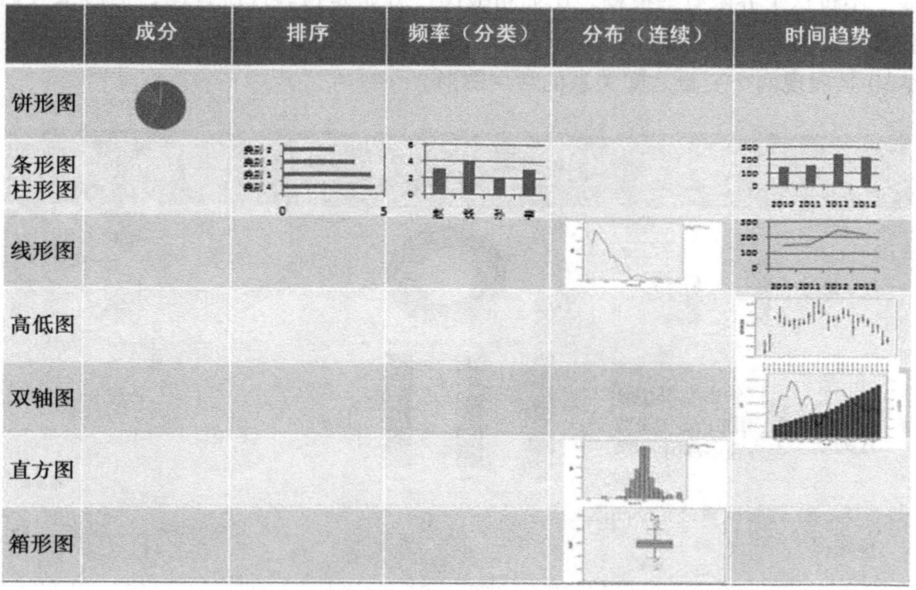

	成分	排序	频率（分类）	分布（连续）	时间趋势
饼形图					
条形图 柱形图					
线形图					
高低图					
双轴图					
直方图					
箱形图					

图4-29　单变量信息表达与常用图形

这里需要说明的是：

“条形图”与“柱形图”具有细微的差异，两个图形经常会被混用。因此使用时可参考以下场景进行区分：按照因子排序展现数据的时候常用柱状图（例如使用时间作为因子）；如果因子是无序的，同时要求按照数据大小进行展示时常用条形图（例如展示不同地区的房价，房价总高到低排序）。

“双轴图”由于存在两个y轴，容易混淆，因此广受诟病。其实“双轴图”在使用中有其特殊的用途和约定俗成的使用情景。其中的x轴为时间，左y轴为指标水平（也称作绝对量，比如GDP）的刻度，右y轴为指标增长率（也称作变化率，比如GDP增长率）。而且用柱形代表水平，用线形代表增长率。

统计图是对统计汇总表的形象展示。例如：Excel虽然提供了很多的图表功能，但是严格来说，Excel并不能直接做出统计图，它需要在个体记录原始数据的基础上进行统计汇总，然后根据汇总数据进行作图。而Python中的很多作图功能是直接基于个体记录的原始数据。

每类统计图是为了满足特定的叙述目的而做的，而且类似于语言，统计图也有其明确的定义与叙述方式。复杂叙述目的的实现需要综合运用每类统计图，而不是创造出复杂的图形。好的统计图可以使读者在仅阅读标题关键字和图形，并且不用注意任何坐标轴、刻度和附注的情况下顺利理解图形表达的意义。

统计图分为描述性统计图和检验性统计图，前者是对某些变量分布、趋势的描述，多出现在工作报告中和统计报告中，比如饼图、条图。后者是对特定统计检验和统计量的形象展示，仅出现在特定统计报告中，一般不会出现在工作报告中，比如直方图、箱线图、P-P 图和 ROC 曲线。不过这个界限有些模糊，比如箱线图一开始是检验性统计图，但后来人们觉得其可以很直观地表现连续函数和分类变量的关系时，所以也被广泛用于工作报告中。

图 4-30 是展现两个变量之间关系的常用图形。

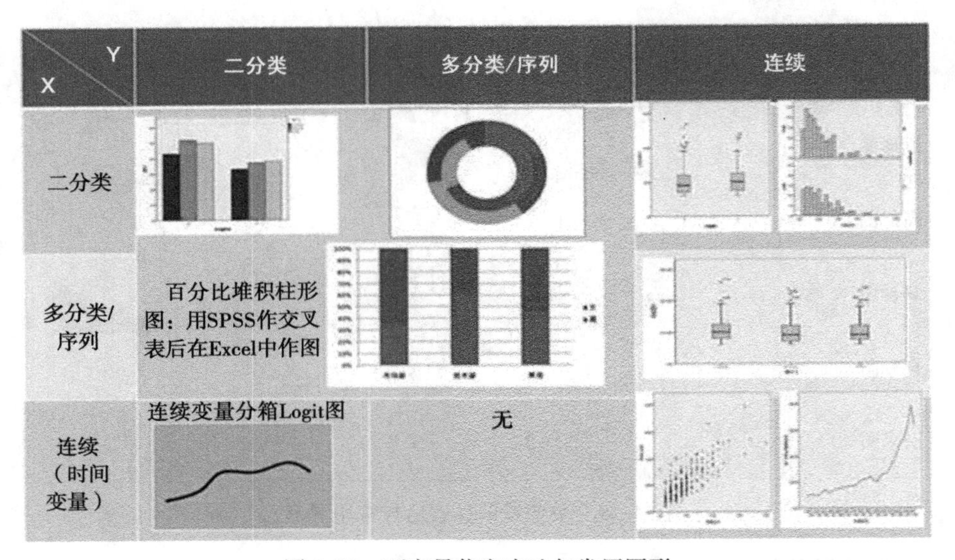

图 4-30 两变量信息表达与常用图形

在上一节中，两个代表双变量关系的图还没有讲解，分别是代表两个连续变量关系的散点图，以及代表连续变量对二分类变量影响的 Logit 图。

以二手房价数据（“sndHsPr. csv”）中的房屋使用面积和单位面积房价这两个变量为例，分析两变量之间的关系。使用的语句为 snd. plot. scatter(x = 'AREA', y = 'price')。其中 snd 是数据框，函数的参数中，x 表示横轴，y 表示纵轴。如图 4-31 所示，没有发现两者有明显关系。详细散点图的使用会在 7. 1 节中详解。

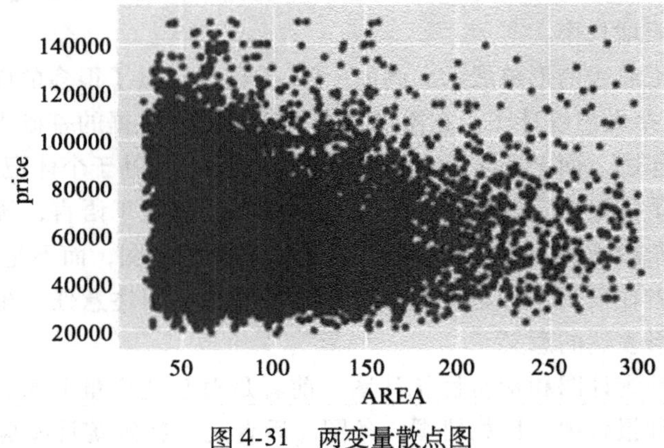

图 4-31 两变量散点图

Logit 图用于分析连续变量对二分类变量的影响，因此需要被研究变量是二分变量。以下是一份车辆出险保险理赔数据（auto_ ins. csv），Loss 为 0 - 1 变量，代表车辆是否出险。其他变量为车主特征、汽车特征。变量说明如下：

EngSize	Age	Gender	Marital	exp	Owner	vAge	Garage	AntiTFD	import	Loss
引擎大小	年龄	性别	婚姻	驾龄	是否所有者	车龄	固定车位	防盗	是否进口	是否出险

图 4-32 是司机的驾龄和是否出险的 Logit 图，线代表两变量之间的关系，柱代表司机驾龄的分布情况。可以看出随着驾龄的增加，出险的概率在下降。此处使用的是 woe 包进行计算，语句为 woe. fit（auto. exp，auto. Loss）。该函数只要第一个参数属于横轴变量，第二个参数属于被解释的分类即可。

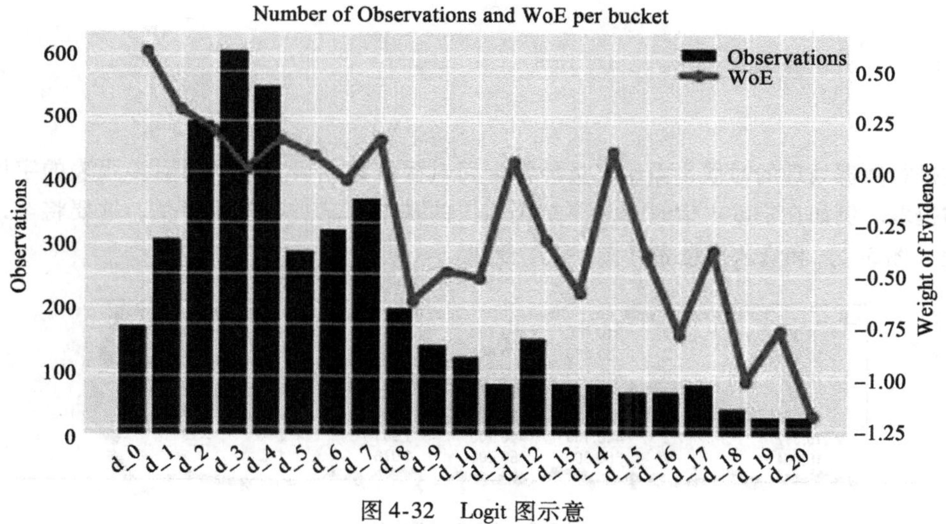

图 4-32　Logit 图示意

Chapter 5 第5章

数据整合和数据清洗

在进行数据处理的时候，操作人员经常会面对多张数据表，并需要对多张表的字段进行合并与提取。例如在贷款申请时，需要结合客户的基本信息进行信用评估。这要将客户基本信息表（图5-2）和贷款信息表（图5-1）合并。

u_id	credit_record	work_city	house_hold	year_born	house_type	car_type	gender
3,350	2	310,100	350,700	1,987	1	1	
10,208	2	330,100	420,600	1,985	2	2	
12,084	3	510,100	510,800	1,985	1	1	
14,642	2	410,100	410,100	1,963	6	1	
15,054	2	320,500	320,500	1,986	2	2	
15,092	2	440,100	440,100	1,981	2	3	
16,084	2	350,200	350,200	1,978	1	1	

图5-1　客户贷款信息

id	gsd_zone_id	zone_id	c_time	remark	mo
1,679,735	350,100	350,100	3788736:08:13	出生日期:1984年10月 工作所在地:福州<br	
1,679,792	500,100	500,100	3788736:35:06	名下是否有车产:无 是否有两年内信用记录:	
1,679,798	370,200	370,200	3788736:40:07	名下是否有车产:有 是否有两年内信用记录:	
1,679,841	310,100	310,100	3788737:03:02	出生日期:1978年5月 工作所在地:上海<br /	
1,679,849	130,200	130,200	3788737:08:58	出生日期:1982年3月 工作所在地:唐山<br /	
1,679,869	320,200	320,200	3788737:15:09	名下是否有车产:无 是否有两年内信用记录:	
1,679,955	321,100	321,100	3788738:26:54	出生日期:1980年8月 工作所在地:镇江<br /	

图5-2　客户基本信息

这里涉及表的横向连接问题，这是一个典型的数据整合问题。此外，为了进行数据整合，我们还需要掌握对数据进行列选择、创建、删除等基本操作。

整合好的数据很可能存在错误和异常，比如非正常的交易时间、未开通业务地区的交易记录，因此需要进行数据清洗。本章将对这些内容进行统一介绍。

5.1　数据整合

本节数据介绍了在 Pandas 中数据整合的常见方式，既可以通过 SQL 语句进行数据整合，也可以通过 Pandas 自带函数进行数据整合，本节主要介绍 Pandas 数据整合方法，可能涉及 Numpy 的操作。关于使用 SQL 进行数据整合的方法读者可参考 sqlite3 的 API 相关文档[⊖]。

5.1.1　行列操作

Pandas 数据框可以方便地选择指定列、指定行，例如创建一个数据框 np. random. randn（4，5）表示产生一组 4 行、5 列的正态分布随机数，columns 参数表示定义相应的列名。

```
>import pandas as pd
>import numpy as np
>sample = pd.DataFrame(np.random.randn(4, 5),
                       columns =['a','b','c','d','e'])
>sample
a      b          c          d         e
0  2.598999  0.365733 -0.131883 1.243394 -0.080329
1  0.770296  1.702117 -0.898848 0.665486 -0.788601
2  1.153423  0.200933 -1.991247 1.467254  0.475288
3 -0.769613 -0.076843 -0.741360 1.388260  0.945460
```

1. 选择单列

选择单列有很多方法，最直接的是以列名选择列，如下方式可以按照列名选择列：

```
>sample['a']
0   -1.753756
1    1.972577
2    0.542489
3   -2.021418
Name: a, dtype: float64
```

数据框的 ix、iloc、loc 方法都可以选择行、列，iloc 方法只能使用数值作为索引选择行、列，loc 方法在选择列时只能使用字符索引，ix 方法则可以使用两种索引。如下是 ix 方法选择列'a'。

```
>sample.ix[:,'a']
0    -1.753756
1     1.972577
2     0.542489
3    -2.021418
Name: a, dtype: float64
```

注意，选择单列时，返回的是 Pandas 序列结构的类，也可使用以下方法在选择单列时返

⊖ https://docs. python. org/3. 5/library/sqlite3. html。

回 Pandas 数据框类。

```
>sample[['a']]
          a
0  -1.753756
1   1.972577
2   0.542489
3  -2.021418
```

2. 选择多行和多列

数据框选择行时，可以直接使用行索引进行选择，如下所示，注意使用 ix 或 loc 选择时，行索引是前后都包括的，这与列表索引不太一样：

```
>sample.ix[0:2,0:2]
a         b
0  2.598999  0.365733
1  0.770296  1.702117
2  1.153423  0.200933
```

若习惯使用列表索引那样前包后不包，可以使用 iloc，如下所示：

```
>sample.iloc[0:2,0:2]
a         b
0  2.598999  0.365733
1  0.770296  1.702117
```

3. 创建、删除列

创建新列有两种方法，第一种直接通过列赋值完成，如下所示，新建列 'new_col'，取值由原先两列计算得出：

```
>sample['new_col1'] = sample['a'] - sample['b']
>sample
          a         b         c         d         e  new_col1
0  2.598999  0.365733 -0.131883  1.243394 -0.080329  2.233267
1  0.770296  1.702117 -0.898848  0.665486 -0.788601 -0.931821
2  1.153423  0.200933 -1.991247  1.467254  0.475288  0.952490
3 -0.769613 -0.076843 -0.741360  1.388260  0.945460 -0.692770
```

当然也可使用数据框的方法 assign 来完成赋值，不过这个方式生成的新变量并不会保留在原始表中，需要赋值给新表才可以。如下所示：

```
>sample.assign(new_col2 = sample['a'] - sample['b'],
               new_col3 = sample['a'] + sample['b'])
          a         b         c         d         e  new_col1  new_col2
0  2.598999  0.365733 -0.131883  1.243394 -0.080329  2.233267  2.233267
1  0.770296  1.702117 -0.898848  0.665486 -0.788601 -0.931821 -0.931821
2  1.153423  0.200933 -1.991247  1.467254  0.475288  0.952490  0.952490
3 -0.769613 -0.076843 -0.741360  1.388260  0.945460 -0.692770 -0.692770

   new_col3
0  2.964732
```

```
1   2.472413
2   1.354355
3  -0.846455
```

删除列时，可以使用数据框的方法 drop，其用法如下，例如删除 sample 的列'a'：

```
>sample.drop('a',axis=1)
b        c         d        e
0   0.365733 -0.131883 1.243394 -0.080329
1   1.702117 -0.898848 0.665486 -0.788601
2   0.200933 -1.991247 1.467254  0.475288
3  -0.076843 -0.741360 1.388260  0.945460
```

删除多列时，可以使用如下方法：

```
>sample.drop(['a','b'],axis=1)
c     d         e
0 -0.131883  1.243394 -0.080329
1 -0.898848  0.665486 -0.788601
2 -1.991247  1.467254  0.475288
3 -0.741360  1.388260  0.945460
```

5.1.2　条件查询

首先生成示例数据框：

```
>sample =pd.DataFrame({'name':['Bob','Lindy','Mark',
                               'Miki','Sully','Rose'],
                      'score':[98,78,87,77,65,67],
                      'group':[1,1,1,2,1,2],})
>sample
   group  name  score
0      1   Bob     98
1      1  Lindy    78
2      1   Mark    87
3      2   Miki    77
4      1  Sully    65
5      2   Rose    67
```

1. 单条件

涉及条件查询时，一般会使用一些比较运算符，例如“>”“==”“<”“>=”“<=”，比较运算符产生布尔类型的索引可用于条件查询，例如 sample 数据框查询 score 大于 70 分的人，首先生成 bool 索引，如下所示：

```
>sample.score > 70
0     True
1     True
2     True
3     True
4    False
5    False
```

```
Name: score, dtype: bool
```

再通过指定索引进行条件查询，返回 bool 值为 True 的数据：

```
>sample[sample.score > 70]
group   name  score
0     1    Bob    98
1     1  Lindy    78
2     1   Mark    87
3     2   Miki    77
```

在 Pandas 中，支持的比较运算符如表 5-1 所示：

表 5-1 Pandas 比较运算符一览

运算符	意义	示例	返回值
==	相等	1 ==2	FALSE
>	大于	1 >2	FALSE
<	小于	1 <2	TRUE
>=	大于等于	1 >=2	FALSE
<=	小于等于	1 <=2	TRUE
!=	不等于	1!=2	TRUE

2. 多条件

多条件查询时，涉及 bool 运算符，Pandas 支持以下 bool 运算符："&""~""|"，分别代表逻辑运算“与”“非”和“或”

当查询条件多于 1 个时，可以使用 bool 运算符生成完整的逻辑，例如查询组 1 且分数高于 70 分的所有记录：

```
>sample[(sample.score > 70) & (sample.group ==1)] #且
group     name  score
0     1    Bob    98
1     1  Lindy    78
2     1   Mark    87
```

再例如筛选非组 1 的所有记录：

```
>sample[~(sample.group ==1)] #非
group   name  score
3     2  Miki    77
5     2  Rose    67
```

筛选组 1 或组 2 的所有记录

```
>sample[(sample.group ==2) |(sample.group ==1)]
   group  name  score
0     1    Bob    98
1     1  Lindy    78
2     1   Mark    87
```

```
3      2    Miki    77
4      1   Sully    65
5      2    Rose    67
```

3. 使用 query

Pandas 数据框提供了方法 query，可以完成指定的条件查询，例如查询数据框 sample 中分数大于 90 分的纪录

```
>sample.query('score > 90')
group  name  score
0      1   Bob    98
```

多条件查询时，写法与 bool 索引类似：

```
>sample.query('(group ==2) |(group == 1)')
group  name  score
0      1   Bob    98
1      1 Lindy    78
2      1  Mark    87
3      2  Miki    77
4      1 Sully    65
5      2  Rose    67
```

4. 其他

Pandas 还提供了一些有用的方法可以更加简便地完成查询任务。这些方法如表 5-2 所示。

表 5-2　Pandas 常用条件查询方法

方法	示例	对象	解释
between	Df [Df. col. between (10, 20)]	pandas. Series	col 在 10 到 20 之间的记录
isin	Df [Df. col. isin (10, 20)]	pandas. Series	col 等于 10 或 20 的记录
str. contains	Df [Df. col. str. contains ('[M] +')]	pandas. Series	col 匹配以 M 开头的记录

between 方法类似于 SQL 中的 between and，例如查询 sample 中分数在 70 到 80 之间的记录，这里 70 与 80 的边界是包含在内的，若不希望包含在内可以将 inclusive 参数设定为 False：

```
>sample[sample['score'].between(70,80,inclusive=True)]
    group  name  score
1      1  Lindy    78
3      2   Miki    77
```

对于字符串列来说，可以使用 isin 方法进行查询，例如筛选姓名为'Bob' 'Lindy'的人的记录：

```
> sample[sample['name'].isin(['Bob','Lindy'])]
   group  name  score
0      1    Bob    98
1      1  Lindy    78
```

此外，还可使用 str. contains 来进行正则表达式匹配进行查询，例如查询姓名以 M 开头的

人的所有记录：

```
> sample[sample['name'].str.contains('[M]+')]
    group  name  score
2     1    Mark    87
3     2    Miki    77
```

5.1.3 横向连接

在本章开篇中，提到了客户信息表与贷款信息表连接的问题。

Pandas 数据框提供了 merge 方法以完成各种表的横向连接操作，这种连接操作与 SQL 语句的连接操作是类似的，包括内连接、外连接。此外，Pandas 也提供了按照行索引进行横向连接的方法。下面进行详细叙述。

1. 内连接

内连接（inner join）：查询结果只包括两张表中匹配的观测，用法简单，但是在数据分析中需谨慎使用，否则容易造成样本的缺失，如图 5-3 所示：

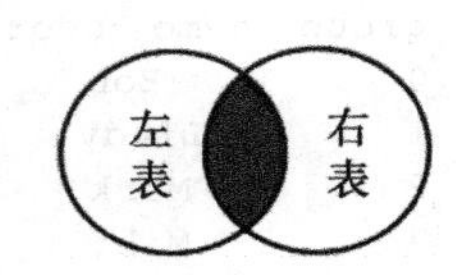

图 5-3 内连接示意图

以下两个数据框 df1 和 df2 为例：

```
> df1 = pd.DataFrame({'id':[1,2,3],
                      'col1':['a','b','c']})
> df2 = pd.DataFrame({'id':[4,3],
                      'col2':['d','e']})
> df1
col1  id
0  a  1
1  b  2
2  c  3
> df2
  col2  id
0  d  4
1  e  3
```

内连接使用 merge 函数示例，根据公共字段保留两表共有的信息，how = 'inner' 参数表示使用内连接，on 表示两表连接的公共字段，若公共字段在两表名称不一致时，可以通过 left_on 和 right_on 指定：

```
>df1.merge(df2,how='inner',on='id')
col1  id  col2
0  c  3  e
>df1.merge(df2,how='inner',left_on='id',right_on='id')
col1  id  col2
0  c  3  e
```

2. 外连接

外连接（outer join）包括左连接（left join）、右连接（right join）和全连接（full join）三

种连接，如图 5-4 所示。

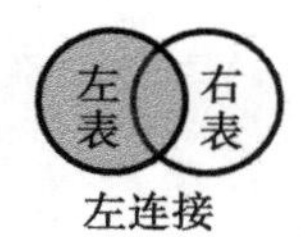

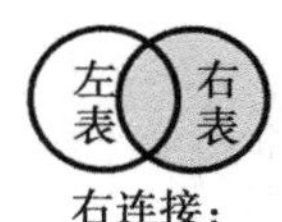

图 5-4 外连接示意图

左连接通过公共字段，保留左表的全部信息，右表在左表缺失的信息会以 NaN 补全，具体操作通过 merge 的参数 how = 'left'来实现，依旧以之前的 df1 和 df2 为例：

```
> df1.merge(df2,how = 'left',on = 'id')
  col1  id  col2
0    a  1   NaN
1    b  2   NaN
2    c  3     e
```

右连接和左连接相对，右连接通过公共字段，保留右表的全部信息，左表在右表缺失的信息会以 NaN 补全，具体操作通过 merge 的参数 how = 'right'来实现，依旧以之前的 df1 和 df2 为例：

```
> df1.merge(df2,how = 'right',on = 'id')
  col1   id  col2
0    c  3.0    e
1  NaN  4.0    d
```

全连接通过公共字段，保留两表的全部信息，两表互相缺失的信息会以 NaN 补全，具体操作通过 merge 的参数 how = 'outer'来实现，依旧以之前的 df1 和 df2 为例：

```
> df1.merge(df2,how = 'outer',on = 'id')
  col1   id  col2
0    a  1.0  NaN
1    b  2.0  NaN
2    c  3.0    e
3  NaN  4.0    d
```

3. 行索引连接

除了类 SQL 连接外，Pandas 也提供了直接按照行索引连接，使用 pd. concat 函数或数据框的 join 方法，以下是示例：

```
>df1 = pd.DataFrame({'id1':[1,2,3],
                    'col1':['a','b','c']},
                   index = [1,2,3])
>df2 = pd.DataFrame({'id2':[1,2,3],
                    'col2':['aa','bb','cc']},
                   index = [1,3,2])
>df1
col1  id1
1   a   1
```

```
2    b    2
3    c    3
>df2
col2  id2
1   aa    1
3   bb    2
2   cc    3
```

上述两表中，df1 索引为 1、2、3，df2 行索引为 1、3、2，按照索引连接后，索引行会一一对应。pd. concat 可以完成横向和纵向合并，这通过参数“axis =”来控制，当参数 axis = 1 时表示进行横向合并，结果如下：

```
>pd.concat([df1,df2],axis =1)
   col1  id1  col2  id2
1    a    1    aa    1
2    b    2    cc    3
3    c    3    bb    2
>df1.join(df2)
   col1  id1  col2  id2
1    a    1    aa    1
2    b    2    cc    3
3    c    3    bb    2
```

5.1.4 纵向合并

某公司四个季度的销售数据分散于四张表上，四张表字段名与含义完全相同，如果需要汇总全年的数据，那么需要拼接四张表，此时便涉及数据的纵向合并。

数据的纵向合并指将两张或多张表纵向拼接起来，使得原先两张或多张表的数据整合到一张表上，如图 5-5 所示。

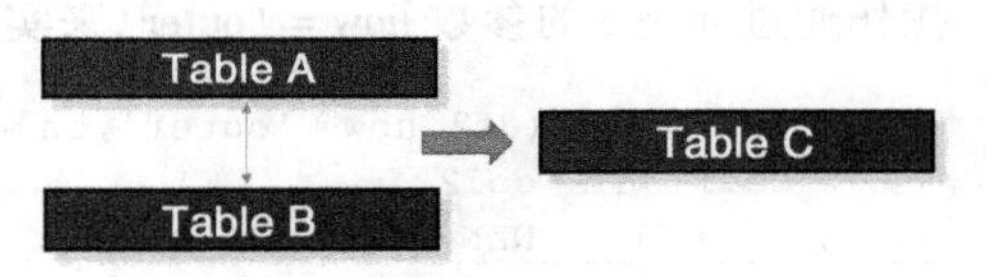

图 5-5 纵向合并数据示例

以如下两个数据框为例，df1 与 df2 中列变量名称相同。

```
> df1 = pd.DataFrame({'id':[1,1,1,2,3,4,6],
                      'col':['a','a','b','c','v','e','q']})
> df2 = pd.DataFrame({'id':[1,2,3,3,5],
                      'col':['x','y','z','v','w']})
> df1
  col  id
0  a   1
1  a   1
2  b   1
3  c   2
4  v   3
5  e   4
6  q   6
> df2
  col  id
```

```
0  x  1
1  y  2
2  z  3
3  v  3
4  w  5
```

Pandas 中提供 pd. concat 方法用于完成横向和纵向合并，当参数 axis = 0 时，类似于 SQL 中的 UNION ALL 操作。ignore_index = True 表示忽略 df1 与 df2 的原先的行索引，合并并重新排列索引，使用方法如下：

```
>pd.concat([df1,df2],ignore_index=True,axis=0)
col  id
0    a  1
1    a  1
2    b  1
3    c  2
4    v  3
5    e  4
6    q  6
7    x  1
8    y  2
9    z  3
10   v  3
11   w  5
```

注意到这种纵向连接是不去除完全重复的行的，若希望纵向连接并去除重复值，可直接调用数据框的 drop_duplicates 方法，类似于 SQL 中的 UNION 操作，如下所示，此时重复的第一行被去除了：

```
>pd.concat([df1,df2],ignore_index=True).drop_duplicates()
col  id
0    a  1
2    b  1
3    c  2
4    v  3
5    e  4
6    q  6
7    x  1
8    y  2
9    z  3
11   w  5
```

此外，在进行纵向连接时，若连接的表的列名或列个数不一致时，不一致的位置会产生缺失值。如下所示，首先将 df1 的列 col 重新命名为 new_col：

```
>df3 = df1.rename(columns = {'col':'new_col'})
>df3
new_col  id
0       a  1
1       a  1
2       b  1
```

```
3      c  2
4      v  3
5      e  4
6      q  6
```

此时再进行纵向合并，不一致处填补为 NaN：

```
>pd.concat([df1,df3],ignore_index=True).drop_duplicates()
   col  id  new_col
0    a   1     NaN
2    b   1     NaN
3    c   2     NaN
4    v   3     NaN
5    e   4     NaN
6    q   6     NaN
7  NaN   1       a
9  NaN   1       b
10 NaN   2       c
11 NaN   3       v
12 NaN   4       e
13 NaN   6       q
```

5.1.5 排序

在很多分析任务中，需要按照某个或某些指标对数据进行排序。Pandas 在排序时，根据排序的对象不同可细分为 sort_values、sort_index、sortlevel，与其字面意义相一致，分别代表了对值进行排序、对索引进行排序以及对多维索的不同级别 level 进行排序。最常见的是按照数值进行排序。

以如下数据框 sample 为例：

```
>sample=pd.DataFrame({'name':['Bob','Lindy','Mark','Miki','Sully','Rose'],
'score':[98,78,87,77,77,np.nan],
'group':[1,1,1,2,1,2],})
>sample
    group   name  score
0       1    Bob   98.0
1       1  Lindy   78.0
2       1   Mark   87.0
3       2   Miki   77.0
4       1  Sully   77.0
5       2   Rose    NaN
```

如下代码完成按照学生成绩降序排列数据，第一个参数表示排序的依据列，此处设为 score。ascending = False 代表降序排列，设定为 True 时表示升序排列（默认）；na_position = 'last'表示缺失值数据排列在数据的最后位置（默认值），该参数还可以设定为'first'表示缺失值排列在数据的最前面：

```
>sample.sort_values('score',ascending=False,na_position='last')
    group   name  score
```

```
0      1     Bob   98.0
2      1    Mark   87.0
1      1   Lindy   78.0
3      2    Miki   77.0
4      1   Sully   77.0
5      2    Rose    NaN
```

当然，排序的依据变量也可以是多个列，例如按照班级（group）、成绩（score）升序排序：

```
>sample.sort_values(['group','score'])
     group   name  score
4      1   Sully  77.0
1      1   Lindy  78.0
2      1    Mark  87.0
0      1     Bob  98.0
3      2    Miki  77.0
5      2    Rose   NaN
```

5.1.6　分组汇总

公司销售数据分析中，希望按照销售区域找到最高销售量记录，这就涉及分组汇总，即 SQL 中的 group by 语句。分组汇总操作中，会涉及分组变量、度量变量和汇总统计量。Pandas 提供了 groupby 方法进行分组汇总，这里以如下数据为例：

```
>sample = pd.read_csv('sample.csv', encoding='gbk')
>sample
    chinese  class  grade  math   name
0      88      1      1    98.0    Bob
1      78      1      1    78.0  Lindy
2      86      1      1    87.0   Mark
3      56      2      2    77.0   Miki
4      77      1      2    77.0  Sully
5      54      2      2     NaN   Rose
```

sample 数据框中，年级（grade）为分组变量，数学成绩（math）为度量变量，现需要查询年级 1 和年级 2 中数学最高成绩。groupby 后参数 'grade' 表示数据中的分组变量，max 表示汇总统计量为 max（最大），代码如下：

```
>sample.groupby('grade')[['math']].max()
grade  math
  1     98
  2     77
```

1. 分组变量

在进行分组汇总时，分组变量可以有多个，例如，按照“年级”“班级”顺序对数学成绩查询平均值，此时在 groupby 后接多个分组变量，以列表形式写出，结果中产生了多重索引，指代相应组的情况，如下所示：

```
>sample.groupby(['grade','class'])[['math']].mean()
math
grade class
1     1      87.666667
2     1      77.000000
      2      77.000000
```

2. 汇总变量

在进行分组汇总时，汇总变量也可以有多个，例如按照年级汇总数学、语文成绩，汇总统计量为均值。如下在 groupby 后直接使用中括号筛选相应列，再接汇总统计量：

```
>sample.groupby(['grade'])['math','chinese'].mean()
          math      chinese
grade
1      87.666667  84.000000
2      77.000000  62.333333
```

3. 汇总统计量

groupby 后可接的汇总统计量如表 5-3 所示：

表 5-3

方 法	解 释	方 法	解 释
mean	均值	mad	平均绝对偏差
max	最大值	count	计数
min	最小值	skew	偏度
median	中位数	quantile	指定分位数
std	标准差		

这些统计量方法可以直接接 groupby 对象使用，此外，agg 方法提供了一次汇总多个统计量的方法，例如，汇总各个班级的数学成绩的均值、最大值、最小值，如下所示，可在 agg 后接多个字符串用于指代相应的汇总总计量：

```
>sample.groupby('class')['math'].agg(['mean','min','max'])
class  mean  min   max
1      85.0  77.0  98.0
2      77.0  77.0  77.0
```

4. 多重索引

我们注意到，在进行分组汇总操作时，产生的结果并不是常见的二维表数据框，而是具有多重索引的数据框。Pandas 开发者设计这种类型的数据框是借鉴了 Excel 数据透视表的功能，这里简单介绍一下 Pandas 数据框的多重索引功能，以下列分组汇总数据框为例：

```
>df =sample.groupby(['grade','class'])['math','chinese']./
```

```
agg(['min','max'])
>df
              math        chinese
           min    max    min  max
grade class
1     1    78.0  98.0    78   88
2     1    77.0  77.0    77   77
      2    77.0  77.0    54   56
```

上述以年级、班级对学生的数学、语文成绩进行分组汇总，汇总统计量为均值。此时 df 数据框中有两个行索引和两个列索引。

当需要筛选列时，第一个中括号筛选第一重列索引，第二个中括号代表筛选第二重列索引，例如查询各个年级、班级的数学成绩的最小值。

```
>df['math']['min']
grade  class
1      1        78.0
2      1        77.0
       2        77.0
```

此外也可以以 ix 方法查询指定的列，注意多重列索引以“（）”方式写出：

```
>df.ix[:,('math','min')]
grade  class
1      1        78.0
2      1        77.0
       2        77.0
```

类似的，查询行索引时，也可以以相同方式写出，例如查询一年级一班数学成绩的最小值，如下：

```
>df.ix[(2,2),('math','min')]
77
```

5.1.7　拆分、堆叠列

1. 拆分列

在进行数据处理时，有时会要将原数据的指定列按照列的内容拆分为新的列，如图 5-6 所示：

具体上说，上述数据中，原数据一行由标示变量 cust_id，分组变量 type，值变量 Monetary 组成，经过拆分后，相当于原先分组变量 type 中的每个取值成为新列，相应值由原数据值变量 Monetary 的取值填补。

Pandas 提供了 pd.pivot_table 函数用于拆分列。

以如下数据为例：

```
>t
table = pd.DataFrame({'cust_id':[10001,10001,10002,10002,10003],
```

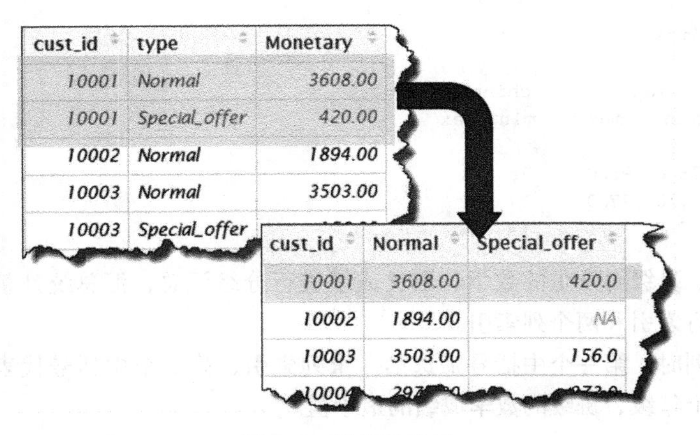

图 5-6 拆分列示例

```
                        'type':['Normal','Special_offer',\
                               'Normal','Special_offer','Special_offer'],
                        'Monetary':[3608,420,1894,3503,4567]})
>table
   Monetary  cust_id           type
0      3608    10001         Normal
1       420    10001  Special_offer
2      1894    10002         Normal
3      3503    10002  Special_offer
4      4567    10003  Special_offer
```

现需要将type拆分为两列，这里使用的是pd. pivot_ table函数，第一个参数为待拆分列的表，index表示原数据中的标示列，columns表示该变量中的取值将会成为新变量的变量名，values表示待拆分的列。结果如下，拆分列后默认汇总函数为均值，且缺失值情况NaN填补：

```
>pd.pivot_table(table,index='cust_id',columns='type',values='Monetary')
type     Normal  Special_offer
cust_id
10001    3608.0          420.0
10002    1894.0         3503.0
10003       NaN         4567.0
```

此外，pd. pivot_table函数提供了fill_value参数和aggfunc函数用于指定拆分列后的缺失值和分组汇总函数。如下拆分列操作中，缺失值填补为0，汇总统计量为求和，语法如下：

```
>pd.pivot_table(table,index='cust_id',columns='type',values='Monetary',
         fill_value=0,aggfunc='sum')
type     Normal  Special_offer
cust_id
10001    3608.0          420.0
10002    1894.0         3503.0
10003       0           4567.0
```

2. 堆叠列

堆叠列是拆分列的反操作，当存在表示列中有多个数值变量的时候，可以通过堆叠列将多列的数据堆积成一列，如图 5-7 所示：

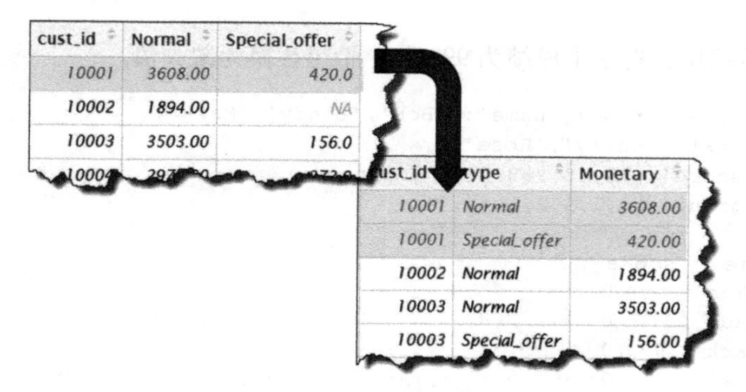

图 5-7　堆叠列示例

Pandas 提供了 pd. melt 函数用于完成堆叠列，以之前已经拆分好列的数据为例：

```
>table1 = pd.pivot_table(table,index='cust_id',
                        columns='type',
                        values='Monetary',
                        fill_value=0,
                        aggfunc=np.sum).reset_index()
>table1
type   cust_id  Normal  Special_offer
0       10001   3608          420
1       10002   1894.0       3503.0
2       10003      0          4567
```

对 table1 进行堆叠列操作，语法如下。table1 代表待堆叠列的列名，id_vars 代表标示变量，value_vars 代表待堆叠的变量，value_name 为堆叠后值变量列的名称，var_name 为堆叠后堆叠变量的名称，如下所是：

```
>pd.melt(table1,
     id_vars='cust_id',
     value_vars=['Normal','Special_offer'],
     value_name='Monetary',
     var_name='TYPE')

   cust_id          TYPE  Monetary
0   10001         Normal    3608
1   10002         Normal    1894
2   10003         Normal       0
3   10001  Special_offer     420
4   10002  Special_offer    3503
5   10003  Special_offer    4567
```

5.1.8　赋值与条件赋值

1. 赋值

在一些特定场合下，如错误值处理、异常值处理，可能会对原数据的某些值进行修改，此时会涉及类似SQL的insert或update操作。Pandas提供了一些方法能够快速高效地完成赋值操作。

例如，如下数据中，有学生成绩为999分，希望替换为缺失值。

```
>sample = pd.DataFrame({'name':['Bob','Lindy','Mark',
          'Miki','Sully','Rose'],
          'score':[99,78,999,77,77,np.nan],
          'group':[1,1,1,2,1,2],})
> sample
group    name   score
0     1     Bob    99.0
1     1   Lindy    78.0
2     1    Mark   999.0
3     2    Miki    77.0
4     1   Sully    77.0
5     2    Rose     NaN
```

可使用replace方法替换值，写法如下：

```
>sample.score.replace(999,np.nan)
0    99.0
1    78.0
2     NaN
3    77.0
4    77.0
5     NaN
Name: score, dtype: float64
```

遇到一次替换多个值时，还可以写为字典形式，如下所示，该操作将sample数据框中，score列所有取值为999的值替换为NaN，name列中取值为'Bob'替换为NaN。

```
>sample.replace({'score':{999:np.nan},
             'name':{'Bob':np.nan}})
group     name  score
0     1     NaN  99.0
1     1   Lindy  78.0
2     1    Mark   NaN
3     2    Miki  77.0
4     1   Sully  77.0
5     2    Rose   NaN
```

2. 条件赋值

一般在修改数据时，都是进行条件查询后再进行赋值。这里介绍Pandas中的条件赋值方法。这里以sample数据为例：

```
>sample
group     name score
0     1    NaN  99.0
1     1  Lindy  78.0
2     1   Mark   999
3     2   Miki  77.0
```

```
4       1  Sully  77.0
5       2   Rose   NaN
```

条件赋值可以通过 apply 方法完成，Pandas 提供的 apply 方法可以对一个数据框对象进行行、列的遍历操作，参数 axis 设定0时代表对行 class_n 循环，axis 设定1时代表对列循环，且 apply 后接的汇总函数是可以自定义的。

现需要根据 group 列生成新列 class_n：当 group 为 1 时，class_n 列为 class1，当 group 为 2 时，class_n 列为 class2，使用 apply 如下所示：

```
>def transform(row):
   if row['group'] ==1:
       return ('class1')
   elif row['group'] == 2:
       return ('class2')

>sample.apply(transform,axis =1)
0    class1
1    class1
2    class1
3    class2
4    class1
5    class2
dtype: object
```

apply 产生 pd. Series 类型的对象，进而可以通过 assign 加入到数据中：

```
>sample.assign(class_n = sample.apply(transform,axis =1))
  group    name  score  class_n
0      1    Bob   99.0  class1
1      1  Lindy   78.0  class1
2      1   Mark  999.0  class1
3      2   Miki   77.0  class2
4      1  Sully   77.0  class1
5      2   Rose    NaN  class2
```

除了 apply 方法外，还可以通过条件查询直接赋值，如下所示，注意第一句“sample = sample. copy( )”最好不要省略，否则可能会产生警告信息：

```
>sample = sample.copy()
>sample.loc[sample.group ==1,'class_n'] ='class1'
>sample.loc[sample.group ==2,'class_n'] ='class2'
>sample
group     name  score  class_n
0      1    Bob   99.0  class1
1      1  Lindy   78.0  class1
2      1   Mark  999.0  class1
3      2   Miki   77.0  class2
4      1  Sully   77.0  class1
5      2   Rose    NaN  class2
```

5.2 数据清洗

数据清洗是数据分析的必备环节，在进行分析过程中，会有很多不符合分析要求的数据，例如重复、错误、缺失、异常类数据。

5.2.1 重复值处理

数据录入过程、数据整合过程都可能会产生重复数据，直接删除是重复数据处理的主要方法。Pandas 提供查看、处理重复数据的方法 duplicated 和 drop_duplicates。以如下数据为例：

```
>sample = pd.DataFrame({'id':[1,1,1,3,4,5],
                        'name':['Bob','Bob','Mark','Miki','Sully','Rose'],
                        'score':[99,99,87,77,77,np.nan],
                        'group':[1,1,1,2,1,2],})
>sample
group  id    name  score
0      1  1   Bob  99.0
1      1  1   Bob  99.0
2      1  1  Mark  87.0
3      2  3  Miki  77.0
4      1  4 Sully  77.0
5      2  5  Rose   NaN
```

发现重复数据通过 duplicated 方法完成，如下所示，可以通过该方法查看重复的数据。

```
>sample[sample.duplicated()]
     group  id   name  score
1      1     1    Bob   99.0
```

需要去重时，可用 drop_duplicates 方法完成：

```
>sample.drop_duplicates()
   group id   name  score
0    1  1   Bob  99.0
2    1  1  Mark  87.0
3    2  3  Miki  77.0
4    1  4 Sully  77.0
5    2  5  Rose   NaN
```

drop_duplicates 方法还可以按照某列去重，例如去除 id 列重复的所有记录：

```
>sample.drop_duplicates('id')
   group id   name   score
0    1  1    Bob    99.0
3    2  3   Miki    77.0
4    1  4  Sully    77.0
5    2  5   Rose     NaN
```

5.2.2 缺失值处理

缺失值是数据清洗中比较常见的问题，缺失值一般由 NA 表示，在处理缺失值时要遵循一定的原则。

首先，需要根据业务理解处理缺失值，弄清楚缺失值产生的原因是故意缺失还是随机缺失，再通过一些业务经验进行填补。一般来说当缺失值少于 20% 时，连续变量可以使用均值或中位数填补；分类变量不需要填补，单算一类即可，或者也可以用众数填补分类变量。当缺失值处于 20% ~80% 时，填补方法同上。另外每个有缺失值的变量可以生成一个指示哑变量，参与后续的建模。当缺失值多于 80% 时，每个有缺失值的变量生成一个指示哑变量，参与后续的建模，不使用原始变量。

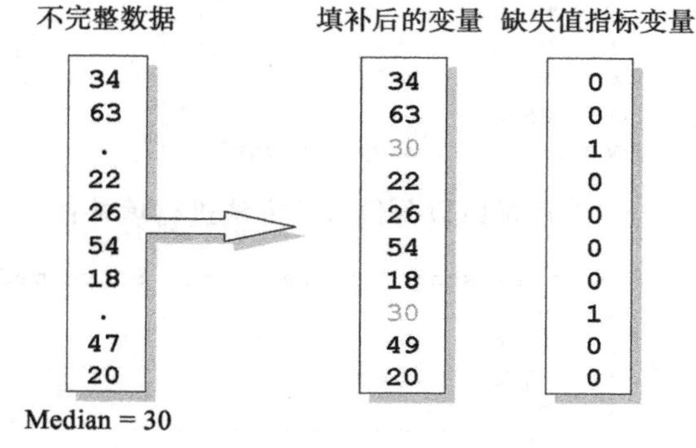

图 5-8 缺失值填补示例

图 5-8 展示了中位数填补缺失值和缺失值指示变量的生成过程。

Pandas 提供了 fillna 方法用于替换缺失值数据，其功能类似于之前的 replace 方法，例如对于如下数据：

```
> sample
   groupid  name  score
0   1.0  1.0    Bob   99.0
1   1.0  1.0    Bob    NaN
2   NaN  1.0   Mark   87.0
3   2.0  3.0   Miki   77.0
4   1.0  4.0  Sully   77.0
5   NaN  NaN    NaN    NaN
```

分步骤进行缺失值的查看和填补如下：

1. 查看缺失情况

在进行数据分析前，一般需要了解数据的缺失情况，在 Python 中可以构造一个 lambda 函数来查看缺失值，该 lambda 函数中，sum（col. isnull（））表示当前列有多少缺失，col. size 表示当前列总共多少行数据：

```
>sample.apply(lambda col:sum(col.isnull())/col.size)
group    0.333333
id       0.166667
name     0.166667
score    0.333333
dtype: float64
```

2. 以指定值填补

Pandas 数据框提供了 fillna 方法完成对缺失值的填补，例如对 sample 表的列 score 填补缺失值，填补方法为均值：

```
>sample.score.fillna(sample.score.mean())
0    99.0
1    85.0
2    87.0
3    77.0
4    77.0
5    85.0
Name: score, dtype: float64
```

当然还可以以分位数等方法进行填补：

```
>sample.score.fillna(sample.score.median())
0    99.0
1    82.0
2    87.0
3    77.0
4    77.0
5    82.0
Name: score, dtype: float64
```

3. 缺失值指示变量

Pandas 数据框对象可以直接调用方法 isnull 产生缺失值指示变量，例如产生 score 变量的缺失值指示变量：

```
>sample.score.isnull()
0    False
1     True
2    False
3    False
4    False
5     True
Name: score, dtype: bool
```

若想转换为数值 0、1 型指示变量，可以使用 apply 方法，int 表示将该列替换为 int 类型。

```
>sample.score.isnull().apply(int)
0    0
1    1
2    0
3    0
4    0
5    1
Name: score, dtype: int64
```

5.2.3 噪声值处理

噪声值是指数据中有一个或几个数值与其他数值相比差异较大的值，又称为异常值、离群值（outlier）。

对于大部分的模型而言，噪声值会严重干扰模型的结果，并且使结论不真实或偏颇，如图 5-9 所示。需要在数据预处理的时候清除所有噪声值。噪声值的处理方法有很多，对于单变量，常见的方法有盖帽法、分箱法；多变量的处理方法为聚类法。下面进行详细介绍：

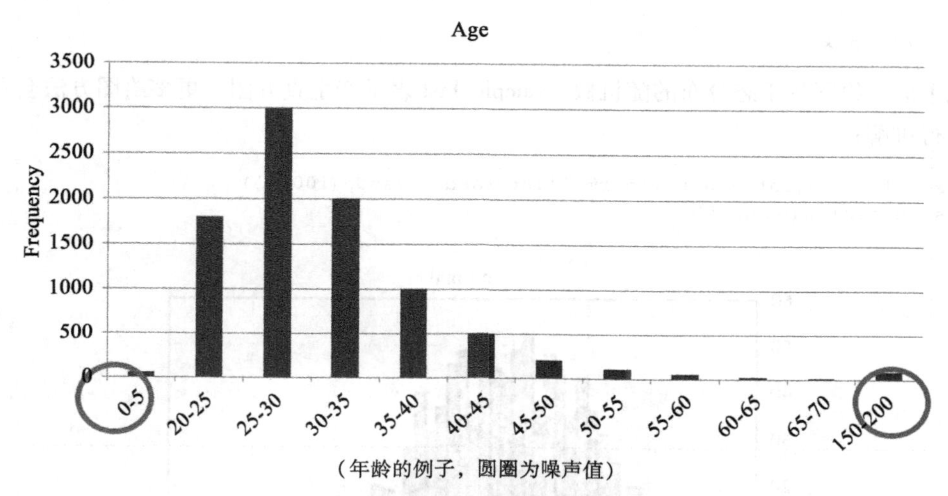

（年龄的例子，圆圈为噪声值）

图 5-9　噪声值（异常值、离群值）示例

1. 盖帽法

盖帽法将某连续变量均值上下三倍标准差范围外的记录替换为均值上下三倍标准差值，即盖帽处理（图 5-10）。

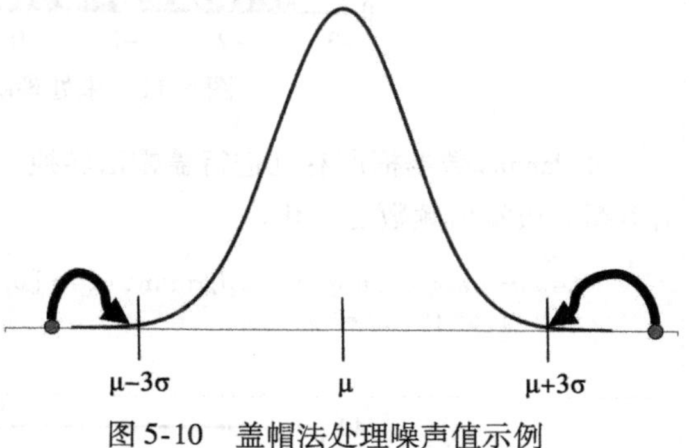

图 5-10　盖帽法处理噪声值示例

Python 中可自定义函数完成盖帽法。如下所示，参数 x 表示一个 pd. Series 列，quantile 指盖帽的范围区间，默认凡小于 1% 分位数和大于 99% 分位数的值将会被 1% 分位数和 99% 分位数替代：

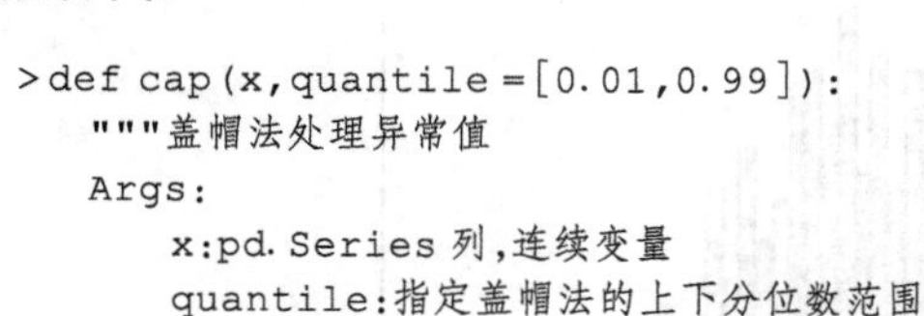

```
>def cap(x,quantile=[0.01,0.99]):
    """盖帽法处理异常值
    Args:
        x:pd.Series 列,连续变量
        quantile:指定盖帽法的上下分位数范围
    """

# 生成分位数
    Q01,Q99=x.quantile(quantile).values.tolist()

# 替换异常值为指定的分位数
    if Q01 > x.min():
```

```
        x = x.copy()
        x.loc[x<Q01] = Q01

    if Q99 < x.max():
        x = x.copy()
        x.loc[x>Q99] = Q99

    return(x)
```

现生成一组服从正态分布的随机数，sample.hist 表示产生直方图，更多绘图方法会在下一章中进行讲解：

```
>sample = pd.DataFrame({'normal':np.random.randn(1000)})
>sample.hist(bins=50)
```

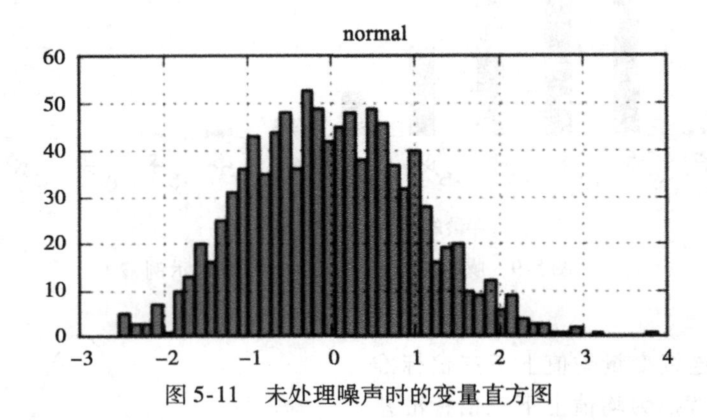

图 5-11 未处理噪声时的变量直方图

对 Pandas 数据框所有列进行盖帽法转换，可以参照如下写法，从直方图 5-12 对比可以看出盖帽后极端值频数的变化。

```
>new = sample.apply(cap,quantile=[0.01,0.99])
>new.hist(bins=50)
```

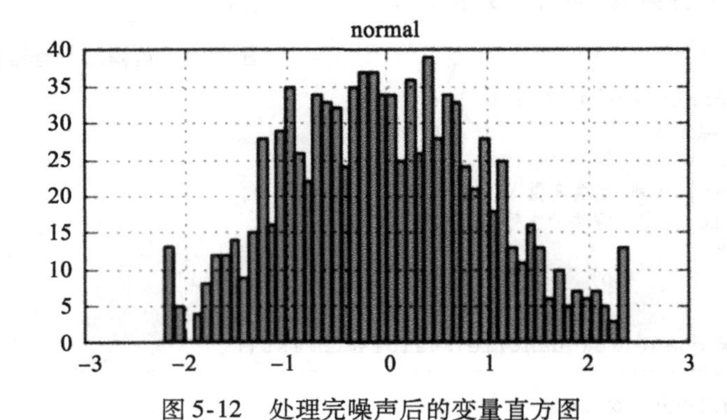

图 5-12 处理完噪声后的变量直方图

2. 分箱法

分箱法通过考察数据的“近邻”来光滑有序数据的值。有序值分布到一些桶或箱中。

分箱法包括等深分箱，即每个分箱中的样本量一致；等宽分箱，即每个分箱中的取值范围一致。直方图其实首先对数据进行了等宽分箱，再计算频数画图。

比如价格排序后数据为：4、8、15、21、21、24、25、28、34。

将其划分为（等深）箱：

箱1：4、8、15

箱2：21、21、24

箱3：25、28、34

将其划分为（等宽）箱：

箱1：4、8

箱2：15、21、21、24

箱3：25、28、34

分箱法将异常数据包含在了箱子中，在进行建模的时候，不直接进行到模型中，因而可以达到处理异常值的目的。

Pandas 的 qcut 函数提供了分箱的实现方法，下面介绍如何具体实现。

等宽分箱：cut 函数可以直接进行等宽分箱，此时需要的待分箱的列和分箱个数两个参数，如下所示，sample 数据的 int 列为从 10 个服从标准正态分布的随机数：

```
>sample =pd.DataFrame({'normal':np.random.randn(10)})
>sample
normal
0    0.065108
1   -0.597031
2    0.635432
3   -0.491930
4   -1.894007
5    1.623684
6    1.723711
7   -0.225949
8   -0.213685
9   -0.309789
```

现分为5箱，可以看到，结果是按照宽度分为5份。下限中，cut 函数自动选择小于列最小值的一个数值作为下限，最大值为上限，等分为5份。结果产生一个 Categories 类的列，类似于 R 中的 factor，表示分类变量列。

此外弱数据存在缺失，缺失值将在分箱后将继续保持缺失，如下所示：

```
>pd.cut(sample.normal,5)
0        (-0.447, 0.277]
1       (-1.17, -0.447]
2           (0.277, 1.0]
3       (-1.17, -0.447]
```

```
4        (-1.898, -1.17]
5            (1.0, 1.724]
6            (1.0, 1.724]
7         (-0.447, 0.277]
8         (-0.447, 0.277]
9         (-0.447, 0.277]
Name: normal, dtype: category
 Categories (5, interval[float64]): [(-1.898, -1.17] < (-1.17, -0.447] <
 (-0.447, 0.277] < (0.277, 1.0] < (1.0, 1.724]]
```

这里也可以使用 labels 参数指定分箱后各个水平的标签，如下所示，此时相应区间值被标签值替代：

```
> pd.cut(sample.normal,bins=5,labels=[1,2,3,4,5])
0    1
1    1
2    2
3    2
4    3
5    3
6    4
7    4
8    5
9    5
Name:normal, dtype: category
Categories (5, int64):[1 < 2 < 3 < 4 < 5]
```

标签除了可以设定为数值，也可以设定为字符，如下所示，将数据等宽分为两箱，标签为'bad''good'：

```
>pd.cut(sample.normal,bins=2,labels=['bad','good'])
0     bad
1     bad
2     bad
3     bad
4     bad
5    good
6    good
7    good
8    good
9    good
Name:normal, dtype: category
Categories (2, object):[bad < good]
```

等深分箱：等深分箱中，各个箱的宽度可能不一，但频数是几乎相等的，所以可以采用数据的分位数来进行分箱。依旧以之前的 sample 数据为例，现进行等深度分 2 箱，首先找到 2 箱的分位数：

```
>sample.normal.quantile([0,0.5,1])
0.0    0.0
0.5    4.5
```

```
1.0    9.0
Name:normal, dtype: float64
```

在 bins 参数中设定分位数区间，如下所示完成分箱，include_ lowest = True 参数表示包含边界最小值包含数据的最小值：

```
>pd.cut(sample.normal,bins = sample.normal.quantile([0,0.5,1]),
  include_lowest = True)
0    [0, 4.5]
1    [0, 4.5]
2    [0, 4.5]
3    [0, 4.5]
4    [0, 4.5]
5     (4.5, 9]
6     (4.5, 9]
7     (4.5, 9]
8     (4.5, 9]
9     (4.5, 9]
Name:normal, dtype: category
Categories (2, object): [[0, 4.5] < (4.5, 9)]
```

此外也可以加入 label 参数指定标签，如下所示：

```
>pd.cut(sample.normal,bins = sample.normal.quantile([0,0.5,1]),
  include_lowest = True,labels = ['bad','good'])
0     bad
1     bad
2     bad
3     bad
4     bad
5   good
6   good
7   good
8   good
9   good
Name:normal, dtype: category
Categories (2, object): [bad < good]
```

3. 多变量异常值处理——聚类法

通过快速聚类法将数据对象分组成为多个簇，在同一个簇中的对象具有较高的相似度，而不同的簇之间的对象差别较大。聚类分析可以挖掘孤立点以发现噪声数据，因为噪声本身就是孤立点。

本案例考虑两个变量 income 和 age，散点图如图 5-13 所示，其中 A、B 表示异常值：

对于聚类方法处理异常值，其步骤如下所示：

1）输入：数据集 S（包括 N 条记录，属性集 D：{年龄、收入}），一条记录为一个数据点，一条记录上的每个属性上的值为一个数据单元格。数据集 S 有 $N \times D$ 个数据单元格，其中某些数据单元格是噪声数据。

2）输出：孤立数据点如图 5-13 所示。孤立点 A 被我们认为是噪声数据，很明显它的噪声

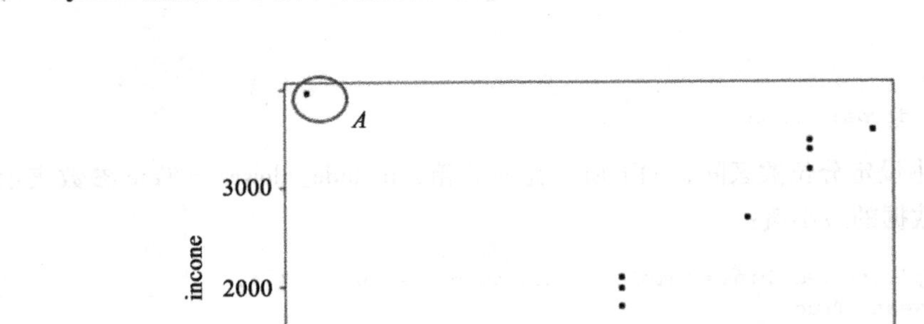

图 5-13 多变量异常值示例

属性是收入，通过对收入变量使用盖帽法可以剔除 A。

另外，数据点 B 也是一个噪声数据，但是很难判定它在哪个属性上的数据出现错误。这种情况下只可以使用多变量方法进行处理。

常用检查异常值聚类算法为 k-means 聚类，会在后续章节中详细介绍，本节不赘述。

5.3 RFM 方法在客户行为分析上的运用

接 1.1 节的淘宝店家做客户激活的案例。rfm_trad_flow 为某一段时间内（2009 年 5 月至 2010 年 9 月）某零售商客户的消费记录，其中“记录 ID”为主键，详细变量说明见表 5-4。该数据是一个较为普遍的事务性数据库中交易流水表。我们希望做一次促销，首先需要明确哪些客户对打折商品感兴趣。

表 5-4 rfm_trad_flow 的变量说明

名称	类型	标　签
trad_id	数值	记录 ID
cust_id	数值	客户编号
time	日期	收银时间
amount	数值	销售金额
type_label	字符	销售类型：特价、退货、赠送、正常
type	字符	销售类型，同上，显示为英文：Special_ offer、returned_ goods、Presented、Normal

从流水数据提取客户行为变量的方法为 RFM 方法，我们先了解该方法，然后再讲解如何转换数据。

5.3.1 行为特征提取的 RFM 方法论

根据美国数据库营销研究所 Arthur Hughes 的研究，客户数据库中有 3 个重要指标，分别如下。

（1）最近一次消费（Recency）

最近一次消费指的是客户上一次购买的时间。上一次消费时间越近的客户，对提供即时的商品或服务也最有可能有所反应。

（2）消费频率（Frequency）

消费频率是客户在限定的期间内所购买的次数。最常购买的客户，也是满意度最高的客户。这个指标是“忠诚度”很好的代理变量。

（3）消费金额（Monetary）

消费金额是最近消费的平均金额，是体现客户短期价值的重要变量。如果你的预算不多，而且只能提供服务信息给 2000 个顾客，那么你会将服务信息提供给对收入贡献 10% 的大顾客，还是那些对收入贡献不到 1% 的小顾客呢？数据库营销有时候就是这么简单，而且这样的营销所节省下来的成本会很可观。

如图 5-14 所示，RFM 模型展现了客户按购买行为分组后的情况。比如左上前角类型的客户，其消费额度高、消费频繁，而且最后一次购买距离当前时间较短。这表明此类客户是一个持续消费的“高富帅”，是重要价值客户，需要悉心维护。而一般挽留客户由于购买频次和消费额度都较低，而且消费时间久远。这名客户对我们的产品兴趣和持续性都不大，不需要花过多的成本进行维护，所以只做简单的营销，甚至不营销都可以。

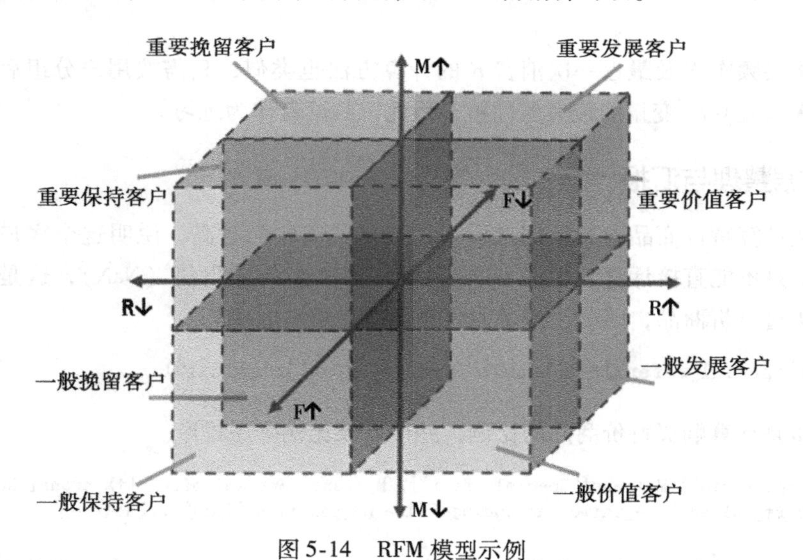

图 5-14　RFM 模型示例

5.3.2　使用 RFM 方法计算变量

为了简单起见，我们只分析客户对不同品类的购物金额，即 M。这需要按照客户 ID 和购物类别，对购物金额进行计算购物总花费金额。

```
M=trad_flow.groupby(['cumid','type'])[['amount']].sum()
```

汇总之后的表如图 5-15a 所示，现需要转换为图 5-15b 所示的形式。

cumid	type	amount
10001	Normal	3608.0
	Presented	0.0
	Special_offer	420.0
	returned_goods	-694.0
10002	Normal	1894.0

a)

cumid	Normal	Presented	Special_offer	returned_goods
10001	3608.0	0.0	420.0	-694.0
10002	1894.0	0.0	NaN	-242.0
10003	3503.0	0.0	156.0	-224.0
10004	2979.0	0.0	373.0	-40.0
10005	2368.0	0.0	NaN	-249.0

b)

图 5-15　长表转换为宽表示意

这需要按照 cumid 分组，对 amount 变量进行拆分，差分后的变量名由 type 的不同取值提供。

```
M_trans=pd.pivot_table(M,index='cumid',columns='type',values='amount')
```

转换后的数据集每个客户只有一条记录，这种形式也被称为宽表，是做数据分析常用的数据格式。

用户的购买频次 F 及最近一次消费 R 的计算方法也类似，只需按用户分组后分别汇总任意变量的频次以及 time 变量的最大值即可，因此留给读者作为练习。

5.3.3 数据整理与汇报

我们希望计算特价商品购买比例这样一个指标，该比例越高，说明这个客户对打折商品越感兴趣。但是不能直接计算，因为 Special_offer 有大量的缺失值（NaN），这是因为有很多客户从未购买过打折商品，因此该变量的缺失值需要用“0”替换。

```
M_trans['Special_offer']= M_trans['Special_offer'].fillna(0)
```

最后一步是计算购买特价商品的比例，并按照该比例降序排序。

```
M_trans['spe_ratio']=M_trans['Special_offer']/(M_trans['Special_offer']+M_trans['Normal'])
M_trans.sort_values('spe_ratio',ascending=False,na_position='last').head()
```

排在最上面的就是对打折商品偏好最高的客户，从上至下依次递减，排序结果如图 5-16 所示：

基于以上分析，为了提升打折促销的效果，只要按照上图中的结果由上至下筛选客户，并选定对打折偏好较高的部分用户进行定向营销即可。

type	Normal	Presented	Special_offer	returned_goods	spe_ratio
cumid					
10151	765.0	0.0	870.0	NaN	0.532110
40033	1206.0	0.0	761.0	-848.0	0.386884
40236	1155.0	0.0	691.0	-793.0	0.374323
30225	1475.0	0.0	738.0	-301.0	0.333484
20068	1631.0	0.0	731.0	-239.0	0.309483

图 5-16　用户对打折的偏好排序

Chapter 6 第6章

数据科学的统计推断基础

如何判断2012年9月北京市住宅价格增长率是否达到了国家限定的阈值（假设阈值为10%）？

这里，简单的想法是先进行抽样，即选择北京部分住宅的相关价格，得到抽样的数据，再计算住宅价格增长率，看结果是否大于10%。但这会带来以下几点疑问。

1）如何选取数据进行抽样才能使数据代表北京市所有的住宅价格情况？

2）假设计算出的增长率为12.8%，比国家规定的阈值大，那么这2.8%的差异是真实的增长还是抽样带来的误差？

如此就要涉及统计推断的知识，统计推断在社科以及工程领域应用广泛。

在进行数据分析与数据挖掘时，统计推断是重要的必备知识，本章主要介绍统计推断基础以及如何在Python中实现。

6.1 基本的统计学概念

本节主要介绍基本的统计学概念以及统计学中非常重要的中心极限定理的置信区间的概念。

6.1.1 总体与样本

对客观事物进行研究时，总体是包含所有研究个体的集合，比如研究北京的住宅价格，那么北京全部住宅的价格就是总体，某一个住宅的价格就是个体，如图6-1所示。

经过抽样总体中的部分个体，就形成了样本，样本是总体中的某个子集。在实际研究中，总体的信息往往难以获取，所以在对总体的一些指标进行推断时，需要进行抽样，通过推断

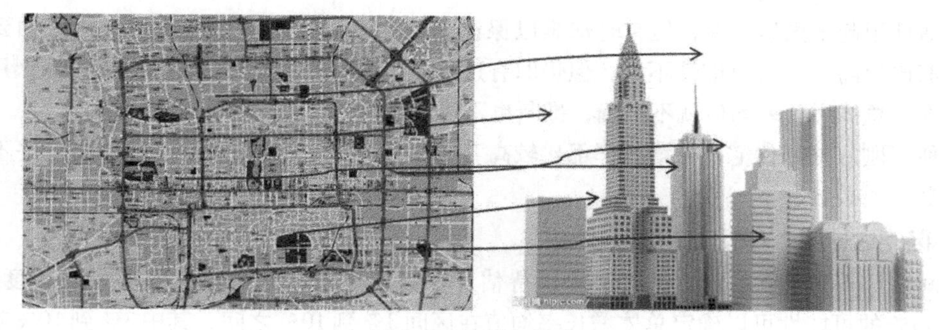

图 6-1　总体与样本

样本统计量估计总体参数。

既然是通过样本估计总体，那么样本是否能够代表总体就是一个需要重视的问题。如果样本量能够达到一定要求，且个体被抽中的可能性均等，那么样本就是有代表性的。本书中假定样本都能够代表总体。

6.1.2　统计量

之前讲过，总体的参数往往无法获取，因此需要通过样本统计估计总体参数。

常见的统计量有均值、方差和标准差（表 6-1），这些概念在 3.1 节进行过介绍，这里只强调总体参数与样本统计量的区别：总体参数在很多情况下是未知的，而样本统计量是可以通过样本计算的。

表 6-1　总体与样本的常用统计量

	总 体 参 数	样本统计量
均值均数	μ	x
方差	σ^2	s^2
标准差	σ	s

6.1.3　点估计、区间估计和中心极限定理

点估计与区间估计是通过样本统计量估计总体参数的两种方法，前者直接以样本统计量替代总体参数，后者能够确定围绕样本统计量的一个涵盖上下限的区间，并在一定程度上保证估计总体参数。

1. 点估计

点估计是最直接的一种估计方式，即使用样本统计量去估计总体参数（图 6-2）。以北京住宅价格为例，假定 2016 年 5 月北京市住宅总体均价增长率为 10%，经过抽样，计算出样本中的北京市住宅价格增长率为 10%，那么通过点估计，推断北京市住宅总体的价格增长率为 10%。

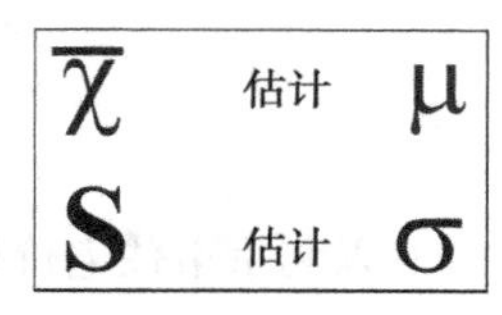

图 6-2　点估计示意

点估计用起来虽然简单，但有时却难以保证结论的准确性。例如随机抽样刚好抽到的住宅价格都比较高（尽管可能性不大，但仍旧有这种可能），统计其增长率 12.8%，那么用这种点估计确定总体增长率均值就不准确，推断也不可靠。

这种“刚好抽到住宅价格增长率都比较高”的情况就是抽样的偏差，这种偏差并不是错误，而是一种必然。

2. 区间估计和中心极限定理

区间估计不同于点估计，其能够提供待估计参数的置信区间和保证程度（置信度）。例如，有 95% 的可能性可以确定总体增长率均值在区间 3% 到 10% 之间，其中 3% 到 10% 就是置信区间，95% 是置信度。

相较于点估计，区间估计虽然不能给出精确的估计值，但能够提供保证程度，代表了有多大把握下总体参数会在相应的置信区间中。那么区间估计是如何做到的呢？

样本均值本身是近似服从正态分布的，具体表现为如果抽样多次，每次抽样都可以得到一个均值，产生的多个均值服从正态分布。而中心极限定理正是描述了这种情况。

中心极限定理阐述了一个规律：若样本的数据量足够大，样本均值是近似符合正态分布的。以下是一个相关案例。

在图 6-3 中，第一个分布是总体分布 a，可以看到其右偏严重；当抽样的样本量为 b 时，抽样多次，其均值的分布向正态分布靠拢；当样本量逐渐增大，例如为 c 和 d 时，均值的分布更加趋于正态分布。

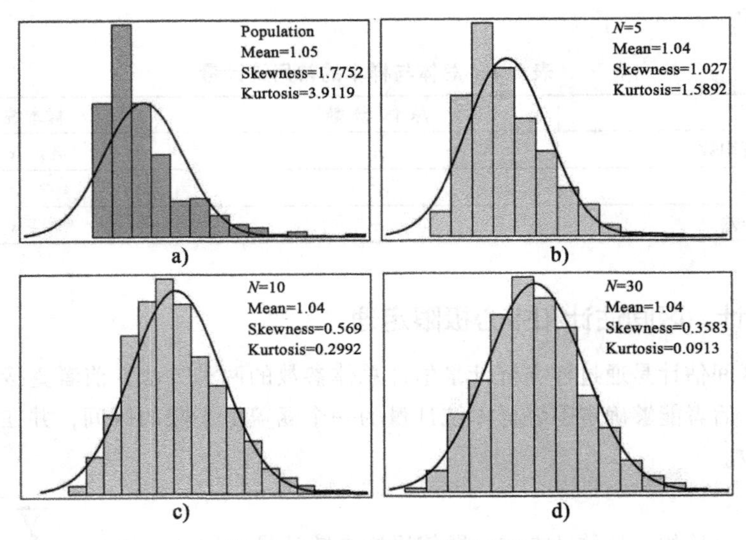

图 6-3　中心极限定理示意图

以北京市住宅价格增长率均值为例，根据中心极限定理，样本均值服从正态分布。假定总体均值为 10%，那么由于抽样误差的存在，实际一次抽样（样本量 n 足够大）的均值是个服从正态分布的随机变量（即有可能是 7.4%，也有可能是 11.6%，离 10% 越近的可能性越高）。如图6-4所示，可以看到，7.4%的增长率均值处于数轴左边缘，离中心较远，而11.6%则相对较近些。

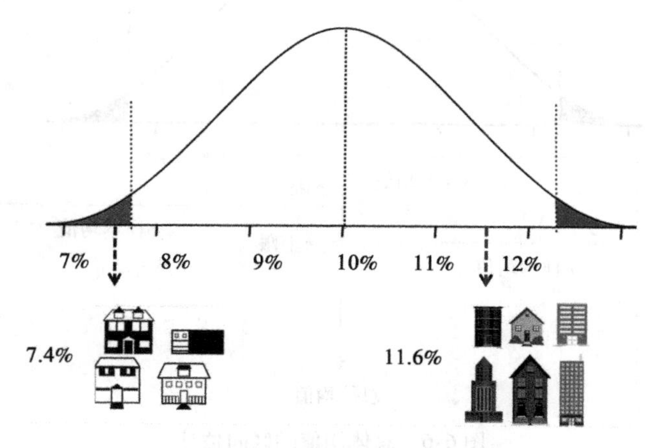

图6-4　北京房价抽样均值分布

反过来看，如果实际进行了一次抽样，并计算得到均值（假定为$\bar{\mu}$），那么如果再抽样一次（理论上）的均值最有可能也是$\bar{\mu}$，（也有可能大于或小于$\bar{\mu}$，离$\bar{\mu}$越近的可能性越高）。既然知道了样本均值服从正态分布，利用正态分布的性质，可以推断样本均值出现在某区间范围的概率，样本均值出现在$\bar{\mu}$上下一倍、两倍、三倍标准差范围内的概率分别是68%、95%、99%，如图6-5所示。

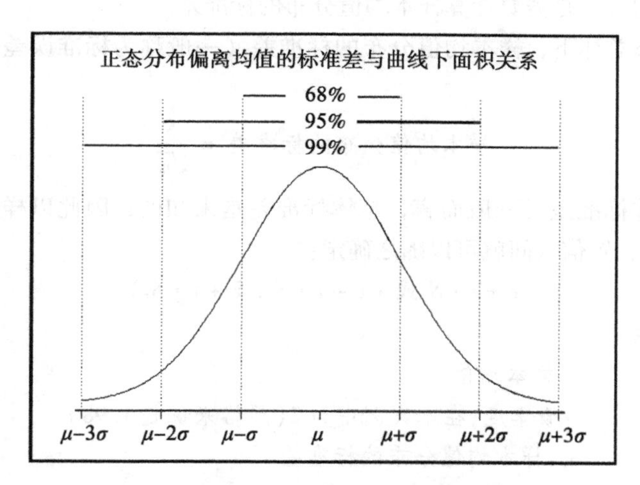

图6-5　正态分布标准差与区间概率关系

按照这个思路，我们可以从理论上计算样本均值有大概率（置信度）可能出现的区间范围，而总体均值就有大概率落在这个范围之内。例如置信度指定为95%，可以使用样本均值在标准误差（简称标准误）上下两倍范围内的区间对总体均值进行估计，如图6-6所示。

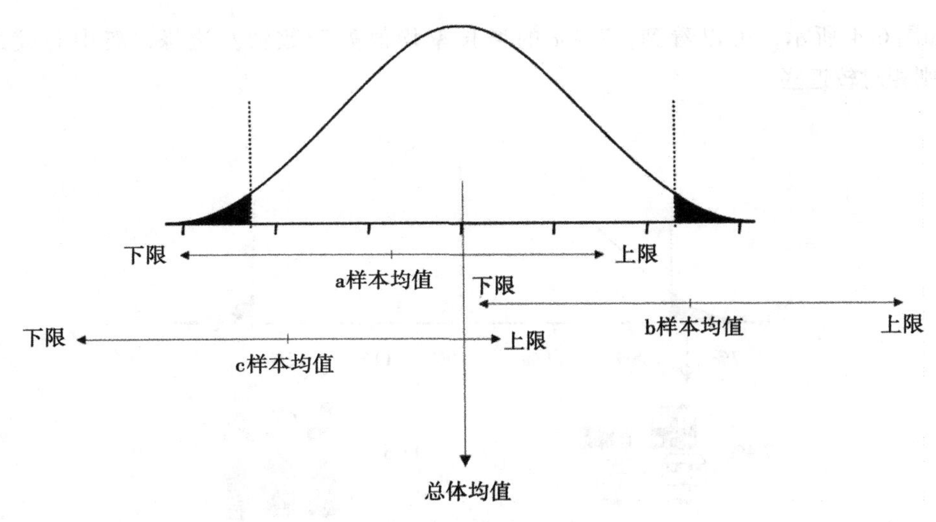

图 6-6　总体均值的区间估计

图6-6中演示了三个抽样结果均值的置信区间与总体均值的关系（需要明确，实际上只会有一次抽样）。以c样本为例：假如总体分布是已知的（均值为μ），那么c样本的均值落在小概率区间内（曲线下阴影范围），说明c不大可能会出现；反过来，如果实际抽样的是结果是c，那么μ真的是总体均值的可能性也很小，此时完全有理由怀疑总体的均值不为μ。

以上所述就是区间估计的原理。我们虽然知道样本均值，但是样本分布的标准差是未知的，所以区间估计的关键是需要计算样本均值分布的标准差。

经过证明，正态总体下，样本均值分布的标准差（一般称为标准误差或标准误）计算公式如下：

$$\text{样本均值分布的标准差} = \frac{S}{\sqrt{n}}$$

其中S代表总体标准差（一般而言，总体标准差是未知的，因此以样本的标准差作为总体标准差的估计值），置信区间就可以随之确定：

$$\bar{x} \pm t \cdot S_{\bar{x}} \text{或} (\bar{x} - t \cdot S_{\bar{x}}, \bar{x} + t \cdot S_{\bar{x}})$$

其中参数含义为：

$\bar{x}$:样本均值

t:概率度,在本案例中为2(严格来说是1.98)

$S_{\bar{x}}$:样本均值分布的标准差

下面演示在Python中进行区间估计。

（1）首先载入数据，住宅价格增长率数据（house-price-gr. csv）包含住宅小区名dis_name和价格增长率rate。

```
import pandas as pd
```

```
house_price_gr = pd.read_csv('house_price_gr.csv', encoding='gbk')
house_price_gr.head()
```

表6-2　载入数据

	dis_name	rate
0	东城区甘南小区	0. 169 747
1	东城区察慈小区	0. 165 484
2	东城区胡家园小区	0. 141 358
3	东城区台基厂小区	0. 063 197
4	东城区青年湖小区	0. 101 528

由于数据集中包含中文，因此使用 encoding 参数设置为'gbk'。

（2）查看增长率的分布情况。

为了计算均值的标准误，要考察变量是否符合正态分布，因此绘制带辅助线[⊖]的直方图：

```
%matplotlib inline
import seaborn as sns
from scipy import stats

sns.distplot(house_price_gr.rate, kde=True, fit=stats.norm) # Histograph
```

也可以使用 QQ 图来反映变量与正态分布的接近程度：

```
import statsmodels.api as sm
from matplotlib import pyplot as plt

fig = sm.qqplot(house_price_gr.rate, fit=True, line='45')
fig.show()
```

上面代码中使用了第三方库 Seaborn 进行直方图的绘制，其并不包含在 Anaconda 的默认安装中，因此需要自己进行安装，在 cmd 中使用 pip install seaborn，或者 conda install seaborn 均可。

绘制的直方图与 QQ 图见图6-7 和图6-8。其中，图6-7 为分布图，看出增长率分布近似正态分布；图6-8 为 QQ 图，图中样本点与直线越趋近说明原变量越趋近正态分布，可以看出增长率分布比较接近正态分布。

（3）区间估计

接下来计算出增长率的均值和标准误差，并计算95%保证程度下的区间估计范围：

```
se = house_price_gr.rate.std() / len(house_price_gr) ** 0.5
LB = house_price_gr.rate.mean() - 1.98 * se
UB = house_price_gr.rate.mean() + 1.98 * se
(LB, UB)

(0.10337882853175007, 0.11674316487209624)
```

⊖ 由于版本兼容性的问题，如果代码执行不成功，可以修改 kde 参数为 False。

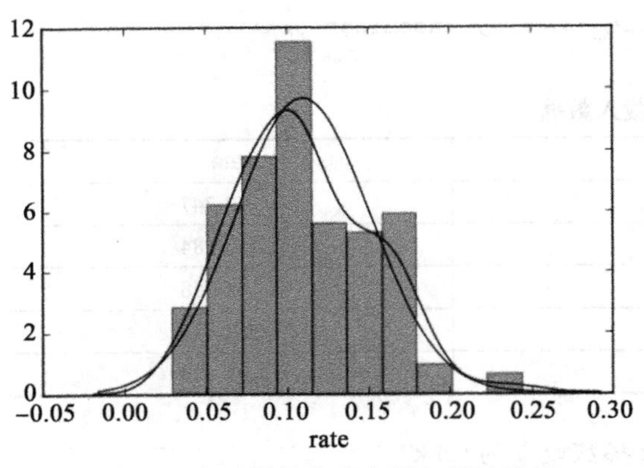

图 6-7　房屋增长率直方图与辅助线图

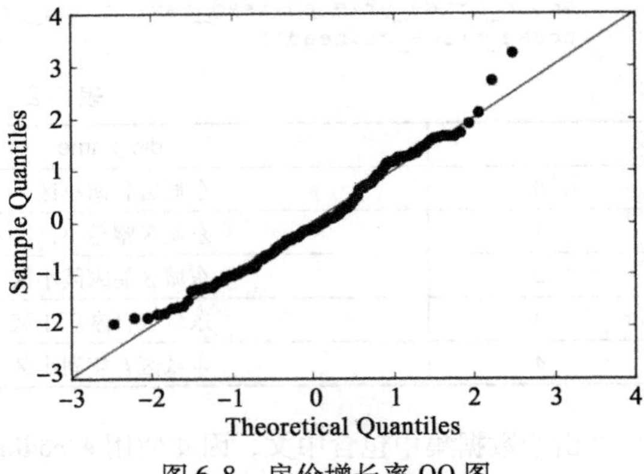

图 6-8　房价增长率 QQ 图

结果表明区间估计范围为 0. 1033788 到 0. 1167432，表示 95% 的置信度下，住宅价格增长率的总体均值位于区间［0. 1033788 ，0. 1167432］内。

如果想计算不同置信度下的置信区间，那么可以定义一下函数，如下所示：

```
def confint(x, alpha=0.05):
    n = len(x)
    xb = x.mean()
    df = n-1
    tmp = (x.std() / n ** 0.5) * stats.t.ppf(1-alpha/2, df)
    return {'Mean': xb, 'Degree of Freedom':df, 'LB':xb-tmp, 'UB':xb+tmp}

confint(house_price_gr.rate, 0.05)

{'Degree of Freedom': 149,
 'LB': 0.10339228338892809,
 'Mean': 0.11006099670192315,
 'UB': 0.11672971001491822}
```

如上例中结果表明，在 99% 保证程度下，总体均值会在区间［0. 1033923 ，0. 1167297］之中。

6. 2　假设检验与单样本 t 检验

“假设检验”如其字面含义一样，是我们在研究随机变量时，对分布的性质（参数）进行一定的假设，然后通过证据（抽样）来检验我们对参数的假设是否合理的过程。可以认为，假设检验与参数估计从一正一反两个方向来推断随机变量的分布性质（参数）。而单样本 t 检验是最常见的假设检验。

6. 2. 1　假设检验

通俗来说，如图 6-6 中演示的一样，如果假设“总体均值为 μ”，那么实际抽样的均值离

μ 越近意味着假设越"合理"（抽样结果出现的概率越大）；相反，实际抽样均值离 μ 越远意味着假设越"不合理"（抽样结果出现的概率本应很小，但偏偏这次出现了）。这就是假设检验的基本逻辑，其中，实际抽样结果与假设的差异"程度"可以用概率值表示（称为 p-value），概率值越大意味着越无差异（越接近）。人为设定一个 p-value 的阈值将差异程度判断为"有差异"或"无差异"，这个阈值就是显著性水平。

统计上的假设检验是一个标准化的流程，包括设置等值假设与备择假设、确定显著性水平、收集数据和计算统计量以及查表获取 p-value 值。本节只做要点提示，详细内容请参考龚德恩主编的《经济数学基础（第三分册：概率统计）》。

（1）在设置原假设时实际上是设置等值假设。这里有两个原因：第一，假设我们在打靶，那么前提是要有明确的目标，而设置等值假设的目标是为了更好地命中目标。比如假设住房价格的增长率是12%，这样目标就明确了。只要数据得到的平均数和12%差别足够大，就可以拒绝原假设。如果原假设的增长率不是12%，情况会怎样？我们有办法拒绝这个原假设吗？读者可以把这个问题作为思考题考虑一下。第二，大部分统计检验的方法都是在等值假设的基础上计算统计量的，比如单样本 t 检验的分子是来自样本的统计量减去原假设的值。如果不是等值假设，t 检验该如何构造统计量呢？我们做分析的一般会找到一个最简单的方法构造统计指标，因此原假设都是等值假设。

（2）显著性水平的设置。说到显著性水平的设置，就要提一下两类统计错误，如表6-3所示。

表6-3 假设检验的两类错误

	接受 H0	拒绝 H0
H0 为真	正确	α 型错误（Ⅰ型）
H0 为假	β 型错误（Ⅱ型）	正确

表中 α 型错误就是犯了第一类统计错误，虽然一般我们认为显著性越小越好，但是随着显著度的减小，第二类统计错误（β 型错误）会上升。如图6-9所示，μ_0 为原假设，μ_1 为备择假设。α 是阈值点 $\overline{X}_\alpha$ 以右，以 μ_0 为均值的分布曲线下面积；β 是阈值点 $\overline{X}_\alpha$ 以左，以 μ_1 为均值的分布曲线下面积。α 取值越小，阈值越向右移，β 值越大，因此不建议 α 取值过小。当样本量达到几百时，社会科学一般设置 α 值为5%、1%；而样本量只有几十时，α 设置为10%也可以。只有样本量在四五千以上时，才会将 α 值设置为0.1%。

以抛硬币为例，假设硬币正面向上的概率为0.5，显著性水平为0.05，抛该硬币100次，发现正面向上的概率为0.1，经过统计学检验，发现显著性水平小于0.05，即差异 $0.5-0.1=0.4$ 是显著的，那么就完全有理由拒绝原假设，即硬币正面向上的概率不是0.5。

再以北京市住宅价格增长率为例，如果想知道北京市住宅价格增长率是否是10%，那么可以首先假设北京市住宅价格增长率为10%，显著性水平为0.05，抽样发现样本住宅价格增

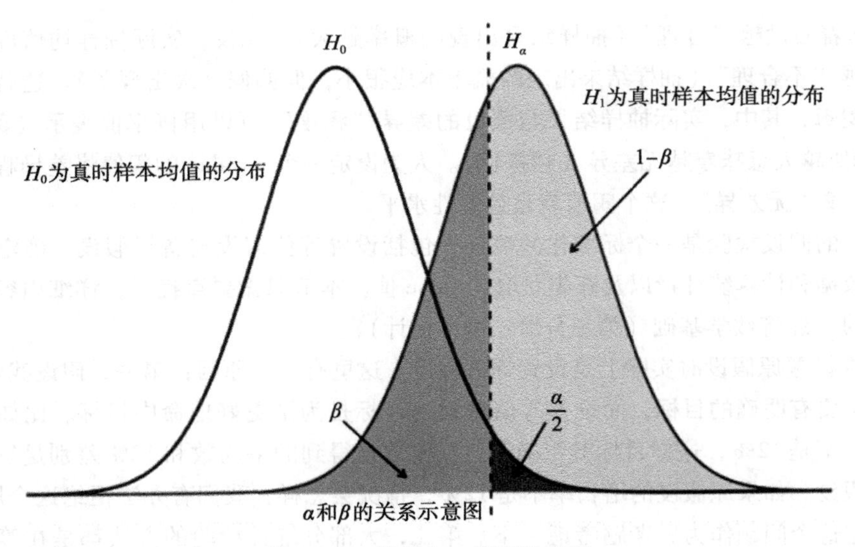

图 6-9　α 错误与 β 错误示意图

长率均值为 7.4%，经过统计学检验，发现 p-value 小于显著性水平 0.05（可以认为实际抽样结果对“10%”这一假设的支持程度低于 0.05，或者实际结果与假设接近的程度低于 0.05），即差异 10% − 7.4% = 2.6% 是显著的，那么有理由拒绝原假设，即北京市住宅增长率均价不是 10%。若原假设不变，抽样发现住宅价格增长率为 9.5%，虽然也有 10% − 9.5% = 0.5% 的差异，但是差异较小（p-value 大于显著性水平 0.05），那么就不能够拒绝原假设，即没有足够充分的证据（抽样结果即证据）证明北京市住宅价格增长率不是 10%，如图 6-10 所示。

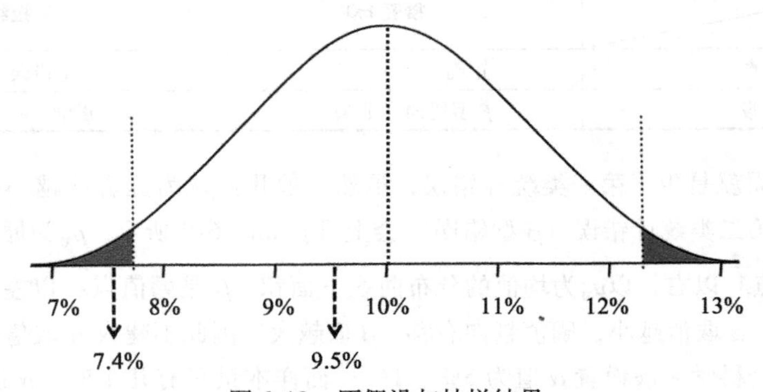

图 6-10　原假设与抽样结果

6.2.2　单样本 t 检验

单样本 t 检验是最基础的假设检验，其利用来自某总体的样本数据，推断该总体均值是否与假设的检验值之间存在显著差异，它是对总体均值的假设检验。

对于单样本 t 检验，假设检验四个步骤中，原假设为总体均值等于 μ_0，备择假设为总体均值不等于μ_0，现计算出样本均值为$\bar{x}$，样本标准差为$S_{\bar{x}}$。

检验的统计量如下，其服从 t 分布。

$$t = \frac{(\bar{x} - \mu_0)}{S_{\bar{x}}}$$

再根据计算出的统计量的 P 值来判断是否拒绝原假设。P 值大于显著性水平，则无法拒绝原假设；P 值小于显著性水平，则拒绝原假设，接受备择假设。

下面在 Python 中进行单样本 t 检验。

```
d1 = sm.stats.DescrStatsW(house_price_gr.rate)
print('t-statistic=%6.4f, p-value=%6.4f, df=%s' %d1.ttest_mean(0.1))
# 一般认为FICO高于690的客户信誉较高，请检验该产品的客户整体信用是否高于690

t-statistic=2.9812, p-value=0.0034, df=149.0
```

首先，样本住房增长率均值为 11.0%，原假设中总体均值为 10%，经过单样本 t 检验，P 值为 0.003355。如果规定显著性水平为 0.05，那么就可以拒绝原假设，即该样本不是出自均值为 10% 的总体。

6.3　双样本 t 检验

单样本 t 检验是在比较假设的总体平均数与样本平均数的差异是否显著，双样本 t 检验在于检验两个样本均值的差异是否显著。在数据分析中，双样本 t 检验常用于检验某二分类变量区分下的某连续变量是否有显著差异，如表 6-4 灰色区域所示。

表 6-4　变量类型与假设检验方法（t 检验）

预测变量 X \ 被预测变量 Y		分类（二分）	连续
单个变量	分类（二分）	列联表分析丨卡方检验	双样本 t 检验
	分类（多个分类）	列联表分析丨卡方检验	单因素方差分析
	连续	双样本 t 检验	相关分析
多个变量	分类	逻辑回归	多因素方差分析丨线性回归
	连续	逻辑回归	线性回归

例如研究信用卡的消费受性别的影响是否显著？

导入数据，代码如下所示，输出结果如表 6-2 所示：

```
creditcard_exp = pd.read_csv('creditcard_exp.csv', skipinitialspace=True)
creditcard_exp = creditcard_exp.dropna(how='any')
creditcard_exp.head()
```

表 6-5 creditcard_ exp 中部分数据展示

	id	Acc	avg_exp	avg_exp_ln	gender	Age	Income	Ownrent	Selfempl	dist_home_val
0	19	1	1217.03	7.104 169	1	40	16.035 15	1	1	99.93
1	5	1	1251.50	7.132 098	1	32	15.847 50	1	0	49.88
3	86	1	856.57	6.752 936	1	41	11.472 85	1	0	16.10
4	50	1	1321.83	7.186 772	1	28	13.409 15	1	0	100.39
5	67	1	816.03	6.704 451	1	41	10.030 15	0	1	119.76

这里数据为 creditcard_exp，该数据集中变量 avg_exp 为信用卡消费，gender 为性别。

首先对数据分组汇总，代码如下所示：

```
creditcard_exp['avg_exp'].groupby(creditcard_exp['gender']).describe()
```

按照性别分组后的月均支出的描述性分析结果如下所示：

```
gender
0       count      50.000000
        mean      925.705200
        std       430.833365
        min       163.180000
        25%       593.312500
        50%       813.650000
        75%      1204.777500
        max      1992.390000
1       count      20.000000
        mean     1128.531000
        std       462.281389
        min       648.150000
        25%       829.860000
        50%      1020.005000
        75%      1238.202500
        max      2430.030000
Name: avg_exp, dtype: float64
```

可以看到，男性（0）信用卡消费平均数为 925.7，女性（1）信用卡消费平均数为 1129.0，显然男性和女性信用卡消费是有差异的。接下来可以使用双样本 t 检验查看这种差异是否显著。

在使用双样本 t 检验前，有三个基本条件需要被考虑：

1）观测之间独立：即观测之间不能相互影响。

2）两组均服从正态分布：即样本分布正态（见图 6-11）。

3）两组样本的方差是否相同：视其是否相同会采用不同的统计量进行检验。

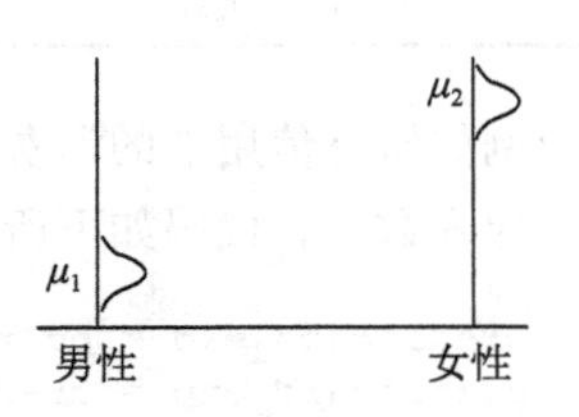

图 6-11 男性与女性信用卡消费分布差异

因此在进行双样本 t 检验前需要进行方差齐性分析，如图 6-12 所示。

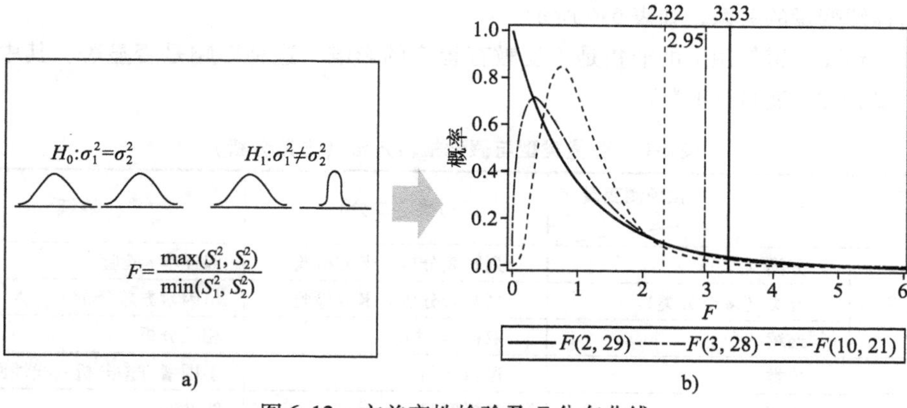

图 6-12　方差齐性检验及 F 分布曲线

方差齐性检验的原假设为两组样本方差相同，检验的统计量 F 由两组样本方差中的最大值除以最小值得到（图 6-12a），可以证明该统计量服从 F 分布（图 6-12b），若抽样结果计算的 F 值落在分布曲线的小概率区间内，意味着差异显著（即两样本方差不同），可以拒绝原假设，反之相反。

综上所述，双样本 t 检验流程如下。

1）获取两组样本数据，计算其均值。

2）进行方差齐性检验。

3）若方差齐，则进行方差齐的双样本 t 检验；若不齐，则进行方差不齐的双样本 t 检验。

下面继续研究信用卡消费与性别的关系，先进行方差齐性检验如下：

```
gender0 = creditcard_exp[creditcard_exp['gender'] == 0]['avg_exp']
gender1 = creditcard_exp[creditcard_exp['gender'] == 1]['avg_exp']
leveneTestRes = stats.levene(gender0, gender1, center='median')
print('w-value=%6.4f, p-value=%6.4f' %leveneTestRes)
```

```
w-value=0.0683, p-value=0.7946
```

首先进行方差齐性检验，发现 P 值为 0.6702，即男性消费样本与女性消费样本的方差是相同的。因此进行方差齐性的双样本 t 检验：

```
stats.stats.ttest_ind(gender0, gender1, equal_var=True)
```

```
Ttest_indResult(statistic=-1.742901386808628 9, pvalue=0.085871228784484485)
```

进行双样本 t 检验，并设定方差齐（参数 equal_var 被设置为 True），结果表明 P 值为 0.08，若以 0.05 为显著性水平，说明男性与女性在信用卡消费上无显著差异。

6.4　方差分析（分类变量和连续变量关系检验）

方差分析用于检验多个样本的均值是否有显著差异，所以其用于分析多于两个分类的分类变量与连续变量的关系，如表6-6所示。

例如，想要知道信用卡的消费是否受教育程度的影响，这种影响是否显著，其中教育程度是一个多分类的变量（4类）。

表6-6 变量类型与假设检验方法（方差分析）

预测变量 X ＼ 被预测变量 Y		分类（二分）	连续
单个变量	分类（二分）	列联表分析丨卡方检验	双样本 t 检验
	分类（多个分类）	列联表分析丨卡方检验	单因素方差分析
	连续	双样本 t 检验	相关分析
多个变量	分类	逻辑回归	多因素方差分析丨线性回归
	连续	逻辑回归	线性回归

6.4.1 单因素方差分析

单因素分析可以得到不同因素对观测变量的影响程度。这里因素的不同水平表示因素不同的状态或者等级。

研究信用卡的消费是否受教育程度的影响，可以使用单因素方差分析，其前提条件与双样本 t 检验相似：

1）变量服从正态分布。

2）观测之间独立。

3）需要验证组间的方差是否相同，即方差齐性检验。

需要注意的是在方差分析中，原假设为所有组的方差相等，备择假设为至少有两组方差不等，如图6-13所示。

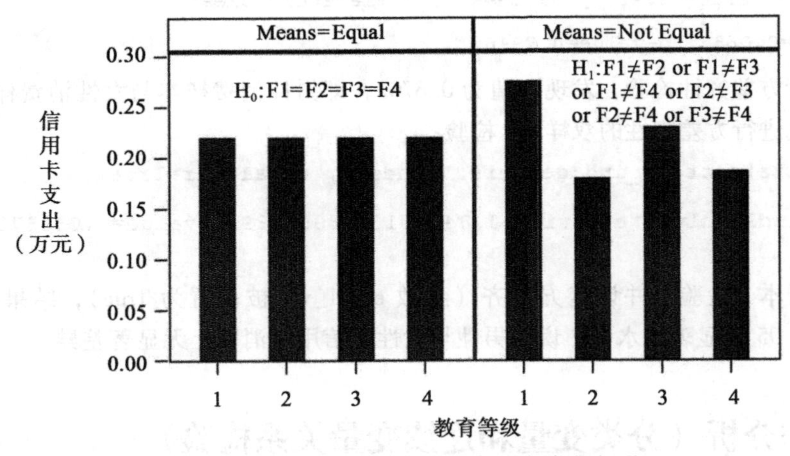

图6-13 单因素方差分析的原假设与备择假设

在方差分析中，数据的总误差可以解释为组内误差与组间误差，二者的区别在于找到类别相同的组间变异（SS_M）和组内变异（SS_E）之间的关系，其中组内变异是同类别下数据的离均差平方和，代表同类别下数据变异的程度；组间变异是组内均值与总均值的离均差平方和，代表不同类别数据的变异的程度，组间变异与组内变异之和为总变异。相关公式如下式所示。

$$
\begin{aligned}
SS_T &= \sum_{i=1}^{k}\sum_{j=1}^{n_i}(x_{ij}-\bar{x})^2 = \sum_{i=1}^{k}\sum_{j=1}^{n_i}(x_{ij}-\overline{x_{n_i}}+\overline{x_{n_i}}-\bar{x})^2 \\
&= \sum_{i=1}^{k}\sum_{j=1}^{n_i}(x_{ij}-\overline{x_{n_i}})^2+\sum_{i=1}^{k}\sum_{j=1}^{n_i}(\overline{x_{n_i}}-\bar{x})^2+\sum_{i=1}^{k}\left[2(\overline{x_{n_i}}-\bar{x})\sum_{j=1}^{n_i}(x_{ij}-\overline{x_{n_i}})^2\right] \\
&= \sum_{i=1}^{k}\sum_{j=1}^{n_i}(x_{ij}-\overline{x_{n_i}})^2+\sum_{i=1}^{k}\sum_{j=1}^{n_i}(\overline{x_{n_i}}-\bar{x})^2+\sum_{i=1}^{k}\left[2(\overline{x_{n_i}}-\bar{x})\left(\sum_{j=1}^{n_i}x_{ij}-n_i\overline{x_{n_i}}\right)\right] \\
&= \sum_{i=1}^{k}\sum_{j=1}^{n_i}(x_{ij}-\overline{x_{n_i}})^2+\sum_{i=1}^{k}n_i(\overline{x_{n_i}}-\bar{x})^2 = SS_E+SS_M
\end{aligned}
$$

其中SS_E是组内离差平方和，受随机误差的影响；SS_M是组间离差平方和，受不同水平的影响，如图6-14所示。如果原假设成立，则组内均方$SS_E/(n-k)$与组间均方$SS_M/(k-1)$之间的差异不会太大；如果组间均方明显大于组内均方，则说明水平对观测变量的影响显著。所以观测均值在不同水平下的差异转化为比较组间均方和组内均方之间差异的大小。

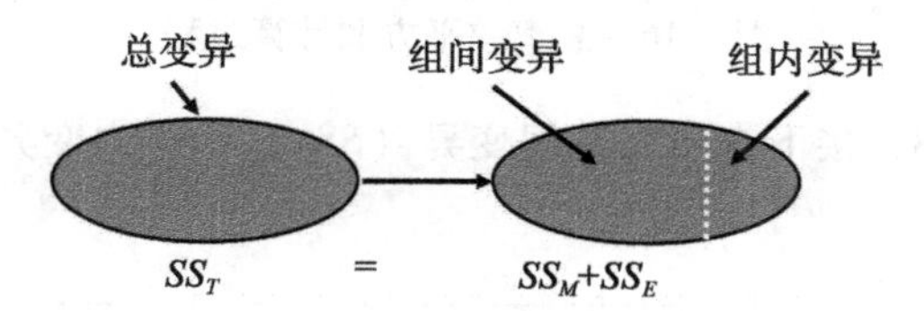

图6-14 数据变异的分解

在进行方差分析时，首先计算所有类别下数据的均值，如图6-15所示。

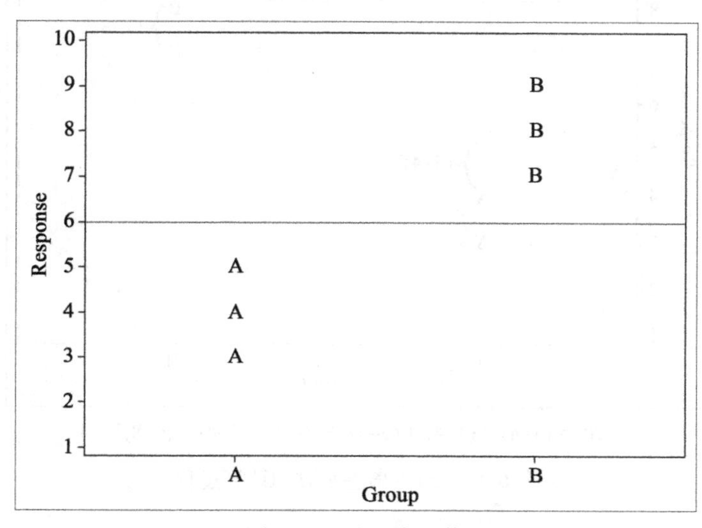

图6-15 分组变量值

该数据的均值如图中黑线所示。接下来计算总变异，总变异即数据的方差，如图6-16所示。

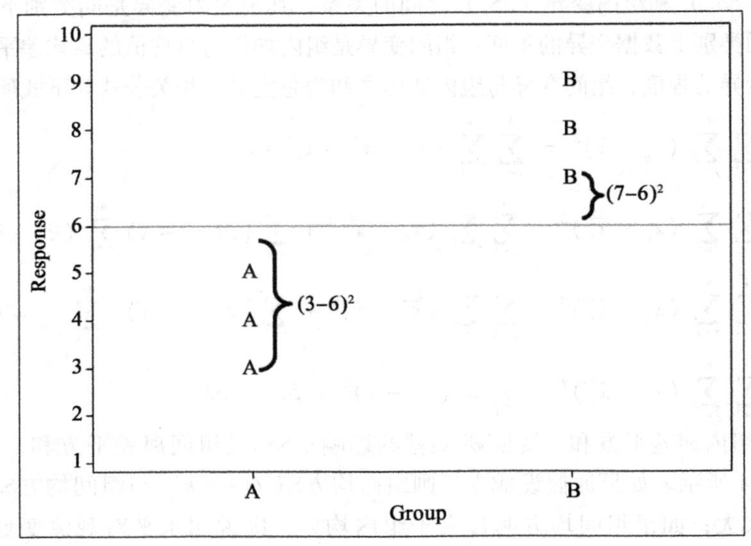

$SS_T = (3-6)^2+(4-6)^2+(5-6)^2+(7-6)^2+(8-6)^2+(9-6)^2=28$

图6-16　总离差平方和计算过程

该数据的总变异为28，接下来研究组间变异（SS_M）和组内变异（SS_E），分别如图6-17和图6-18所示。

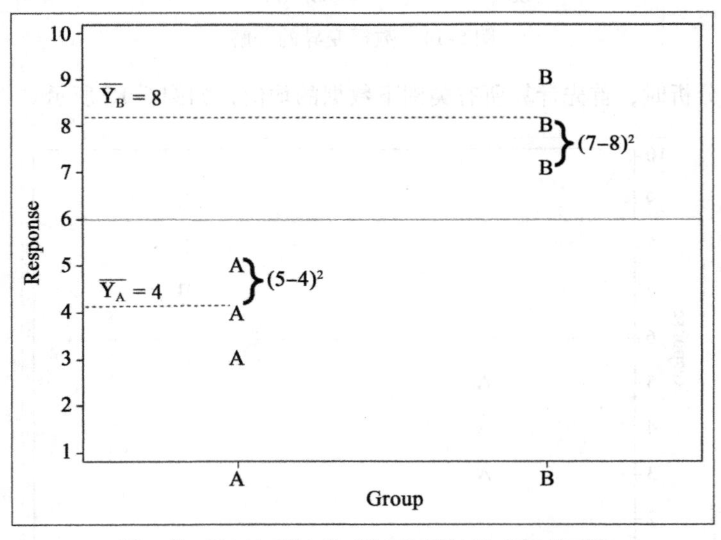

$SS_E = (3-4)^2+(4-4)^2+(5-4)^2+(7-8)^2+(8-8)^2+(9-8)^2=4$

图6-17　组内离差平方和计算过程

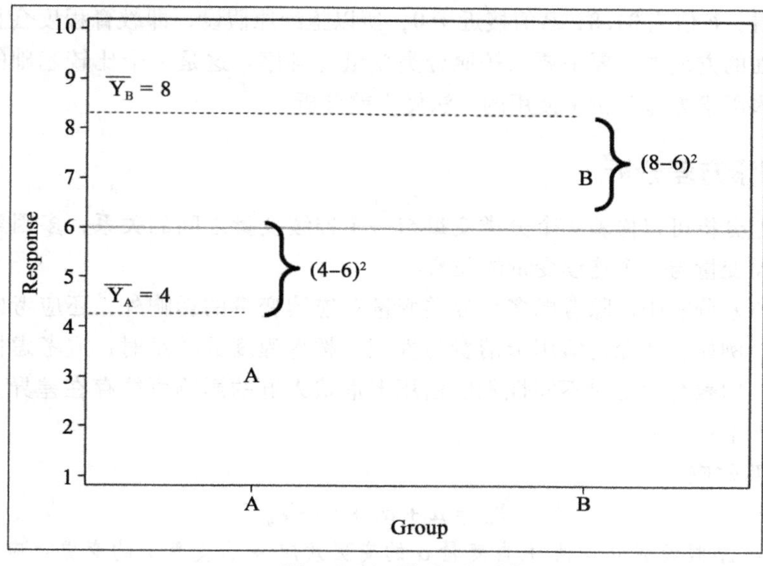

$SS_M = 3\times(4-6)^2+3\times(8-6)^2=24$

图 6-18　组间离差平方和计算过程

组间变异表示类别间数据的差异，组内变异表示类别内数据的差异，而两者之和为总变异，因此在总变异不变时，组间差异大，组内差异就小，这也意味着各个类别间数据的差异较大时，类别数据的差异较小。那么这种差异究竟要大或小到何种程度才能够做出推断呢？此时可以构造的统计量：

$$F = \frac{SS_M/(k-1)}{SS_E/(n-k)} \sim F(k-1, n-k)$$

- $SS_M/(k-1)$ 表示组间变异除以自由度，$SS_E/(n-k)$ 代表示内变异除以自由度，两者的比值服从自由度为（$k-1$，$n-k$）的 F 分布。

显然，当 F 值越大时，说明组间的变异越大，就越倾向于拒绝原假设，即组间是有差异的。

单因素方差分析的另一种表示方法类似于回归：

$$Y_i = \mu + \tau_i + \varepsilon_i$$

因变量 = 原假设成立设定的平均数值 + 平均数值的变更效应 + 残差

- i 表示分类自变量的第 i 个水平。

在 Python 中进行单因素方差分析可以使用下列方法：

```
edu = []
for i in range(4):
    edu.append(creditcard_exp[creditcard_exp['edu_class'] == i]['avg_exp'])
stats.f_oneway(*edu)

F_onewayResult(statistic=31.825683356937645, pvalue=7.658361691248968e-1
3)
```

从结果上看，F 值为31.8，P 值接近于0，所以拒绝原假设，即教育程度会显著影响信用卡的消费。上面的方法中主要是要求按照分类变量先排序。这是一个比较基础的方法，也可以使用下一节多因素方差分析中使用的方法做方差分析

6.4.2 多因素方差分析

单因素方差分析可以检验一个分类变量与一个连续变量之间的关系，多因素方差分析可以检验多个分类变量与一个连续变量的关系。

在多因素方差分析中，除考虑多个分类变量对连续变量的影响外，还应考虑分类变量之间的交互效应。例如，在探讨信用卡消费与性别、教育程度的关系时，应考虑性别与教育程度的交互效应，即教育程度对不同性别的信用卡消费人群的影响可能存在差异。有无交互效应的公式分别如下：

（1）无交互效应：

$$Y_{ij} = \mu + \alpha_i + \tau_j + \varepsilon_{ij}$$

因变量 = 原假设成立均值 + 自变量 α 的变更效应 + 自变量 τ 的变更效应 + 残差

- i 表示分类自变量 α 的第 i 个水平，j 表示分类自变量 τ 的第 j 个水平。

（2）有交互效应：

$$Y_{ij} = \mu + \alpha_i + \tau_j + \alpha_i \times \tau_j + \varepsilon_{ij}$$

因变量 = 原假设成立平均数 + 自变量 α 的变更效应 + 自变量 τ 的变更效应 + 交互相应 + 残差

- i 表示分类自变量 α 的第 i 个水平，j 表示分类自变量 τ 的第 j 个水平。

下面是一个关于信用卡消费与性别、教育程度的关系的实例，这里通过构建线性回归模型进行方差分析，在后续章节会介绍如何通过 ols 构建线性回归模型。

首先考虑无交互效应，代码如下所示。

```
ana = ols('avg_exp ~ C(edu_class) + C(gender)',
                data=creditcard_exp).fit()
sm.stats.anova_lm(ana)
```

输出结果如表6-7所示：

表6-7 多元方差分析的输出结果

	df	sum_sq	mean_sq	F	PR(>F)
C(edu_class)	3.0	8.126056e+06	2.708685e+06	31.578 365	1.031496e-12
C(gender)	1.0	4.178273e+04	4.178273e+04	0.487 111	4.877082e-01
Residual	65.0	5.575481e+06	8.577662e+04	NaN	NaN

需要注意的是教育程度0（研究生）与性别水平0（男性）都变成了参照水平，即不进入模型（可以使用 ana. summary( ) 查看）。单因素方差分析的结果可以看到不同教育程度的平均支出存在显著差异，而对性别则没有显著差异。

接下来进行加入交互项的方差分析，代码如下所示：

```
ana1 = ols('avg_exp ~ C(edu_class) + C(gender) +C(edu_class)*C(gender)',
         data= creditcard_exp).fit()
sm.stats.anova_lm(ana1)
```

输出结果如表6-8所示：

表6-8 带交互项的多元方差分析的输出结果

	df	sum_sq	mean_sq	F	PR(>F)
C(edu_class)	3.0	8.126056e+06	2.708685e+06	33.839 350	3.753889e-13
C(gender)	1.0	4.178273e+04	4.178273e+04	0.521 988	4.726685e-01
C(edu_class):C(gender)	3.0	5.476737e+05	1.825579e+05	2.280 678	8.786000e-02
Residual	63.0	5.042862e+06	8.004544e+04	NaN	NaN

可以看到教育程度与性别的交互项对平均支出的影响是显著的。

将ana1的基本信息输出：

```
ana1.summary()
```

返回的信息中，关于方差分析的部分如表6-9所示：

表6-9 带交互项的多元方差分析的回归系数

	coef	std err	t	P>|t|	[95.0% Conf. Int.]
Intercept	207.3700	200.057	1.037	0.304	-192.412 607.152
C(edu_class)[T.1]	417.8090	209.367	1.996	0.050	-0.577 836.195
C(edu_class)[T.2]	732.2613	212.977	3.438	0.001	306.661 1157.861
C(edu_class)[T.3]	1346.5708	216.086	6.232	0.000	914.757 1778.384
C(gender)[T.1]	-0.0168	67.939	-0.000	1.000	-135.782 135.749
C(edu_class)[T.1]:C(gender)[T.1]	192.7428	162.889	1.183	0.241	-132.765 518.251
C(edu_class)[T.2]:C(gender)[T.1]	96.8755	110.846	0.874	0.385	-124.632 318.383
C(edu_class)[T.3]:C(gender)[T.1]	-289.6350	109.331	-2.649	0.010	-508.115 -71.155

可以看到，加入交互项后，除了之前的参照水平男性（gender：0）和参照水平研究生（edu_class:0），交互组多了参照水平男性研究生（gender0 * edu_class0）。请注意在加入交互项后，教育程度的显著性水平发生了细微的变化，而女性对信用卡消费的影响相比于男性而言也变得显著起来；在交互项中，处于第一种教育程度的女性相比于男性研究生而言，信用卡消费的影响较显著，略微大于0.05；而处于第二种教育程度的女性相比于男性研究生而言，对信用卡消费影响显著；而处于第三种教育程度的女性在这里是缺失值，因而没有进行参数估计。

6.5 相关分析（两连续变量关系检验）

在探讨两个连续变量之间的关系时，可以使用相关分析（见表6-10）。

表6-10 变量类型与假设检验方法（相关分析）

预测变量 X ＼ 被预测变量 Y		分类（二分）	连续
单个变量	分类（二分）	列联表分析｜卡方检验	双样本 t 检验
	分类（多个分类）	列联表分析｜卡方检验	单因素方差分析
	连续	双样本 t 检验	相关分析
多个变量	分类	逻辑回归	多因素方差分析｜线性回归
	连续	逻辑回归	线性回归

例如，某信用卡部门拥有客户的个人信息和信用卡消费信息，这些数据存放在“CREDIT-CARD_EXP”表中。目前尚有一些客户在注册后没有开卡，该部门业务人员希望能够预测其开卡后的消费情况，即研究个人收入与信用卡消费之间的关系。

6.5.1 相关系数

个人收入与信用卡支出是典型的连续变量，散点图可以直观展示两连续变量的关系，如图6-19所示。

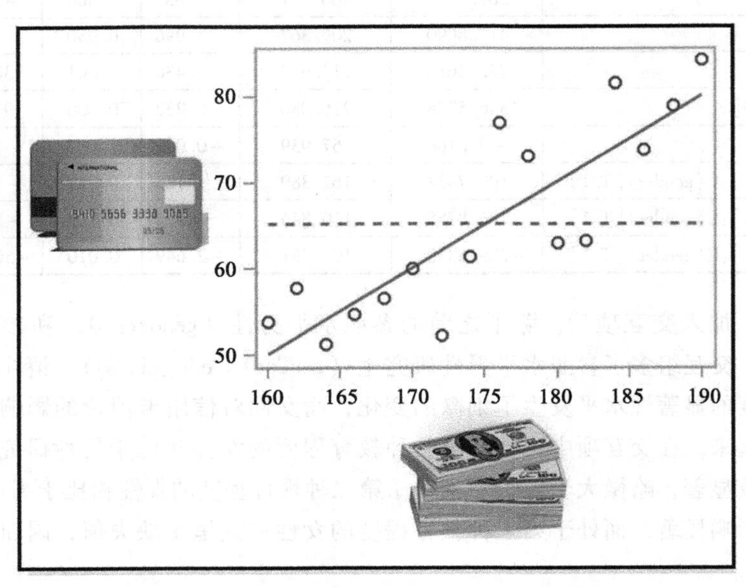

图6-19 个人信用卡支出与收入关系

从图6-19中可以看出虽然收入与信用卡消费的点分布较为分散，但依然呈现明显的线性趋势，即收入越高，信用卡消费越高。这里，两个变量属于线性正相关关系，除此之外，两连续变量的关系存在有线性负相关、非线性相关以及不相关关系，如图6-20所示。

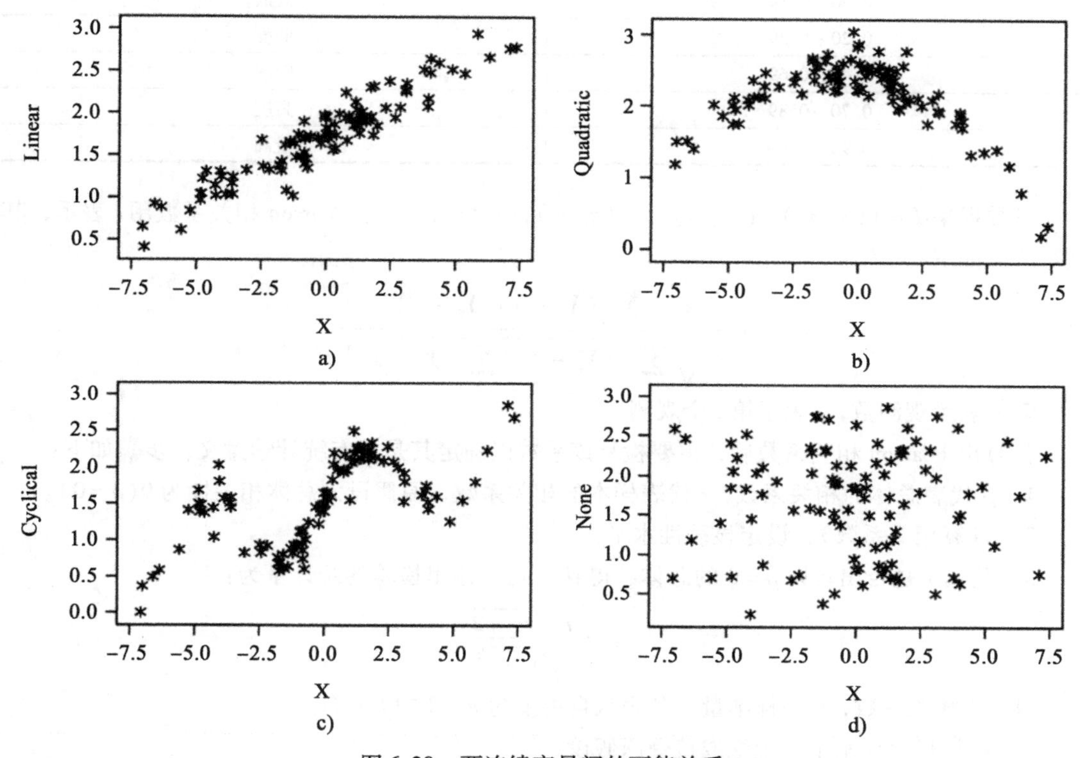

图6-20　两连续变量间的可能关系

在图6-20中，a图表示两变量是线性相关关系，b图表示两变量是非线性相关关系，c图表示两变量属于周期性的非线性相关关系，d图表示两变量无明显相关关系。本书只讨论线性相关的情况。

当出现线性相关关系后，可以使用皮尔逊（Pearson）相关系数对两变量的相关关系进行探究。Pearson相关系数适合计算两个独立连续的线性相关变量的相关程度，其前提是变量服从正态分布，并且其值域为［-1，1］。当Pearson相关系数等于0时，表明两变量无明显相关关系；当Pearson相关系数小于0时，表明两变量负相关；当Pearson相关系数大于0时为正相关。当相关系数从0越来越趋近-1时，表明两者线性负相关程度越来越强；而从0趋近1时，两者线性正相关程度越来越强。具体相关系数的取值对应的相关程度如表6-11所示。

表 6-11　相关系数与相关程度经验判断

$\|r\|$的限值与相关程度	
$\|r\|$的取值范围	相关程度
0.00～0.19	极低
0.20～0.39	低度
0.40～0.69	中度
0.70～0.89	高度
0.90～1.00	极高

设数据集 $T=\{(x_1,y_1),(x_2,y_2),\cdots,(x_i,y_i),\cdots,(x_n,y_n)\}$，Pearson 相关系数用 r 表示，其计算公式如下：

$$r=\frac{\sum_n(X_i-\overline{X})(Y_i-\overline{Y})}{\sqrt{\sum_n(X_i-\overline{X})^2\sum_N(Y_i-\overline{Y})^2}}$$

- n 表示观测数，i 表示第 i 个观测。

计算出 Pearson 相关系数后，需要检验该系数以确定其是否有统计学意义，步骤如下：

1）ρ 代表总体的相关系数，r 代表样本的相关系数，原假设为总体相关性为 0（$\rho=0$）。

2）计算相关系数 r，设定显著性水平。

3）检验 r 是否出自以 $\rho=0$ 的总体，得到 P 值，这里检验的统计量为：

$$t=\frac{r\sqrt{n-2}}{\sqrt{1-r^2}}$$

- r 为相关系数，n 为样本量，其服从自由度为 $n-2$ 的 t 分布。

4）根据显著性水平，拒绝或接受原假设。

这里需要注意，Pearson 相关系数计算出的 P 值并不代表相关性的强弱，而是代表样本来自相关系数为 0 的总体可能性；而且 P 值容易受到样本量的影响，当样本量很大（比如 5000）时，P 值便会失真。如果在给定的显著性水平上显著，则认为 r 值不是来自 $\rho=0$ 的总体，因此判断两变量有相关关系。

相关关系是一种不完全确定的随机关系，当确定了一个或几个变量的数值后，与之相应的另一个变量的值虽然不能确定，但其仍按照某种依赖关系在一定的范围内变化。

简单相关分析是研究两个变量之间相关关系的方法。按照变量性质的不同，所采用的相关分析方法也不同。对于连续变量，通常使用 Pearson 相关系数来描述变量间的相关关系；对于有序变量，则常使用斯皮尔曼（Spearman）相关系数进行描述。

除了 Pearson 相关系数，还有两种使用较多的相关系数：Spearman 相关系数和肯德尔（Kendall）相关系数（见图 6-23）。Spearman 相关系数又称秩相关系数，其使用排序信息而不是变量观测的取值信息进行相关分析。该系数的优点是不用假设变量服从正态分布，所以使用比较广泛。Kendall 相关系数主要用于探索两连续变量之间的非线性相关关系，如图 6-21 所示。

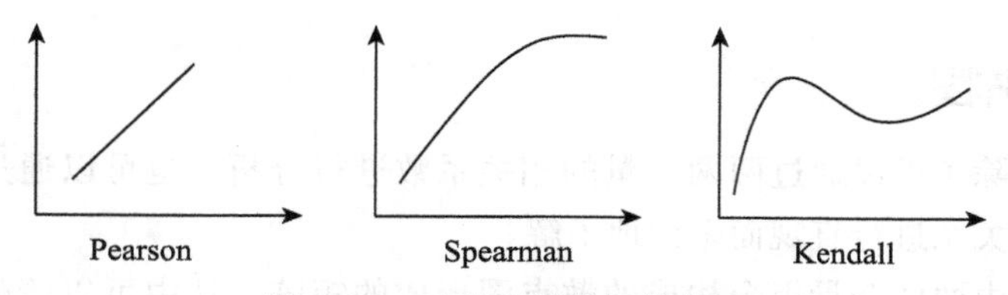

图 6-21 三种不同的相关关系

下面的示例用于探索信用卡消费与收入之间的相关关系，代码如下所示：

```
creditcard_exp[['Income', 'avg_exp']].corr(method='pearson')
```

输出结果如表 6-12 所示：

表 6-12 两变量相关系数的输出结果

	Income	avg_exp
Income	1. 000000	0. 674011
avg_exp	0. 674011	1. 000000

使用 corr 函数进行相关分析，从输出结果中可以看出，相关系数为 0. 674。其中 method 参数除可以指定 “pearson” 外，还可以指定 “spearman” 和 “kendall” 用于输出 Spearman 相关系数和 Kendall 相关系数。本例输出的散点图如图 6-22 所示，从图中可以看到两者具有一定正相关趋势。

```
creditcard_exp.plot(x='Income', y='avg_exp', kind='scatter')
plt.show()
```

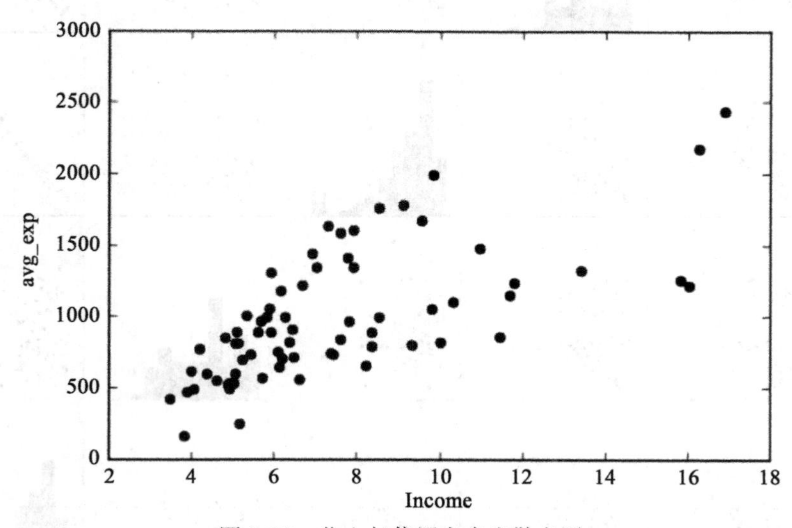

图 6-22 收入与信用卡支出散点图

6.5.2 散点矩阵图

进行相关分析除了可以通过两两变量的相关系数进行分析，也可以通过散点图矩阵对多个变量之间的相关关系进行直观而全面地了解。

散点图矩阵是由两两变量组合构成的散点图形成的矩阵。从中可以清晰地看出两两变量间的相关性，还可以通过其中的线性拟合线查看其中线性或非线性的变化规律。

下面我们继续使用 creditcard_exp 数据做示例，代码如下所示：

```
sns.pairplot(creditcard_exp[['avg_exp', 'Age', 'Income',
                             'dist_home_val', 'dist_avg_income']])
plt.show()
```

从图 6-23 中可以清晰地观察任意两变量之间的相关性，并且可以看出 Income（年收入）和 dist_avg_income（当地人均收入）相关性较强。

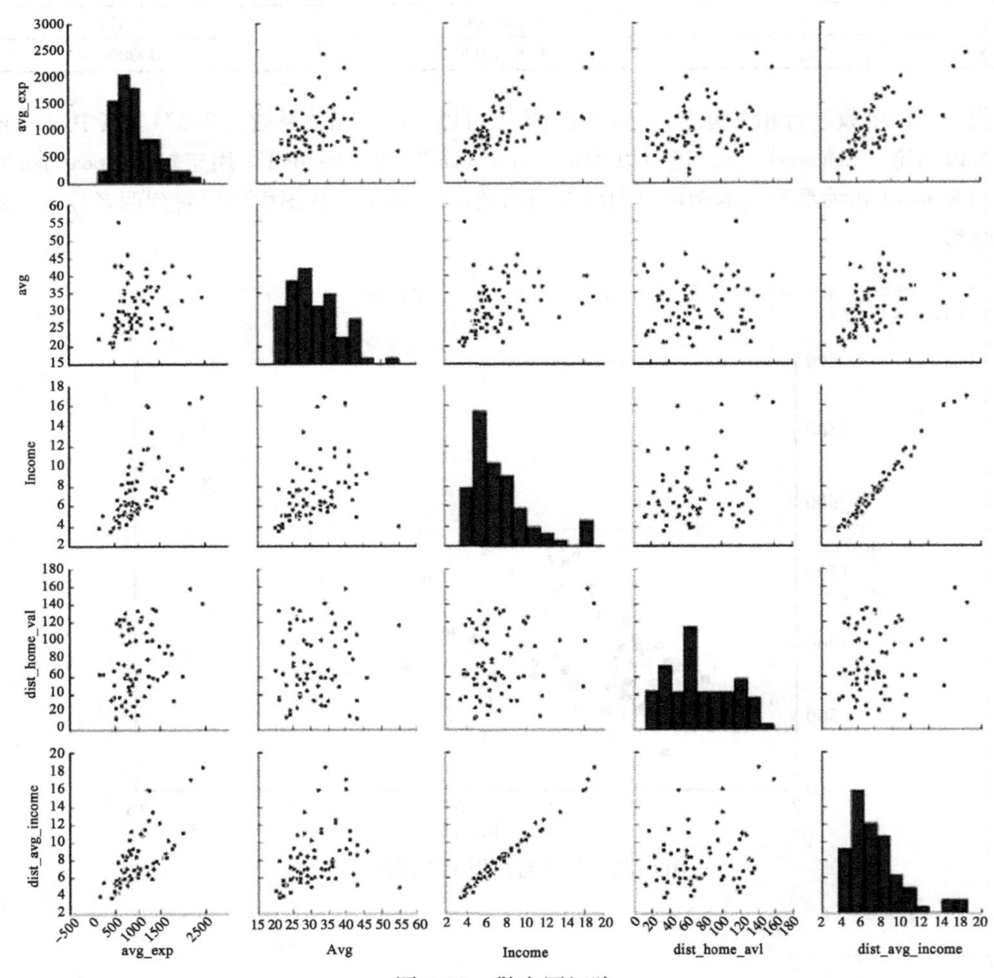

图 6-23 散点图矩阵

接下来通过参数“hue”指定分组变量，这里指定的分组变量是 gender（性别）：

```
sns.pairplot(creditcard_exp[['avg_exp', 'Age', 'Income',
                             'dist_home_val','dist_avg_income', 'gender']],
             hue='gender', kind='reg', diag_kind='kde', size=1.5)
plt.show()
```

代码运行效果如图 6-24 所示。

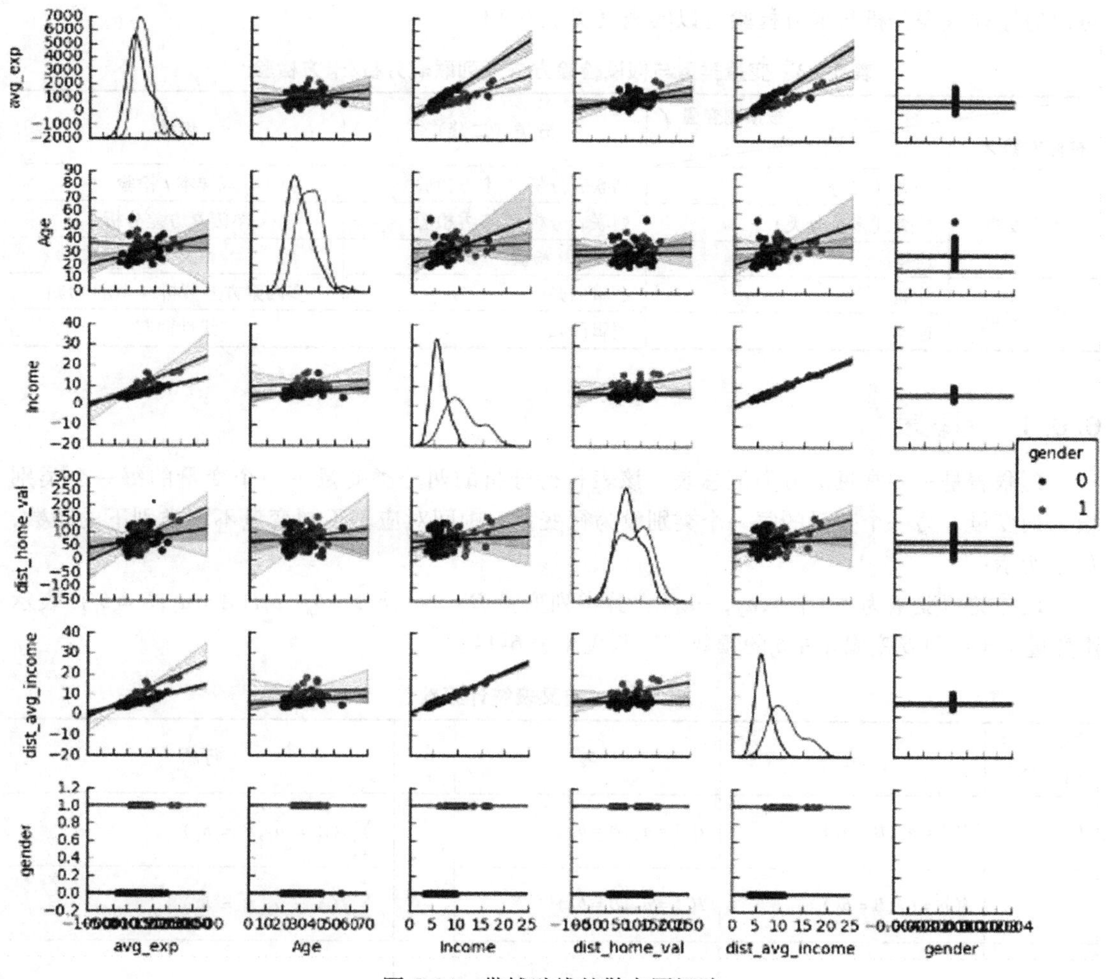

图 6-24　带辅助线的散点图矩阵

从图 6-24 中可以看出，每张图都根据分组变量进行了区分，并且给出了数据的拟合线以及上下的浮动范围（虚线）。在左上角第一个指出了分组表示，并且给出了每个变量的分布曲线。通过此图可以对数据中两两变量之间的关系有个直观的了解。但是当数据量很大的时候，散点图在小范围内就会变得很拥挤，而且矩阵中变量很多也不便于观察。

6.6 卡方检验（二分类变量关系检验）

6.2~6.5节介绍了如何分析两连续变量间或一个连续变量与一个分类变量之间的相关关系，那么如何分析两个分类变量之间的相关关系呢？如果其中一个变量的分布随着另一个变量的水平不同而发生变化时，那么两个分类变量就有关系，反之则没有关系。在具体操作时，可以通过列联表分析与卡方检验得以实现（见表6-13）。

表6-13 变量类型与假设检验方法（列联表分析/卡方检验）

预测变量X \ 被预测变量Y		分类（二分）	连续
单个变量	分类（二分）	列联表分析 | 卡方检验	双样本t检验
	分类（多个分类）	列联表分析 | 卡方检验	单因素方差分析
	连续	双样本t检验	相关分析
多个变量	分类	逻辑回归	多因素方差分析 | 线性回归
	连续	逻辑回归	线性回归

6.6.1 列联表

列联表是一种常见的分类汇总表，该表将待分析的两分类变量中一个变量的每一个类别设为列变量，另一个变量的每一个类别设为行变量，中间对应着不同变量不同类别下的频数，如下所示：

设分类行变量为$A=\{a_1,a_2,\cdots a_k\}$，分类列变量$B=\{b_1,b_2,\cdots b_p\}$，$I(A=a_i,B=b_j)$表示A变量水平a_i和B变量水平b_j的频数，互联表见表6-14。

表6-14 交叉表统计频数

列 \ 行	a_1	a_2	…	行总
b_1	$I(A=a_1,B=b_1)$	$I(A=a_2,B=b_1)$	…	$\sum_{i=1}^{k}I(A=a_i,B=b_1)$
b_2	$I(A=a_1,B=b_2)$	$I(A=a_2,B=b_1)$	…	$\sum_{i=1}^{k}I(A=a_i,B=b_2)$
…	…	…	…	…
列总	$\sum_{j=1}^{p}I(A=a_1,B=b_j)$	$\sum_{j=1}^{p}I(A=a_2,B=b_j)$	…	$\sum_{i=1}^{k}\sum_{j=1}^{p}I(A=a_i,B=b_j)$

接下来需要探索分类变量是否违约（bad_ind）与分类变量是否破产（bankruptcy_ind）的关系，在Pandas中可以使用crosstab函数生成列联表。

如下所示，本案例生成了一个 2 行 2 列的列联表（不包含汇总的行与列），代码如下所示：

```
accepts = pd.read_csv('accepts.csv')
cross_table = pd.crosstab(accepts.bankruptcy_ind, columns=accepts.bad_ind,
                          margins=True)
cross_table
```

输出如表 6-15 所示：

表 6-15　交叉表结果

bad_ind	0	1	All
bankruptcy_ind			
N	4163	1017	5180
Y	345	103	448
All	4508	1120	5628

列联表显示破产状态（bankruptcy_ind = 'Y'）且违约状态正常（bad_ind = 0）的客户有 345 个，非破产状态（bankruptcy_ind = 'N'）且违约状态不正常（bad_ ind = 1）的客户相对较少，有 103 个。同理，读者还可以对比其他情形下的频数差异。

由于样本量的不同（例如 bankruptcy_ind 中 N 有 5180 个，而 Y 仅有 448 个），频数的差异不能直接反应离散变量之间的关系，我们需要将其转换为频率。例如将每个频数与行总计相除，就可以得到行百分比，代码如下所示：

```
cross_table_rowpct = cross_table.div(cross_table['All'],axis = 0)
cross_table_rowpct
```

输出结果如表 6-16 所示：

表 6-16　交叉表转换为行百分比的结果

bad_ind	0	1	All
bankruptcy_ind			
N	0. 803 668	0. 196 332	1. 0
Y	0. 770 089	0. 229 911	1. 0
All	0. 795 210	0. 204 790	1. 0

这样我们可以看到破产状态的（bankruptcy_ind = 'Y'）客户违约率为 22.99%，非破产状态（bankruptcy_ind = 'N'）的客户违约率为 19.6%。如果我们认为这两个违约率没有差异（纵向比较），那么说明是否破产与是否违约不相关。

同理可以将交叉表中的每个频数与列总计相除，计算所谓列轮廓并进行横向的比较，其结论应与比较行轮廓的结论是一致的。

在生成列联表以后，虽然能够对比出差异，但是这种差异是否有统计学意义就需要进行检验了，使用到的检验方法就是卡方检验，其检验统计量可以从列联表的频数计算得来。

6.6.2 卡方检验

卡方检验的思想在于比较期望频数和实际频数的吻合程度，这里的实际频数指单元格内实际的观测数量，期望频数指行变量某类别与列变量某类别互相独立的时候的频数。

以违约破产为例，见图 6-25）：

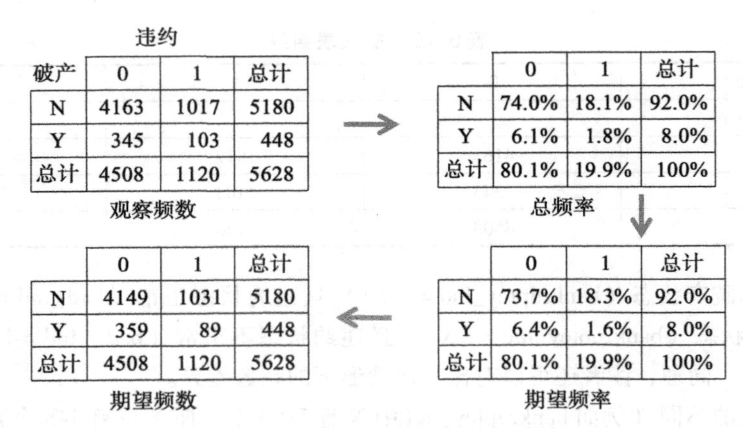

图 6-25 列联表中期望频数的计算

以“破产 = N”和“违约 = 0”举例，实际频数为 4163。

“破产 = N”的频率（概率估计）为 5180/5628 = 92.0%；“违约 = 0”的频率（概率估计）为 4508/5628 = 80.1%，当二者独立时，则期望频率：

$$P(破产 = N, 违约 = 0) = P(破产 = N) \times P(违约 = 0)$$
$$= 92.0\% \times 80.1\%$$
$$= 73.7\%$$

此时的期望频数为 5628 × 73.7% = 4149。

期望频数的整个计算过程化简后即是：

$$期望频数 = (行总 / 样本量 \times 列总 / 样本量) \times 样本量 = (行总 \times 列总) / 样本量$$

同样，其他的单元格期望频数与实际频数的差异都可以计算出来。这些差异是否能够表明两个分类变量的差异具有统计学意义？这里需要继续进行卡方检验。

卡方检验的原假设是期望频数等于实际频数，即两个分类变量无关，备择假设为期望频数不等于实际频数，即两个变量有关。检验的统计量为：

$$\chi^2 = \sum_{i=1}^{R}\sum_{j=1}^{C}\frac{(\mathrm{Obs}_{ij} - \mathrm{Exp}_{ij})^2}{\mathrm{Exp}_{ij}}$$

- Obs_{ij} 指第 i 行第 j 列的单元格的实际频数，Exp_{ij} 指第 i 行第 j 列的单元格的期望频数，卡方统计量实际上是构造了列联表中所每个单元格的残差（实际频数 - 期望频数）平方和除以每一个单元格的期望频数，然后再加总求和计算出卡方统计量。

卡方统计量服从自由度为（$r-1$）（$c-1$）的卡方分布（r 表示行个数，c 表示列个数），如图6-26所示。

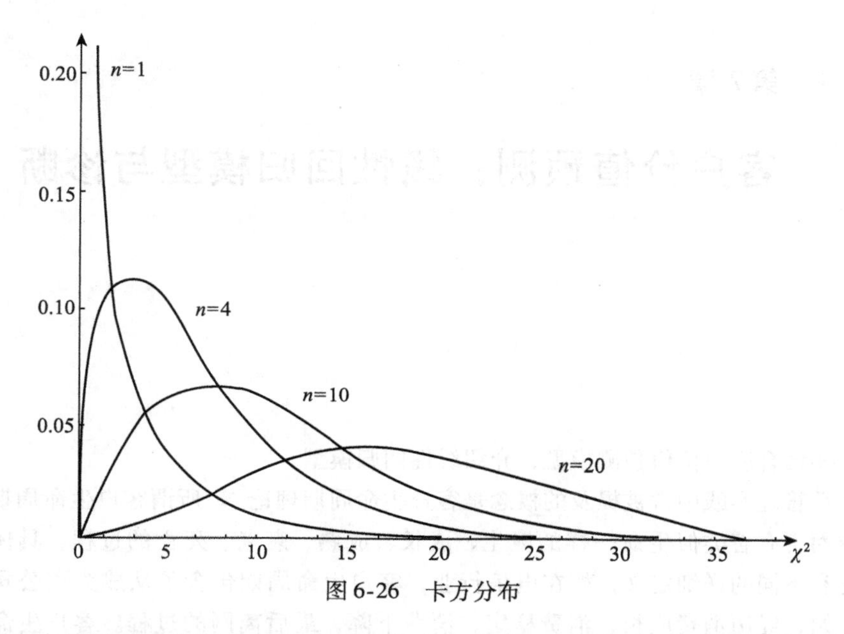

图6-26　卡方分布

计算出卡方统计量，再结合相应自由度的卡方分布，就可以计算出相应的 P 值，违约且破产的情况下，自由度为（3－1）×（2－1）＝2。根据 P 值的大小与事先确定的显著性水平，就可以推断两分类变量是否有关了。

需要注意的是，卡方检验并不能展现两个分类变量相关性的强弱，只能展现两个分类变量是否有关。

接下来，使用Python对违约与破产两个分类变量进行卡方检验。

```
print('chisq = %6.4f\n p-value = %6.4f\n dof = %i\n expected_freq = %s'\
      %stats.chi2_contingency(cross_table))
```

卡方检验的结果如下：

```
chisq = 2.9167
 p-value = 0.5719
 dof = 4
 expected_freq = [[ 4149.15422886  1030.84577114  5180.        ]
 [  358.84577114    89.15422886   448.        ]
 [ 4508.          1120.          5628.        ]]
```

检验结果表明，卡方值为2.9167，P 值为0.57，表明没有理由拒绝违约与破产两个分类变量是独立的假设，即二者没有关系。

Chapter 7 第7章

客户价值预测：线性回归模型与诊断

本章主要结合客户价值预测模型，介绍线性回归模型。

客户关系管理实践中常被提及的概念是客户生命周期理论[1]。所谓客户生命周期是指一个客户对企业而言有着类似生命一样的诞生、成长、成熟、衰老、死亡的过程。具体到不同的行业，对此有不同的详细定义，如在电信行业，客户生命周期包含了从成为该公司的客户并产生消费开始，经历消费成长、消费稳定、消费下降，最后离网的过程。客户生命周期可以根据客户不同的角色分为四个阶段，每个阶段对应不同的数据分析场景和挖掘主题，图7-1简要概括了这四个阶段，并且给出了顾客终生价值线（即客户在整个客户生命周期带来的总利润曲线）。

生命周期的第一个阶段是“潜在客户阶段”，这个时候我们还不清楚谁会成为我们的客户，只能根据产品设计或既有客户的画像，知道潜在客户的大致特征。比如我们通过对最近信用卡的申请客户进行分析，发现他们居住地址的房屋月租金在1500~2500元之间，那就可以针对这类小区进行地推。

生命周期的第二个阶段是“响应客户阶段”，这个时候客户已经在我们的地推点上填写了申请信用卡的基本信息，这时候我们需要对客户的价值、信用进行预测，以决定是否发卡、信用卡的初始额度，并且制定客户营销策略。即如果该客户收到信用卡之后不激活信用卡，我们公司该分配多少资源进一步营销。

生命周期的第三个阶段是“既得客户阶段”，这个时候客户已经成功激活信用卡，并且正常使用信用卡进行消费。但是客户只使用这个产品，太单一了。我们还希望他购买理财产品、

---

[1] 生命周期理论由卡曼（A. K. Karman）于1966年首先提出，后来赫塞（Hersey）与布兰查德（Blanchard）于1976年发展了这一理论。它以四分图理论为基础。详见百度百科的“客户生命周期理论”词条：https://baike.baidu.com/item/客户生命周期理论/5912147?fr=aladdin。

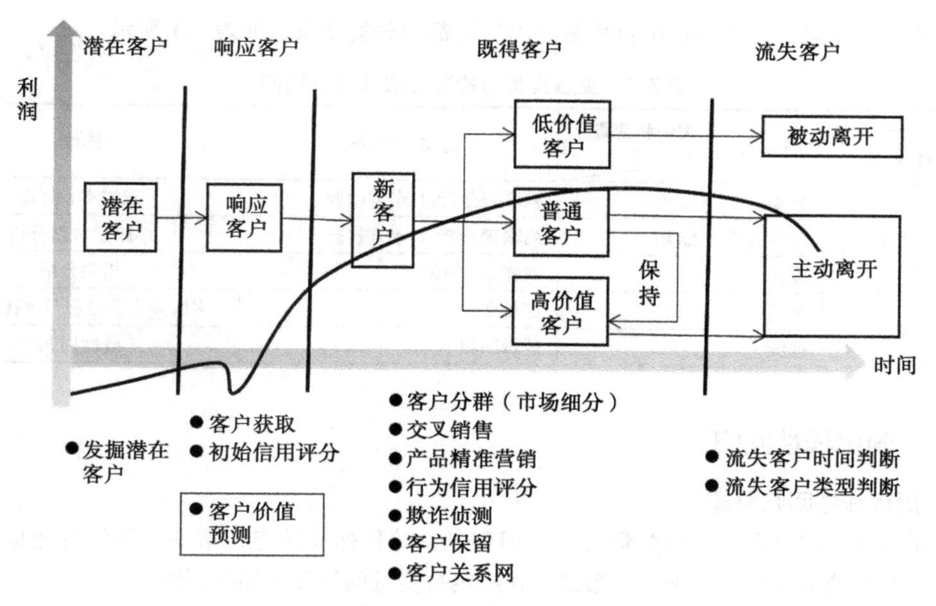

图 7-1　客户生命周期

分期还款等业务，这就涉及交叉销售、精准营销等一系列的工作内容。

生命周期的第四个阶段是“流失客户阶段”。对于高价值客户而言，这是我们不愿看到的现象，因此需要尽量避免，在客户未流失之前尽量挽回。而对一些低价值客户，如果其价值一直无法提升，则可以像美国富国银行那样，制定一定的收费策略，让低价值客户自行选择去留问题。

本章整体是一个客户价值预测的案例，背景是某信用卡公司在地推活动之后，获取了大量客户的信用卡申请信息，其中一部分客户顺利开卡，并且有月均消费记录，而另外一部分客户没有激活信用卡。公司的营销部门希望对潜在消费能力高的客户进行激活卡片的营销活动。在营销活动之前，需要对客户的潜在价值进行预测，或分析不同客户特征对客户价值的影响程度，这就涉及数值预测的相关方法，比较常用的就是线性回归模型。

7.1　线性回归

在进行两连续变量的相关性分析时，可以使用 Pearson 相关系数衡量两连续变量相关性的强弱。如果两连续变量的线性相关程度较强，那么可以使用线性回归进一步探讨这两个变量的关系。相关分析请参考第 6 章的相应内容，这里不再赘述。

线性回归中，变量分为预测变量与反应变量，反应变量又称为因变量、目标变量，是受到影响的变量；预测变量表示影响反应变量的变量，又称自变量。对于线性回归，自变量与因变量都是连续变量。在之前介绍的方差分析与卡方分析中，方差分析中自变量为分类变量，因变量为连续变量；卡方分析中自变量与因变量都为分类变量，如表 7-1 所示。

表 7-1　变量类型与检验方法（线性回归）

预测变量 X ＼ 被预测变量 Y		分类（二分）	连续
单个变量	分类（二分）	列联表分析 ｜ 卡方检验	双样本 t 检验
	分类（多个分类）	列联表分析 ｜ 卡方检验	单因素方差分析
	连续	双样本 t 检验	相关分析
多个变量	分类	逻辑回归	多因素方差分析 ｜ 线性回归
	连续	逻辑回归	线性回归

7.1.1　简单线性回归

1. 简单线性回归原理

简单线性回归只有一个自变量与一个因变量，其目标有两点：第一，评估自变量在解释因变量的变异或表现时的显著性；第二，在给定自变量的情况下预测因变量。

简单线性回归模型可表达为以下形式：

$$Y = \beta_0 + \beta_1 X_1 + \varepsilon$$

其中，Y 表示因变量，β_0表示截距，β_1表示回归系数，X_1表示自变量，ε 表示扰动项。

可以看到简单线性回归模型与数学中的线性方程类似，不过多了一个扰动项 ε，这个扰动项又称随机误差，其应服从均值为 0 的正态分布。

简单线性回归的原理就是拟合一条直线，使得实际值与预测值之差的平方和最小。当距离达到最小时，这条直线就是最好的回归拟合线，如图 7-2 所示。

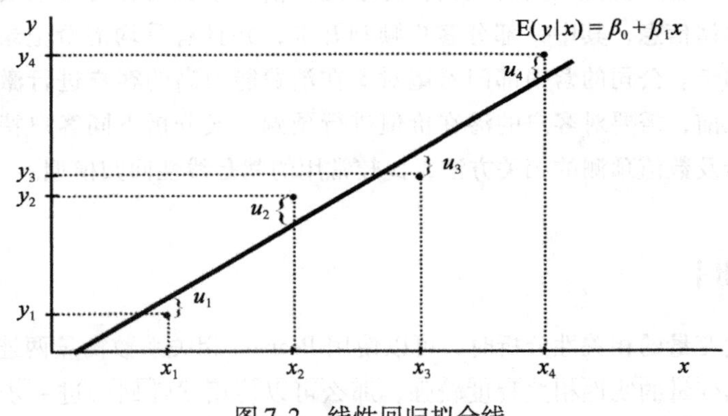

图 7-2　线性回归拟合线

实际值与预测值之差又称为残差，线性回归旨在使残差平方和最小化。

$$\min \sum \varepsilon_i^2 = \min \sum (y_i - \hat{y}_i)^2$$

其中，$\hat{y}_i$表示线性回归的预测值，y_i表示实际值。

求最小值的数学方法为求导数，当导数等于 0 时，可证明其残差平方和最小，再求出系数估计值：

$$\hat{\beta}_1 = \frac{\sum_{i=1}^{n}(x_i - \bar{x})(y_i - \bar{y})/(n-1)}{\sum_{i=1}^{n}(x_i - \bar{x})^2/(n-1)} = \frac{\sum_{i=1}^{n}\sum_{i=1}^{n}(x_i - \bar{x})(y_i - \bar{y})}{\sum_{i=1}^{n}(x_i - \bar{x})^2}$$

从而截距也随之确定：

$$\hat{\beta}_0 = \bar{y} - \hat{\beta}_1 \bar{x}$$

这种求解方式称为最小二乘法。

然后可以通过可解释的平方和除以总平方和得到 R^2，作为线性回归拟合优度的指标，即：

$$R^2 = \frac{\text{可解释的平方和}}{\text{总平方和}} = \frac{\sum_{i=1}^{n}(\hat{y}_i - \bar{y})}{\sum_{i=1}^{n}(y_i - \bar{y})} = \frac{SSM}{SST}$$

可解释的平方和指的是因为回归线带来的变异，总平方和指数据本身的变异，显然可解释的变异占总平方和比例越大，即 R^2 越大，说明模型拟合效果好（见图 7-3）。一般来说，如果 R^2 大于 0.8 则说明拟合效果非常好。

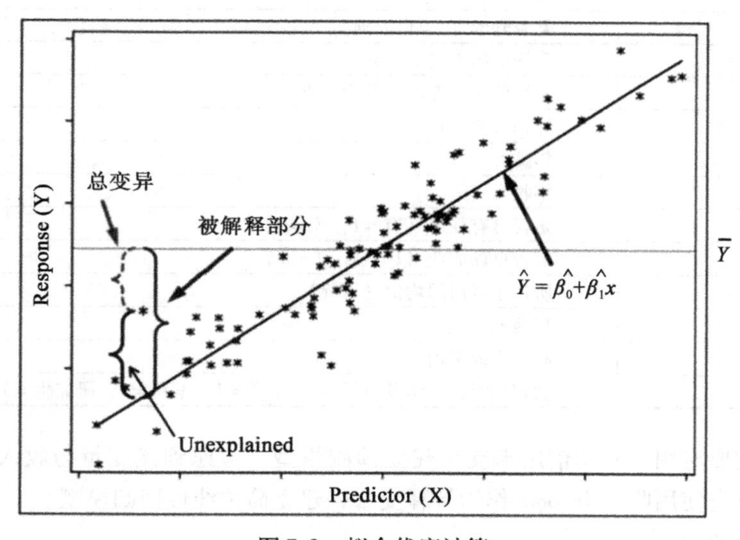

图 7-3　拟合优度计算

1）在简单线性回归中估计出回归系数与截距时，需要进行检验，回归系数是否为 0。

原假设：简单线性回归模型拟合得没有基线模型好，$\beta_1 = 0$。

备择假设：简单线性回归模型拟合得比基线模型好，$\beta_1 \neq 0$。

检验的统计量为：

$$t = \frac{\hat{\beta}_1}{S_{\hat{\beta}_1}}$$

即系数估计值除以估计值的方差，服从自由度为（$t-2$）的 t 分布。

2）在多元线性回归中，还需要检验回归系数是否全部为0。

原假设：回归系数全部都为0，即 $\beta_1 = \beta_2 = \beta_3 = \cdots = 0$。

备择假设：回归系数不都为0。

检验统计量为：

$$F = \frac{MS_M}{MS_E}$$

MS_M表示可解释的变异，MS_E表示不可解释的变异。

2. 使用 statsmodel 实现简单线性回归

本章案例用到数据集 creditcard_exp. csv，该数据是一份汽车贷款数据，相应的字段如表 7-2 所示。

表 7-2 变量解释

字 段 名	中 文 含 义
id	id
Acc	是否开卡（1 = 已开通）
avg_exp	月均信用卡支出（元）
avg_exp_ln	月均信用卡支出的自然对数
gender	性别（男 =1）
Age	年龄
Income	年收入（万元）
Ownrent	是否自有住房（有 =1；无 =0）
Selfempl	是否自谋职业（1 = yes，0 = no）
dist_home_val	所住小区房屋均价（万元）
dist_avg_income	当地人均收入
high_avg	高出当地平均收入
edu_class	教育等级：小学及以下 =0，中学 =1，本科 =2，研究生 =3

其中，我们要对用户月均信用卡支出建立预测模型，考虑到该变量与收入可能存在线性关系，因此可以先使用收入 Income 作为解释变量，建立简单线性回归模型。

先引入相应的包：

```
%matplotlib inline

import matplotlib.pyplot as plt
import numpy as np
import pandas as pd
import statsmodels.api as sm
from statsmodels.formula.api import ols

pd.set_option('display.max_columns', 8)
```

其中 pd. set_option('diplay. max_columns', 8) 用于设置 pandas 数据框最大的显示列数，超过该显示列数会使用省略号来代替显示。比如读取数据，代码如下所示：

```
raw = pd.read_csv('creditcard_exp.csv', skipinitialspace=True)
raw.head()
```

输出结果如表 7-3 所示：

表 7-3 creditcard_exp 中部分数据展示

	id	Acc	avg_exp	avg_exp_ln	…	dist_avg_income	age2	high_avg	edu_class
0	19	1	1217.03	7.104 169	…	15.932 789	1600	0.102 361	2
1	5	1	1251.50	7.132 098	…	15.796 316	1024	0.051 184	2
2	95	0	NaN	NaN	…	7.490 000	1296	0.910 000	1
3	86	1	856.57	6.752 936	…	11.275 632	1681	0.197 218	3
4	50	1	1321.83	7.186 772	…	13.346 474	784	0.062 676	2

通过简单观察与分析，可以得出以下数据清洗策略：

1）月均信用卡支出 avg_exp 为空值的是还没有开卡（Acc = 0）的用户，因此使用 avg_exp 非空的数据进行建模，使用模型预测那些 avg_exp 为空的数据；

2）Acc 用于代表用户是否开卡，只有开卡用户才会有信用卡支出，因此 Acc 不能进入模型；

3）age2 是 Age 的平方，在这个案例中意义不大，因此可以删除；

4）avg_exp_ln 是月均信用卡支出 avg_exp 的对数值；

5）字段 id 显然不能进入模型。

通过分析，对数据进行拆分并清洗，最后进行变量的描述性统计分析，代码如下所示：

```
exp = raw[raw['avg_exp'].notnull()].copy().iloc[:, 2:]\
.drop('age2',axis=1)

exp_new = raw[raw['avg_exp'].isnull()].copy().iloc[:, 2:]\
.drop('age2',axis=1)

exp.describe(include='all')
```

输出结果如表 7-4 所示：

表 7-4 creditcard_exp 中部分变量的描述性统计分析

	avg_exp	avg_exp_ln	gender	Age	…	dist_home_val	dist_avg_ince
count	70.000 000	70.000 000	70.000 000	70.000 000	…	70.000 000	70.000 000
mean	983.655 429	6.787 787	0.285 714	31.157 143	…	74.540 857	8.005 472
std	446.294 237	0.476 035	0.455 016	7.206 349	…	36.949 228	3.070 744
min	163.180 000	5.094 854	0.000 000	20.000 000	…	13.130 000	3.828 842

（续）

	avg_exp	avg_exp_ln	gender	Age	…	dist_home_val	dist_avg_ince
25%	697.155 000	6.547 003	0.000 000	26.000 000	…	49.302 500	5.915 553
50%	884.150 000	6.784 627	0.000 000	30.000 000	…	65.660 000	7.084 184
75%	1 229.585 000	7.114 415	1.000 000	36.000 000	…	105.067 500	9.123 105
max	2 430.030 000	7.795 659	1.000 000	55.000 000	…	157.900 000	18.427 000

8 rows × 11 columns

要进行线性回归分析，首先要确认解释变量与被解释变量之间存在线性关系（或经过变换后存在线性关系），因此对数据进行相关性分析，代码如下所示：

```
exp[['Income', 'avg_exp', 'Age', 'dist_home_val']].corr(method='pearson')
```

输出结果如表 7-5 所示：

表 7-5 相关分析的输出结果

	Income	avg_exp	Age	dist_home_val
Income	1.000 000	0.674 011	0.369 129	0.249 153
avg_exp	0.674 011	1.000 000	0.258 478	0.319 499
Age	0.369 129	0.258 478	1.000 000	0.109 323
dist_home_val	0.249 153	0.319 499	0.109 323	1.000 000

有结果可以判断出 avg_exp 与 Income 确实存在较高的相关性，此时可以使用简单线性回归来建立模型，代码如下所示：

```
lm_s = ols('avg_exp ~ Income', data=exp).fit()
print(lm_s.params)
```

一元线性回归系数的输出结果如下所示：

```
Intercept     258.049498
Income         97.728578
dtype: float64
```

本段使用了 statsmodel 中的 ols 函数，该函数需要传入一个字符串作为参数（也被称为 formula 公式），该字符串使用波浪线“ ~ ”来分隔被解释变量与解释变量。ols 函数返回一个模型（最小二乘法），该模型使用 fit 方法进行训练。训练完成的模型使用 params 属性保存解释变量的系数与方程的截距。

可以看到，Income 估计的回归系数值为 97.73，且显著性接近于 0，截距项为 258.05，回归方程可以写为：

$$Y = 258.05 + 97.73 X_1 + \varepsilon$$

模型的 summary 方法会输出三个表格用于展示模型概况，分别是模型的基本信息、回归系数及检验信息、其他模型诊断信息，本模型的概况信息结果的代码如下所示：

```
lm_s.summary()
```

输出结果如表 7-6 所示：

表 7-6　一元线性回归的输出结果

Dep. Variable:	avg_exp	R-squared:	0.454
Model:	OLS	Adj. R-squared:	0.446
Method:	Least Squares	F-statistic:	56.61
Date:	Thu, 18 May 2017	Prob(F-statistic):	1.60e-10
Time:	09:14:10	Log-Likelihood:	-504.69
No. Observations:	70	AIC:	1013.
Df Residuals:	68	BIC:	1018.
Df Model:	1		
Covariance Type:	nonrobust		

	coef	std err	t	P > |t|	[95.0% Conf. Int.]
Intercept	258.049 5	104.290	2.474	0.016	49.942 466.157
Income	97.728 6	12.989	7.524	0.000	71.809 123.648

Omnibus:	3.714	Durbin-Watson:	1.424
Prob(Omnibus):	0.156	Jarque-Bera(JB):	3.507
Skew:	0.485	Prob(JB):	0.173
Kurtosis:	2.490	Cond. No.	21.4

可以看到模型的 R^2 为 0.454，Income 的系数（coef）为 97.728 6，且该系数为 0 的概率很小（P > |t|为 0.000），其他指标会在后续分析中进行使用到。

生成的模型使用 predict 产生预测值，而 resid 属性则保留了训练数据集的残差，代码如下所示：

```
pd.DataFrame([lm_s.predict(exp), lm_s.resid], index=['predict', 'resid']
        ).T.head()
```

输出结果如表 7-7 所示：

表 7-7　使用线性回归模型在训练数据集进行预测和计算残差

	predict	resid
0	1 825.141 904	-608.111 904
1	1 806.803 136	-555.303 136
2	1 379.274 813	-522.704 813
3	1 568.506 658	-246.676 658
4	1 238.281 793	-422.251 793

在待预测数据集上进行预测的方法是一样的，输出结果如下所示：

```
lm_s.predict(exp_new)[:5]

array([ 1078.96955213,    756.46524511,    736.91952954,    687.07795482,
         666.55495346])
```

7.1.2 多元线性回归

多元线性回归是在简单线性回归的基础上，增加更多的自变量，其表达形式如下所示：

$$Y = \beta_0 + \beta_1 X_1 + \beta_2 X_2 + \cdots + \beta_k X_k + \varepsilon$$

其中，Y是因变量，$X_1, X_2, \cdots, X_k$是自变量或预测变量，ε是误差项，β_0、β_1和β_2…是未知系数。

多元线性回归原理与简单线性回归一致。以两个自变量的多元线性回归为例，可以构造一个三维直角坐标系，为了方便演示，这里设置X_1与X_2是服从0～1均匀分布的随机数，ε服从标准正态分布，截距为0：

$$Y = \beta_0 + 40X_1 + 40X_2 + \varepsilon$$

z轴表示因变量Y，x、y轴表示两个自变量。此时，二元线性回归拟合的是一个回归面，这个回归面与xy平面、xz平面和yz平面都是斜交的，通过旋转得到不同的三维散点图，如图7-4、图7-5所示。

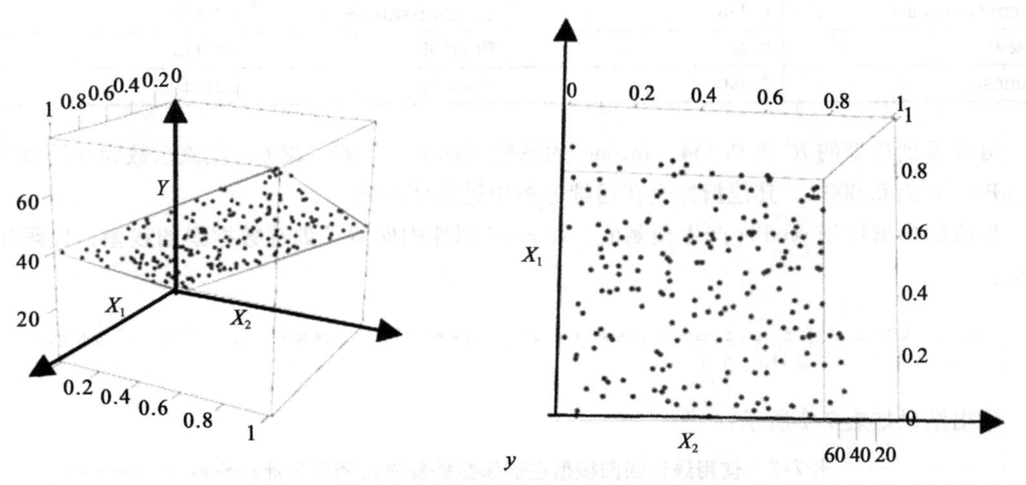

图7-4 回归面及X_1与X_2的关系

可以看到，在多元线性回归中，X_1、X_2与Y都有明显的线性相关关系，且X_1与X_2无线性相关关系（图7-5），三者形成点在空间中是一个回归平面。如果X_1、X_2和Y的相关性较弱，那么就无法拟合一个合适的回归平面（图7-6左图），同理当出现高阶项时，X_1，X_2和Y就不是线性相关关系，三维空间中的点就形成一个曲面（图7-6右图）。若用平面拟合，则效果不佳。

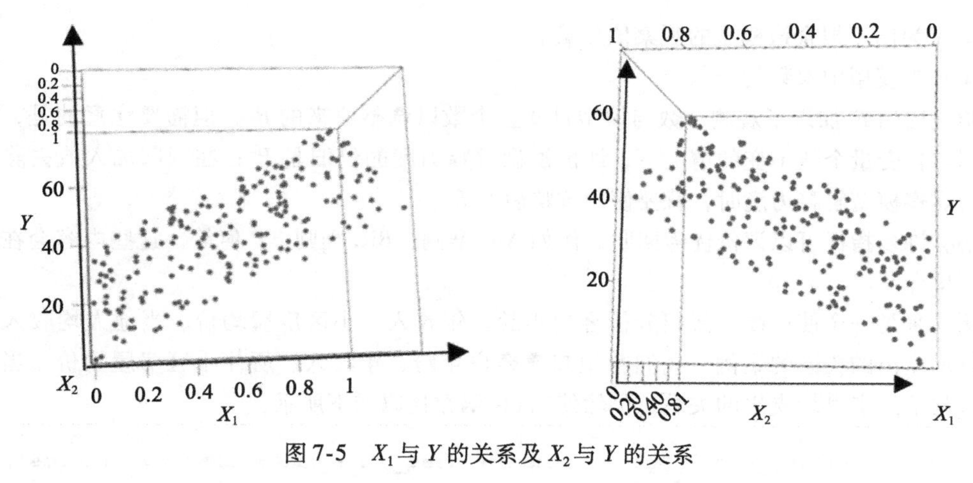

图 7-5　X_1 与 Y 的关系及 X_2 与 Y 的关系

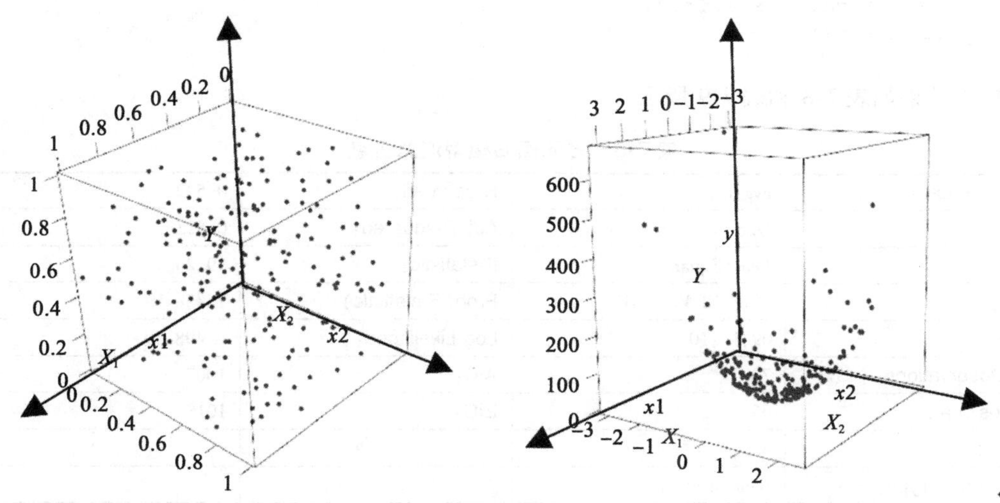

图 7-6　X_1、X_2、Y 三者彼此无关和 X_1、X_2、Y 三者非线性相关

二元线性回归是最简单的多元线性回归，从上例可以知道，即使是多元线性回归，也要求自变量与因变量之间有线性关系，且自变量之间的相关关系要尽可能低，这在后面有关章节会重点介绍。另外，多元线性回归中，会涉及多个自变量，方程中与因变量线性相关的自变量越多，回归的解释力度就越强，若方程中非线性相关的自变量越多，那么模型解释力度就越弱。在上一节中介绍过，可以使用 R^2 评价模型解释力度，但 R^2 易受自变量个数与观测个数的影响，在多元线性回归中，还会使用调整后的 R^2 去评价回归的优劣程度，调整后的 R^2 如下：

$$\bar{R}^2 = 1 - \frac{(n-i)(1-R^2)}{n-p}$$

- 当有截距项时，i 等于 1，反之等于 0。

- N 为用于拟合该模型的观察值数量。
- P 为模型中参数的个数。

调整后的 R^2 加入了观测个数与模型自变量个数以调整原来的 R^2，但需要注意的是，在模型观测与自变量个数不变的情况下，评价模型解释力度的仍旧是 R^2；在回归加入或去除某自变量后观察模型解释力度时，就要使用调整后的 R^2。

还有许多指标可以评价优劣回归，例如 AIC 准测、BIC 准则、P 值等，这些内容会在后面的章节里介绍。

接下来是一个使用线性回归分析客户年龄、年收入、小区房屋均价、当地人均收入与信用卡月均支出的关系的案例。我们希望知道客户年龄、年收入、所住小区房屋均价、当地人均收入与信用卡月均支出的关系，仍然使用 ols 函数代码如下所示：

```
lm_m = ols('avg_exp ~ Age + Income + dist_home_val + dist_avg_income',
           data=exp).fit()
lm_m.summary()
```

输出结果如表 7-8 和表 7-9 所示

表 7-8　多元回归模型汇总信息

Dep. Variable:	avg_exp	R-squared:	0.542
Model:	OLS	Adj. R-squared:	0.513
Method:	Least Squares	F-statistic:	19.20
Date:	Thu, 18 May 2017	Prob(F-statistic):	1.82e-10
Time:	09:14:10	Log-Likelihood:	-498.59
No. Observations:	70	AIC:	1007.
Df Residuals:	65	BIC:	1018.
Df Model:	4		
Covariance Type:	nonrobust		

若以 0.05 为显著性水平，可以看到，整体上，方程显著性（回归系数不全为 0）的检验 P 值为 1.82e-10，接近于 0，说明回归方程是有意义的。

回归系数及其检验结果如下：

表 7-9　多元回归系数

	coef	std err	t	P>|t|	[95.0% Conf. Int.]
Intercept	-32.0078	186.874	-0.171	0.865	-405.221 341.206
Age	1.3723	5.605	0.245	0.807	-9.822 12.566
Income	-166.7204	87.607	-1.903	0.061	-341.684 8.243
dist_home_val	1.5329	1.057	1.450	0.152	-0.578 3.644
dist_avg_income	261.8827	87.807	2.982	0.004	86.521 437.245

变量 Age、dist_home_val 的回归系数都不显著，而 Income 和 dist_avg_income 的显著。输出的 R^2 为 0.542，调整 R^2 为 0.5134。

对于那些不显著的自变量，在方程中的作用不大，那么如何进行有目的地筛选？下一节介绍多元线性回归的变量筛选。

7.1.3 多元线性回归的变量筛选

多元线性回归能够按照一些方法筛选建立回归的自变量，这些方法包括：向前法、向后法、逐步法。

这三种方法进入或剔除变量的一个准则为 AIC（Akaike Information Criterion，赤池信息量）准则，即最小信息准则，其计算公式如下：

$$\text{AIC} = 2p + n\left(\log\left(\frac{\text{RSS}}{n}\right)\right)$$

其中，P 表示进入回归模型的自变量的个数，n 为观测数量，RSS 为残差平方和，即 $\sum_{i=1}^{n}(\hat{y}_i - y_i)^2$。

AIC 值越小说明模型效果越好，越简洁，另外还有类似的进入或剔除变量的 BIC 准则、P 值等，这里篇幅有限不做详细介绍。

具体来说，三种回归方式的主要区别在于自变量进入模型的先后次序不同。

1. 向前回归法

首先将第一个变量代入回归方程，并进行 F 检验和 t 检验，计算残差平方和，记为 S_1，如果通过检验，则保留该变量。然后引入第二个变量，重新构建一个新的估计方程，进行 F 检验和 t 检验，并计算残差平方和，记为 S_2。从直观上看，增加一个新的变量后，回归平方和应该增大，残差平方和应该相应减少，S_2小于等于 S_1，即 $S_1 - S_2$的值是第二个变量的偏回归平方和，如果该值明显偏大，那么说明第二个变量对因变量有显著影响，反之则没有显著影响。

如图 7-7 所示，首先用被解释变量（Y）和每一个解释变量（X）做回归分析，选取一个解释力度最高的一个变量（AIC 准则/BIC 准则/P 值/调整 R^2等）；在选取第二个变量时，首先用被解释变量（Y）减去使用第一个解释变量（X_5）得到的预测值（$\text{b} \times X_5$），得到残差（$\text{e} = \text{Y} - \text{b} \times X_5$）。用残差和余下的解释变量做回归，找到解释力度最大的变量 X_9，以此类推。

2. 向后回归法

该回归方式同向前回归法正好相反。首先，将所有的 X 变量一次性放入模型进行 F 检验和 t 检验，然后根据变量偏回归平方和的大小逐个删除不显著的变量。如果偏回归平方和很大则保留，反之则删除。

如图 7-8 所示，向后法操作和向前法操作类似，只不过其在第一次回归时就将所有自变量加入，剔除一个最没有解释力度的变量，依次类推，直至没有变量被剔除。

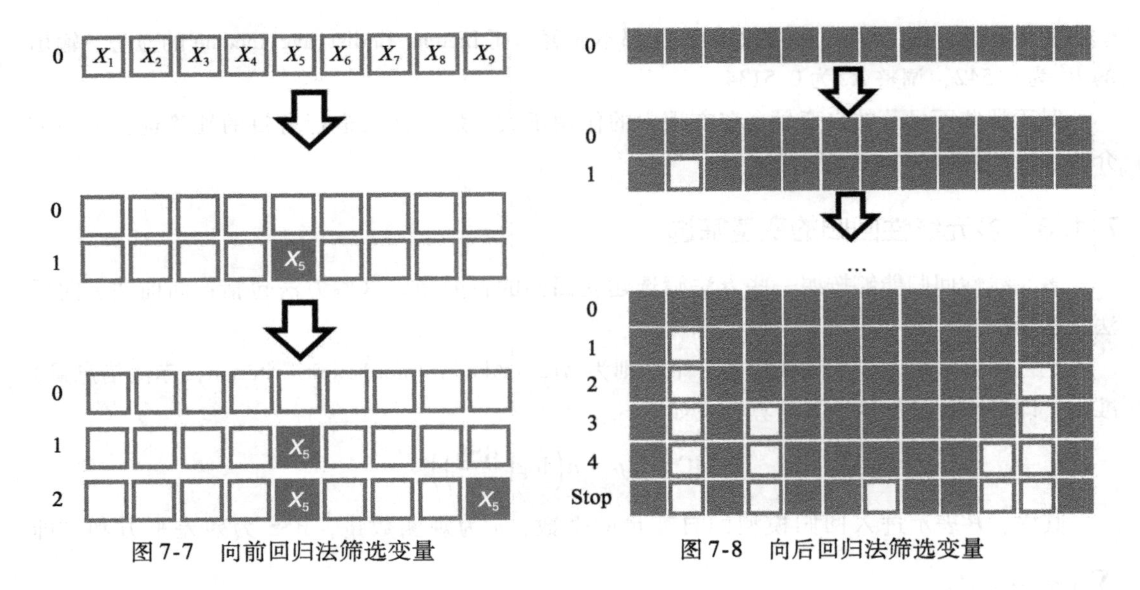

图 7-7　向前回归法筛选变量

图 7-8　向后回归法筛选变量

向后回归法需要满足样本量大于变量个数的条件，而向前回归法在这种情况下也可以使用，因此此种条件下不能使用向后回归法。

3. 逐步回归法

综合向前回归法和向后回归法的特点，将变量一个一个放入方程，在引入变量时需要利用偏回归平方和进行检验，当显著时才加入该变量。当方程加入该变量后，又要对原有的变量重新用偏回归平方和进行检验，一旦某变量变得不显著时便删除该变量。如此下去，直到老变量均不可删除，新变量也无法加入为止。

如图 7-9 所示，逐步法一开始遵循向前法，直至有 4 个变量纳入模型中。在这之后遵循向后法，剔除一个最没有解释力度的变量后，又遵循向前法，加入一个最有解释力度的变量。这个变量有可能是刚才被剔除的变量，也有可能不是这个变量。如此下去，直到老变量均不可删除，新变量也无法加入为止。

此外，还有全子集法可以用于变量筛选，即使用所有可能的变量组合进行建模，从中依据一定的准则选择解释能力最强、最稳定的模型。

需要说明的是，向前法、向后法和逐步法在变量数较多的情况下能较快地得出结果，但这三种都不一定能得出最优的变量组合，使用全子集法可以获得最佳变量组合，但随着变量的增多，可能的组合数会大幅增加，导致筛选效率低。

对于线性回归中的变量筛选，统计学家在研究中提出了多种筛选准则，其中一个就是 AIC 准则，即最小信息准则，其计算公式如下：

$$\mathrm{AIC} = 2p + n\left(\log\left(\frac{\mathrm{RSS}}{n}\right)\right)$$

其中，p 代表进入回归模型的自变量的个数，n 为观测数量，RSS 为残差平方和，即

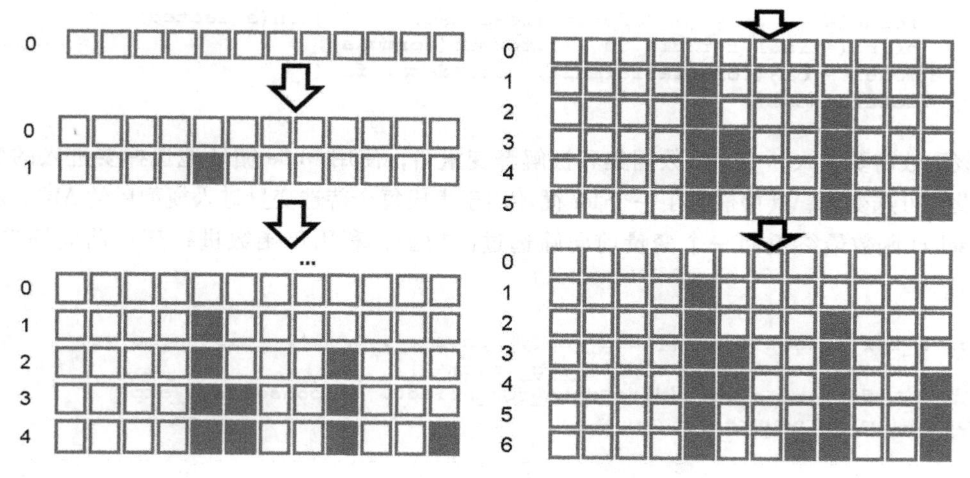

图 7-9　逐步回归法筛选变量

$\sum_{i=1}^{n}(\hat{y}_i - y_i)^2$。在 n 一定的情况下，残差平方和 RSS 越小说明模型拟合效果越好，但残差的变小如果是通过增加解释变量（p 增大）来实现，则模型的复杂度会增加，一般来说，越复杂的模型越容易出现过度拟合，如果换一批数据，模型的效果会大幅下降（就好比模拟题背得太好，真正高考时反而考不好一样）。AIC 综合考虑了拟合效果与模型复杂度，AIC 值越小说明模型效果好且简洁，另外还有类似的准则如 BIC、P 值等，具体在其他章节会有介绍。

为了演示，我们自定义一个通过 AIC 进行变量前向筛选的函数：

```
'''forward select'''
def forward_select(data, response):
    remaining = set(data.columns)
    remaining.remove(response)
    selected = []
    current_score, best_new_score = float('inf'), float('inf')
    while remaining:
        aic_with_candidates=[]
        for candidate in remaining:
            formula = "{} ~ {}".format(
                response,' + '.join(selected + [candidate]))
            aic = ols(formula=formula, data=data).fit().aic
            aic_with_candidates.append((aic, candidate))
        aic_with_candidates.sort(reverse=True)
        best_new_score, best_candidate=aic_with_candidates.pop()
        if current_score > best_new_score:
            remaining.remove(best_candidate)
            selected.append(best_candidate)
            current_score = best_new_score
            print ('aic is {},continuing!'.format(current_score))
        else:
            print ('forward selection over!')
            break
```

```
    formula = "{} ~ {} ".format(response,' + '.join(selected))
    print('final formula is {}'.format(formula))
    model = ols(formula=formula, data=data).fit()
    return(model)
```

该函数需要传入一个训练数据集和被解释变量名，使用 while 循环地选择要进入的变量，直到没有可选变量，其中嵌套了一个 for 循环用于生成每个待选变量进入模型后的 AIC。该 forward_select 函数最终返回一个变量前向筛选过的模型，利用该函数进行变量前向筛选如下所示：

```
data_for_select = exp[['avg_exp', 'Income', 'Age', 'dist_home_val',
                       'dist_avg_income']]
lm_m = forward_select(data=data_for_select, response='avg_exp')
print(lm_m.rsquared)
```

向前回归法的结果如下所示：

```
aic is 1007.6801413968115,continuing!
aic is 1005.4969816306302,continuing!
aic is 1005.2487355956046,continuing!
forward selection over!
final formula is avg_exp ~ dist_avg_income + Income + dist_home_val
0.541151292841
```

可见，使用前向法去掉了一个变量 Age，而且 R 方并没有明显下降。

使用不同的筛选方法和判断准则可能会得出不同的变量组合结果，这是由于变量带来的信息是有“重复”的，删掉的“重复”信息无论是哪个，最终保留下来的信息效果是相差不多的。

7.2 线性回归诊断

多元线性回归有很多前提条件，首先自变量与因变量之间要有线性关系，扰动项或残差独立且应服从均值为 0、方差一定的正态分布，因变量不能和扰动项有线性关系，自变量之间不能有太强的线性关系等。这些前提条件本身都与线性回归的原理有关，下面具体介绍这些前提条件。

1. 自变量与因变量之间要有线性关系

之前介绍过自变量与因变量之间有线性关系的几何解释，而当自变量与因变量是非线性关系时，可以采用一些方法将因变量或自变量做变换，使得变换后的因变量与自变量产生线性关系，如下所示：

$$Y = \beta_0 + \beta_1 X_1^2 + \varepsilon \quad \Rightarrow Y = \beta_0 + \beta_1 \ln(X_1) + \varepsilon$$

因变量指数型，可对因变量去自然对数，如下所示：

$$\ln\left(\frac{P}{1-P}\right)=\beta_0+\beta_1 X_1+\varepsilon$$

其中，P 为 $Y=1$ 的概率。

这种变换即为 Logistic 回归，在后续章节会重点介绍。

2. 正交假定：误差/残差与自变量不相关，其期望为 0

该假设提示我们在建立模型时，只要同时和 X、Y 相关的变量就应该纳入模型中，否则回归系数就是有偏的，注意该条假设是不能在回归后根据结果进行检验（通过工具变量法进行内生性检验并不一定有效，这是计量经济学的前沿问题）。最小二乘法本身就是正交变换，即使该假设不被满足，任何估计的方法产生的残差都会和解释变量正交，因此在建立模型时需要特别注意是否在模型中遗漏了重要变量。

3. 扰动项或残差之间相互独立且服从方差相等的同一正态分布

残差是一种随机误差，如果其不独立说明误差不随机，仍旧会有重要的信息蕴含在其中未被提取出，残差同分布的意义也在于每一个残差都应出自同一个正态分布，如图 7-10 所示。

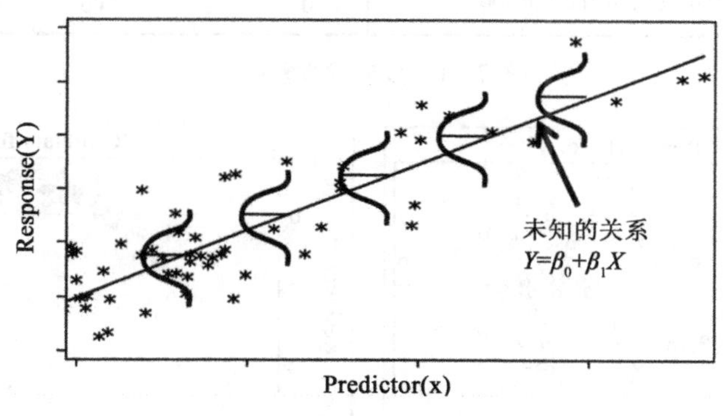

图 7-10 扰动项独立同方差

而残差的方差要尽可能相等，如图 7-11 中左上图形所示。而其他三个图中可以明显看出残差的方差与自变量相关，即存在异方差现象。

7.2.1 残差分析

线性回归的前提条件中，除了自变量与因变量要有线性相关关系，剩下的基本都和残差有关，所以残差分析是线性回归诊断的重要环节。

残差应服从的前提条件有三个：第一，残差不能和自变量相关（不能检验）；第二，残差独立同分布；第三，残差方差齐性。查看残差情况的普遍方法是查看残差图。

残差图通过预测值从小到大排列后与相应残差的散点图展示，残差—预测值图可以分为以下几种情况，如图 7-12 所示。

在图 7-12a 中，残差随预测值增大而随机分布，上下界也基本对称，也无明显自相关，方差也基本齐性，属于正常的残差。

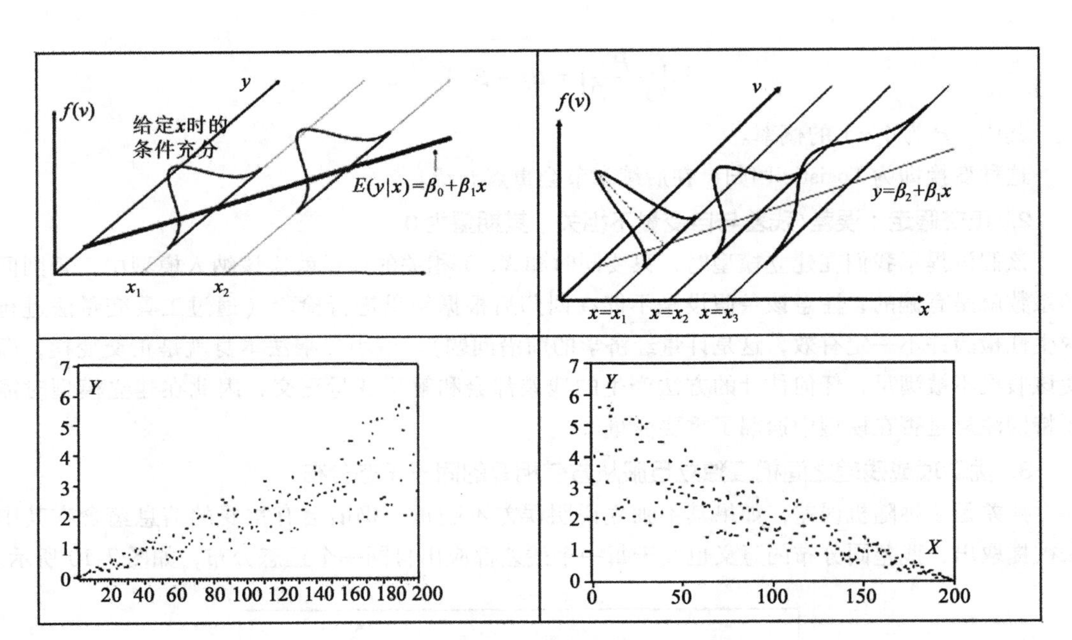

图 7-11 残差异方差图形

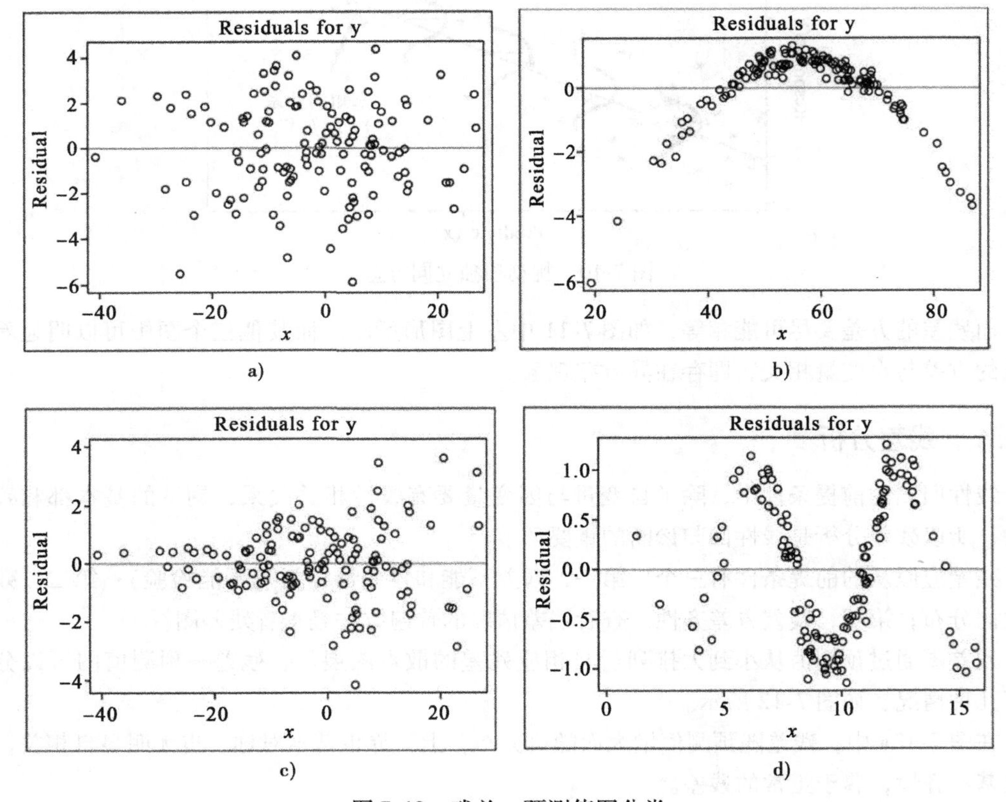

图 7-12 残差—预测值图分类

在图 7-12b 中，可以看到残差与预测值呈曲线关系，意味着实际值与线性拟合的直线的差异不是线性关系，进一步可以判断自变量与因变量不是线性关系，使用线性回归模型是不适合的。

在图 7-12c 中，可以看到残差虽然上下基本对称，但随着预测值增大，其上下幅度也会不断增大，这种情况说明残差的方差不齐，拟合的线性回归需要修正。

在图 7-12d 中，可以看到残差随着预测值增大而呈现周期性变化，预示自变量与因变量可能是周期变化的关系。

残差分析能够提供很多模型诊断的信息，对于残差出现的问题，解决方法如下。

1）X 和 Y 为非线性关系：加入 X 的高阶形式，一般加 X^2 就可以。

2）方差不齐：横截面数据经常表现出方差不齐现象（比如“信用卡支出分析”数据），修正的方法有很多，比如加权最小二乘法、稳健回归等，而最简单的方法就是对 Y 取自然对数。

3）自相关：分析时间序列和空间数据时会经常遇到这个现象。复杂的方法是使用时间序列或空间计量方法进行分析；简单的方法是加入 Y 的一阶滞后项进行回归。

下面针对之前建立的简单线性回归模型（avg_exp ~ Income），观察其残差图：

为了便于区分，复制模型 lm_s：

```
ana1 = lm_s
```

生成残差图如图 7-13 所示：

```
exp['Pred'] = ana1.predict(exp)
exp['resid'] = ana1.resid
exp.plot('Income', 'resid',kind='scatter')
plt.show()
```

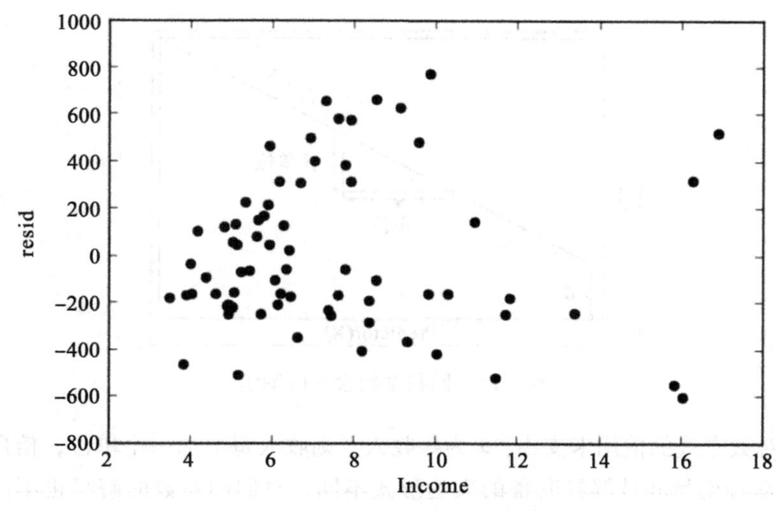

图 7-13　收入与残差的散点图

可以看出，残差图中，随着预测值增大，残差基本保持上下对称，但残差正负的幅度有逐渐变大的趋势，即该线性模型有方差不齐的问题。根据前述异方差处理方法，对被解释变量 avg_exp 取对数并重新建模，其散点图如图 7-14 所示。

```
ana2 = ols('avg_exp_ln ~ Income', exp).fit()
exp['Pred'] = ana2.predict(exp)
exp['resid'] = ana2.resid
exp.plot('Income', 'resid',kind='scatter')
plt.show()
```

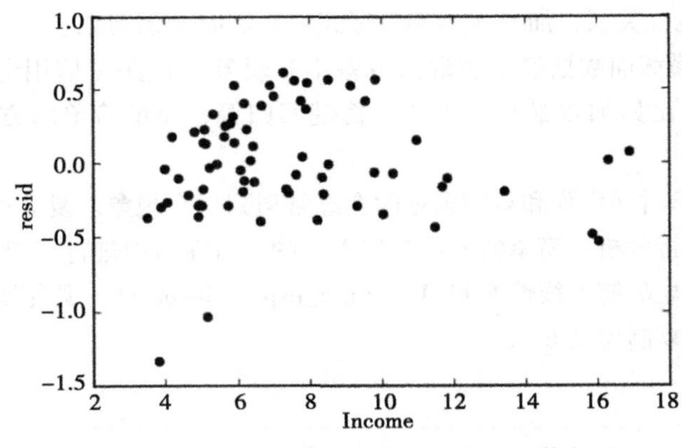

图 7-14 消费取对数之后收入与残差的散点图

取对数变换后，avg_exp 较大的数值会被“抑制”，因此能改善预测值越大残差越大的情况。以 y = 0 为界，此时残差分布比之前好了很多，即随预测值增大，残差上下基本对称且没有明显的异方差现象。

取对数从业务上来说是有意义的，例如根据输出结果，解释回归系数，如图 7-15 所示。

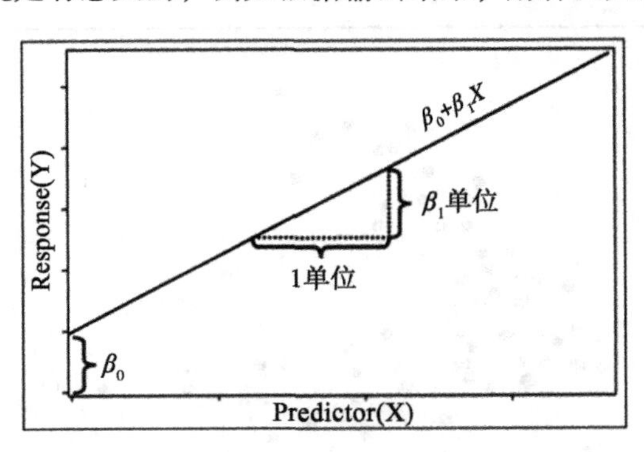

图 7-15 回归系数含义的图示

假设 y 为对数方式的信用卡支出，x 为年收入，则收入每增加一个单位，信用卡支出增长 β_1 个百分点。解释变量和被解释变量的表达形式不同，对回归系数的解释也不同。不同情况下，对回归系数的解释，如表 7-10 所示。

表 7-10　常见变量转换情况下回归系数的解释

模型形式	被解释变量	解释变量	β_1 的意义
x-平方	y	x_2	$\beta_1+\beta_2 x$
水平－水平	y	x	$\Delta y=\beta_1\Delta x$
水平－对数	y	$\ln(x)$	$\Delta y=(\beta_1/100)\%\Delta x$
对数－水平	$\ln(y)$	x	$\%\Delta y=(100\beta_1)\Delta x$
对数－对数	$\ln(y)$	$\ln(x)$	$\%\Delta y=\beta_1\%\Delta x$

虽然异方差得到改善，但从业务上理解，显然收入增长一个单位，信用卡支出增加固定的百分比会出现问题：例如对于高收入用户来说，在年收入 1000 万的基础上增加 1 万元，他的信用卡支出会增加一定的百分比吗？为此，对收入 Income 也取对数，此时可以认为用户收入增加 1 个百分点，则信用卡支出增加一个固定的百分点，这样的解释更符合逻辑。因此对 Income 取对数变换：

```
exp['Income_ln'] = np.log(exp['Income'])
```

再使用变换后的变量与 avg_exp_ln 做回归：

```
ana3 = ols('avg_exp_ln ~ Income_ln', exp).fit()
exp['Pred'] = ana3.predict(exp)
exp['resid'] = ana3.resid
exp.plot('Income_ln', 'resid',kind='scatter')
plt.show()
```

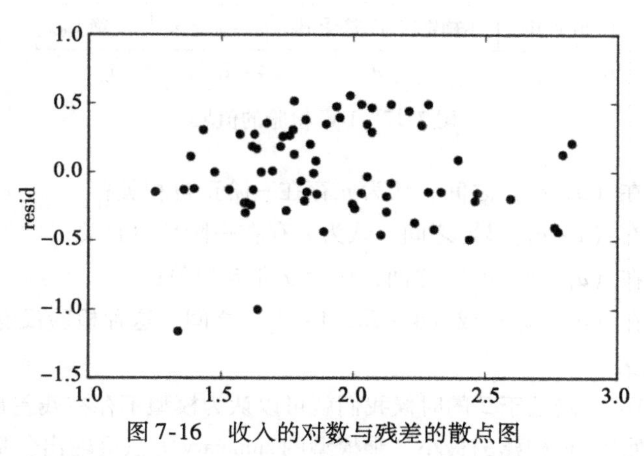

图 7-16　收入的对数与残差的散点图

从图 7-16 可以发现异方差现象消除了，同时，再比较一下不同情况下简单线性回归的结果如下：

```
r_sq = {'exp~Income':ana1.rsquared, 'ln(exp)~Income':ana2.rsquared,
        'ln(exp)~ln(Income)':ana3.rsquared}
print(r_sq)
```

输出结果如下：

```
{'exp~Income': 0.45429062315565294, 'ln(exp)~Income': 0.40308555553296
499, 'ln(exp)~ln(Income)': 0.48039279938931101}
```

可以发现，对收入和支出都取对数时，模型的 R 方是最大的。

为了确认残差是否存在自相关关系，以及存在正向还是负向的自相关，我们引入 Durbin-Watson 检验（DW 检验）。

原假设：$\rho=0$（即前后扰动项不存在相关性）；

备则假设：$\rho\neq0$（即近邻的前后扰动项存在相关性）。

用残差值计算量 DW 统计量为：

$$DW=\frac{\sum_{t=2}^{T}(\hat{\mu}_t-\hat{\mu}_{t-1})^2}{\sum_{t=1}^{T}\hat{\mu}_t^2}=\frac{\sum_{t=2}^{T}\hat{\mu}_t^2+\sum_{t=2}^{T}\hat{\mu}_{t-1}^2-2\sum_{t=2}^{T}\hat{\mu}_t\hat{\mu}_{t-1}}{\sum_{t=1}^{T}\hat{\mu}_t^2}\approx\frac{2\sum_{t=2}^{T}\hat{\mu}_{t-1}^2-2\sum_{t=2}^{T}\hat{\mu}_t\hat{\mu}_{t-1}}{\sum_{t=2}^{T}\hat{\mu}_{t-1}^2}$$

$$=2\left(1-\frac{\sum_{t=2}^{T}\hat{\mu}_t\hat{\mu}_{t-1}}{\sum_{t=2}^{T}\hat{\mu}_{t-1}^2}\right)=2(1-\hat{\rho})$$

从上式可以看出，当扰动项完全不相关（$\rho=0$）时，DW 值为 2；当扰动项完全正相关（$\rho=1$）时，DW 值为 0；当扰动项完全负相关（$\rho=-1$）时，DW 值为 4。

因此，可以得到 DW 检验的取值区间及相关检验，如图 7-17 所示。

拒绝 H_0	不确定区	接受 H_0	不确定区	拒绝 H_0

0　　d_L　　d_U　　$4-d_U$　　$4-d_L$

图 7-17　DW 检验的值域

1）若 DW 取值在（0，d_L）之间，认为 u_t 存在一阶正自相关；

2）若 DW 取值在（$4-d_L$，4）之间，认为 u_t 存在一阶负自相关；

3）若 DW 取值在（d_U，$4-d_U$）之间，认为 u_t 非自相关；

4）若 DW 取值在（d_L，d_U）或（$4-d_U$，$4-d_L$）之间，这种检验没有结论，即不能判别 u_t 是否存在一阶自相关。

一般而言，当 DW 值趋近于 2 的时候我们就可以认为模型不存在残差自相关关系。

在 statsmodel 中使用 ols 构建的最小二乘模型的 summary 方法会输出包括 DW 统计量在内的多种判断指标，只需查看模型 summary 即可。

7.2.2 强影响点分析

在线性回归分析中，什么是强影响点？从图 7-18 中可以看出，当一个点（点 1、点 2 或点 3）离群太远时，拟合的回归线会受到这个点的强烈干扰，从而改变回归线的位置，这类会对模型产生较大影响的点称为强影响点。在数据中如果存在这样的强影响点，拟合的回归线就不准确。

在简单线性回归中，从散点图中就能大致看出数据中有无强影响点，但是在自变量较多的情况下，散点图显然无法使用。此时，可以使用预测值—学生化残差图来识别强影响点。

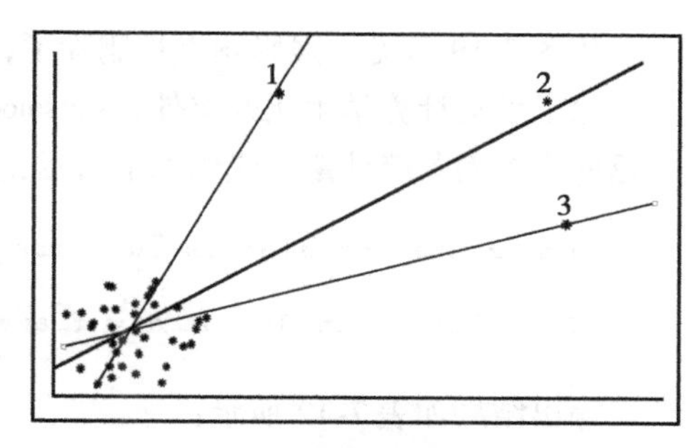

图 7-18　强影响点的示例

学生化残差（SR）指标标准化后的残差，当样本量为几百个时，学生化残差中大于 2 的点为强影响点；当样本量为上千个时，学生化残差中大于 3 的点为相对大的影响点。

本例中，我们计算学生化残差如下：

```
exp['resid_t'] = \
(exp['resid'] - exp['resid'].mean()) / exp['resid'].std()
```

将学生化残差大于 2 的记录筛选出来，代码如下所示：

```
exp[abs(exp['resid_t']) > 2]
```

输出结果如表 7-11 所示：

表 7-11　强影响点所在的观测

	avg_exp	avg_exp_ln	gender	Age	…	Pred	resid	Income_ln	resid_t
73	251.56	5.527 682	0	29	…	6.526 331	−0.998 649	1.640 510	−2.910 292
98	163.18	5.094 854	0	22	…	6.257 191	−1.162 337	1.339 177	−3.387 317

可见第 73 与第 98 条记录是强影响点，说明它们可能是消费行为较特殊的极少数人，对应残差图中距离多数点较远的样本，将这两条记录删除后，模型会更贴近普通正常用户的消费特征：

```
exp2 = exp[abs(exp['resid_t']) <= 2].copy()
ana4 = ols('avg_exp_ln ~ Income_ln', exp2).fit()
exp2['Pred'] = ana4.predict(exp2)
exp2['resid'] = ana4.resid
exp2.plot('Income', 'resid', kind='scatter')
plt.show()
```

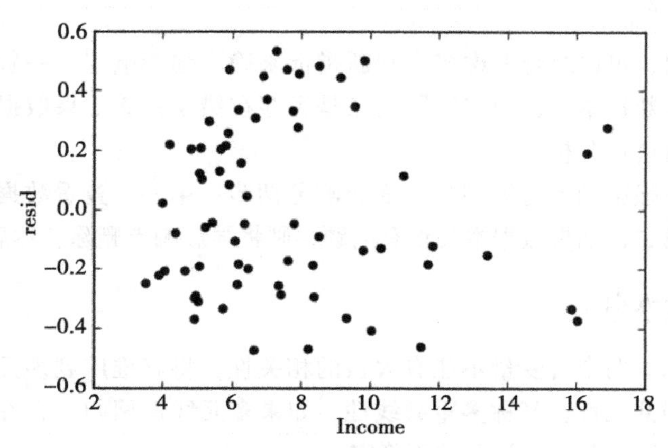

图 7-19　剔除强影响点的散点图

从图 7-19 可见，强影响点被删除了，删除了强影响点的数据集使用变量 exp2 来表示。

除了手动计算学生化残差外，statsmodel 提供了用于判断强影响点的计算函数，可以一次性返回多个判断统计量，代码如下所示：

```
from statsmodels.stats.outliers_influence import OLSInfluence

OLSInfluence(ana3).summary_frame().head()
```

输出结果如表 7-12 所示：

表 7-12 强影响点所在的观测

	dfb_Intercept	dfb_Income_ln	cooks_d	dffits	dffits_internal	hat_diag	standard
0	0.343 729	-0.381 393	0.085 587	-0.416 040	-0.413 732	0.089 498	-1.319 633
1	0.307 196	-0.341 294	0.069 157	-0.373 146	-0.371 907	0.087 409	-1.201 699
3	0.207 619	-0.244 956	0.044 984	-0.302 382	-0.299 947	0.041 557	-1.440 468
4	0.112 301	-0.127 713	0.010 759	-0.145 967	-0.146 693	0.060 926	-0.575 913
5	0.120 572	-0.150 924	0.022 274	-0.211 842	-0.211 064	0.029 011	-1.221 080

比较常用的判断标准有：

1）Cook's D 统计量。用于测量当第 i 个观测值从分析中去除时，参数估计的改变程度。建议的影响临界点是 Cook's $D_i > 4/n$，当 Cook's D 值高于临界点的时候，该观测值视为强影响点。

2）DFFITS 统计量。用于测量第 i 个观测值对预测值的影响。建议的影响临界值是 $|DFFITS_i| > 2\sqrt{\frac{p}{n}}$。

3）DFBETAS 统计量。用于测量当去除第 i 个观测值时，第 j 个参数估计的变化程度。一个 DFBETA 对应一个参数和一个观测。有助于解释对哪个参数系数影响最大。建议的影响临界值是 $|DFBETA_{ij}| > 2\sqrt{\frac{1}{n}}$。

在数据量较大时，可以综合考虑多个判断指标来确定强影响点。一般来说，强影响点的处理分两步：①查看数据本身，确定强影响点是否存在错误；②如果数据本身没有问题，则将强影响点删除，再进行分析。

总的来说，解决强影响点对模型的负面影响分两步：第一，查看数据本身，确定强影响点是否存在错误；第二，如果数据本身没有问题，则将强影响点删除，然后进行分析。

7.2.3 多重共线性分析

在上一节中介绍了两个自变量不能有太强的相关性，将其推广到多元线性回归中，就是自变量之间不能有强共线性，又称多重共线性。如果多元线性回归中存在这一问题，那么会造成对回归系数、截距系数的估计非常不稳定。

在介绍多重共线性时，还是以二元线性回归为例。与之前介绍过二元线性回归和简单线性回归相比，此次拟合的是一个回归平面，如图 7-20 所示。

- X_1、X_2 是服从 0 ~ 1 均匀分布的随机数。
- ε 是服从均值为 0，标准差为 1 的正态分布。

可以看到拟合的是一个 X_1Y，X_2Y，X_1X_2 平面斜交的回归平面。现在假定 X_1 与 Y_2 有多重共线性，即 X_1 与 X_2 线性相关，构造如下方程组：

$$\begin{cases} X_1 = 20X_2 + \varepsilon \\ Y = 40X_1 + 40X_2 + \varepsilon \end{cases}$$

如图 7-21 所示，Y、X_1、X_2 的三维散点图变成箭头位置的直线，此时若希望拟合回归平面是非常不合适的，因为以箭头为轴可以拟合无数个回归面，而且从参数估计的角度上说，回归系数与截距数值的估计值非常不稳定。

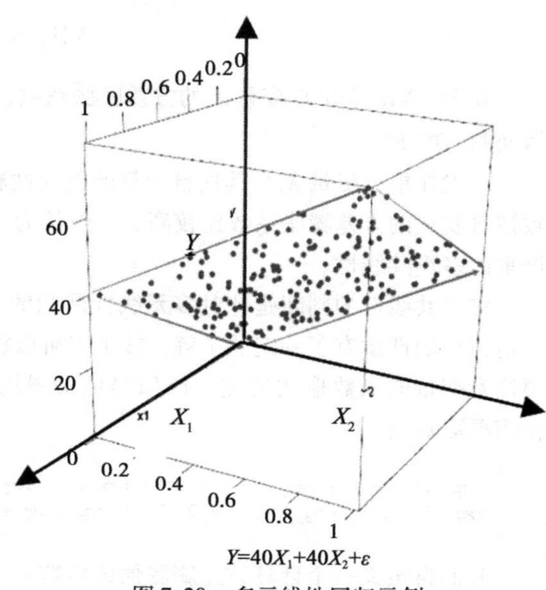

图 7-20　多元线性回归示例

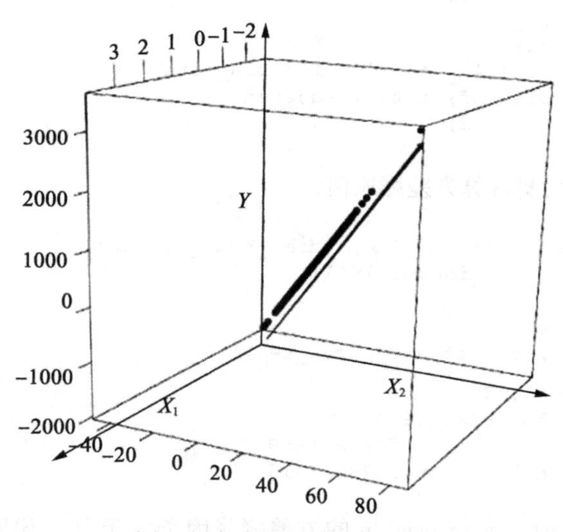

图 7-21　自变量共线性示意

多元线性回归与二元线性回归的例子类似。多重共线性会导致回归方程的极度不稳定。需要特别注意的是，多重共线性是线性回归的死敌，所以人们研究了很多方法用以诊断与减轻多重共线性对线性回归的影响，比如方差膨胀因子、特征根与条件指数、无截距的多重共线性分析等，这里主要介绍方差膨胀因子。

方差膨胀因子计算公式为：

$$\mathrm{VIF}_i = \frac{1}{1 - R_i^2}$$

其中，VIF_i表示自变量X_i的方差膨胀系数，R_i表示把自变量X_i作为因变量，与其他自变量做回归时的R^2。

显然如果自变量X_i与其他自变量的共线性较强，那么回归方程的R^2就会比较高，从而导致该自变量的方差膨胀系数比较高。一般认为，当方差膨胀因子VIF_i的值大于 10 时，说明有严重的多重共线性。

多重共线性的判断是针对多元线性回归的，本例中经过单变量线性回归的处理，我们基本对模型的性质有了一定的了解，接下来可以放入更多的连续型解释变量。在加入变量之前，要注意变量的函数形式转变。比如当地房屋均价、当地平均收入，其性质和个人收入一样，都需要取对数：

```
exp2['dist_home_val_ln'] = np.log(exp2['dist_home_val'])
exp2['dist_avg_income_ln'] = np.log(exp2['dist_avg_income'])
```

我们自定义一个计算方差膨胀值的函数：

```
def vif(df, col_i):
    cols = list(df.columns)
    cols.remove(col_i)
    cols_noti = cols
    formula = col_i + '~' + '+'.join(cols_noti)
    r2 = ols(formula, df).fit().rsquared
    return 1. / (1. - r2)
```

对数据集中的连续变量计算方差膨胀值：

```
exog = exp2[['Age', 'Income_ln', 'dist_home_val_ln',
             'dist_avg_income_ln']]

for i in exog.columns:
    print(i, '\t', vif(df=exog, col_i=i))

Age       1.16911853872
Income_ln          36.9833141403
dist_home_val_ln          1.05362871659
dist_avg_income_ln        36.9228661413
```

可见 Income_ln 与 dist_avg_income_ln 的方差膨胀因子大于 10，说明存在多重共线性，此时可以删除其中一个变量，或者使用“高出平均收入的比率”（也可以使用其他类似变量，但要考虑到被解释变量是取过对数的）代替其中的一个，该变量与 Income_ln 或者 dist_avg_income_ln 不存在共线性，但又能很好地综合两个变量的信息：

```
exp2['high_avg_ratio'] = exp2['high_avg'] / exp2['dist_avg_income']
```

此时再次判断解释变量的共线性：

```
exog1 = exp2[['Age', 'high_avg_ratio', 'dist_home_val_ln',
              'dist_avg_income_ln']]

for i in exog1.columns:
    print(i, '\t', vif(df=exog1, col_i=i))

Age       1.17076558293
high_avg_ratio    1.13471925006
dist_home_val_ln          1.05273293881
dist_avg_income_ln        1.30890414936
```

可以发现，各变量的方差膨胀因子均较小，说明不存在共线性。

需注意的是，无论是方差膨胀因子、特征根与条件指数还是无截距的多重共线性分析等方法，都只能有限度地减轻共线性对模型的干扰，而不能完全消除多重共线性。在处理多重共线性问题时，还有以下几种思路可供选择：

1）提前筛选变量，在回归之前通过相关检验或变量聚类的方法事先解决与变量高度相关的问题。需要注意的是，决策树和随机森林是变量重要性筛选的常用办法，但不一定能解决多重共线性，如果两个共线性的变量和因变量都很相关，那么使用决策树和随机森林分析法进行分析这两个变量都会排在前面。

2）子集选择是一种传统方法，其中包括逐步回归和最优子集法等，该方法通过对可能的部分子集拟合线性模型，然后利用判别准则（如 AIC 准则、BIC 准则、Cp 准则、调整 R^2 等）决定最优的模型。因为该方法是贪婪算法，在理论上这种方法只是在大部分情况下起效，在实际操作中需要与方法 1 相结合。

3）收缩方法（shrinkage method），收缩方法又称为正则化（regularization），主要包括岭回归（ridge regression）和 LASSO 回归。该方法通过对最小二乘估计加入惩罚约束，使某些系数的估计为 0。其中 LASSO 回归可以实现筛选变量的功能。

4）维数缩减，包括主成分回归（PCR）和偏最小二乘回归（PLS）的方法。把 P 个预测变量投影到 m 维空间（$m<P$），利用投影得到的不相关的组合建立线性模型。这种方法的模型可解释性差，因此不常使用。

在不更换最小二乘线性回归模型的前提下，方法 1、2、4 是可行的，而收缩方法会涉及新的回归模型，这部分内容会在 7.4 节中重点介绍。

7.2.4　小结线性回归诊断

建立一个合理的线性回归模型应遵循的步骤如图 7-22 所示。

初始分析用于确定研究目标，收集数据；变量选择用于找到对因变量有影响力的自变量；验证模型假定包括以下几点：

1）在模型设置时，选择何种回归方法，如何选变量，以及变量以何种形式放入模型（根据理论，看散点图）。

2）解释变量和扰动项不能相关（根据理论或常识判断，无法检验）。

3）解释变量之间不能强线性相关（膨胀系数）。

4）扰动项独立同分布（异方差检验、D-W 检验）。

5）扰动项服从正态分布（QQ 检验）。

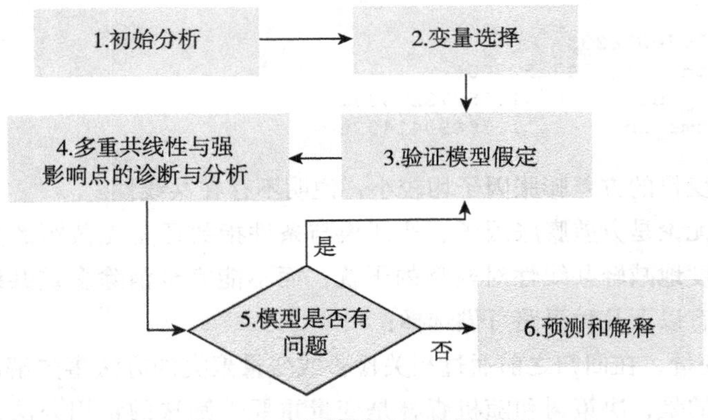

图 7-22 线性回归的建模流程

需注意的是，假定 3 ~ 假定 5 检验只能保证模型的精确度；而假定 1 和假定 2 则能保证模型是正确的。

违反假定 1，则可能导致模型预测能力差；违反假定 2，则可能导致回归系数估计有偏；违反假定 3，则可能导致回归系数的标准误被放大，系数估计不准确；违反假定 4，则可能导致扰动项的标准差估计不准，t 检验失效；违反假定 5，则可能导致 t 检验不可使用。

接下来处理数据集，建立回归模型。回归模型建立后，需要对其进行多重共线性与强影响点的诊断与分析，若模型出现问题则需要根据具体问题修正模型，使其符合要求后，就可以使该模型进行预测与解释了。

需要注意，统计方法只能帮我们建立精确的模型，不能帮我们做正确的模型，建立正确的模型还需要对业务场景的了解与丰富的经验，从而能够尽可能找到全面的、合适的关键自变量。

7.3 正则化方法

前面的章节介绍过，多重共线性会对基于最小二乘法的线性回归产生致命的影响，而基于 VIF 等值的共线性诊断虽然可以解决多重共线性问题，但是需要人为介入，因而会耗费较多时间。于是人们提出用收缩方法进行回归，收缩方法又称作正则化方法。

正则化方法主要包括岭回归与 LASSO 回归，岭回归通过人为加入的惩罚项（约束项），对回归系数进行估计，其实这是一种有偏估计。有偏估计，允许估计有不大的偏度，以换取估计的误差显著减小，并在其残差平方和为最小的原则下估计回归系数。

LASSO 回归方法较新，其能够在令回归系数的绝对值之和小于一个常数的约束条件下，使残差平方和最小化，从而能够产生某些严格等于 0 的回归系数，得到解释力较强的模型。另外，正是由于 LASSO 回归的特点，其也可以进行变量筛选，因此 LASSO 回归在数据挖掘中是一种比较实用的回归算法。

下面对这两种方法进行具体介绍。

7.3.1　岭回归

在介绍岭回归前，先介绍数学上对多重共线性的解释。线性方程可以写成：

$$Y_i = \beta_{1i} X_{1i} + \beta_{2i} X_{2i} + \beta_{3i} X_{3i} + \cdots + \beta_k X_{ki} + \beta_0 + \varepsilon_i$$

i 表示第 i 个观测。

所以残差可以写成：

$$\varepsilon_i = Y_i - (\beta_{1i} X_{1i} + \beta_{2i} X_{2i} + \beta_{3i} X_{3i} + \cdots + \beta_k X_{ki} + \beta_0)$$

最小二乘法在于求残差平方和最小的系数估计，那么使得残差平方和最小的表达式如下：

$$\min \sum_{i=1}^{n} \varepsilon_i^2 = \min \sum_{i=1}^{n} [Y_i - (\beta_{1i} X_{1i} + \beta_{2i} X_{2i} + \beta_{3i} X_{3i} + \cdots + \beta_k X_{ki} + \beta_0)]^2$$

n 表示数据中观测的个数。

令：

$$Q = \sum_{i=1}^{n} [Y_i - (\beta_{1i} X_{1i} + \beta_{2i} X_{2i} + \beta_{3i} X_{3i} + \cdots + \beta_k X_{ki} + \beta_1)]^2$$

数学求解方法为求每个自变量的偏导数，并令其等于 0，即：

$$\begin{cases} \dfrac{\partial Q}{\partial \beta_0} = 0 \\ \dfrac{\partial Q}{\partial \beta_1} = 0 \\ \dfrac{\partial Q}{\partial \beta_2} = 0 \\ \cdots \\ \dfrac{\partial Q}{\partial \beta_k} = 0 \end{cases} \rightarrow \begin{cases} \sum (\beta_{1i} X_{1i} + \beta_{2i} X_{2i} + \beta_{3i} X_{3i} + \cdots + \beta_k X_{ki} + \beta_0) = \sum Y_i \\ \sum (\beta_{1i} X_{1i} + \beta_{2i} X_{2i} + \beta_{3i} X_{3i} + \cdots + \beta_k X_{ki} + \beta_0) X_{1i} = \sum Y_i X_{1i} \\ \sum (\beta_{1i} X_{1i} + \beta_{2i} X_{2i} + \beta_{3i} X_{3i} + \cdots + \beta_k X_{ki} + \beta_0) X_{2i} = \sum Y_i X_{2i} \\ \cdots \\ \sum (\beta_{1i} X_{1i} + \beta_{2i} X_{2i} + \beta_{3i} X_{3i} + \cdots + \beta_k X_{ki} + \beta_0) X_{3i} = \sum Y_i X_{ki} \end{cases}$$

这里，X 为已知数据，Y 为已知实际值，待求系数 β 未知，可以解出这 k 个方程组的 k 个未知数系数 β_k。这里令系数向量为 $\overrightarrow{\beta}$，实际值向量为 Y，自变量值矩阵为 X，那么求解系数向量的矩阵形式可以写成：

$$\frac{\partial (Y - X\overrightarrow{\beta})^{\mathrm{T}}(Y - X\overrightarrow{\beta})}{\partial \overrightarrow{\beta}} = 0 \rightarrow \vec{\beta} = (X^{\mathrm{T}}X)^{-1}(X^{\mathrm{T}}Y)$$

设 X_i 向量为数据中第 i 列数据值向量，k_i 为某常数，那么当自变量间存在严格的多重共线性时，可以写成以下形式：

$$\overrightarrow{X_i} = k_1\overrightarrow{X_1} + k_2\overrightarrow{X_2} + k_3\overrightarrow{X_3 + \cdots} + k_{i-1}\overrightarrow{X_{i-1}} \rightarrow 0 = \overrightarrow{X_i} - (k_1\overrightarrow{X_1} + k_2\overrightarrow{X_2} + k_3\overrightarrow{X_3 + \cdots} + k_{i-1}\overrightarrow{X_{i-1}})$$

根据矩阵的性质，自变量矩阵 $\boldsymbol{X}$ 的行列式值为0，所以在进行参数估计时，$(\boldsymbol{X}^{\mathrm{T}}\boldsymbol{X})^{-1}$就会因为除数为0无法求出。即使$(\boldsymbol{X}^{\mathrm{T}}\boldsymbol{X})^{-1}\approx 0$，能求出回归系数值，但其区间估计的误差范围仍旧极大，估计值变得非常不稳定，如下所示。

$$\beta_{估} = E(\beta) = E[(\boldsymbol{X}^{\mathrm{T}}\boldsymbol{X})^{-1}(\boldsymbol{X}^{\mathrm{T}}\boldsymbol{Y})] = \beta + (\boldsymbol{X}^{\mathrm{T}}\boldsymbol{X})^{-1}\boldsymbol{X}^{\mathrm{T}}\boldsymbol{E}(U)$$

其中，$\beta_{估}$表示系数的参数估计值，U 表示残差值向量，$(\boldsymbol{X}^{\mathrm{T}}\boldsymbol{X})^{-1}\boldsymbol{X}^{\mathrm{T}}\boldsymbol{E}(U)$ 表示系数估计值与最小二乘计算出的系数值的误差。

这与之前章节中对多重共线性的几何解释是一致的。可以看出问题出在 $\boldsymbol{X}^{\mathrm{T}}\boldsymbol{X}$ 的行列式值约等于0上，所以应该为自变量值矩阵 $\boldsymbol{X}^{\mathrm{T}}\boldsymbol{X}$ 人为加入非零误差项，使得 $\boldsymbol{X}^{\mathrm{T}}\boldsymbol{X}$ 的行列式值离0越远越好，从而保证稳定地求出 $(\boldsymbol{X}^{\mathrm{T}}\boldsymbol{X})^{-1}$，这种方法就叫作岭回归。

具体而言，岭回归人为加入了一个误差项，其为正常数矩阵 $k\boldsymbol{I}$（k 为大于0的常数，$\boldsymbol{I}$ 为单位矩阵），原矩阵 $\boldsymbol{X}^{\mathrm{T}}\boldsymbol{X}$ 变成 $\boldsymbol{X}^{\mathrm{T}}\boldsymbol{X}+k\boldsymbol{I}$，如图7-23所示。

$$\vec{\beta} = (\boldsymbol{X}^{\mathrm{T}}\boldsymbol{X} + k\boldsymbol{I})^{-1}(\boldsymbol{X}^{\mathrm{T}}\boldsymbol{Y})$$

当多重共线性严重的时候，岭回归作为 β 的估计比最小二乘估计稳定得多。显然，当 $k=0$ 时的岭回归估计就是普通的最小二乘估计。通常岭回归方程中的 R^2 会稍低于线性回归分析，但回归系数的显著性往往明显高于普通线性回归。

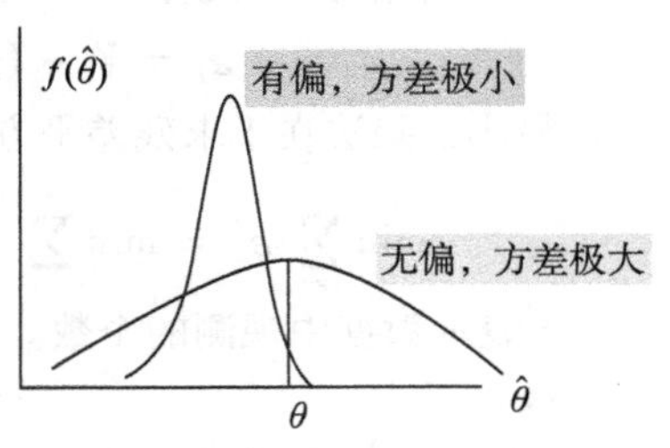

图7-23　无偏估计与有偏估计

这里定义 $K = \sum_{j=1}^{k}\beta_j^2$，其中$\beta_j$指自变量 X_j 的回归系数，那么岭回归便是加入误差项 k 后使得残差平方和最小，如下所示。

$$\operatorname{argmin}\left(\sum_{i=1}^{n}(y_i - \hat{y}_i)^2 + \lambda\sum_{j=1}^{k}\beta_j^2\right)$$

$\lambda\sum_{j=1}^{k}\beta_j^2$ 又称为 L_2 正则化项。λ 是一个可以调节的参数，当 λ 值非常大时，模型会因为加入的常数项太大使得回归系数普遍都趋近于0；当 λ 值非常小时，显然与普通最小二乘法没有什么区别。找到合适的 λ 值是建立一个合适的岭回归的前提。

使用 statsmodel 实现岭回归只需要使用 fit_regularized 进行模型训练即可，其中需要传入参数 L1_wt 和 alpha，L1_wt 为0意味着使用岭回归，为1则使用下一节介绍的 LASSO 回归；alpha 是正则化系数。为简便起见，仅使用部分连续变量进行岭回归，示例代码如下所示：

```
lmr = ols('avg_exp ~ Income + dist_home_val + dist_avg_income',
          data=exp).fit_regularized(alpha=1, L1_wt=0)

lmr.summary()
# L1_wt参数为0则使用岭回归，为1使用lasso
```

输出结果如表7-13所示

表 7-13　岭回归的模型输出信息

Dep. Variable：	avg_exp	R-squared：	0.502
Model：	OLS	Adj. R-squared：	0.479
Method：	Least Squares	F-statistic：	22.16
Date：	Thu, 18 May 2017	Prob(F-statistic)：	4.86e-10
Time：	23:21:34	Log-Likelihood：	-501.50
No. Observations：	70	AIC：	1011.
Df Residuals：	66	BIC：	1020.
Df Model：	3		
Covariance Type：	nonrobust		

此处要注意，如果变量是不同量纲\量级的，回归系数的大小会差异很大，则正则化项当中对每个系数的惩罚力度会不一样，因此需要对每个变量预先进行标准化，这一步工作在下一示例中进行。

我们注意到，虽然可以使用 statsmodel 实现岭回归，但正则化系数的确定仍然是个难题，statsmodel 当前版本并未提供更加便捷的方法，而是需要手工完成。因此，我们使用另一个流行的机器学习框架 scikit-learn 进行岭回归参数的选择，其官方文档参看：http://scikit-learn.org/stable/。

一般来说，scikit-learn 中的类和方法可以接收 array-like 型的数据集，如 numpy 的多维数组、pandas 数据框、列表等，但如果返回的对象是数据集，则一般是以 numpy 数组的形式返回。

我们首先使用 scikit-learn 对数据进行标准化，这一步非常重要，因为 scikit-learn 当中的模型不会默认自动对数据进行标准化，必须手动执行，这与 statsmodel 或其他数据挖掘工具不同，而标准化后的数据可以消除量纲，让每个变量的系数在一定意义下进行直接比较。本案例对数据进行中心标准化：

```
from sklearn.preprocessing import StandardScaler

continuous_xcols = ['Age', 'Income', 'dist_home_val',
                    'dist_avg_income']    # 抽取连续变量
scaler = StandardScaler()  # 标准化
X = scaler.fit_transform(exp[continuous_xcols])
y = exp['avg_exp_ln']
```

生成的 X 和 y 分别为解释变量和被解释变量，类型分别为二维数组和一维数组。

我们使用不同的正则化系数对模型进行交叉验证，示例如下：

```
from sklearn.linear_model import RidgeCV

alphas = np.logspace(-2, 3, 100, base=10)

# Search the min MSE by CV
```

```
rcv = RidgeCV(alphas=alphas, store_cv_values=True)
rcv.fit(X, y)
```

```
RidgeCV(alphas=array([  1.00000e-02,   1.12332e-02, ...,   8.90215e+0
2,   1.00000e+03]),
    cv=None, fit_intercept=True, gcv_mode=None, normalize=False,
    scoring=None, store_cv_values=True)
```

其中 alphas 是自动生成的一个在 10^{-2}到 10^3范围内的数组，将它传入 RidgeCV 中，返回的是 alphas 中的各个数分别做正则化系数时，岭回归交叉验证模型，将 store_cv_values 设置为 True，可以保留每次交叉验证的结果，其他更多参数说明可以参见官方文档。

使用数据集训练（fit 方法）模型后，对象 rcv 包含了当前搜索空间中的最优参数及该参数下的模型 R 方：

```
print('The best alpha is {}'.format(rcv.alpha_))
print('The r-square is {}'.format(rcv.score(X, y)))
# Default score is rsquared
```

```
The best alpha is 0.2915053062825176
The r-square is 0.4756826777019503
```

可以看到当前搜索空间中交叉验证后的最优正则化系数为 0.29，模型的 R 方为 0.476。训练后的模型 rcv 本身是在最优正则化系数下的岭回归模型，可以直接用于预测：

```
X_new = scaler.transform(exp_new[continuous_xcols])
np.exp(rcv.predict(X_new)[:5])
```

```
array([ 759.67677561,  606.74024213,  661.20654568,  681.888929  ,
        641.06967182])
```

此例中的 scaler 是在此前训练好的用于标准化的转换器，scikit-learn 当中的模型或转换器都是使用 fit 方法做训练，训练好后可以使用 predict 和 transform 做预测或数据转换。因为被解释变量是经过对数转换的信用卡支出，因此本例中 rcv. predict 对新数据进行预测后，又取了指数运算。

此外训练好的模型 rcv 当中有个 cv_values_属性返回了正则化系数搜索空间当中每轮交叉验证的结果（模型的均方误差），因此可视化如下：

```
cv_values = rcv.cv_values_
n_fold, n_alphas = cv_values.shape

cv_mean = cv_values.mean(axis=0)
cv_std = cv_values.std(axis=0)
ub = cv_mean + cv_std / np.sqrt(n_fold)
lb = cv_mean - cv_std / np.sqrt(n_fold)

plt.semilogx(alphas, cv_mean, label='mean_score')
plt.fill_between(alphas, lb, ub, alpha=0.2)
plt.xlabel("$\\alpha$")
plt.ylabel("mean squared errors")
plt.legend(loc="best")
plt.show()
```

由图 7-24 可见正则化系数在大约 40 或 50 以下时，模型的均方误差相差不大（曲线几乎是平直的），当正则化系数超过该阈值，则均方误差快速上升，因此仅从图中来看，正则化系数只要小于 40 或 50，模型的拟合效果都是不错的。

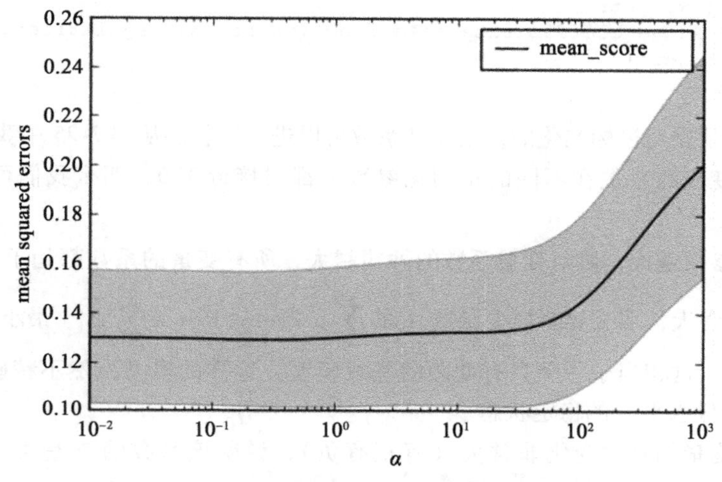

图 7-24　岭回归的超参数对应的平均离差平方和

要注意的是正则化系数越小则模型拟合越好，但过拟合情况也越容易发生；而正则化系数越大，则越不容易过拟合，但模型的偏差越大。RidgeCV 通过交叉验证，可以快速返回“最优”的正则化系数，不过这是基于数值计算的，最终结果可能并不符合业务逻辑，比如以上模型的变量系数：

```
rcv.coef_

array([ 0.03321449, -0.30956185,  0.05551208,  0.59067449])
```

我们会发现 Income 的系数为负值，这说明收入越高，信用卡支出越小，显然是有问题的。因此我们可以使用岭迹图来进行进一步分析。

岭迹图是在不同正则化系数下变量系数的轨迹。首先，将不同正则化系数下的变量系数保存下来：

```
from sklearn.linear_model import Ridge

ridge = Ridge()

coefs = []
for alpha in alphas:
    ridge.set_params(alpha=alpha)
    ridge.fit(X, y)
    coefs.append(ridge.coef_)
```

然后绘制变量系数随正则化系数变化的轨迹：

```
ax = plt.gca()

ax.plot(alphas, coefs)
ax.set_xscale('log')
plt.xlabel('alpha')
plt.ylabel('weights')
plt.title('Ridge coefficients as a function of the regularization')
plt.axis('tight')
plt.show()
```

由于变量是预先经过标准化的，因此其系数可以进行比较。从图 7-25 中我们会发现：

1）有两个变量的系数在不同的正则化参数下都很接近于 0，那么我们可以删除这两个变量。

2）正则化参数越大，则对变量系数的惩罚越大，所有变量的系数都趋于 0。这是由于如果正则化参数非常大，那么要令损失函数（即 $\sum_{i=1}^{n}(y_i-\hat{y}_i)^2+\lambda\sum_{j=1}^{k}\beta_j^2$）最小，则只有所有 β 均趋于零才可以，这相当于一个只有截距的基线模型，这样的模型虽然不精确，但不会过拟合，模型处于"低水平"的稳定状态。

3）有一个变量的系数变化非常大（有正有负），说明该系数的方差大，存在共线性的情况。

在选择正则化系数时，要找到岭迹图当中曲线由不稳定转为稳定的那个点，而且随着正则化系数变大，所有变量的系数都稳定地向 0 趋近。本例中可以发现，在大致 40 或 50 附近，所有曲线变化趋于稳定。再结合之前均方误差 MSE 的变化图，可以得出，正则化系数取 40 左右是一个比较合理的选择：如果大于 40，则 MSE 上升明显，模型拟合效果变差，如果小于 40 则变量系数不稳定，共线性没有得到抑制。

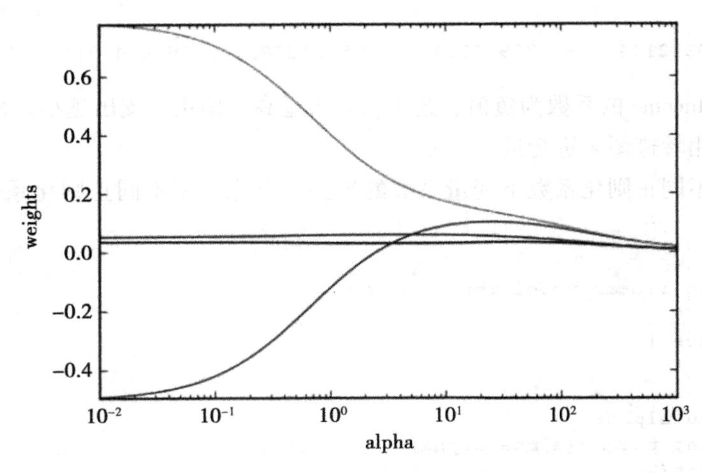

图 7-25　岭回归的岭迹图

当我们使用 40 作为正则化系数时，模型的变量系数如下：

```
ridge.set_params(alpha=40)
ridge.fit(X, y)
ridge.coef_
```

```
array([ 0.03293109,  0.09907747,  0.04976305,  0.12101456])
```

可以看到，所有变量的系数变为正值，符合业务直觉。此时，模型的 R 方为：

```
ridge.score(X, y)
```

```
0.42556730433536882
```

预测结果同样使用 predict 输出：

```
np.exp(ridge.predict(X_new)[:5])
```

```
array([ 934.79025945,  727.11042209,  703.88143602,  759.04342764,
        709.54172995])
```

本例仅使用了连续变量，离散变量可以通过哑变量变换后进行同样的分析，故不再赘述。

7.3.2 LASSO 回归

LASSO 回归是在令回归系数的绝对值之和小于一个常数的约束条件下，使残差平方和最小化，从而能够产生某些严格等于 0 的回归系数，得到解释力较强的模型。另外，LASSO 回归的特点使其也可以进行变量筛选，所以在数据挖掘中 LASSO 回归是一种比较实用的回归算法。

LASSO 回归与岭回归的不同之处在于，前者首先规定回归系数的绝对值之和小于某个常数 t，即：

$$\sum_{j=1}^{k} |\beta_j| \leqslant t$$

设使用最小二乘法产生的$|\beta_i|$之和为 t_0，当 $t < t_0$时会使得模型的系数值收缩，当小到一定程度时甚至有些系数值可能会收缩为 0，当某些自变量系数为 0 时，进入模型的自变量矩阵 Xt 就会是原所有自变量值矩阵的一个子集，达到变量筛选的目的。这种变量筛选过程与之前介绍过的逐步法等变量筛选过程非常类似，当 $t = t_0$时，LASSO 回归就是普通最小二乘回归。

在此约束条件下，继续求最小的残差平方和：

$$\text{argmin}\left(\sum_{i=1}^{n}(y_i - \hat{y}_i)^2 + \lambda\sum_{j=1}^{k}|\beta_j|\right)$$

$\lambda\sum_{j=1}^{k}|\beta_j|$ 又被称作 L_1正则化项。可见 LASSO 回归与岭回归之间的细微差别就在于后者使用的是系数值的平方和，而 LASSO 使用的是系数绝对值的和。尽管变化微小，但这个性质使得 LASSO 回归不仅可以像岭回归那样收缩变量，还可以进行变量筛选，LASSO 可以把某些待估系数精确地收缩到 0，而岭回归只能使系数无限趋近于 0。

公式中 λ 与岭回归类似，是需要设置的重要参数，其意义在于它可以控制回归系数的绝对值之和对模型的影响。

本例中，与岭回归类似，使用 LassoCV 可以交叉验证确定最优的正则化系数：

```
from sklearn.linear_model import LassoCV

lasso_alphas = np.logspace(-3, 0, 100, base=10)
lcv = LassoCV(alphas=lasso_alphas, cv=10) # Search the min MSE by CV
lcv.fit(X, y)

print('The best alpha is {}'.format(lcv.alpha_))
print('The r-square is {}'.format(lcv.score(X, y)))
# Default score is rsquared

The best alpha is 0.04037017258596556
The r-square is 0.4426451069862233
```

可见，最后的正则化系数为 0.04，此时的 R 方为 0.443。同样的，我们使用 scikit-learn. liner_model. Lasso 输出不同正则化系数情况下的变量系数轨迹：

```
from sklearn.linear_model import Lasso

lasso = Lasso()
lasso_alphas = np.logspace(-3, 0, 100, base=10)
lasso_coefs = []
for alpha in lasso_alphas:
    lasso.set_params(alpha=alpha)
    lasso.fit(X, y)
    lasso_coefs.append(lasso.coef_)
```

为直观起见，输出轨迹图：

```
ax = plt.gca()

ax.plot(lasso_alphas, lasso_coefs)
ax.set_xscale('log')
plt.xlabel('alpha')
plt.ylabel('weights')
plt.title('Lasso coefficients as a function of the regularization')
plt.axis('tight')
plt.show()
```

从图 7-26 中可以看出，使用 LASSO 回归中，随着 λ 值增大，所有变量的系数会在某一阈值下突降为 0，这与岭回归的变量系数轨迹图有较大差别。为了解释这个现象，我们可以从回归方程来分析。

求解岭回归的变量系数的公式如下：

$$\hat{\beta}^{\text{ridge}} = \arg\min_{\beta}\left\{\sum_{i=1}^{N}\left(y_i - \beta_0 - \sum_{j=1}^{p} x_{ij}\beta_j\right)^2 + \lambda\sum_{j=1}^{p}\beta_j^2\right\}$$

这个公式等价于：

$$\hat{\beta}^{\text{ridge}} = \arg\min_{\beta}\sum_{i=1}^{N}\left(y_i - \beta_0 - \sum_{j=1}^{p} x_{ij}\beta_j\right)^2$$

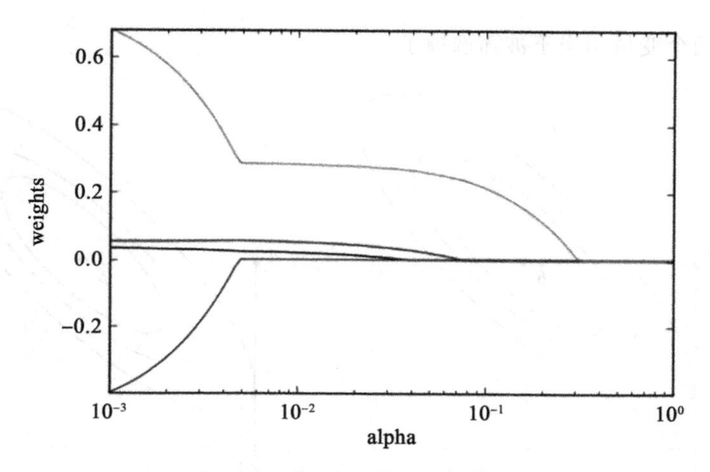

图 7-26　LASSO 回归的轨迹图

$$\text{subject to } \sum_{j=1}^{p}\beta_j^2 \leqslant s$$

即在限制 β 的范围的情况下，求解满足 $\sum_{i=1}^{N}(y_i - \beta_0 - \sum_{j=1}^{p}x_{ij}\beta_j)^2$ 最小的 β。为简化起见，仅考虑两个变量的情况，从图形来看，可以表示为如图 7-27 所示。

图中等高线代表目标函数 $\sum_{i=1}^{N}(y_i - \beta_0 - \sum_{j=1}^{p}x_{ij}\beta_j)$ 的图形，而岭回归中 β 的取值被限制在圆域内，因此岭回归的最优解应当是在圆与等高线相切的点。

LASSO 也类似，其目标函数等价于：

$$\hat{\beta}^{\text{lasso}} = \arg\min_{\beta}\sum_{i=1}^{N}(y_i - \beta_0 - \sum_{j=1}^{p}x_{ij}\beta_j)^2$$

$$\text{subject to } \sum_{j=1}^{p}|\beta_j| \leqslant s$$

其中：arg min 表示遍历参数 β 的取值，使得后面的函数取最小值；subject to 表示上式中的 β 的取值限制在后面公式的取值范围之内。

在仅有两个变量时，用图形示意如图 7-27 所示。

LASSO 的解被限制在图 7-28 中方形阴影部分内，因此最优解应当是图中方形区域与等高线相切的点，由于图形的特殊性，切点容易出现在方形顶点处，这些点的特征就是某些 β 的坐标会为 0。

正是由于 LASSO 回归的这一特点，使用 LASSO 回归还可以起到筛选变量的作用（变量的系数为 0 相当于将其筛掉）。

我们将 LASSO 回归的变量系数打印出来：

```
lcv.coef_
```

```
array([ 0.        ,  0.        ,  0.02789489,  0.26549855])
```

可以发现前两个变量相当于被筛选掉了。

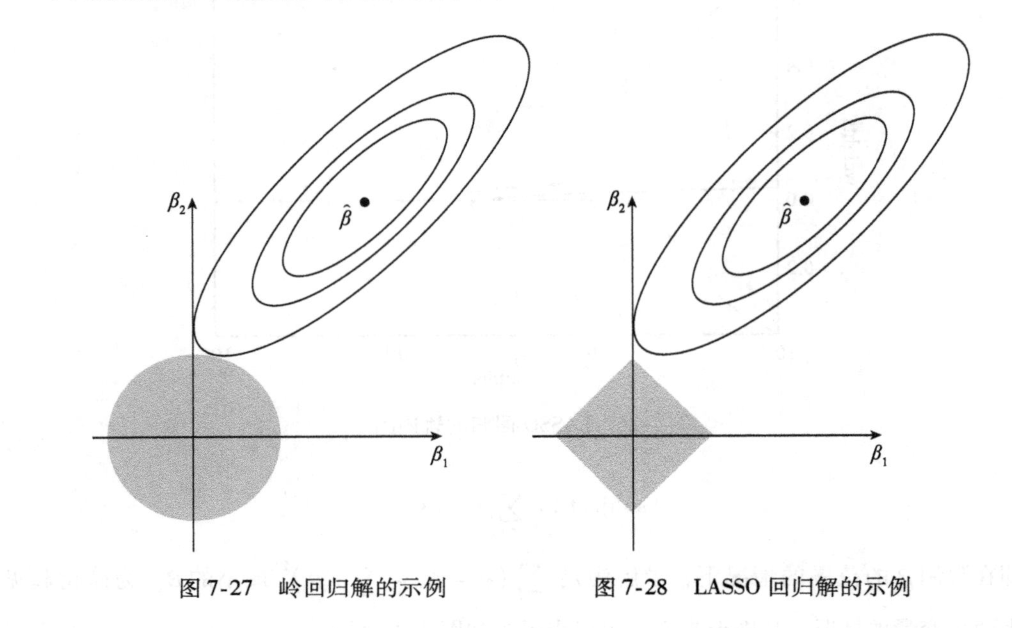

图 7-27　岭回归解的示例　　图 7-28　LASSO 回归解的示例

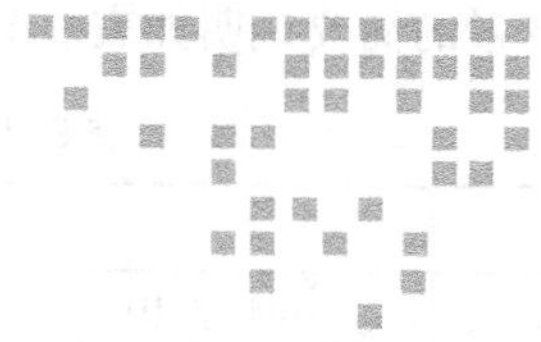

第8章 Chapter 8

Logistic 回归构建初始信用评级

第7章讲解了预测连续型变量的线性回归模型，本章主要讲解预测二分类变量的逻辑回归模型，以及模型系数的估计和模型优劣的评估，并且结合 Python 实现了从建模到评估的过程。

本章整体是一个客户初始信用评级的案例。本案例中的企业从事个人汽车金融服务，向购车的个人提供信用贷款。该公司的风控部门根据贷款申请者的基本属性、信贷历史、历史信用情况、贷款标的物的情况等信息构建贷款违约预测模型。

对于因变量为分类变量的分析常常使用逻辑回归模型。逻辑回归历史悠久，运算速度快，模型可以输出连续的概率预测值用于排序，常常用于信用评级等领域。由于计算高效，逻辑回归也常与其他模型组合，提高分类准确率。

本章使用汽车违约贷款数据集 accepts. csv 进行代码演示，使用 statsmodel 分析包。开始前先将要用到工具导入进来（部分工具可能在后续用到时才引入）：

```
%matplotlib inline
import os
import numpy as np
from scipy import stats
import pandas as pd
import statsmodels.api as sm
import statsmodels.formula.api as smf
import matplotlib.pyplot as plt

pd.set_option('display.max_columns', None)
```

然后使用 pandas 读取数据，并进行简单清洗：

```
accepts = pd.read_csv('accepts.csv', skipinitialspace=True)
accepts = accepts.dropna(axis=0, how='any')
```

该数据集变量的简要说明如表 8-1 所示。

表 8-1 数据集变量的简要说明

名 称	中 文 含 义
application_id	申请者 ID
account_number	账户号
bad_ind	是否违约
vehicle_year	汽车购买时间
vehicle_make	汽车制造商
bankruptcy_ind	曾经破产标识
tot_derog	五年内信用不良事件数量（比如手机欠费销号）
tot_tr	全部账户数量
age_oldest_tr	最久账号存续时间（月）
tot_open_tr	在使用账户数量
tot_rev_tr	在使用可循环贷款账户数量（比如信用卡）
tot_rev_debt	在使用可循环贷款账户余额（比如信用卡欠款）
tot_rev_line	可循环贷款账户限额（信用卡授权额度）
rev_util	可循环贷款账户使用比例（余额/限额）
fico_score	FICO 打分
purch_price	汽车购买金额（元）
msrp	建议售价
down_pyt	分期付款的首次交款
loan_term	贷款期限（月）
loan_amt	贷款金额
ltv	贷款金额/建议售价 * 100
tot_income	月均收入（元）
veh_mileage	行使历程（Mile）
used_ind	是否是二手车
weight	样本权重

其中是否违约 bad_ind 是因变量。

8.1 Logistic 回归的相关关系分析

Logistic 回归（逻辑回归）的因变量常为二元分类变量，其自变量既可以是分类变量也可以是连续变量。之前在统计推断中介绍过分类变量相关分析的方法，即列联表分析和卡方检验。对于连续自变量与二分类因变量的独立性可以使用双样本 t 检验（见表 8-2）。

表 8-2　变量类型与检验方法（逻辑回归）

预测变量 X ＼ 被预测变量 Y		分类（二分）	连续
单个变量	分类（二分）	列联表分析 | 卡方检验	双样本 t 检验
	分类（多个分类）	列联表分析 | 卡方检验	单因素方差分析
	连续	双样本 t 检验	相关分析
多个变量	分类	逻辑回归	多因素方差分析 | 线性回归
	连续	逻辑回归	线性回归

列联表、t 检验、方差分析原理等相关内容请参考第 6 章内容。

我们考虑曾经破产标识与是否违约之间是否有相关关系，代码如下所示：

```
cross_table = pd.crosstab(accepts.bankruptcy_ind,
                          accepts.bad_ind, margins=True)
cross_table
```

输出的交叉表如表 8-3 所示：

表 8-3　两变量交叉表

bad_ind	0	1	All
bankruptcy_ind			
N	3076	719	3795
Y	243	67	310
All	3319	786	4105

以曾经破产的样本为例，总计有 310 个，其中违约用户为 67 个，不违约的有 243 个。为了深入分析，将该表转换为列联表，代码如下所示：

```
def percConvert(ser):
    return ser/float(ser[-1])

cross_table.apply(percConvert, axis=1)
```

输出结果如表 8-4 所示：

表 8-4　两变量列联表

bad_ind	0	1	All
bankruptcy_ind			
N	0.810 540	0.189 460	1.0
Y	0.783 871	0.216 129	1.0
All	0.808 526	0.191 474	1.0

我们自定义了一个函数 percConvert 用于将交叉表中的每个值除以行总计，可以看到曾经破产的样本中，违约率为 21.6%，而不破产的样本中违约率为 18.9%。虽然在不同破产状况下违约率有差异，但这种差异是否显著，还需要使用卡方检验来判断：

```
print('''chisq = %6.4f
p-value = %6.4f
dof = %i
expected_freq = %s'''  %stats.chi2_contingency(cross_table.iloc[:2, :2]))
```

两变量卡方检验如下：

```
chisq = 1.1500
p-value = 0.2835
dof = 1
expected_freq = [[ 3068.35688185   726.64311815]
 [  250.64311815    59.35688185]]
```

可以看到 P 值为 0.28，说明差异可能并不显著，也即曾经是否破产与用户是否违约没有显著相关性。

其他变量的相关性分析，此处不赘述。

8.2 Logistic 回归模型及实现

Logistic 回归模型，由于具有可解释性强、计算高效以及部署方便等优点，是应用最广泛的三种分类模型之一，也是社会学、生物统计学、计量经济学、市场营销等统计实证分析的常用方法。

8.2.1 Logistic 回归与发生比

在信用评分模型领域，Logistic 回归以其稳健的表现而得到广泛使用，Logistic 回归能够根据自变量预测出目标变量响应（违约）的概率，如图 8-1 所示。

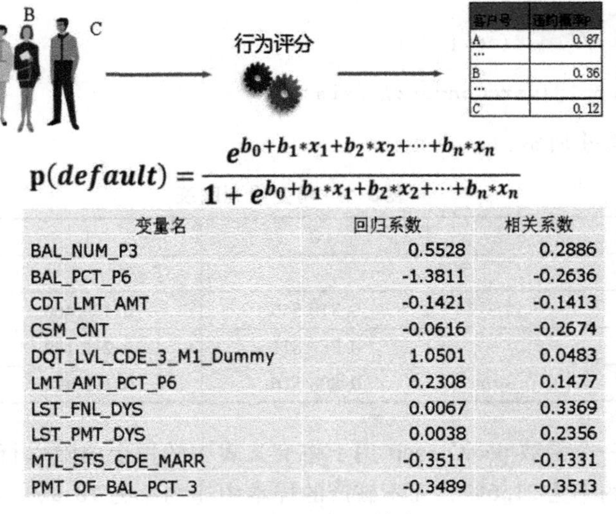

$$\mathbf{p}(default) = \frac{e^{b_0+b_1*x_1+b_2*x_2+\cdots+b_n*x_n}}{1+e^{b_0+b_1*x_1+b_2*x_2+\cdots+b_n*x_n}}$$

变量名	回归系数	相关系数
BAL_NUM_P3	0.5528	0.2886
BAL_PCT_P6	-1.3811	-0.2636
CDT_LMT_AMT	-0.1421	-0.1413
CSM_CNT	-0.0616	-0.2674
DQT_LVL_CDE_3_M1_Dummy	1.0501	0.0483
LMT_AMT_PCT_P6	0.2308	0.1477
LST_FNL_DYS	0.0067	0.3369
LST_PMT_DYS	0.0038	0.2356
MTL_STS_CDE_MARR	-0.3511	-0.1331
PMT_OF_BAL_PCT_3	-0.3489	-0.3513

图 8-1　逻辑回归的输出

Logistic 回归通过 logit 转换将取值为正负无穷的线性方程的值域转化为（0，1），正好与概率的取值范围一致，如下所示：

$$P(\text{default}) = \frac{e^{\beta_1 X_1+\beta_2 X_2+\beta_3 X_3+\cdots+\beta_k X_k+\beta_0}}{1+e^{\beta_1 X_1+\beta_2 X_2+\beta_3 X_3+\cdots+\beta_k X_k+\beta_0}}$$

或

$$\text{logit}(P_i) = \ln\left[\frac{P_i}{(1-P_i)}\right] = \beta_1 X_1 + \beta_2 X_2 + \beta_3 X_3 + \cdots + \beta_k X_k + \beta_0$$

$\ln\left(\frac{P_i}{1-P_i}\right)$称为 logit 转换。在二元 logistic 回归中，P_i代表事件响应的概率。

虽然$\left(\frac{P_i}{1-P_i}\right)$是一种数学转换，但是在实际中是有现实意义的。在医学中 P_i往往代表发病死亡的概率，所以$\left(\frac{P_i}{1-P_i}\right)$又被称为发生比、优势比、比值比等，表示在样本中某疾病死亡的概率比不死亡的概率要高多少倍，进而通过比较两组的发生比，推断某因素是否是致命的病因；在汽车违约贷款模型中，$\left(\frac{P_i}{1-P_i}\right)$表示在样本中违约的概率是不违约的概率的多少倍，显然这个比值是很有用的。

示例如下（见表 8-5）。

表 8-5　AB 组观测结果

组别 \ 结果	否	是	总计
A 组	20	60	80
B 组	10	90	100

这里两组共有 180 个观测，其中在 B 组中结果为“是”的观测数为 90 个，结果为“否”的观测数有 10 个，因而 B 组结果为“是”的概率是 0.9，结果为“否”的概率为 0.1，进而可以通过公式计算 B 组的发生比：

$$\text{odd}_B = \frac{\text{B 组结果为“是”的概率}}{\text{B 组结果为“否”的概率}} = \frac{90/100}{10/100} = 9$$

同理，计算 A 组的发生比为 3：

$$\text{odd}_A = \frac{\text{A 组结果为“是”的概率}}{\text{A 组结果为“否”的概率}} = \frac{60/80}{20/80} = 3$$

接下来比较 A、B 两组的发生比的比值：

$$\text{odd\_ratio}_{B:A} = \frac{\text{odd}_B}{\text{odd}_A} = \frac{9}{3} = 3$$

B 组发生比对 A 组的发生比的比值为 3，这表明结果“是”在 B 组的可能性是 A 组的 3 倍。发生比的比值解读：可以由 1 为界限，若 B 组和 A 组发生比的比值为 1，则说明两组在

“是”的可能性上相当，进而说明“是”这个事件不能够在 A、B 两组得到区分。当发生比小于 1 时，说明结果“是”在 A 组可能性比 B 组大，反之则 B 组可能性大，如图 8-2 所示。

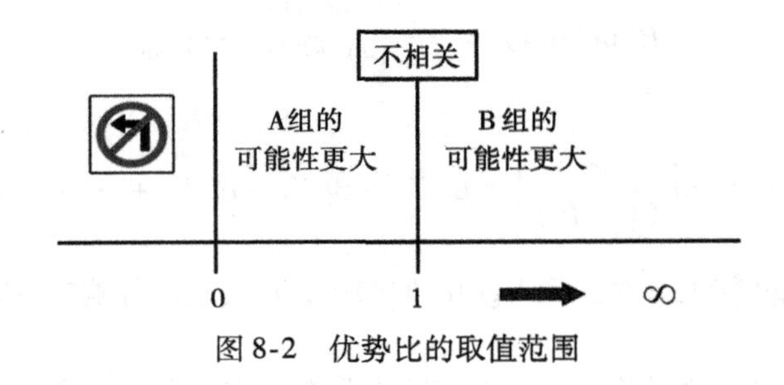

图 8-2 优势比的取值范围

8.2.2 Logistic 回归的基本原理

Logistic 回归通过构建 logit 变换，从而进行概率的预测。同样，线性回归也是一种预测方法，两者在使用时容易产生混淆。线性回归适合预测连续型变量，而 Logistic 回归适合预测分类变量，而且其预测的是一个区间 0 到 1 的概率。

在本案例中，目标事件是一个二元目标变量，即违约与正常，适合二元 Logistic 回归。在实际中二元 Logistic 回归使用最为广泛，因为二元的目标事件非常多，也非常适合分析与解释，除了信用评分模型，客户关系管理中的“是否重购”“客户是否流失”，医学上的“是否死亡”等目标变量都是二元目标变量。如果遇到多元目标变量时，Logistic 回归也能够进行预测，但更多时候，分析师倾向于根据业务理解将多元目标变量整合为二元目标变量，然后使用 Logistic 回归（如果可行）。

Logistics 回归预测的是事件的概率，其使用最大似然估计对概率进行参数估计，本质上是一个连续型数值。而线性回归使用普通最小二乘法，预测的也是连续型数值，那么为什么不使用线性回归呢？

$$\text{OLS Regression(普通最小二乘法)}: Y = \beta_1 X_1 + \beta_2 X_2 + \beta_3 X_3 + \cdots + \varepsilon$$

首先，我们知道概率值是一个介于 0 到 1 之间的数值，而普通最小二乘法的预测区间则包含正无穷和负无穷。如果预测出概率值为 1.1、3.2 或者负数，那么无法对其进行解释。其次，普通最小二乘法对变量分布有着严格的要求，即正态分布，但分类变量无法保证其服从正态分布，至于二元目标变量，其服从二项分布而非正态分布。此时，线性概率模型便能派上用场了。

$$\text{Linear Probability(线性概率模型)}: Y = \beta_1 X_1 + \beta_2 X_2 + \beta_3 X_3 + \cdots + \varepsilon$$

线性概率模型也会出现一些问题，比如线性概率模型也会预测出超过概率范围的值，比如 1.1、-0.2 等，仍旧不好解释。即使给定了预测值的上限和下限，也无法推断所有取值下自变量与因变量的关系，另外因为给定了上下限，残差方差齐性不好验证，最后预测出的概率不知道是什么类别的概率。

Logistic 回归则清晰了很多，其通过 logit 变换将预测响应的概率进行了变换，将原来取值放大到整个数轴，即正负无穷，如图 8-3 所示。

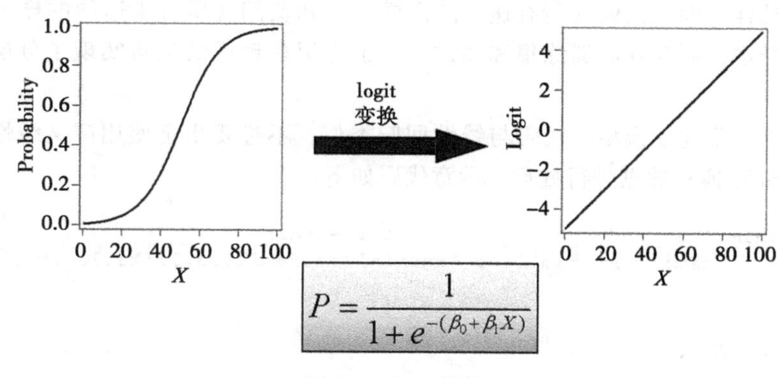

图 8-3 logit 转换

Logistic 回归模型如下所示：

$$\text{logit}(P_i) = \ln\left[\frac{P_i}{(1-P_i)}\right] = \beta_1 X_1 + \beta_2 X_2 + \beta_3 X_3 + \cdots + \beta_k X_k + \beta_0$$

- $\text{logit}(P_i)$ 表示将事件发生或不发生的概率进行 logit 变换。
- β_0表示解释回归模型的截距。
- β_k表示 logit 回归待估计的参数。

Logistic 回归模型的参数估计使用的是最大似然估计。首先因变量服从二项分布，logit 变换参数估计的步骤首先是构造最大似然函数，估计参数 β，使得最大似然函数的值达到最大，其原理在于根据样本因变量的分布，计算最大的似然函数值，找到相应的参数 β，使得预测值最接近于因变量分布。

8.2.3 在 Python 中实现 Logistic 回归

逻辑回归作为经典的分类算法，常见的数据挖掘工具包都实现了，我们这里使用 statsmodel 来进行演示。

首先将数据集随机划分为两个部分——训练集和测试集，其中训练集用于模型的训练，测试集用于检测模型的泛化能力：

```
train = accepts.sample(frac=0.7, random_state=1234).copy()
test = accepts[~ accepts.index.isin(train.index)].copy()
print(' 训练集样本量: %i \n 测试集样本量: %i' %(len(train), len(test)))
```

两数据集的样本量如下：

```
训练集样本量: 2874
测试集样本量: 1231
```

经过抽样，训练集样本与测试集样本大致比例为 7:3，这里因为是简单随机抽样，因此训练集和测试集当中的违约比例不一定是一样的，如果要保证训练集和测试集中的违约率相等，可以使用分层抽样，即在正例（所有违约的而样本）和负例（所有未违约的样本）中分别抽取固定比例的样本，再合并成训练集和测试集，也有很多现成的工具实现了分层抽样，读者可以自己练习。

我们使用训练集建立模型，代码与线性回归类似，不过要指定使用广义线性回归，并且指定要使用logit变换对数据进行处理，示意代码如下：

```
lg = smf.glm('bad_ind ~ fico_score', data=train,
          family=sm.families.Binomial(sm.families.links.logit)).fit()
lg.summary()
```

结果如表8-6所示：

表8-6 单变量逻辑回归结果

Dep. Variable:	bad_ind	No. Observations:	2874
Model:	GLM	Df Residuals:	2872
Model Family:	Binomial	Df Model:	1
Link Function:	logit	Scale:	1.0
Method:	IRLS	Log-Likelihood:	-1266.4
Date:	Sun, 21 May 2017	Deviance:	2532.9
Time:	00:12:56	Pearson chi2:	2.79e+03
No. Iterations:	7		

	coef	std err	z	P>|z|	[95.0% Conf. Int.]
Intercept	8.5747	0.645	13.297	0.000	7.311 9.839
fico_score	-0.0147	0.001	-15.318	0.000	-0.017 -0.013

可以看到，我们仅使用fico_score一个变量进行逻辑回归建模，使用summary可以查看模型的一些信息，包括第一部分模型基本信息，第二部分是模型的参数估计及检验。可以看到fico_score的系数为-0.0147，并且P值显示系数是显著的。

回归方程可以写为：

$$\ln\left(\frac{P}{1-P}\right)=-0.0147X_1+8.5747$$

其中，X_1代表fico_score的值，P代表违约概率。

这个方程如何解读？我们可以做如下变换：

$$\begin{cases}\ln\left(\frac{P}{1-P}\right)=-0.0147X_1+8.5747\\ \ln\left(\frac{P'}{1-P'}\right)=-0.0147\,(X)_1+1)+8.5747\end{cases}\rightarrow\begin{cases}\frac{P}{1-P}=e^{-0.0147X_1+8.5747}\ (1)\\ \frac{P'}{1-P'}=e^{-0.0147(X_1+1)+8.5747}\ (2)\end{cases}$$

用（2）式除以（1）式，可得：

$$\frac{\frac{P'}{1-P'}}{\frac{P}{1-P}} = \frac{e^{-0.0147(X_1+1)+8.5747}}{e^{-0.0147X_1+8.5747}} = e^{-0.0147} \approx 0.985$$

即，fico_score（信用评分，越高说明信用越好）每增加一个单位后的违约发生比是原违约发生比的 0.984 倍，上一节介绍过发生比的概念，这里发生比的比值小于 1，说明 fico_score 每增加一个单位后违约发生的可能性是原来的 0.985 倍，可见这与实际业务与常识是一致的。

多元的逻辑回归是实现也类似，代码如下所示：

```
formula = '''bad_ind ~ fico_score + bankruptcy_ind
+ tot_derog + age_oldest_tr + rev_util + ltv + veh_mileage'''

lg_m = smf.glm(formula=formula, data=train,
              family=sm.families.Binomial(sm.families.links.logit)).fit()
lg_m.summary().tables[1]
```

结果如表 8-7 所示：

表 8-7　多变量逻辑回归系数

	coef	std err	z	P > |z|	[95.0% Conf. Int.]
Intercept	5.2267	0.833	6.272	0.000	3.593 6.860
bankruptcy_ind[T.Y]	-0.5128	0.194	-2.649	0.008	-0.892 -0.133
fico_score	-0.0133	0.001	-11.256	0.000	-0.016 -0.011
tot_derog	0.0378	0.016	2.343	0.019	0.006 0.069
age_oldest_tr	-0.0035	0.001	-5.507	0.000	-0.005 -0.002
rev_util	0.0006	0.001	1.31	0.258	-0.000 0.002
ltv	0.0269	0.003	7.807	0.000	0.020 0.034
veh_mileage	1.394e-06	1.44e-06	0.966	0.334	-1.43e-06 4.22e-06

bankruptcy_ind 是字符串型的离散变量，statsmodel 提供了对字符串型的离散变量的支持，因此无须手工处理，而由于 bankruptcy_ind 仅包含两个分类水平，因此无须进行哑变量变换（或者说哑变量变换是其本身），直接当作连续型变量一样处理，在 formula 中也无须使用 C（bankruptcy_ind）的形式。

在所有的参数当中，可以看到 rev_util 和 veh_mileage 的系数不显著，因此可以删除；或者我们也可以使用在线性回归当中介绍过的变量筛选方法：向前法、向后法或逐步法，也可以对变量进行筛选。例如使用 AIC 准则进行向前法变量筛选，只需要将上一章线性回归的向前法变量筛选函数略作一点变化即可：

```
# 向前法
def forward_select(data, response):
    remaining = set(data.columns)
    remaining.remove(response)
    selected = []
```

```
    current_score, best_new_score = float('inf'), float('inf')
    while remaining:
        aic_with_candidates=[]
        for candidate in remaining:
            formula = "{} ~ {}".format(
                response,' + '.join(selected + [candidate]))
            aic = smf.glm(
                formula=formula, data=data,
                family=sm.families.Binomial(sm.families.links.logit)
            ).fit().aic
            aic_with_candidates.append((aic, candidate))
        aic_with_candidates.sort(reverse=True)
        best_new_score, best_candidate=aic_with_candidates.pop()
        if current_score > best_new_score:
            remaining.remove(best_candidate)
            selected.append(best_candidate)
            current_score = best_new_score
            print ('aic is {},continuing!'.format(current_score))
        else:
            print ('forward selection over!')
            break

    formula = "{} ~ {} ".format(response,' + '.join(selected))
    print('final formula is {}'.format(formula))
    model = smf.glm(
        formula=formula, data=data,
        family=sm.families.Binomial(sm.families.links.logit)
    ).fit()
    return(model)
```

向后法或逐步法的实现与此类似，同时我们也可以增加对离散变量的支持，限于篇幅在此不再赘述，有兴趣的读者可以自己练习。我们使用 forward_select 进行变量筛选代码如下所示：

```
candidates = ['bad_ind', 'fico_score', 'bankruptcy_ind', 'tot_derog',
              'age_oldest_tr', 'rev_util', 'ltv', 'veh_mileage']
data_for_select = train[candidates]

lg_m1 = forward_select(data=data_for_select, response='bad_ind')
lg_m1.summary().tables[1]
```

```
aic is 2536.897622766307,continuing!
aic is 2461.844537123595,continuing!
aic is 2432.589389937402,continuing!
aic is 2430.1754163565956,continuing!
aic is 2426.455058885015,continuing!
forward selection over!
final formula is bad_ind ~ fico_score + ltv + age_oldest_tr + bank
ruptcy_ind + tot_derog
```

结果如表 8-8 所示：

表 8-8 向前逐步法多变量逻辑回归系数

	coef	std err	z	P > |z|	[95. 0% Conf. Int.]
Intercept	5. 449 6	0. 816	6. 679	0. 000	3. 850 7. 049
bankruptcy_ind[T. Y]	-0. 513 7	0. 194	-2. 652	0. 008	-0. 893 -0. 134
fico_score	-0. 013 6	0. 001	-11. 729	0. 000	-0. 016 -0. 011
ltv	0. 027 3	0. 003	7. 961	0. 000	0. 021 0. 034
age_oldest_tr	-0. 003 5	0. 001	-5. 544	0. 000	-0. 005 -0. 002
tot_derog	0. 038 9	0. 016	2. 414	0. 016	0. 007 0. 070

可以看到不显著的变量被自动删除了，根据显著性水平设置的不同，还需要考虑 tot_derog 是删除还是保留，所以说，自动变量筛选仍然要结合对业务的理解，业务专家在一个商业数据挖掘项目当中是很有必要的。

与线性回归相似，自变量的多重共线性会导致逻辑回归模型的不稳定，判断多重共线性可以使用方差膨胀因子（Variance Inflation Factor）。statsmodel 中定义的方差膨胀因子计算函数 statsmmodels. stats. outliers_influence. variance_inflation_factor，使用的判别阈值与我们推荐的不一致，因此我们自己定义一个方差膨胀因子的计算函数（与线性回归一章中的定义完全一致），如下所示：

```
def vif(df, col_i):
    from statsmodels.formula.api import ols

    cols = list(df.columns)
    cols.remove(col_i)
    cols_noti = cols
    formula = col_i + '~' + '+'.join(cols_noti)
    r2 = ols(formula, df).fit().rsquared
    return 1. / (1. - r2)
```

对自变量中的连续变量，我们计算方差膨胀因子的示例代码如下：

```
exog = train[candidates].drop(['bad_ind', 'bankruptcy_ind'], axis=1)

for i in exog.columns:
    print(i, '\t', vif(df=exog, col_i=i))
```

结果如下：

```
fico_score        1.55976449339
tot_derog         1.3685721186
age_oldest_tr     1.13474012409
rev_util          1.09578064322
ltv     1.02667850563
veh_mileage       1.01245792254
```

可以看到 VIF 小于 10 这个阈值，说明自变量没有显著的多重共线性。

此时完全可以参照前面所述，将回归方程写出，并进行解释。在预测上，可以使用 predict 将违约概率输出：

```
train['proba'] = lg_m1.predict(train)
test['proba'] = lg_m1.predict(test)

test['proba'].head()
```

结果如下：

```
6      0.003613
16     0.061587
17     0.206873
18     0.065339
27     0.049503
Name: proba, dtype: float64
```

需要注意的是，predict 输出的是 0 ~ 1 之间的违约得分（也可以理解为违约概率），我们可以自己设置阈值来得到违约的预测标签，比如设置得分大于 0.5 的为违约，这个标准也是多数可以直接生成预测标签的工具的默认阈值：

```
test['prediction'] = (test['proba'] > 0.5).astype('int')
```

此外，与线性回归类似，我们可以增加正则化项来控制模型的方差，减小过拟合，例如使用 scikit-learn 可以非常方便地使用交叉验证来搜索最优的正则化系数，使用方法可参考岭回归和 LASSO 回归中的相应内容，官方文档说明见：http://scikit-learn.org/0.18/modules/generated/scikit-learn.linear_model.LogisticRegressionCV.html#scikit-learn.linear_model.LogisticRegressionCV。

8.3 Logistic 回归的极大似然估计

线性回归采用的是最小二乘法进行参数的估计，逻辑回归采用极大似然法进行参数估计[⊖]。

8.3.1 极大似然估计的概念

极大似然估计（Maximum Likelihood Estimate）是一种找出与样本的分布最接近的概率分布模型，“似然”表示的是已知结果的前提下，随机变量分布的最大可能。在实际中，我们一般都不能准确知道事件或状态发生的概率，但却能观察到事件或状态的结果，比如某个客户违约的概率。

这里以抛硬币为例，已知一枚硬币抛掷 10 次，且每一次抛掷独立，其正面出现 7 次，反

⊖ 统计学中参数估计的两大方法是矩估计和极大似然估计，最小二乘估计法是当扰动项服从正态分布时极大似然估计的一个特例。

面出现3次，那么试问这枚硬币正面向上的概率最有可能是多少？

一般的常识告诉我们一枚质地均匀的硬币抛掷正面向上的概率为0.5，但此时不知道硬币质地是否均匀，只知道抛掷结果，那么这个问题研究的是此时硬币正面向上的最有可能的概率。

首先，可以计算出现这个结果的概率应为：

$$P = P_{正}^{7}(1 - P_{正})^{3}$$

此时$P_{正}$是个未知数，$P_{正}$给定，那么P就确定了，根据题意，那么问题将归结于求事件发生的概率P最大时，$P_{正}$为多少？这种问题就是一个典型的极大似然估计问题，即

$$P_{正} = \text{argmax}^{㊀}(P_{正}^{7}(1 - P_{正})^{3})^{2}$$

这里，$P_{正}$代表待估计的参数，而$p_{正}^{7}(1 - p_{正})^{3}$则为似然函数，一般来讲，似然函数都具有一个带估计的参数θ和训练数据集X，而极大似然估计的一般形式可以写为：

$$L(\theta) = \prod_{x} p(\boldsymbol{X} = \boldsymbol{x};\theta)$$

为计算方便，实际中常对似然函数取自然对数，称为对数似然函数。如下所示：

$$\log L(\theta) = \log\left(\prod_{x} p(\boldsymbol{X} = \boldsymbol{x};\ \theta)\right) = \sum_{x} \log p(\boldsymbol{X} = \boldsymbol{x};\theta)$$

若存在一个样本量为N的训练集D，其由自变量X与目标变量Y组成，待估计的参数为θ，那么该训练集的对数似然函数可以写为：

$$\log L(\theta) = \sum_{i=1}^{N} \log p(Y = y_i \mid \boldsymbol{X};\theta)$$

极大似然估计的任务就在于在既定训练集D已知的情况下，对参数θ进行估计，使得对数似然函数$\log(L)$最大：

$$\theta = \text{argmax}(\log L(\theta))$$

8.3.2 Logistics 回归的极大似然估计

在二元 logit 回归中，$y_i \in \{0,1\}$，其对数似然函数可以写为：

$$\begin{aligned}\log L(\theta) &= \sum_{i=1}^{N} \log p(Y = y_i \mid X;\theta) = \sum_{i=1}^{N} \log[p(Y = 1 \mid \boldsymbol{X};\theta)^{y_i} p(Y = 0 \mid \boldsymbol{X};\theta)^{1-y_i}] \\ &= \sum_{i=1}^{N} [y_i \log p(Y = 1 \mid \boldsymbol{X};\theta) + (1 - y_i)\log p(Y = 0 \mid \boldsymbol{X};\theta)]\end{aligned}$$

而二元 Logistic 回归通过构造 logit 变换将事件发生的概率P转换为$\ln\left(\frac{p}{1-p}\right)$，那么事件发生的概率可以写为：

$$P(Y = 1 \mid X) = \frac{\exp(\boldsymbol{\omega x})}{1 + \exp(\boldsymbol{\omega x})}, P(Y = 0 \mid \boldsymbol{X}) = \frac{1}{1 + \exp(\boldsymbol{\omega x})}$$

㊀ argmax 的含义是遍历参数(P)的取值范围，找到使后面函数值最大时的参数取值。

$\boldsymbol{\omega}$ 表示 Logisitic 回归估计的参数向量 $\boldsymbol{\omega}$。

带入极大似然估计公式可得二元 Logisitc 回归的对数极大似然函数为：

$$\begin{aligned}\log L(\boldsymbol{\omega}) &= y_i \sum_{i=1}^{N} \log p(Y=1 \mid \boldsymbol{X};\boldsymbol{\omega}) + (1-y_i)p(Y=0 \mid \boldsymbol{X};\boldsymbol{\omega}) \\ &= \sum_{i=1}^{N}\left[y_i \log \frac{\exp(\boldsymbol{\omega x})}{1+\exp(\boldsymbol{\omega x})} + (1-y_i)\log \frac{1}{1+\exp(\omega x)}\right] \\ &= \sum_{i=1}^{N}[y_i(\boldsymbol{w x}_i) - \log(1+\exp(\boldsymbol{w x}_i))]\end{aligned}$$

故二元 Logitic 回归的对数极大似然函数为：

$$\log L(w) = \sum_{i=1}^{N}[y_i(\boldsymbol{w x}_i) - \log(1+\exp(\boldsymbol{w x}_i))]$$

这里不再叙述参数的求解，有兴趣的读者可阅读关于拟牛顿与梯度下降等数学优化的内容。

8.4 模型评估

本节主要介绍分类模型的评估，以便判断模型的好坏。这里着重介绍了最常用的评估指标 ROC 曲线及其在 Python 中的实现。

8.4.1 模型评估方法

对于像 Logistic 回归这样的分类模型，其预测值为概率，很多情况下用于做排序类模型，如表 8-9 所示。

表 8-9 分类模型类型与评估统计指标的选择

分类模型类型	统计指标
决策（Decisions）	精确性/误分类/利润/成本
排序（Rankings）	ROC 曲线（一致性） Gini 指数 K-S 统计量
估计（Estimates）	误差平方均值 SBC/可能性

评估排序模型的指标可以是 ROC 曲线、K-S 统计量、洛仑兹曲线等，如图 8-4 所示。本章中主要介绍 ROC 曲线，其他评估方法将在第 9 章进行详细介绍。

8.4.2 ROC 曲线的概念

ROC（Receiver Operating Characterstic）曲线，又称接收者操作特征曲线。该曲线最早应用于雷达信号检测领域，用于区分信号与噪声。后来人们将其用于评价模型的预测能力，ROC 曲线是基于混淆矩阵（Confusion Matrix）得出的。

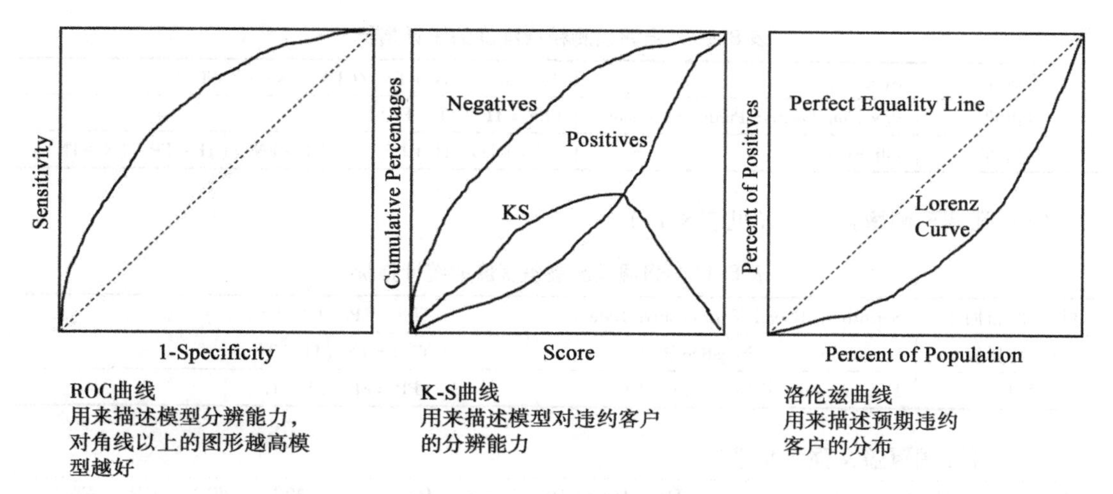

图 8-4　评估排序类模型的统计图

混淆矩阵（见图 8-5）的核心在于预测值与真实值的列联表。在图中 A、B、C、D 四个区域中：A 区域表示预测响应且实际响应的观测数量，又称真正（True Positive/TP）；B 区域表示预测不响应但实际响应的观测数，又称假负（False Negative/FN）；C 区域表示预测响应但实际未响应的观测数，又称假正（False Positive/FP）；D 区域表示预测为不响应实际也不响应的观测数，又称真负（True Negative/TN）。该列联表的行合计分别代表实际响应观测以及实际不响应观测；列合计分别代表预测响应观测和预测不响应观测。

		打分值（Predicted Calss）		
		反应（预测＝1）	未反应（预测＝0）	合计
真实结果（Actual Class）	呈现信号（真实＝1）	A（击中，True Positive）	B（漏报，False Negative）	A+B，Actual Positive
	未呈现信号（真实=0）	C（虚报，False Positive）	D（正确否定，True Negative）	C+D，Actual Negative
合计		A+C, Predicted Positive	B+D, Predicted Negative	A+B+C+D

图 8-5　混淆矩阵

显然，在混淆矩阵中，预测值与实际值相符的观测个数是评价模型好坏的一个重要指标，即 A（击中）和 D（正确否定），围绕着这两个频数，延伸出一系列指标如图 8-6 所示。

（1）强调预测精准程度（见表 8-10）。

表8-10 强调预测精准程度的统计指标

准确率	Accuracy	Accuracy = (TP + TN)/(TP + FN + FP + TN)
精准度	Precision/Positive Predictive Value	PPV = TP/(TP + FP)
提升度	Lift Value	Lift = [TP/(TP + FP)]/[(TP + FN)/(TP + FP + FN + TN)]

（2）强调预测覆盖程度（见表8-11）。

表8-11 强调预测覆盖程度的统计指标

灵敏度/召回率	Sensitivity/Recall/True Positive Rate	TPR = TP/(TP + FN)
1 - 特异度	Specificity /True Negative Rate	TNR = TN/(FP + TN)
假正率	1 - Specificity/False Positive Rate	FPR = FP/(FP + TN)

（3）既强调覆盖又强调精准

F1 - SCORE:F1 = 2(Precision × Recall)/(Precision + Recall) = 2TP/(2TP + FP + FN)

以上3种指标在不同业务场景中，侧重点不同。在ROC曲线中，主要会使用到灵敏度与特异度两个指标。灵敏度表示模型预测响应的覆盖程度，特异度表示模型预测不响应的覆盖程度。这里需要理解覆盖度，其代表了预测准确的观测占实际观测的比例。

在排序模型中，覆盖度比精准度更加重要，因为在很多排序模型中，正负样本量都不太可能是一样的。在本案例中，数据中违约的人比不违约的人要少得多，其比例大概是1:4。而在很多情况下，违约是一个稀有事件，数据量不可能太多。同样在客户响应模型中，响应的客户只是少数。可以考虑使用过抽样/重抽样以平衡正负样本数为1:1（但这样会造成很多副作用），这样哪怕全部预测值为负，其准确率依然可以达到80%，但是正例的覆盖度为0，由此可看出，覆盖度（尤其是正例的覆盖率）更能体现模型的效果。

ROC曲线中的主要指标是两个覆盖度，即灵敏度与1 - 特异度。这里还要明确一点，就是预测概率的界值。在排序类模型预测的是概率而不是类别，通常以概率值0.5为界值，大于界值认为响应，小于为不响应，但是这个界值一定是0.5吗？在讨论灵敏度与1 - 特异度的时候，都需要先确定界值才能划分出响应与不响应，ROC曲线中这个界值是不断变化的。因此，有多少界值，就有多少组1 - 特异度与灵敏度指标，如图8-6所示。

在本例中，界值从0.96逐渐减少到0，第一行数据表示界值为0.96时，预测概率大于0.96的观测被预测为响应，小于界值的观测被预测为不响应，此时产生混淆矩阵。接下来可以计算出正负样本的覆盖度，即灵敏度与特异度。以此类推，第二行数据以界值0.91区分响应与不响应，计算相应的敏感度和1 - 特异度。在本案例中，界值高的时候灵敏度（正例覆盖度）较低，而1 - 特异度（负例覆盖度）较高，显然是因为界值太高，正例太少，负例太多；随着界值的下降，灵敏度升高，特异度降低，那是因为随界值的下降，正例逐步变多，负例逐步变少。当界值为0.48与0.52时，1 - 特异度与敏感度达到了平衡，不会出现“偏科”的情况（即灵敏度与1 - 特异度差距大）。只要出现“偏科”的状况，就表示相应界值下的划分会导致正负样本覆盖度差距较大，一个好的界值会使得两者的差距较小且两者值不会太低。

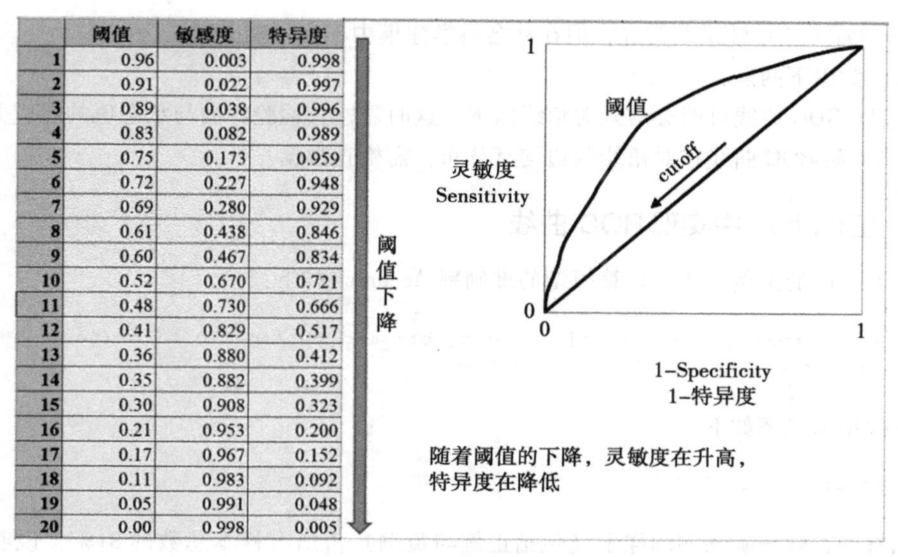

	阈值	敏感度	特异度
1	0.96	0.003	0.998
2	0.91	0.022	0.997
3	0.89	0.038	0.996
4	0.83	0.082	0.989
5	0.75	0.173	0.959
6	0.72	0.227	0.948
7	0.69	0.280	0.929
8	0.61	0.438	0.846
9	0.60	0.467	0.834
10	0.52	0.670	0.721
11	0.48	0.730	0.666
12	0.41	0.829	0.517
13	0.36	0.880	0.412
14	0.35	0.882	0.399
15	0.30	0.908	0.323
16	0.21	0.953	0.200
17	0.17	0.967	0.152
18	0.11	0.983	0.092
19	0.05	0.991	0.048
20	0.00	0.998	0.005

图 8-6 ROC 曲线的制作过程

以 1 - 特异度为 *X* 轴，灵敏度为 *Y* 轴，可以画出散点图，将点连接就产生了 ROC 曲线，这里需要说明的是 1 - 特异度实际上表示的是模型虚报的响应程度，这个比率高代表模型虚报响应频数多，1 - 特异度又称代价；灵敏度高代表模型预测响应的覆盖能力强，灵敏度又称收益。在同一个界值下，显然是代价低收益高好。所以 1 - 特异度表示代价强弱，灵敏度表示收益强弱，ROC 曲线又称代价—收益曲线，如图 8-7 所示。

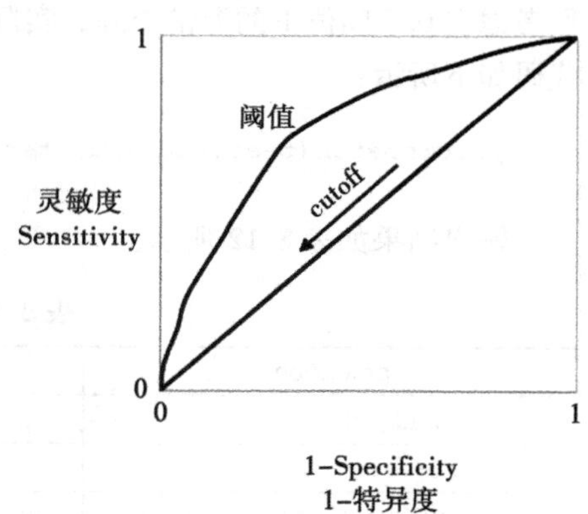

图 8-7 ROC 曲线上阈值与灵敏度和特异度的关系

连接对角线，对比对角线上的曲线，就可以看出正负例的综合覆盖情况。对角线的实际含义是表示随机判断响应与不响应。在这种情况下，正负例覆盖率应该都是 50%，表示随机效果。ROC 曲线越陡峭，表示预测概率高的观测里响应的覆盖率越强，虚报的响应占比少，说明模型的效果较好。一般可以使用 AUC 值判断模型的好坏，AUC 值（Area Under Curve）指在曲线下方的面积，显然这个面积的值为 0.5 ~ 1，0.5 代表随机判断，1 代表完美的模型。

对该值的判断如下所示。

- [0.5，0.7）表示效果较低，但将其用于预测股票已经很不错了。
- [0.7，0.85）表示效果一般。
- [0.85，0.95）表示效果良好。

- [0.95，0.1] 效果非常好，但在社会科学建模中不大可能出现。

需要注意以下两点：

1）有时 ROC 曲线可能会落入对角线以下，这时需检查检验方向与状态值的对应关系。

2）如果某 ROC 曲线在对角线两边均有分布，需检查数据。

8.4.3 在 Python 中实现 ROC 曲线

紧接着之前的案例，我们计算模型的准确率 Accuracy 如下：

```
acc = sum(test['prediction'] == test['bad_ind']) /np.float(len(test))
print('The accurancy is %.2f' %acc)
```

预测模型准确率如下：

```
The accurancy is 0.81
```

可以看到，被正确预测的样本（包括正例与负例）占所有样本总数的81%，说明模型的效果不错。但是要注意到，正例与负例的重要性是不同的，我们实际上需要更多地抓取正例（违约），因为对于金融机构来说，违约造成的损失是要远大于不违约带来的收益。因此，我们考虑在0.5阈值下的混淆矩阵，实际上就是建立一个真实结果与预测结果的交叉汇总表的代码如下所示：

```
pd.crosstab(test.bad_ind, test.prediction, margins=True)
```

输出结果如表8-12所示：

表 8-12 预测模型的混淆矩阵

prediction	0	1	All
bad_ind			
0	977	19	996
1	211	24	235
All	1188	43	1231

可以看到准确预测的违约样本有24个，预测的违约总数为43个，精准度 precision 是56%，效果似乎还不错，要知道随机猜测时，我们能准确预测违约的可能性大致为1/4（数据集当中正例的大致占比），可以说模型比随机猜测提升了大概一倍还多；但是换一个角度来看，在所有235个违约样本中，我们只抓取到了24个，灵敏度 recall 大致在10%，高达近90%的违约仍然未被抓取，这可能会带来巨大的损失。

因此我们考虑在不同的阈值下模型的表现：

```
for i in np.arange(0, 1, 0.1):
    prediction = (test['proba'] > i).astype('int')
    confusion_matrix = pd.crosstab(test.bad_ind, prediction,
```

```
                                margins = True)
    precision = confusion_matrix.ix[1, 1] /confusion_matrix.ix['All', 1]
    recall = confusion_matrix.ix[1, 1] / confusion_matrix.ix[1, 'All']
    f1_score = 2 * (precision * recall) / (precision + recall)
    print('threshold: %s, precision: %.2f, recall:%.2f , f1_score:%.2f'\
          %(i, precision, recall, f1_score))
```

预测结果中不同阈值对应的精确度与召回率如下：

```
threshold: 0.0, precision: 0.19, recall:1.00 , f1_score:0.32
threshold: 0.1, precision: 0.27, recall:0.94 , f1_score:0.42
threshold: 0.2, precision: 0.38, recall:0.76 , f1_score:0.51
threshold: 0.3, precision: 0.46, recall:0.46 , f1_score:0.46
threshold: 0.4, precision: 0.46, recall:0.21 , f1_score:0.29
threshold: 0.5, precision: 0.56, recall:0.10 , f1_score:0.17
threshold: 0.6, precision: 0.69, recall:0.05 , f1_score:0.09
threshold: 0.7, precision: 0.60, recall:0.01 , f1_score:0.02
threshold: 0.8, precision: 1.00, recall:0.00 , f1_score:0.01
threshold: 0.9, precision: 1.00, recall:0.00 , f1_score:0.01
```

可以看到 precision 与 recall 是反向变化的，仅依靠选择阈值来同时提高这两者是不可能的，我们只能选择 precision 与 recall 都相对表现较好的阈值，比如使用 f1-score，这个指标是 precision 与 recall 的调和平均值。调和平均值相对算术平均值来说，对极值更加敏感，这样可以避免我们在选择阈值时受到极值的影响。例如对于阈值为 0.8 或 0.9 来说，precision = 1 与 recall = 0，算术平均值为 0.5，与其他阈值相比是不错的，但是调和平均值只有 0.01，这与其他阈值比就差很多了。因此使用 f1-score 可以让我们更好地平衡多个指标，选取最佳阈值。

f1-score 对于选取模型阈值来说是个比较好的方法，但模型本身的优劣则需要通盘考虑，我们希望不依赖于阈值也能判断什么样的模型更优。因此，我们需要使用 ROC 曲线，根据前面介绍的 ROC 曲线绘制方法给出示例代码：

```
import sklearn.metrics as metrics

fpr_test, tpr_test, th_test = metrics.roc_curve(test.bad_ind, test.proba)
fpr_train, tpr_train, th_train = metrics.roc_curve(
    train.bad_ind, train.proba)

plt.figure(figsize=[3, 3])
plt.plot(fpr_test, tpr_test, 'b--')
plt.plot(fpr_train, tpr_train, 'r-')
plt.title('ROC curve')
plt.show()
```

输出结果如图 8-8 所示：

其中 scikit-learn. metric 是 scikit-learn 当中封装的用于评估模型的模块，我们使用它自动生成不同阈值下的模型灵敏度、特异度，并绘制成曲线图。可以看到，在训练集和测试集的预测效果比较接近（实线与虚线很接近），说明模型过拟合的可能较小。在逻辑回归当中，如果存在过拟合，可以通过增加正则化项、筛选变量等方法来改善，读者可自行尝试。

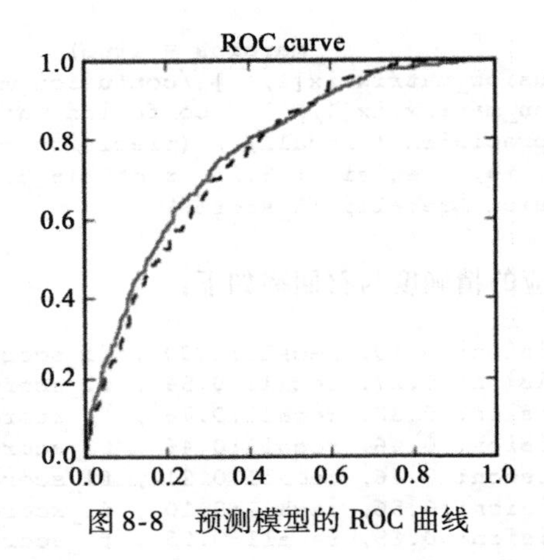

图 8-8 预测模型的 ROC 曲线

通过比较不同模型在测试集上的 ROC 曲线，可以很直观地来比较模型的优劣，此外可以通过计算 AUC 来定量比较。AUC 计算代码示意如下：

```
print('AUC = %.4f' %metrics.auc(fpr_test, tpr_test))
```

预测模型的 ROC 曲线下面积：

```
AUC = 0.7953
```

说明模型在测试集上的 ROC 曲线下面积为 0.7953。

第9章 Chapter 9

使用决策树进行初始信用评级

决策树是一种特殊的树形结构，利用像树一样的图形或决策模型来辅助决策。决策树经常在运筹学中使用，特别是在决策分析中，能够确定一个最可能达到目标的策略。决策树因可解释性强、原理简单的优点被广泛使用，同时由于性能优异，决策树也常常作为组合算法中的基模型。

本章的案例沿用上一章的案例，这样可以针对同样的数据，了解不同模型的差异。

9.1 决策树概述

决策树呈树形结构，是一种基本的回归和分类方法。决策树模型的优点在于可读性强、分类速度快。

在20世纪70年代末至在20世纪80年代初，Quinlan开发了一系列决策树模型，起初是ID3算法（迭代的二分器），后来是C4.5算法，随后又发布了C5.0算法。1984年，多位统计学家在著名的《Classification and regression tree》一书中提出了CART算法。ID3和CART几乎同期出现，引起了研究决策树算法的旋风，至今已经提出多种算法。

图9-1示例了决策树的构建和使用。训练数据集用于训练决策树模型；然后将已经训练好的模型运用在预测数据集上，给出预测结果。以信用评级数据为例，首先会收集客户的相关数据，比如交易数据；然后建立合适的决策树模型，当新的客户来申请贷款时，可以使用该模型预测其违约的可能性。

这里演示的规则如图9-2所示。比如曾经没有逾期过的客户，其如果在往来3到6个月中，交易趋势下降2/3且无交易的月份数大于两个月，那么有77%的概率会违约。通过这些规则就可以对预测数据集进行预测，产生的预测结果便可以作为重要参考。

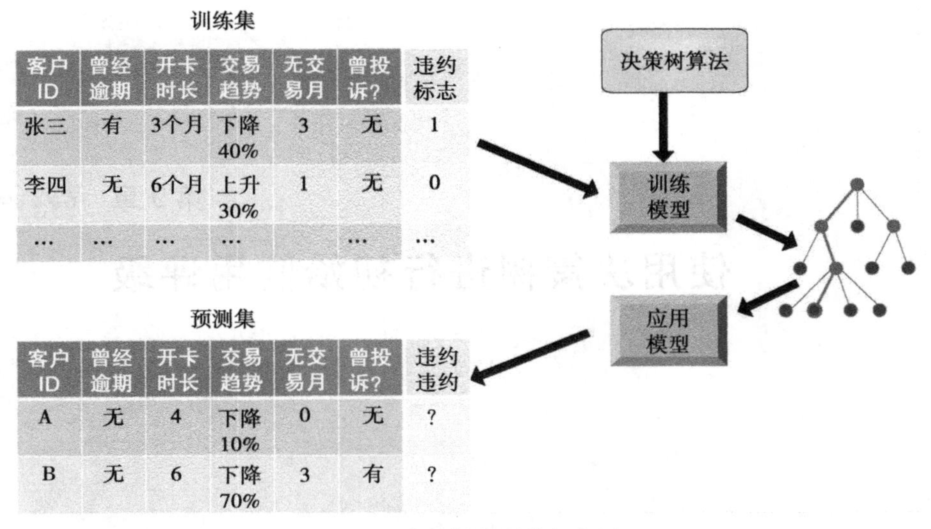

图 9-1　决策树的训练与应用

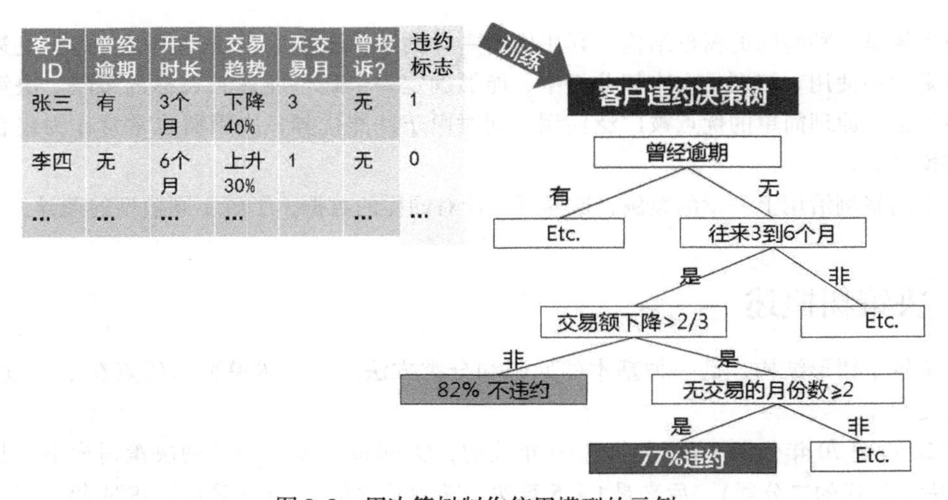

图 9-2　用决策树制作信用模型的示例

这种规则除了进行预测分类，还有很多用处。比如对数据的探索、对数据轮廓的描述、了解哪些变量最重要以及发现意料之外的模式。

在 9.2 节会具体介绍两类决策树：Quinlan 系列决策树和 CART 决策树。

9.2　决策树算法

本节主要讲解 Quinlan 系列决策树和 CART 决策树，其中前者涉及的算法包括 ID3 算法、C4.5 算法及 C5.0 算法。

在20世纪70年代后期至80年代初期，Quinlan开发了ID3算法（迭代的二分器）；后来Quinlan改进了ID3算法，称为C4.5算法，最近又发布了C5.0算法。这一系列算法的步骤总体可以概括为建树与剪树。

在建树步骤中，首先选择最有解释力度的变量，接着对于每个变量选择最优的分割点进行建树。在剪树方法中，分为前剪枝和后剪枝。前剪枝用于控制树的生成规模，后剪枝用于删除没有意义的分组。早期决策树算法前剪枝和后剪枝都会使用，而Python的scikit-learn包中统一使用交叉验证的算法对所有分类模型进行超参数的筛选，因此不再使用后剪枝算法。

9.2.1　ID3建树算法原理

1. 信息增益

在ID3算法中，使用信息增益挑选最有解释力度的变量。要了解信息增益，先要了解信息熵（Entropy）的概念。

对于一个取有限个值的离散随机变量D，其信息熵的计算公式如下。

$$\text{Info}(D) = -\sum_{i=1}^{m} p_i \log_2(p_i)$$

m表示随机变量D中的水平个数，p_i表示随机变量D的水平i的概率。

信息熵的特点是当随机变量D中的水平较少、混乱程度较低时，信息熵较小；反之则较大。由此信息熵可以衡量一个随机变量的混乱程度或纯净程度。

对于该随机变量D，当引入另一个变量A时，其水平被变量A的各个水平所分割。此时可以通过计算在变量A的各个水平下随机变量D的信息熵的加权从而得知在引入随机A后随机变量D的混乱程度，这一指标被称为条件熵，其计算公式如下。

$$\text{Info}_A(D) = \sum_{j}^{V} \frac{|D_j|}{|D|} \times \text{Info}(D_j)$$

其中，j表示引入变量A的某个水平；V表示变量A的水平个数；D_j表示被随机变量D被变量A的j水平所分割的观测数；D表示随机变量D的观测总数；$\text{Info}(D_j)$表示随机变量D在变量A的j水平分割下的信息熵。

在计算随机变量D的信息熵与加入变量A后的条件熵后，使用原来的信息熵减去条件熵得到信息增益。信息增益代表了加入变量A后，随机变量D混乱程度或纯净程度的变化。显然，当这种变化越大，变量A对随机变量D的影响也就越大，这一指标称为信息增益，计算公式如下所示。

$$\text{Gain}(D|A) = \text{Info}(D) - \text{Info}_A(D)$$

$\text{Gain}(D|A)$表示随机变量D在引入变量A后的信息增益；$\text{Info}(D)$表示随机变量D的原始的信息熵；$\text{Info}_A(D)$表示引入变量A后随机变量D的条件熵。

接下来以电脑销售数据为例，原始数据如表9-1所示。

表 9-1　电脑销售数据

age	income	student	credit_rating	buys_computer
≤30	high	no	fair	No
≤30	high	no	excellent	No
31~40	high	no	fair	Yes
>40	medium	no	fair	Yes
>40	low	yes	fair	Yes
>40	low	yes	excellent	No
31~40	low	yes	excellent	Yes
≤30	medium	no	fair	no
≤30	low	yes	fair	yes
>40	medium	yes	fair	yes
≤30	medium	yes	excellent	yes
31~40	medium	no	excellent	yes
31~40	high	yes	fair	yes
>40	medium	no	excellent	no

在本案例中目标变量为 buys_computer，其信息熵为：

$$\text{Info}(\text{buyscomputer}) = -\frac{9}{14}\log_2\frac{9}{14} - \frac{5}{14}\log_2\frac{5}{14} = 0.940$$

这里加入变量 age 计算 buys_computer 的条件熵为：

$$\text{Info}_{\text{age}}(\text{buyscomputer}) = \frac{5}{14}\times\left(-\frac{2}{5}\log_2\frac{2}{5} - \frac{3}{5}\log_2\frac{3}{5}\right) + \frac{4}{14}\times\left(-\frac{4}{4}\log_2\frac{4}{4} - \frac{0}{4}\log_2\frac{0}{4}\right) + \frac{5}{14}\times\left(-\frac{3}{5}\log_2\frac{3}{5} - \frac{2}{5}\log_2\frac{2}{5}\right) = 0.694$$

对于目标变量 buys_computer 而言，变量 age 的信息增益为：

$$\text{Gain}(\text{age}) = \text{Info}(\text{buyscomputer}) - \text{Info}_{\text{Age}}(\text{buyscomputer}) = 0.246$$

同理，可以计算变量 income、student 和 credit_rating 对目标变量 buyscomputer 的信息增益（分别如下所示。

$$\text{Gain}(\text{income}) = 0.029$$

$$\text{Gain}(\text{student}) = 0.151$$

$$\text{Gain}(\text{credit\_rating}) = 0.048$$

显然，变量 age 对因变量的信息增益是最大的。这说明在变量 age 的条件下，因变量的混乱程度下降最多，即 age 是最重要的自变量。

2. ID3 算法建树原理

信息增益最大的变量为首要变量，根据首要变量的水平建起决策树的第一层。以电脑销售数据为例，其首要变量为 age，age 的三个水平分别为“<30”“31~40”“>40”，因此决策树的第一层如图 9-3 所示[⊖]。

在第一层决策树的各个结点上，重新计算各个变量的信息增益，然后筛选出最重要的变量，以此为根据建立第二层决策树。例如，当 age 水平为“<30”的时候，首要变量为 student，那么可以在“<30”这一结点上以 student 为根据建立起第二层决策树。以此类推，第二层决策树的建树结果如图 9-4 所示。

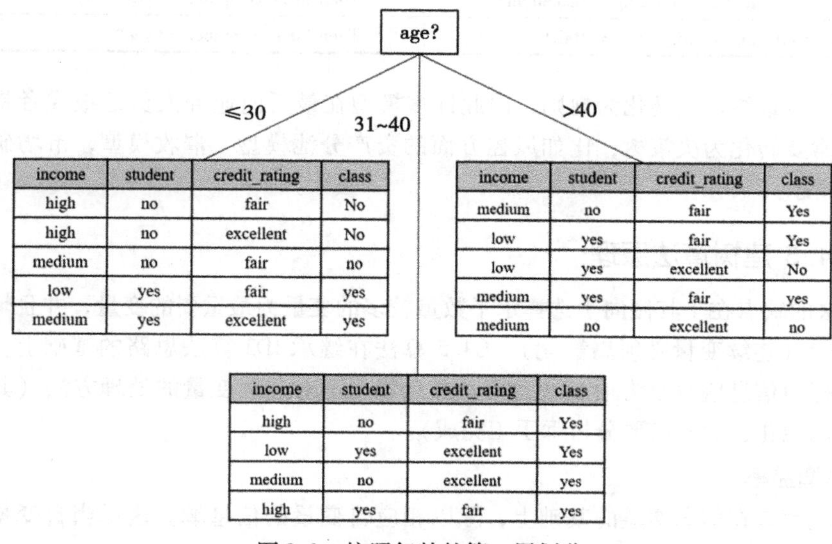

income	student	credit_rating	class
high	no	fair	No
high	no	excellent	No
medium	no	fair	no
low	yes	fair	yes
medium	yes	excellent	yes

income	student	credit_rating	class
medium	no	fair	Yes
low	yes	fair	Yes
low	yes	excellent	No
medium	yes	fair	yes
medium	no	excellent	no

income	student	credit_rating	class
high	no	fair	Yes
low	yes	excellent	Yes
medium	no	excellent	yes
high	yes	fair	yes

图 9-3　按照年龄的第一层划分

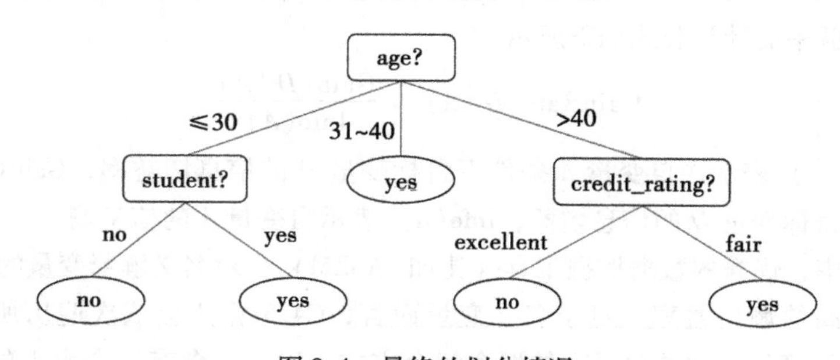

图 9-4　最终的划分情况

如此，决策树便可以不断地建树直到目标变量的纯净程度达到最大（目标变量在每个叶子内的信息熵为 0）。不过这会造成过度拟合，因此建树之后需要剪枝。

3. ID3 产生分类规则

在建树完毕后，数据分析软件会提供将决策树转化为规则的功能，规则如表 9-2 所示。这

⊖ ID3 允许多叉树出现，这样会造成模型偏好分类水平多的变量，C4.5 模型为了避免这个问题提出了熵增益率的概念，而 CART 采用控制分叉数量，只做二叉树。

可以便于业务人员理解和执行，也可以直接在决策引擎[㊀]中固化下来。

表 9-2 决策树导出的规则集

IF age = "≤30" and student = "no"	Then buys_computer = "no"
IF age = "≤30" and student = "yes"	Then buys_computer = "yes"
IF age = "31…40" and student = no	Then buys_computer = "no"
IF age = " >40" and credit_rating = "excellent"	Then buys_computer = "yes"
IF age = " >40" and credit_rating = "fair"	Then buys_computer = "yes"

由于决策树最终可以转化为规则，因此许多模型在最后向业务人员汇报或者是制定运营策略时，经常要转化为决策树，比如风控方面的资产分池模型、催收模型，市场研究中的客户分群模型等。

9.2.2 C4.5 建树算法原理

ID3 算法的缺点在于其倾向于选择水平数量较多的变量为最重要的变量，并且输入变量必须是分类变量（连续变量必须离散化）。C4.5 算法在继承 ID3 算法思路的基础上，将首要变量筛选的指标由信息增益改为信息增益率，并且加入了对连续变量的处理方法（其实就是可以自动进行离散化，而不需要分析师手工完成）。

1. 信息增益率

信息增益率是在信息增益的基础上，除以相应自变量的信息熵。这样当自变量水平过多时，信息增益较大的问题可以通过除以该变量的信息熵（水平多则信息熵大）得到一定程度的解决。信息增益率的计算公式如下所示。

$$\text{GainRate}(D|A)=\frac{\text{Gain}(D|A)}{\text{Info}(A)}$$

$\text{GainRate}(D|A)$ 表示在自变量 A 条件下目标变量 D 的信息增益率，$\text{Gain}(D|A)$ 表示在自变量 A 条件下目标变量 D 的信息增益，$\text{Info}(A)$ 表示自变量 A 的信息熵。

在实际工作中，优秀的数据挖掘工具（比如 SASEM）会对名义解释变量的水平进行合并，以获得该变量最高的熵增益率。对于名义变量而言，C4.5 算法会依次遍历所有的组合形式（也称为超类），计算信息增益率最大的那个组合方式。以一个含有三个水平的名义变量 A 来说，可能的组合方式有四种，计算这四种组合方式下目标变量的信息增益率，然后求最大的信息增益率下的分割方式。四种组合方式分别如下所示。

1）{A1}，{A2}，{A3}

2）{A1，A2}，{A3}

3）{A1}，{A2，A3}

㊀ 决策引擎是商业决策中常用的工具，简单一点的可以使用数据库中的存储过程实现，专业收费决策引擎有 Ilog、Blaze 等，开源软件有 Drools。目前也有公司在使用 Python 开发决策引擎。

4）{A1,A3},{A2}

由此可见，对于分类变量，C4.5算法可以建出多于两个分枝的决策树[⊖]。不过以上操作scikit-learn包中的决策树并不支持遍历所有的组合的算法（甚至不支持解释变量中存在缺失值），于是建模人员有两个选择：①自己编程实现每个名义变量的水平合并操作；②所有分类变量通过WOE转换为等级变量。实践表明第二种方法简单易行，而且效果不差。

对于连续变量（此处等级变量被当作连续变量处理），C4.5算法处理的方式为找到一个合适的阈值对连续变量进行二分。连续变量若有N个观测，那么可能的二分的阈值就有$N-1$个。C.4.5算法便会遍历这$N-1$个阈值并计算目标变量的信息增益，以最大的信息增益点为二分阈值点，从而使连续变量离散化，如图9-5～图9-8所示。

2. C4.5算法建树原理

对于名义变量，C4.5的建树原理与ID3类似，而且在上一节也讲述了。这里主要介绍C4.5对于连续变量进行建树的原理。假设目标变量T为二分类变量，自变量X_1和X_2都是连续变量。只有分类变量才可以计算熵增益和熵增益率，构建决策树之前，需要将连续变量进行分箱处理。如图9-5所示，假设连续输入变量被平均分成了50份，第一次b1单独一组，剩下的b2～b50归为一组，这样就称为二分类变量，可以和被解释变量计算熵增益率；然后b1～b2归为一组，剩下的b3～b50归为一组，再次计算熵增益率，以此类推，计算50次熵增益率。选出最大的熵增益率对应的分割方式作为该连续变量最高的熵增益率。

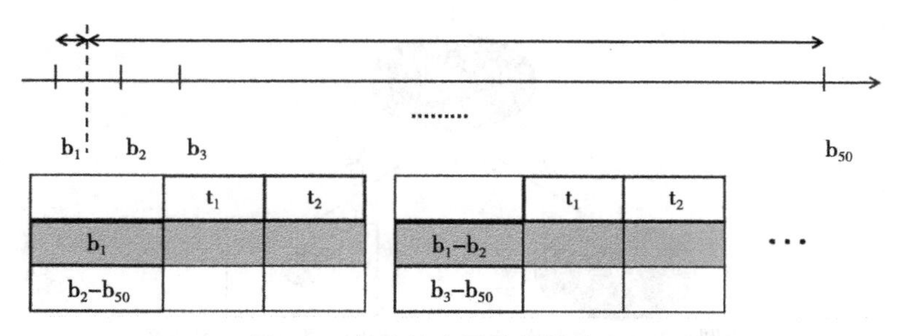

图9-5 单连续变量的分箱搜索法

知道每个变量的最高熵增益率，之后就可以进行变量重要性选择了。在图9-6a中，对于变量X_1，遍历所有分割可能发现$X_1=W_{10}$时，信息增益达到最大值0.35，因而在该点进行分割；假定此时二分箱的X_1的信息熵为0.7，那么X_1的信息增益率为0.5。同理，对于图9-6b显示的变量X_2，分割点为$X_2=W_{20}$，信息增益为0.14；假定此时二分箱的X_2的信息熵为0.7，而X_2的信息增益率为0.2。那么根据信息增益率越大越重要的原则，可以判断首要变量为X_1。因此以X_1为根据，构造决策树的第一层，如图9-7所示。

⊖ 目前商业中，绝大多数是二叉树。不过只做二叉树就出现一个问题，那就是如何得到最优分组方案。对于5个水平的分类变量，需要测试10次不同组合下的最优指标。由于Python的数据挖掘包scikit-learn中只支持数值变量，不支持名义变量，所有的变量均是当作连续变量处理的，因此需要事先对名义变量进行WOE转换。

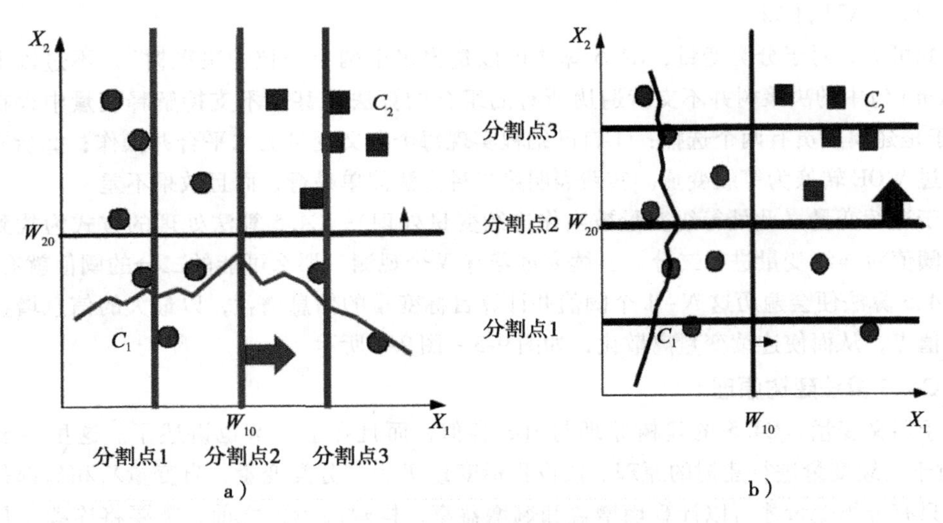

图 9-6 连续变量的重要性选择

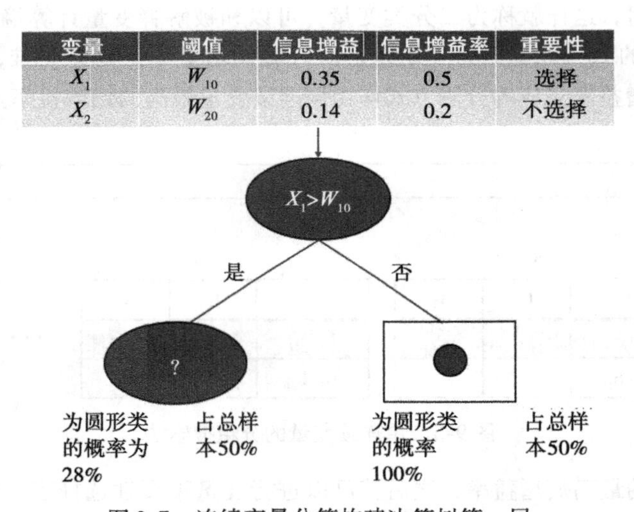

变量	阈值	信息增益	信息增益率	重要性
X_1	W_{10}	0.35	0.5	选择
X_2	W_{20}	0.14	0.2	不选择

图 9-7 连续变量分箱构建决策树第一层

在第一层决策树中，右边的规则预测为圆形类，概率为 100%，因此这一侧的决策树不再生长；左边的规则预测为方形类（为圆形的概率为 28%），决策树在这一侧（$X_1>W_{10}$）还可以继续生长。

所以，继续对 $X_1>W_{10}$ 的数据计算分割阈值与信息增益率，如图 9-8 所示。

建立第二层决策树的方法与建立第一层的方法一样，首先根据信息增益计算每个连续变量的分割阈值，再计算出分割后的信息增益率进行变量选择，建立第二层决策树，如图 9-9 所示。

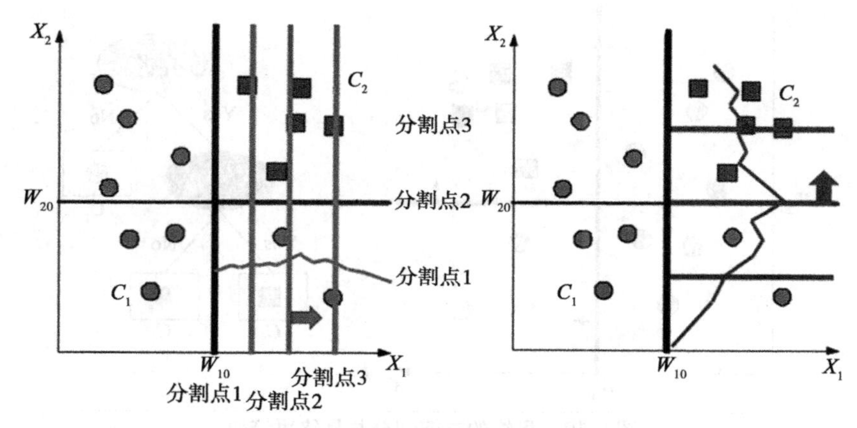

图 9-8　连续变量的重要性选择

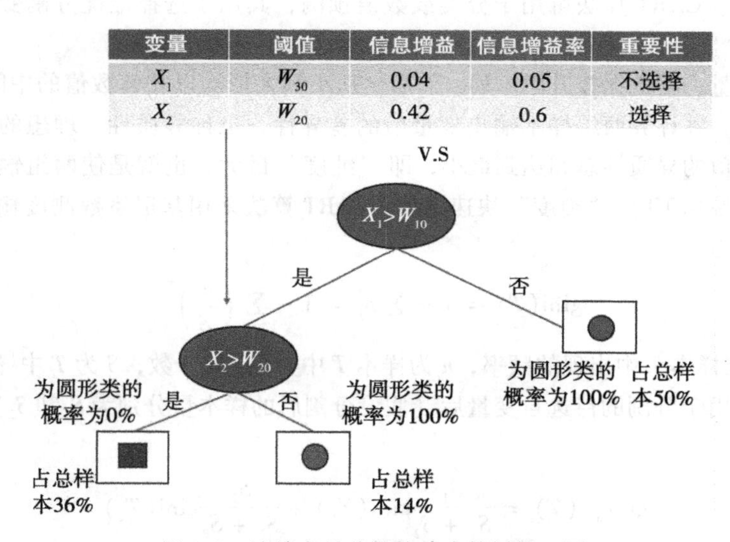

变量	阈值	信息增益	信息增益率	重要性
X_1	W_{30}	0.04	0.05	不选择
X_2	W_{20}	0.42	0.6	选择

图 9-9　连续变量分箱构建决策树第二层

此时，C4.5 算法决策树建立完成，结点内的预测概率都达到了 100%，如图 9-10 所示。

3. C5.0 算法概述

C5.0 算法是 C4.5 算法的改进版本，其沿用 C4.5 算法，增强了对大量数据的处理能力，并加入了 Boosting 以提高模型准确率。然而，该算法被开发为工具包进行商业化，算法步骤与数学描述并未公开。

9.2.3　CART 建树算法原理

CART 算法使用二叉树将预测空间递归划分为若干子集，随着从根结点到叶结点的移动，从每个结点中选出最优的分支规则对应的划分区域，因此目标变量在该结点上的条件

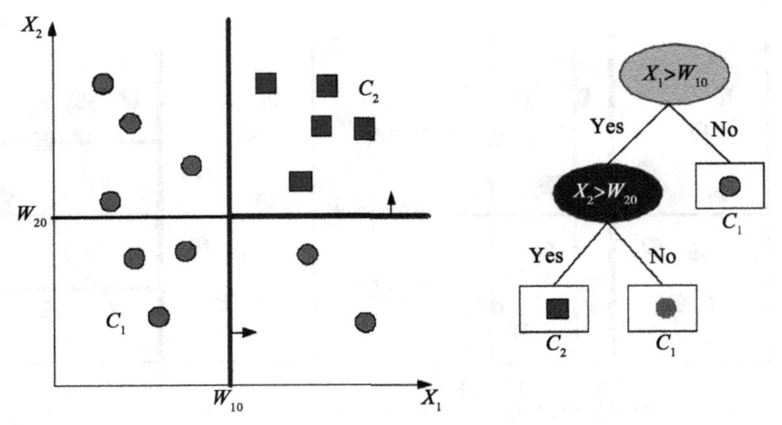

图 9-10 最终的空间划分与最终决策树

分布也随之确定。CART算法可用于分类或数值预测，其用于选择最优分割变量的指标是基尼系数（gini）。

对于连续变量。将数据按升序排列；然后，从小到大依次以相邻数值的中间值作为阈值，将样本分成两组，并计算两组样本输出变量值的差异性，也称异质性。理想的分组应该尽量使两组输出变量值的异质性总和达到最小，即“纯度”最大，也就是使两组输出变量值的异质性随着分组而快速下降，“纯度”快速增加。CART算法采用基尼系数测度输出变量的异质性，其数学定义为：

$$\text{gini}(T) = 1 - \sum p_j^2 = 1 - \sum \left(\frac{n_j}{S}\right)^2$$

p_j为类别j在样本T中出现的频率，n_j为样本T中类别j的个数，S为T中样本的个数。

在引入某个用于分割的待选自变量后（假设分割后的样本量分别为S_1和S_2），则分割后的基尼系数为：

$$\text{gini}_{\text{split}}(T) = \frac{S_1}{S_1 + S_2}\text{gini}(T_1) + \frac{S_2}{S_1 + S_2}\text{gini}(T_2)$$

S_1、S_2表示划分成两类的样本量，gini（T_1）、gini（T_2）表示划分成两类各自的基尼系数值。

CART算法采用基尼系数的减少量测度异质性下降的程度，在所有分割中基尼减少最多的用于构建当前分割，原理同ID3算法。

对于分类型变量。由于CART算法只能建立二叉树，对于多分类型输入变量，首先需将多类别合并成两个类别，形成超类；然后，计算两超类下输出变量值的异质性。

下面是计算基尼系数的一个例子。

首先将样本量分为两类。

第一种划分，如图9-11所示。

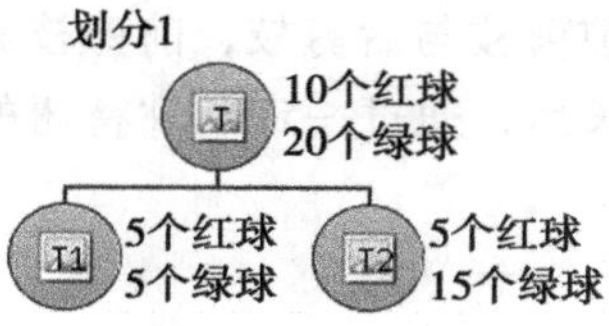

划分1

T　10个红球　20个绿球

T1　5个红球　5个绿球

T2　5个红球　15个绿球

$$\text{gini}(T)=1-\left(\frac{10}{10+20}\right)^2-\left(\frac{20}{10+20}\right)^2\approx 0.444$$

$$\text{gini}(T_1)=1-\left(\frac{5}{5+5}\right)^2-\left(\frac{5}{5+5}\right)^2=0.5$$

$$\text{gini}(T_2)=1-\left(\frac{5}{5+15}\right)^2-\left(\frac{15}{5+15}\right)^2=0.375$$

$$\text{gini}_{S1}(T)=1-\frac{5+5}{5+5+5+15}\times 0.5+\frac{5+15}{5+5+5+15}\times 0.375\approx 0.417$$

图 9-11　第一种划分的基尼系数计算

第二种划分，如图 9-12 所示。

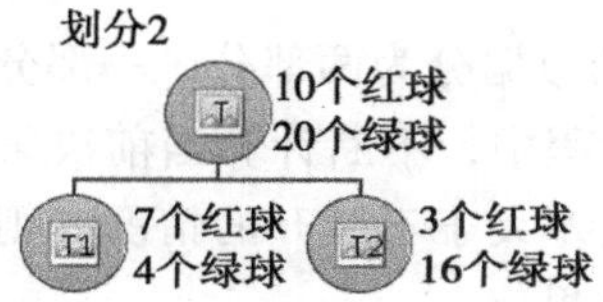

划分2

T　10个红球　20个绿球

T1　7个红球　4个绿球

T2　3个红球　16个绿球

$$\text{gini}(T)=1-\left(\frac{10}{10+20}\right)^2-\left(\frac{20}{10+20}\right)^2\approx 0.444$$

$$\text{gini}(T_1)=1-\left(\frac{4}{4+7}\right)^2-\left(\frac{7}{4+7}\right)^2\approx 0.463$$

$$\text{gini}(T_2)=1-\left(\frac{3}{3+16}\right)^2-\left(\frac{16}{3+16}\right)^2\approx 0.266$$

$$\text{gini}_{S2}(T)=1-\frac{4+7}{4+7+3+16}\times 0.463+\frac{3+16}{4+7+3+16}\times 0.266\approx 0.338$$

图 9-12　第二种划分的基尼系数计算

可以比对一下两种划分下的基尼系数，不划分时基尼系数约为 0.444，第一种划分后基尼系数为 0.417，第二种划分后基尼系数为 0.338。基尼系数越低表示“纯度”越高，所以第二种划分更加优秀。

计算基尼系数的前提是进行划分，那么如何寻找基尼系数的最佳分割点呢？方法与 C4.5 的基本一致，不过名义变量只能寻找二分的最优组合。具体如下：若自变量为离散型变量，记 m 为样本 T 中该属性取值的种类数，穷举将 m 种取值分为两类的划分，对上述所有划分计算基尼系数，再挑选基尼系数最小的分割为最佳分割点。若自变量为连续型变量，则会将样本 T 中该属性的取值从小到大排序，按顺序逐一将两个相邻值的均值作为分割点，对样本 T 进行划分，对上述所有划分计算基尼系数，再挑选基尼系数最小的分割为最佳分割点。

注意：CART 算法建树与 C4.5 算法类似，不同之处在于 CART 算法进行变量重要性选择的依据是基尼系数，另外 CART 算法只会产生二叉树，这一特点使得其运行效率要高于 C4.5 算法。

9.2.4　决策树的剪枝

1. 概述

一般来说，当决策树算法所在结点中的样本数只有一个或样本属于同一个类别时，会停止构建更深的结点，以此使决策树完全生长。

完全生长的决策树虽然预测精度提升了，但会使得决策树的复杂度升高，泛化能力变弱。剪枝，即去掉决策树中噪音或者异常数据，在损失一定预测精度的情况下，能够控制决策树的复杂度，提高其泛化能力。

决策树的剪枝方法非常多，根据修剪的方向，可以分为前剪枝与后剪枝，前剪枝通过设定一些控制条件终止树的生长，而后剪枝则是在使树充分生长后，通过一定条件将树的结点进行收缩以达成剪树的目的。

前剪枝的一般方法有以下几种。

1）控制决策树最大深度。如果决策树的层数已经达到指定深度，则停止生长。

2）控制树中父结点和子结点的最少样本量或比例。对于父结点，如果结点的样本量低于最小样本量或比例，则不再分组；对于子结点，如果分组后生成的子结点的样本量低于最小样本量或比例，则不再分组。

后剪枝的一般方法有以下几种。

1）计算结点中目标变量预测精度或误差。这种方法将原始数据分为两部分，一部分用于生成决策树，一部分用于验证。首先使树充分生长，在修剪过程中，不断计算当前决策树对测试样本集的预测精度或误差，若某结点展开后验证数据的误差大于不展开的情况，则收缩该结点，从而达到剪枝的目的。这种方法是C4.5算法中的剪枝思想。

2）综合考虑误差与复杂度进行剪树。考虑到虽然决策树对训练样本有很好的预测精度，但在测试样本和未来新样本上仍不会有令人满意的预测效果，因此决策树修剪的目标是得到一棵“恰当”的树。决策树首先要具有一定的预测精度，其次决策树的复杂程度应是恰当的。这种方法是CART算法的剪枝思想。

2. C4.5算法剪枝[⊖]

C4.5算法的剪枝如前文所述，即根据误差进行剪树。C4.5算法的剪树是根据统计学思想中的区间估计，对树结点的错误率进行区间估计，通过区间估计的结果判断结点是否应该展开，从而达到剪树的目的。这个技术的优点在于无须将数据集分为训练集与验证集。

区间估计的核心在于计算结点中错误率的置信区间，错误率即结点中类的错误个数占结点观测总数的百分比。简而言之，对于某结点，计算出样本中的错误率f；若错误类似于抛掷硬币正面向上的概率，其应服从二项分布，再估计出真实错误率的置信区间p。

具体来说，假定决策树某结点的错误率为f，且预测事件本身服从二项分布。对于二项分布，其期望与方差的计算公式分别如下所示。

$$E(x) = f$$

$$\mathrm{Var} = \frac{f(1-f)}{N}$$

由中心极限定理可知，错误率的均值服从正态分布，其置信区间为z倍的错误率的标准差，如下所示。

$$p = f \pm z \times \sqrt{\frac{f(1-f)}{N}}$$

⊖ 来源：CS345, Machine Learning Prof. Alvarez Decision Tree Pruning based on Confidence Intervals (as in C4.5)。

这里，N 代表结点样本数，z 与预先设定的置信水平有关，比如 95% 置信水平对应 z 的取值为 2，C4.5 中一般采用 75% 置信水平，相应的 z 值为 0.69。

以图 9-13 所示的未剪枝的决策树为例。

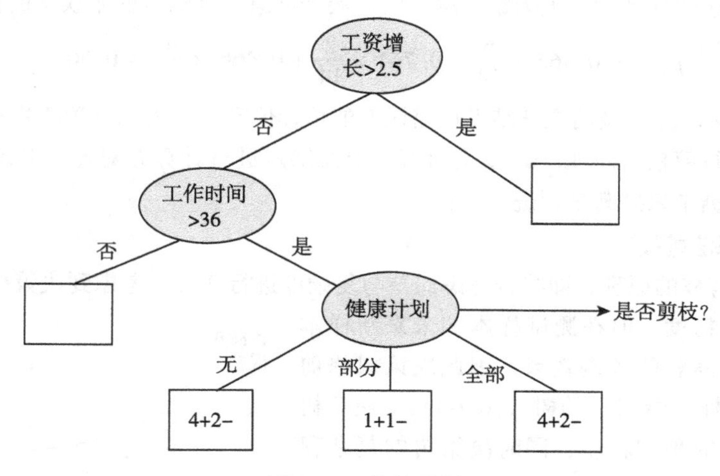

图 9-13　剪枝示例

对于健康计划这一结点，其展开后共有三个子结点，其中在无健康计划的观测中，4 个观测为"+"例，2 个为"−"例。假定健康计划这一结点和每个结点都预测为"+"。若不展开这个结点，那么结点总错误观测个数为 5，观测总数为 14，这里置信水平为 75%，健康计划这一结点错误率的置信区间可以被算出：

$$p = f \pm z \times \sqrt{\frac{f(1-f)}{N}} = \frac{5}{14} \pm 0.69 \times \sqrt{\frac{5 \times 9}{14 \times 14 \times 14}}$$

计算出的结点错误率置信区间为（0.268，0.445），取上限为估计的错误率为：

$$p_{不展开} = 0.445$$

若展开该结点，那么估计的错误率由三个子结点的估计的错误率的期望计算分别如下所示。

1）健康计划 = "无"：

$$p = f \pm z \times \sqrt{\frac{f(1-f)}{N}} = \frac{2}{6} \pm 0.69 \times \sqrt{\frac{2 \times 4}{6 \times 6 \times 6}}$$

健康计划 ="无"的错误率的区间估计为(0.200,0.466)

2）健康计划 = "部分"：

$$p = f \pm z \times \sqrt{\frac{f(1-f)}{N}} = \frac{1}{2} \pm 0.69 \times \sqrt{\frac{1 \times 1}{2 \times 2 \times 2}}$$

健康计划 ="部分"的错误率的区间估计为(0.256,0.744)

3）健康计划 = "全部"：

$$p = f \pm z \times \sqrt{\frac{f(1-f)}{N}} = \frac{2}{6} \pm 0.69 \times \sqrt{\frac{2 \times 4}{6 \times 6 \times 6}}$$

健康计划 = “全部”的错误率的区间估计为(0.200,0.466)

下面统一取区间估计的上限为错误率，因此展开健康计划结点的错误率的估计值为：

$$p_{展开} = 0.466 \times \frac{6}{14} + 0.744 \times \frac{2}{14} + 0.466 \times \frac{6}{14} \approx 0.505$$

显然，$p_{展开} > p_{不展开}$，说明展开结点后错误率的估计值升高，因此决策树将不会不展开结点健康计划，即进行剪枝。同理，C4.5 会对每一个父结点进行计算并对比展开或不展开的错误率的估计值，根据结果判断是否进行剪枝。

3. CART 算法剪枝[⊖]

CART 算法剪枝的原理，即综合考虑误差与复杂度进行剪枝。考虑到决策树虽然对训练样本有很好的预测精度，但在测试样本和未来新样本上仍不会有令人满意的预测效果，因此决策树修剪的目标是得到一棵“恰当”的树（图 9-14）。决策树首先要具有一定的预测精度，同时决策树的复杂程度应是恰当的。

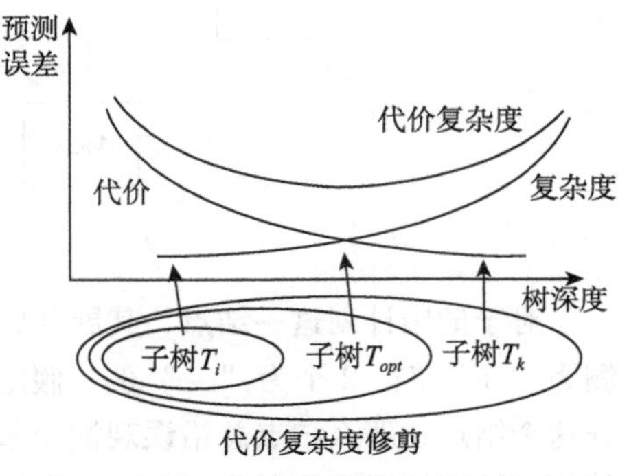

图 9-14 模型的代价与复杂度权衡示意

最小代价复杂性公式定义如下：

$$R\alpha(T) = R(T) + \alpha C(T)$$

其中，R(T) 表示误分类代价，根据预测误差计算；$C(T)$ 表示树的复杂度；即根结点个数，α 为复杂度参数。

CART 算法剪枝的预测误差由交叉验证产生的验证数据计算得出，由于交叉验证进行分割训练和测试数据是随机的，所以产生的树形结构会不一致。另外，α 的取值范围是由 0 到正无穷，其作为权重项调整代价（预测误差）与复杂度（根结点个数）对剪枝的影响，α 取值较大的树会较简单，反之则复杂。在有些工具中，CART 算法会根据数据，自动寻找出较优的 α 值以及相应的树结构。使用者可以通过不同 α 值下树的代价情况（误差）与复杂情况（结点数量）选择合适的树结构。

9.3 在 Python 中实现决策树

在介绍了决策树的算法和剪枝之后，我们看看如何在 Python 中实现决策树。

从本节开始，我们会频繁使用 scikit-learn 进行数据处理、建模与评估。scikit-learn 是当前非常流行的机器学习工具包，功能完善，使用简便，因此我们使用它进行案例代码的展示。

⊖ 来源：CS345, Machine Learning Prof. AlvarezDecision Tree Pruning based on Confidence Intervals (as in C4.5)。

此外这里使用的 scikit-learn 版本为0.18，官方文档位于 http://scikit-learn.org/0.18/documentation.html。scikit-learn 的社区非常活跃，版本更新较快，如果使用的是其他版本，可以参考对应的文档。

scikit-learn 中实现的决策树并不是原汁原味的 ID3、C4.5 和 CART，其算法中只是提供了熵增益、基尼系数作为变量重要性选择依据而已，只对连续变量（等级变量）重要性的计算是按照 9.2.2 节和 9.2.3 节操作的，没有针对名义变量的重要性计算方式，因此当有名义变量时，贸然使用 scikit-learn 中的决策树算法不能找到最优模型，需要进行 WOE 转换。

9.3.1 建模

这里，我们仍然使用信用违约数据 accepts.csv 进行决策树建模，首先引入所需要的包：

```
%matplotlib inline

import numpy as np
import pandas as pd
import matplotlib.pyplot as plt
```

读取数据并做简单预处理（将含有空值的项删除），代码如下所示：

```
accepts = pd.read_csv('accepts.csv', skipinitialspace=True)
accepts = accepts.dropna(axis=0, how='any')
accepts.head()
```

输出结果如表 9-3 所示：

表 9-3 汽车金融数据集中的部分数据

	application_id	account_number	bad_ind	vehicle_year	vehicle_make	bankruptcy_in
0	2 314 049	11 613	1	1998.0	FORD	N
1	63 539	13 449	0	2000.0	DAEWOO	N
3	8 725 187	15 359	1	1997.0	FORD	N
4	4 275 127	15 812	0	2000.0	TOYOTA	N
5	8 712 513	16 979	0	2000.0	DODGE	Y

此处我们将包含空值的记录简单地删去了，这仅仅是为了演示代码，在实际工作中，需要根据空值所在字段的情况进行填补或修正。这里需要强调的是，绝大部分参考书都说决策树可以直接将缺失值纳入模型中，不需要预处理，更不需要剔除缺失值。不过那都是说原始的 C4.5 和 CART，因为标准的这些模型会把缺失值当作一个分类，参与水平聚合的操作。但是 scikit-learn 只能处理数值型输入变量，也没有实现水平聚合功能，因此不能处理缺失值。

从数据集中提取自变量和因变量：

```
target = accepts['bad_ind']
data = accepts.ix[:, 'bankruptcy_ind':'used_ind']
```

根据业务理解生成更有意义的衍生变量：

```
data['lti_temp'] = data['loan_amt'] / data['tot_income']
data['lti_temp'] = data['lti_temp'].map(lambda x: 10 if x >= 10 else x)
del data['loan_amt']
data['bankruptcy_ind'] = data['bankruptcy_ind'].replace({'N':0, 'Y':1})
# data.head()
```

建立模型最主要的就是设置模型的超参数，所谓超参数就是需要建模人员设定好，软件才可以根据数据得到的模型参数。比如岭回归中系数平方前面的惩罚项就是超参数，设定好之后才可以计算模型侧参数，即回归系数。决策树中的超参数就是前剪枝算法中提到的那几项，比如树的深度、叶子结点中最小样本量等。设置超参数很少有什么捷径，一般使用暴力计算法，即网格搜索加交叉验证。我们先不搞那么复杂，只使用 scikit-learn 将数据集划分为训练集和测试集：

```
from sklearn.model_selection import train_test_split

train_data, test_data, train_target, test_target = train_test_split(
    data, target, test_size=0.2, train_size=0.8, random_state=1234)
```

根据学习曲线（可参考 scikit-learn 中关于 learning curve 的内容），样本量越大的情况下，模型表现会越好，因为模型能学到更加全面的信息。因此使用全部数据进行训练会取得更好的效果，但由于没有独立的测试集用于评估模型，此处将测试集单独划分出来，仅是为了评估模型的整体效果，如果样本量不大的情况下，应当使用交叉验证进行模型的选择和评估。

接下来，我们初始化一个决策树模型，并使用训练集进行训练。在 scikit-learn 当中，所有的模型都是需要使用相应的类生成模型对象（被称为 estimator)，然后通过 fit 方法传入数据集进行模型的训练，如下：

```
from sklearn.tree import DecisionTreeClassifier

clf = DecisionTreeClassifier(criterion='gini',
                             max_depth=3,
                             class_weight=None,
                             random_state=1234)  # 支持计算Entropy和GINI
clf.fit(train_data, train_target)
```

决策树模型信息输出如下：

```
DecisionTreeClassifier(class_weight=None, criterion='gini', max_depth=
3,
            max_features=None, max_leaf_nodes=None,
            min_impurity_split=1e-07, min_samples_leaf=1,
            min_samples_split=2, min_weight_fraction_leaf=0.0,
            presort=False, random_state=1234, splitter='best')
```

其中 criterion = 'gini' 说明采用基尼系数作为树生长的判断依据，同时指定了树的最大深度 max_depth 为 3，class_weight = None 说明每一类标签的权重是相等的，random_state 设定了随机数种子，该值可以设置为任意正整数，当设定后，随机数也就确定了，这样可以重现每次结果，否则每次运行都会因为随机数的不同而产生不同的模型结果。其他参数的说明，可参考官方文档。

9.3.2 模型评估

scikit-learn 提供了丰富的模型评估函数，对于分类模型，可以用相应函数输出评估报告，代码如下所示：

```
import sklearn.metrics as metrics

print(metrics.classification_report(test_target, clf.predict(test_data)))
```

对决策树模型的决策类评估指标如下：

```
             precision    recall  f1-score   support

          0       0.81      0.96      0.88       648
          1       0.51      0.16      0.24       173

avg / total       0.75      0.79      0.74       821
```

可以看到模型的平均 f1-score 为 0.74，效果似乎还不错，但我们注意到对于因变量为 1（违约）的数据，模型的 f1-score 仅为 0.24，灵敏度 recall 仅为 0.16，也就是说在所有违约的用户中，模型仅能识别出其中的 16%，这说明模型识别违约用户的能力不足。而实际上，1 个违约用户带来的损失会远超过 1 个不违约用户带来的收益，即违约用户与不违约用户的重要性是不同的，因此我们在模型当中对不同的因变量标签进行权重设置，突出违约用户。以下设置使得违约样本的权重为不违约样本的三倍，代码如下：

```
clf.set_params(**{'class_weight':{0:1, 1:3}})
clf.fit(train_data, train_target)
print(metrics.classification_report(test_target, clf.predict(test_data)))
```

对决策树模型的决策类评估指标如下：

```
             precision    recall  f1-score   support

          0       0.87      0.77      0.81       648
          1       0.39      0.57      0.46       173

avg / total       0.77      0.72      0.74       821
```

可以看到，使用 set_params 可以对指定的模型参数进行设置，这里我们设置 bad_ind 为 0 的样本权重为 1，而 bad_ind 为 1 的样本权重为 3（字典中 key 是分类变量 bad_ind 的取值，value 是权重）。重新训练后发现模型在对违约用户（bad_ind = 1）的 f1-score 提高了，为

0.46，灵敏度达到了0.57，也即可以识别出57%的违约用户。

决策树模型中的feature_importances_保存了变量的重要性，我们将它输出：

```
list(zip(data.columns, clf.feature_importances_)) # 变量重要性指标
```

决策树模型的变量重要性排序如下：

```
[('bankruptcy_ind', 0.0),
 ('tot_derog', 0.0),
 ('tot_tr', 0.0),
 ('age_oldest_tr', 0.0),
 ('tot_open_tr', 0.0),
 ('tot_rev_tr', 0.0),
 ('tot_rev_debt', 0.0),
 ('tot_rev_line', 0.1575107029076355),
 ('rev_util', 0.0),
 ('fico_score', 0.69405819649526623),
 ('purch_price', 0.0),
 ('msrp', 0.0),
 ('down_pyt', 0.0),
 ('loan_term', 0.0),
 ('ltv', 0.14843110059709827),
 ('tot_income', 0.0),
 ('veh_mileage', 0.0),
 ('used_ind', 0.0),
 ('lti_temp', 0.0)]
```

可以看到，最重要的变量是fico_score（重要性为0.694），其次是tot_rev_line（重要性为0.1575）和ltv（重要性为0.148），以此类推。多数变量在该模型当中并未用到，变量的重要性皆为0。

9.3.3 决策树的可视化

scikit-learn可以输出决策树的图形，但需要安装graphviz和相应的插件：

1）第一步是安装graphviz。下载地址在：http：//www.graphviz.org/ 。如果系统是Linux，可以用apt-get或者yum的方法安装。如果是Windows，就在官网下载msi文件安装。无论是Linux还是Windows，安装后都要设置环境变量，将graphviz的bin目录加到PATH，比如Windows，将~/Graphviz2.38/bin/加入了PATH；

2）第二步是安装Python插件graphviz：在cmd中使用pip install graphviz；

3）第三步是安装Python插件pydotplus：在cmd中使用pip install pydotplus；

现在可以将树结构在notebook中展示出来：

```
import pydotplus
from IPython.display import Image
import sklearn.tree as tree

dot_data = tree.export_graphviz(clf,
```

```
                                out_file=None,
                                feature_names=data.columns,
                                class_names=['0','1'],
                                filled=True)
graph = pydotplus.graph_from_dot_data(dot_data)
Image(graph.create_png())
```

图 9-15 是决策树信息的图形化输出。

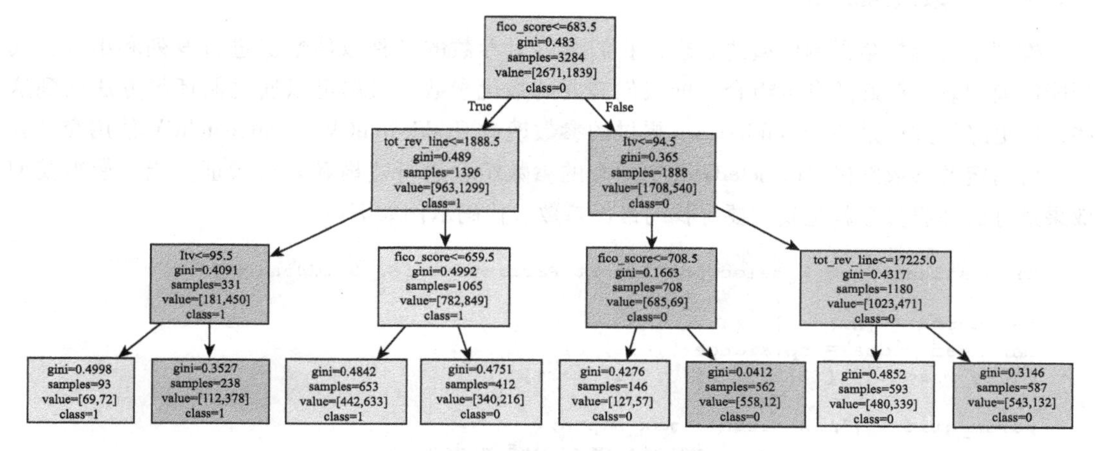

图 9-15　决策树信息的图形化输出

其中根结点与第一层放大如图 9-16 所示：

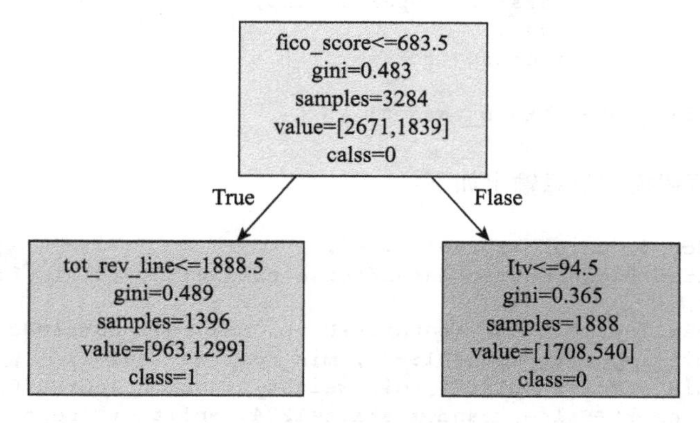

图 9-16　决策树第一层信息的图形化输出

可以看到决策树根结点输出了分割标准（fico_score < = 683.5），全体样本的基尼系数为 0.483，在 3284 个样本中，被预测变量为 0 的有 2671 个，为 1 的有 1839 个。由于预测为 0 的样本多，所以根结点预测所有样本为 0（即 class = 0）。满足分隔标准的（True）1396 个样本被分到了左子结点，其余的被分到了右子结点。其他结点的分析与此类似，不再赘述。

除了直接输出到 notebook 中，还可将树的结构保存到 pdf 文件当中。

```
dot_data = tree.export_graphviz(clf, out_file=None)
graph = pydotplus.graph_from_dot_data(dot_data)
graph.write_pdf("tree.pdf")

True
```

执行完后会在工作目录下出现 tree. pdf 的文件，可以使用相应的阅读器打开。

9.3.4 参数搜索调优

模型中的参数会影响模型的表现，我们可以对参数的各种取值情况进行罗列和组合，找到能使模型效果最好的参数组合，即我们需要的最优参数。虽然可以通过循环等方法做到这些，但更好的方法是使用 scikit-learn 提供的参数搜索 GridSearchCV。GridSearchCV 使用交叉验证，对指定的参数网格 ParameterGrid 中所有的参数组合进行建模和效果验证，能够使得模型效果最好的那组参数就是我们要寻找的最优参数。代码示例如下：

```
from sklearn.model_selection import ParameterGrid, GridSearchCV

max_depth = [None, ]
max_leaf_nodes = np.arange(5, 10, 1)
class_weight = [{0:1, 1:2}, {0:1, 1:3}]

param_grid = {'max_depth': max_depth,
              'max_leaf_nodes': max_leaf_nodes,
              'class_weight': class_weight}

clf_cv = GridSearchCV(estimator=clf,
                      param_grid=param_grid,
                      cv=5,
                      scoring='roc_auc')

clf_cv.fit(train_data, train_target)
```

网格搜索的决策树模型信息输出如下：

```
GridSearchCV(cv=5, error_score='raise',
       estimator=DecisionTreeClassifier(class_weight={0: 1, 1: 3}, cri
terion='gini',
            max_depth=3, max_features=None, max_leaf_nodes=None,
            min_impurity_split=1e-07, min_samples_leaf=1,
            min_samples_split=2, min_weight_fraction_leaf=0.0,
            presort=False, random_state=1234, splitter='best'),
       fit_params={}, iid=True, n_jobs=1,
       param_grid={'max_depth': [None], 'max_leaf_nodes': array([5, 6,
7, 8, 9]), 'class_weight': [{0: 1, 1: 2}, {0: 1, 1: 3}]},
       pre_dispatch='2*n_jobs', refit=True, return_train_score=True,
       scoring='roc_auc', verbose=0)
```

我们设置了树的最大深度为 None，即不限制树的最大深度，然后是最大叶节点数 max_leaf_nodes，可能取值为 5，6，7，8，9 这五个，类标签的权重分别为 1:2 和 1:3 这两种情况；

然后生成一个参数网格 param_grid，将其传入 GridSearchCV 当中，此外传入的还有模型 estimator = clf，交叉验证的折数 cv = 5，还有交叉验证时采用的评估方法 scoring = 'roc_auc'；最后使用 fit 进行模型训练。这里的训练实际上会构建 1 × 5 × 2 × 5 = 50 个决策树模型，其中第一个“5”是 max_leaf_nodes 参数的可能取值个数，“1”是 max_depth 的可能取值个数，“2”是类权重 class_weight 的取值个数，这三个参数的可能取值进行组合，共产生 1 × 5 × 2 = 10 种参数组合，最后乘以 5 是因为我们使用了 5 折交叉验证，相当于每种组合都要建模 5 次，因此总共要建模 50 次，在这其中会找到模型交叉验证最好的那一组参数。

GridSearchCV 在训练后返回的是采用最优参数和所有训练集进行重新训练过的决策树模型，我们对这个“最优”模型使用测试集进行评估，代码如下所示：

```
print(metrics.classification_report(test_target,
                                    clf_cv.predict(test_data)))
```

优化后的决策树模型的决策类评估指标如下：

```
             precision    recall  f1-score   support

          0       0.86      0.82      0.84       648
          1       0.42      0.49      0.45       173

avg / total       0.77      0.75      0.76       821
```

决策树在参数搜索空间当中的最优参数组合为：

```
clf_cv.best_params_
```

```
{'class_weight': {0: 1, 1: 2}, 'max_depth': None, 'max_leaf_nodes': 8}
```

本例中，最优的参数组合为：类权重为1:2，最大深度不限制，最大叶结点数量为 8 个。

此外，我们可以对调过参数的模型进行进一步评估，先使用模型进行预测：

```
train_est = clf_cv.predict(train_data)
train_est_p = clf_cv.predict_proba(train_data)[:, 1]
test_est = clf_cv.predict(test_data)
test_est_p = clf_cv.predict_proba(test_data)[:, 1]
```

其中 predict 会返回预测的类标签，本例中为 1 或 0；而 predict_proba 顾名思义就是预测样本为 0 或为 1 的可能性（probability，值域在［0，1］，并非严格意义上的概率），返回的是二维数组，第一列为样本是 0 的可能性，第二列为样本是 1 的可能性。

使用 scikit-learn. metrics. roc_curve 可以计算模型在不同阈值下的灵敏度和特异度指标，有了这两个指标就可以绘制 ROC 曲线了：

```
fpr_test, tpr_test, th_test = metrics.roc_curve(
    test_target, test_est_p)

fpr_train, tpr_train, th_train = metrics.roc_curve(
    train_target, train_est_p)
```

```
plt.figure(figsize=[3, 3])
plt.plot(fpr_test, tpr_test, 'b--')
plt.plot(fpr_train, tpr_train, 'r-')
plt.title('ROC curve')
plt.show()
```

ROC 曲线绘制如图 9-17 所示

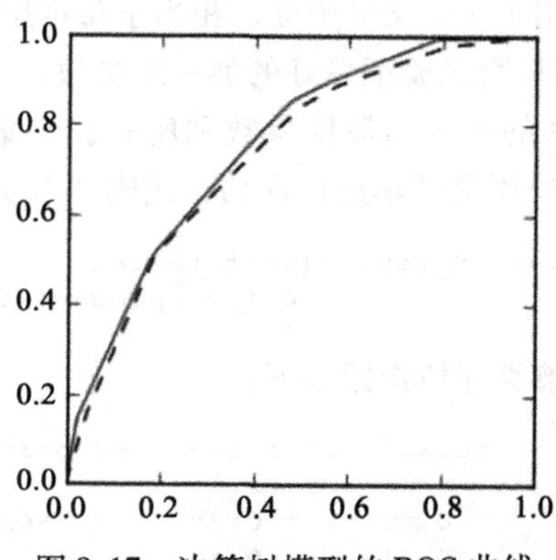

图 9-17 决策树模型的 ROC 曲线

可以看到训练集的 ROC 曲线（实线）与测试集的 ROC 曲线（虚线）很接近，说明模型没有过拟合。

最后我们看一下模型的 ROC 曲线下面积，使用 roc_auc_score 函数进行计算：

```
print(metrics.roc_auc_score(test_target, test_est_p))
```

计算结果为：

```
0.735825661885
```

即模型的曲线下面积为 0.7358。

第10章 Chapter 10

神 经 网 络

神经网络的起源可以追溯到19世纪末期关于人脑的功能与结构的研究，在这些研究的基础上，以数学和物理的方法对人脑神经网络进行简化、抽象和模拟，从而建立了人工神经网络模型（Artificial Neural Network，ANN）。今天神经网络已经是一个相当大的、多学科交叉的学科领域。我们引用神经计算机公司的创立者 Dr. Robert Hecht-Nielsen 对神经网络的定义：神经网络是由多个简单的处理单元彼此按照某种方式相互连接而形成的计算机系统，该系统通过对外部输入信息的动态响应来处理信息[㊀]。

神经网络通过大量人工神经元连接成特定的结构对外界信息进行处理，其主要通过调整神经元之间的权值来对输入的数据进行建模，最终具备解决实际需求的能力。

人工神经网络的阵营目前已经很庞大，广义神经网络囊括所有的机器学习及人工智能算法。本章是神经网络入门，只涉及神经元模型和BP神经网络。

要理解神经网络的优势，这里需要补充一些机器学习算法的知识。机器学习的三要素分别是模型、策略与算法。模型包括非随机效应部分（也称为结构部分，构建起来的被解释变量和解释变量之间的关系，一般是函数关系）和随机效应部分（主要是对扰动的分布提出一定的假设，比如线性回归假设扰动项服从正态分布，不过非统计学家加入机器学习的阵营之后，对随机效应部分的假设就不太重视了）。策略指如何设定最优化的目标函数，常见的目标函数有线性回归的残差平方和、逻辑回归的似然函数、SVM中的合页函数等[㊁]。算法是对目标

㊀ 原文："... a computing system made up of a number of simple，highly interconnected processing elements，which process information by their dynamic state response to external inputs"（"Neural Network Primer：Part I" by Maureen Caudill，AI Expert，Feb. 1989）。

㊁ 本书目前还是沿用一个算法与一个目标函数对应讲的，在机器学习的后期，这种对应关系就不重要了。

函数求参的方法，之前在统计建模部分讲过最小二乘法、极大似然法。极大似然法可以使用求导的方法计算，也可以使用数值计算领域的算法求解，比如牛顿迭代法、随机牛顿迭代法等。我们知道不是所有的函数都可以通过求导的方法计算出解析解的，而且有时候虽然可以求导，但是因为计算量太大，因此也会使用数值算法求解近似解。由于数值算法都是迭代算法，很适合通过循环的方式编程实现。而神经网络的实现方式是无论模型和策略是什么，统一模拟数值计算的方法求解。因此神经网络可以涵盖囊括绝大部分的机器学习算法。但是也要注意神经网络的问题，由于其采用数值算法求解参数，每次计算得到的模型参数是不同的。而且有一层隐藏层的 BP 神经网络，参数也不能被解释，因此 BP 神经网络是个黑盒模型。

10.1 神经元模型

神经网络中最基本的成分是神经元（neuron）模型，目前广泛使用的神经元模型是在 1943 年由心理学家 McCulloch 和数学家 W. Pitts 首先提出的 M-P 神经元模型。如图 10-1 所示，每个神经元都是一个多输入单输出的信息处理单元，输入信号通过带权重的连接传递，和阈值对比后得到总输入值，再通过激活函数（activation function）的处理产生单个输出。

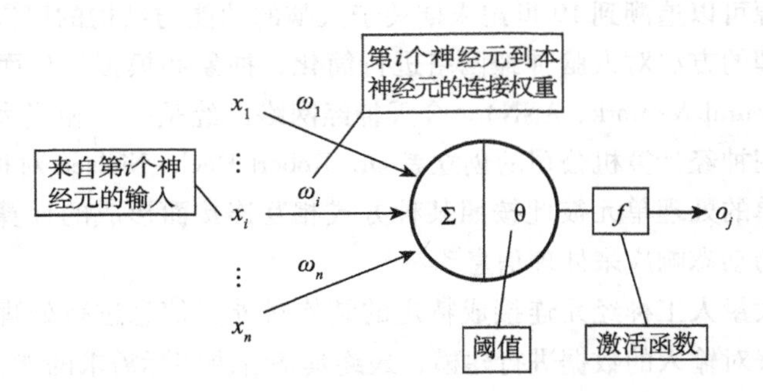

图 10-1 神经元示意图

我们可以用数学表达式对神经元模型进行抽象和概括：令$x_0 = -1$，$\omega_{0j} = \theta_j$，即，$-\theta_j = x_0\omega_{0j}$。也就是说我们将阈值认为是一个下标为 0 的输入神经元处理，从而得到如下神经元模型（$n+1$ 个输入）的输出公式：

$$o_j = f(\mathrm{net}_j) = f\left(\sum_{i=1}^{n} \omega_{ij} x_i - \theta_j\right) = f\left(\sum_{i=0}^{n} \omega_{ij} x_i\right)$$

其中，各参数说明如下：

- o_j表示神经元 j 的输出信息。
- ω_{ij}表示神经元 i 到神经元 j 的连接权值（这里将每个输入也看成是一个神经元）。
- x_i表示神经元 j 接收到的神经元 i 的输入信息。
- θ_j表示神经元 j 的阈值。
- net_j表示神经元 j 的净输入。

为方便起见，可以将模型表示为权重向量W_j和输入向量X的点积，即：

$$o_j = f(\text{net}_j) = f(X^{\text{T}} W_j)$$

式中[⊖]：$X=(x_0, x_1, x_2, \cdots, x_n)^{\text{T}}$；$W_j=(\omega_{0j}, \omega_{1j}, \omega_{2j}, \cdots, \omega_{nj})^{\text{T}}$。

由此可见神经元的输出，是对激活函数套用输入加权和的结果。

神经元的激活函数$f(x)$使得神经元具有不同的信息处理特性，反映了神经元输出与其激活状态之间的关系，这里涉及的激活函数有：阈值函数（也称为阶跃函数）、sigmoid 函数（简称 S 型函数）。

图 10-2 中的阈值函数是神经元模型中简单常用的一种，但是由于阈值函数具有不连续、不光滑等缺点，因此实际应用中常用 sigmoid 函数作为激活函数，如图 10-3 所示。

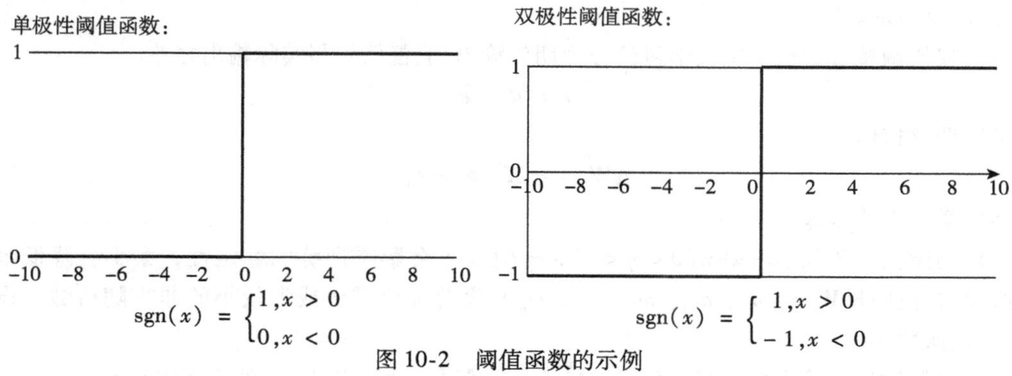

图 10-2 阈值函数的示例

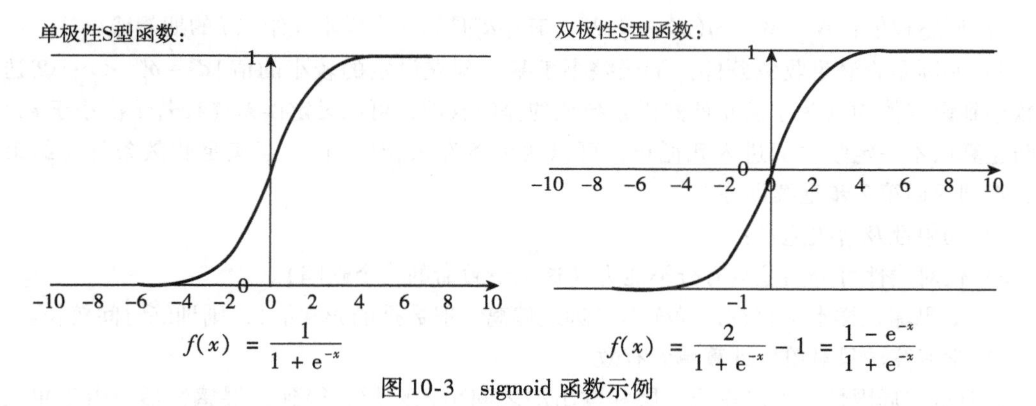

图 10-3 sigmoid 函数示例

10.2 单层感知器

感知器（perceptron）是一种具有单层计算单元的神经网络，只能用来解决线性可分的二

⊖ 这里输入信息中每个x_i均是一个向量（若干个观测），净输入和输出也是一个向量，表示每组观测对应。

分类问题。在高维空间中的模式分类相当于用一个超平面将样本分开。如果二类模式线性可分，则算法一定收敛。虽然单层感知器的结构和功能都非常简单，在目前解决实际问题中很少被采用，但是单层感知器较易学习和理解，是研究其他神经网络的基础。

1）结构：单层感知器的结构类似于之前的神经元模型。

2）激活函数：单极性（或双极性）阈值函数。

输出：

$$\boldsymbol{o}_j = \begin{cases} 1, \boldsymbol{X}^{\mathrm{T}} \boldsymbol{W}_j > 0 \\ -1(\text{或}\ 0), \boldsymbol{X}^{\mathrm{T}} \boldsymbol{W}_j < 0 \end{cases}$$

将净输入代入激活函数，这里用向量表示，也可以参照前面的输出公式代入激活函数，下面的函数同理。

3）权值调整量：这里定义学习信号为期望输出/监督信号与实际输出之差。

$$r = \boldsymbol{d}_j - \boldsymbol{o}_j$$

4）调整权值：

$$\Delta \boldsymbol{W}_j = \eta \boldsymbol{X}^{\mathrm{T}}(\boldsymbol{d}_j - \boldsymbol{o}_j)$$

5）学习算法步骤如下[㊀]：

a）初始化：选取学习率 $\eta(0<\eta<1)$，η 值太大会影响训练的稳定性，太小会降低收敛速度；将权值向量 $\boldsymbol{W}_j=(\omega_{0j},\ \omega_{1j},\ \omega_{2j},\ \cdots,\ \omega_{nj})^{\mathrm{T}}$ 设置为全零值或者较小的非零随机数；设定最大迭代次数 M。

b）计算输出：输入样本 $X^p=(-1, x_1^p, x_2^p, \cdots, x_n^p)^{\mathrm{T}}$，计算出结点 j 的实际输出 $\boldsymbol{o}_j^p$。

c）调整权值：$\boldsymbol{W}_j=\boldsymbol{W}_j+\eta(\boldsymbol{d}_j^p-\boldsymbol{o}_j^p)\boldsymbol{X}^p$，其中 $\boldsymbol{d}_j^p$ 是第 p 个样本在结点 j 的期望输出。

d）判断是否满足收敛条件：①误差小于某个预先设定的较小的值 $|\boldsymbol{d}_j^p-\boldsymbol{o}_j^p|<\boldsymbol{\varepsilon}$；②迭代次数达到设定值 M（为了防止偶然因素导致的提前收敛，可以设定误差连续若干次小于 $\boldsymbol{\varepsilon}$；为了防止算法不一定收敛而进入死循环，可以两个条件联合使用）。当满足收敛条件时结束训练，否则返回第 2 步继续训练。

6）局限性及解决途径：

a）仅对线性可分问题具有分类能力（这是最致命的一个缺陷）。

b）如果输入样本中存在奇异样本（远远偏离一般数据的异常值），则训练时间较长。

c）学习算法只对单层计算单元有效。

针对这些局限性，可以在输入层和输出层之间引入隐层，得到多层感知器。由于单层感知器得到的是直线、平面或者超平面，加入单隐层后，每个隐层结点及输入可以看成是单层感知器，所以隐层及输出可以看成是单层感知器的组合。也就是说，先得到多条直线、平面等，然后再组合形成凸域（凸域是指其边界上任意两点的连线均在域内）。凸域能在很大程度上改善线性不可分问题。而当加入双隐层后，第二层隐层及输出相当于是凸域的组合，可以

㊀ 这里的算法采用随机梯度下降法，即每次只随机选取一个训练样本更新连接权和阈值。

解决任意复杂的分类问题（已经经过严格的数学证明），如图 10-4 所示。

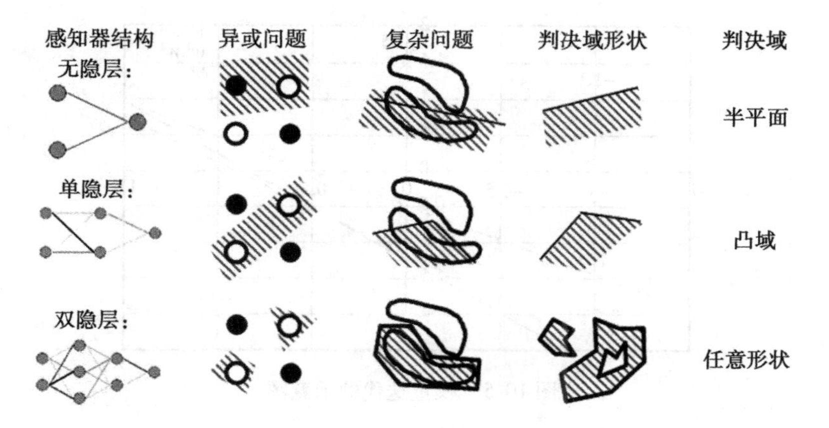

图 10-4　不同隐层数感知器的分类能力

手算案例：

某单计算结点感知器有 3 个输入。给定训练样本：$\boldsymbol{X}^1=(1,-2)^{\mathrm{T}}$；$\boldsymbol{X}^2=(0,1.5)^{\mathrm{T}}$；$\boldsymbol{X}^3=(-1,1)^{\mathrm{T}}$。输入向量中需要加入第一个恒等于 -1 的分量。期望输出向量 $\boldsymbol{d}=(-1,-1,1)^{\mathrm{T}}$。初始权向量：$\boldsymbol{W}=(0.5,1,-1)^{\mathrm{T}}$，学习率 $\eta=0.1$，激活函数采用双极性阈值函数。训练过程如下：

初始化：这里我们仅计算前三次训练，计算机实现时需要设定最大迭代次数 M，其他初始化值都已经给出。

第一个样本：

$$\boldsymbol{X}^1=(-1,1,-2)^{\mathrm{T}}(\text{加入第一个分量后})$$

$$(\boldsymbol{X}^1)^{\mathrm{T}}\boldsymbol{W}=(-1,1,-2)(0.5,1,-1)^{\mathrm{T}}=2.5>0;\boldsymbol{o}^1=\mathrm{sgn}(2.5)=1$$

$$\boldsymbol{W}^1=\boldsymbol{W}+\eta(\boldsymbol{d}^1-\boldsymbol{o}^1)\boldsymbol{X}^1=(0.5,1,-1)^{\mathrm{T}}+0.1(-1-1)(-1,1,-2)^{\mathrm{T}}$$
$$=(0.7,0.8,-0.6)^{\mathrm{T}}$$

第二个样本：

$$(\boldsymbol{X}^2)^{\mathrm{T}}\boldsymbol{W}=(-1,0,1.5)(0.7,0.8,-0.6)^{\mathrm{T}}=-1.6<0;\boldsymbol{o}^1=\mathrm{sgn}(-1.6)=-1$$

$$\boldsymbol{W}^2=\boldsymbol{W}^1+\eta(\boldsymbol{d}^2-\boldsymbol{o}^2)\boldsymbol{X}^2=(0.7,0.8,-0.6)^{\mathrm{T}}+0.1(-1-(-1))(-1,0,1.5)^{\mathrm{T}}$$
$$=(0.7,0.8,-0.6)^{\mathrm{T}}$$

第三个样本：

$$(\boldsymbol{X}^3)^{\mathrm{T}}\boldsymbol{W}=(-1,-1,1)(0.7,0.8,-0.6)^{\mathrm{T}}=-2.1<0;\boldsymbol{o}^1=\mathrm{sgn}(-2.1)=-1$$

$$\boldsymbol{W}^3=\boldsymbol{W}^2+\eta(\boldsymbol{d}^3-\boldsymbol{o}^3)\boldsymbol{X}^3=(0.7,0.8,-0.6)^{\mathrm{T}}+0.1(1-(-1))(-1,-1,1)^{\mathrm{T}}$$
$$=(0.5,0.6,-0.4)^{\mathrm{T}}$$

继续重复输入训练样本直到（$\boldsymbol{d}^p-\boldsymbol{o}^p$）连续若干次等于 0，或者达到最大迭代次数 M。

前三次以及初始分割直线如图10-5所示。

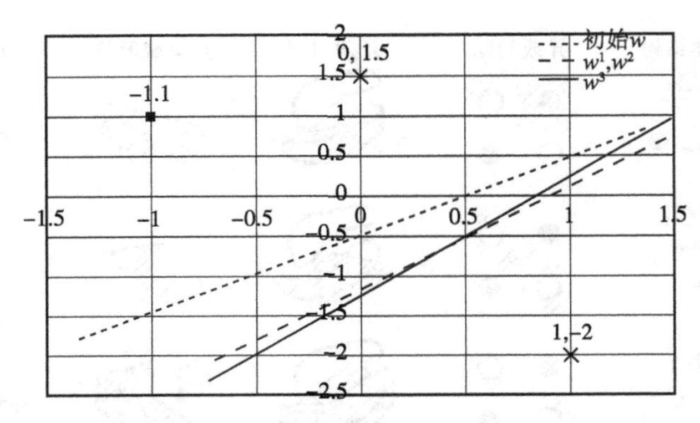

图10-5 权重迭代的示意图

可见三次训练的直线与正确的分割直线虽然还有一定的差距，但是在逐步逼近。由于逼近的速度比较慢，可以选择大些的学习率η。从图中也可以看出初始权向量的选择同样会影响训练过程。

10.3 BP神经网络

上面提到的单层感知器可以很好地解决分类问题，但是单层感知器的权值调整算法无法运用到多层感知器中（无法确定隐藏层的期望输出）。而随着误差反向传播算法（Error Back Propagation，BP）的提出，解决了多层神经网络的学习问题，因此人们把这种采用误差反向传播算法训练的多层神经网络称为BP神经网络。

BP神经网络属于多层前馈型神经网络，是目前广泛应用的神经网络模型之一。采用误差反向传播算法（有监督学习算法）。BP神经网络的学习过程由信号的正向传播和误差反向传播两个过程组成。进行正向传播时信号从输入层计算各层加权和，经由各隐层最终传递到输出层，得到输出结果，比较输出结果与期望结果（监督信号），得到输出误差。误差反向传播是依照梯度下降算法将误差沿着隐藏层到输入层逐层反向传播，将误差分摊给各层的所有单元，从而得到各个单元的误差信号（学习信号），据此修改各单元权值。这两个信号传播过程不断循环以更新权值，最终根据判定条件判断是否结束循环。

1. 网络结构

目前应用最普遍的BP神经网络是单隐层网络。其包括输入层、隐层和输出层，如图10-6所示。

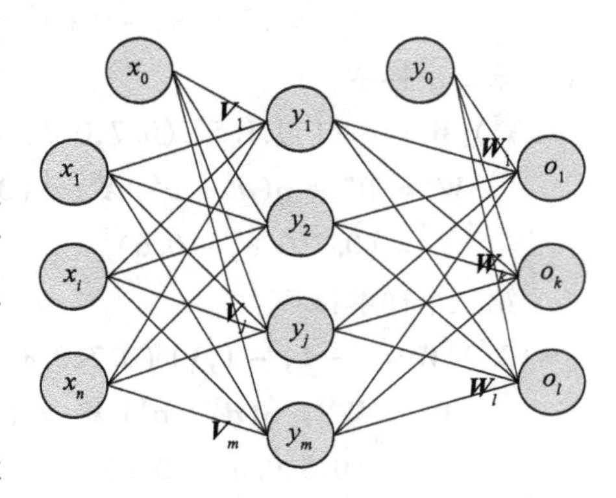

图10-6 BP神经网络的结构

图中参数定义如表 10-1 所示。

表 10-1 BP 神经网络的参数解释

输入向量	$\boldsymbol{X}=(x_0,x_1,\cdots,x_i,\cdots,x_n)^{\mathrm{T}},x_0=-1,i=0,1,\cdots,n$
隐层输出向量	$\boldsymbol{Y}=(y_0,\ y_1,\ \cdots,\ y_j,\ \cdots,\ y_m)^{\mathrm{T}},\ y_0=-1,\ j=0,\ 1,\ \cdots,\ m$
输出层输出向量	$\boldsymbol{O}=(o_1,\ o_2,\ \cdots,\ o_k,\ \cdots,\ o_l)^{\mathrm{T}},\ k=1,\ 2,\ \cdots,\ l$
期望输出向量	$\boldsymbol{d}=(d_1,\ d_2,\ \cdots,\ d_k,\ \cdots,\ d_l)^{\mathrm{T}},\ k=1,\ 2,\ \cdots,\ l$
输入层到隐层权值	$\boldsymbol{V}=(\boldsymbol{V}_1,\ \boldsymbol{V}_2,\ \cdots,\ \boldsymbol{V}_j,\ \cdots,\ \boldsymbol{V}_m)^{\mathrm{T}},\ \boldsymbol{V}_j=(v_{0j},\ v_{1j},\ \cdots,\ v_{ij},\ \cdots,\ v_{nj})^{\mathrm{T}}$
隐层到输出层权值	$\boldsymbol{W}=(\boldsymbol{W}_1,\ \cdots,\ \boldsymbol{W}_k,\ \cdots,\ \boldsymbol{W}_l)^{\mathrm{T}},\ \boldsymbol{W}_k=(w_{0k},\ w_{1k},\ \cdots,\ w_{jk},\ \cdots,\ w_{mk})^{\mathrm{T}}$

2. 激活函数

BP 神经网络的激活函数必须可微，一般采用 sigmoid 函数或线性函数作为激活函数。这里隐层和输出层均采用 sigmoid 函数：

$$f(x)=\frac{1}{1+\mathrm{e}^{-x}}\text{且有}f'(x)=f(x)[1-f(x)]$$

3. 输出

对于隐层：

$$y_j=f(\mathrm{net}_j)=f(\sum_{i=0}^{n}\boldsymbol{v}_{ij}\boldsymbol{x}_i),j=1,2,\cdots,m$$

对于输出层：

$$\boldsymbol{o}_k=f(\mathrm{net}_k)=f(\sum_{j=0}^{m}\boldsymbol{w}_{jk}\boldsymbol{y}_j)=f(\sum_{j=0}^{m}\boldsymbol{w}_{jk}f(\sum_{i=0}^{n}\boldsymbol{v}_{ij}\boldsymbol{x}_i)),k=1,2,\cdots,l$$

向量表示：$\boldsymbol{Y}=f(\boldsymbol{VX})$，$\boldsymbol{O}=f(\boldsymbol{WY})$

4. 权值调整

这里用代价函数 E 来描述网络误差，使用随机梯度下降（Stochastic Gradient Descent，SGD）算法，以代价函数的负梯度方向对参数进行调整，每次只针对一个训练样例更新权值。这种算法被称作误差反向传播算法，简称标准 BP 算法。

首先展开代价函数 E：

$$E=\frac{1}{2}\sum_{k=1}^{l}(\boldsymbol{d}_k-\boldsymbol{o}_k)^2=\frac{1}{2}\sum_{k=1}^{l}(\boldsymbol{d}_k-f(\sum_{j=0}^{m}\boldsymbol{w}_{jk}\boldsymbol{y}_j))^2=\frac{1}{2}\sum_{k=1}^{l}(\boldsymbol{d}_k-f(\sum_{j=0}^{m}\boldsymbol{w}_{jk}f(\sum_{i=0}^{n}\boldsymbol{v}_{ij}\boldsymbol{x}_i)))^2$$

梯度下降反向调整权值：根据梯度下降策略，误差沿梯度方向下降最快，所以应使权值的调整量与误差的梯度下降成正比。即（注意这里对于不同权值调整的计算式 j 的取值范围不同）：

对于输出层：$\Delta\boldsymbol{w}_{jk}=-\eta\frac{\partial E}{\partial\boldsymbol{w}_{jk}},j=0,1,\cdots m;k=1,2,\cdots,l$

对于隐层：$\Delta\boldsymbol{v}_{ij}=-\eta\frac{\partial E}{\partial\boldsymbol{v}_{ij}},i=0,1,\cdots n;j=1,2,\cdots,m$

这里 $\eta \in (0,1)$ 表示学习率，用来限制训练速度的快慢。

标准BP算法推导（总体思路是根据给出的代价函数 E 直接对权值求偏导）见表10-2：

表10-2 权值计算调整公式

输出层	隐层
输出层： $\Delta w_{jk} = -\eta \frac{\partial E}{\partial w_{jk}} = -\eta \frac{\partial E}{\partial \mathrm{net}_k} \frac{\partial \mathrm{net}_k}{\partial w_{jk}} = -\eta \frac{\partial E}{\partial \mathrm{net}_k} y_j$	隐层： $\Delta v_{ij} = -\eta \frac{\partial E}{\partial v_{ij}} = -\eta \frac{\partial E}{\partial \mathrm{net}_j} \frac{\partial \mathrm{net}_j}{\partial v_{ij}} = -\eta \frac{\partial E}{\partial \mathrm{net}_j} x_i$
定义输出层 δ 学习信号： $\delta_k = -\frac{\partial E}{\partial \mathrm{net}_k} = -\frac{\partial E}{\partial o_k} \frac{\partial o_k}{\partial \mathrm{net}_k} = (d_k - o_k) f'(\mathrm{net}_k) = (d_k - o_k) o_k (1 - o_k)$	定义隐层 δ 学习信号： $\delta_j = -\frac{\partial E}{\partial \mathrm{net}_j} = -\frac{\partial E}{\partial y_j} \frac{\partial y_j}{\partial \mathrm{net}_j} = [\sum_{k=1}^{l} (d_k - o_k) f'(\mathrm{net}_k) w_{jk}] f'(\mathrm{net}_j) = (\sum_{k=1}^{l} \delta_k w_{jk}) y_j (1 - y_j)$
输出层权值计算调整公式： $\Delta w_{jk} = \eta \delta_k y_j = \eta (d_k - o_k) o_k (1 - o_k) y_j$	隐层权值计算调整公式： $\Delta v_{ij} = \eta \delta_j x_i = \eta (\sum_{k=1}^{l} \delta_k w_{jk}) y_j (1 - y_j) x_i$

5. 学习算法

如同前面感知器的学习算法，下面需要定义网络的输出误差：

对于第 p 个样本：$E^p = \sqrt{\sum_{k=1}^{l} (d_k^p - o_k^p)^2}$

对于全部样本：$E_{\mathrm{RME}} = \sqrt{\frac{1}{P} \sum_{p=1}^{P} (E^p)^2}$

（1）初始化

对权值矩阵 W、V 赋初值（较小的非零随机数），选取学习率 $\eta \in (0,1]$。根据循环训练的需要定义训练集内样本计数器 $p=1$（全部样本训练一次后归一）和训练次数计数器 $q=1$（记录总的训练次数），误差 $E=0$（记录每次的训练误差）。给出训练需要满足的精度 $E_{\min}$。

（2）计算输出

输入当前训练样本 X，计算各层输出。输出层：$o_k = f(\sum_{j=0}^{m} w_{jk} f(\sum_{i=0}^{n} v_{ij} x_i))$，隐层：$y_j = f(\sum_{i=0}^{n} v_{ij} x_i)$。

（3）计算此样本输出误差

输入当前对应的期望输出 d，$E^p = \sqrt{\sum_{k=1}^{l} (d_k^p - o_k^p)^2}$。

（4）计算各层误差信号

输入当前对应的期望输出 $\boldsymbol{d}$，计算各层误差信号。输出层：$\delta_k = (\boldsymbol{d}_k - \boldsymbol{o}_k) o_k (1 - \boldsymbol{o}_k)$，隐层：$\boldsymbol{\delta}_j = (\sum_{k=1}^{l} \delta_k \boldsymbol{w}_{jk}) y_j (1 - y_j)$。

（5）调整各层权重

输出层：$\boldsymbol{w}_{jk} := w_{jk} + \eta \delta_k y_j$，隐层：$\boldsymbol{v}_{ij} := \boldsymbol{v}_{ij} + \eta \boldsymbol{\delta}_j \boldsymbol{x}_i$。

（6）循环判断

1）判断样本是否训练完毕，样本量为 P，p 每次训练自加 1 直到 $p = P$ 时计算网络总误差 E_{RME}，进行下一步判断。

2）判断 $E_{\text{RME}} < E_{\min}$，成立则结束，否则 E 清零，p 初始化为 1，从第一个样本重新开始新一轮的训练。

流程如图 10-7 所示。

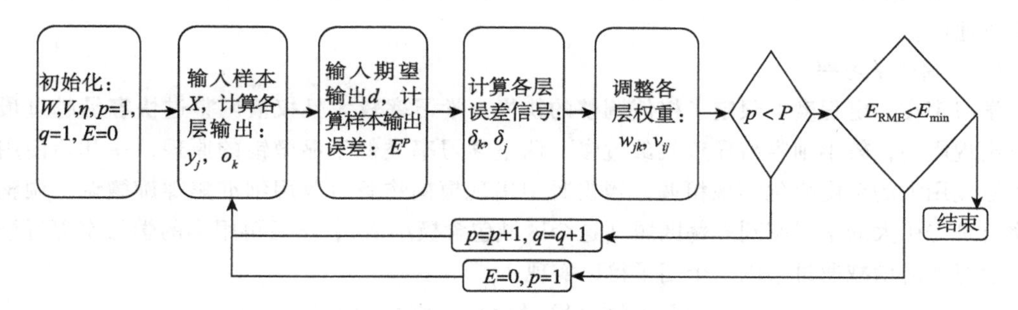

图 10-7 BP 神经网络的流程图

除了标准 BP 算法，还有另一种基于批量梯度下降（Batch Gradient Descent，BGD）策略的 BP 算法（累积 BP 算法）。相较于标准 BP 算法对于每个样本都要回传误差调整权值，累积 BP 算法是在所有样本输入后计算总误差然后调整权值，总误差 $E = \frac{1}{2P}\sum_{p=1}^{P}\sum_{k=1}^{l}(\boldsymbol{d}_k^p - \boldsymbol{o}_k^p)^2$。累积 BP 算法在样本数多的情况下学习速度快很多；而标准 BP 算法往往会获得较好的解。

6. 局限性及解决途径

BP 算法是对神经网络总误差梯度下降寻找最优解（最小值）来调整权值的过程，总误差则是关于权值的函数。既然是函数，就总会涉及极小值和最小值点，变化极速和变化平缓的部分。BP 算法的局限性如下：

- 多极小值点容易使训练陷入局部最小。
- 在函数变化平缓的区域收敛速度会很慢，使得训练次数大大增加。

在标准 BP 算法中，每个样本是随机输入的，可以降低网络陷入局部最优的可能性。当然也可以使用多组不同的初始权值训练多个神经网络，由于初始权值的选取能影响训练最终进入局部最小还是全局最小，故多次训练选取误差最小的解作为最终参数更有可能得到全局最小时的解。

针对标准 BP 算法中收敛速度慢等缺点，出现了不少改进算法，其中较为常见的有增加动量项和调整学习率。

（1）增加动量项

由于在梯度下降过程中，随着梯度越来越小，权值更新越来越慢，此时可能出现因为梯度极速下降而造成的震荡（学习率不变，权值更新幅度越过最小值点，下次更新需要反方向返回极小值点，从而形成震荡），也可能出现因为梯度下降过缓而造成收敛过慢。

因此引入上一次的权值调整作为调整项，使权值调整具有一定的惯性，含有动量项的权值调整表达式为：

$$\Delta \boldsymbol{W}(t) = \eta\boldsymbol{\delta}\boldsymbol{X} + \alpha\Delta\boldsymbol{W}(t-1)$$

可见引入动量项后本次权值的调整和上次有关，$\alpha \in (0,1)$ 称为动量因子。即此次权值的调整如果和上次方向相同则会加速收敛，如果方向相反则会减缓震荡，从而可以很好地提高训练速度。

（2）调整学习率

学习率在一定程度上限定了权值调整的快慢。学习率较大且权值调整过快容易越过最小值点出现震荡，较小则容易导致收敛过慢。调整学习率类似于显微镜的原理，一开始使用粗准焦螺旋用大的精度变化实现粗调，当视野中出现模糊物象时改用细准焦螺旋微调。调整学习率也是先用大的学习率到震荡区域（这个区域包含极小值），然后再用小的学习率逼近极小值。学习率的增减通过乘以一个因子得以实现：

$$\eta(t) = \begin{cases} k_{\text{inc}}\eta(t-1), E(t) < E(t-1); k_{\text{inc}} > 1 \\ k_{\text{dec}}\eta(t-1), E(t) > E(t-1); k_{\text{dec}} < 1 \end{cases}$$

可见当误差下降时可以通过增加学习率来加快收敛，当误差上升时则可以通过减小学习率来减速收敛逼近极小值，从而有效提高 BP 算法的性能和稳定性。

10.4 多层感知器的 scikit-learn 代码实现

神经网络在有明确的训练样本后，网络的输入层结点数（解释变量的数量）和输出层结点数（被解释变量的数量）便已确定。因此神经网络结构设计主要解决设置几个隐含层和每个隐含层设置几个结点的问题。隐含层数量和每层结点数量设置多少合适，目前还没有既定的标准流程可参考。只有在对需要解决的问题有了充分的了解，并且具备了一定业务背景的基础上，才能结合本章所介绍的内容通过多次改进达到较好的设计效果。以下给出的是神经网络的设计者们通过大量实践积累的经验方法论。

1. 隐含层数的设计

理论证明单隐层的感知器可以映射所有连续函数，只有当学习不连续函数（如锯齿波等）时，才需要两个隐层，所以通常情况下多层感知器最多需要两个隐层。在设计多层感知器时，一般先考虑设计一个隐层，当一个隐层的隐结点数很多仍不能改善网络性能时，再考虑增加一个隐层。经验表明，采用两个隐层时，如在第一个隐层设置较多的隐结点而第二层设置较少的隐结点，则有利于改善多层前馈网络的性能。此外，对于有些实际问题，采用双隐层所需的隐结点数可能少于单隐层所需的隐结点数。所以，对于单隐层增加结点仍不能明显降低训练误差的情况，应当尝试一下增加隐层数。

2. 隐结点数的设计

隐结点的作用是从样本中提取并存储内在规律，每个隐结点有若干权值，而每个权值都是增强网络映射能力的一个参数。隐结点数太少，网络从样本中获取信息的能力就差，不足以概括和体现集中的样本规律；隐结点数太多，可能把样本中非规律性内容如噪声等也学会记牢，从而导致过拟合，造成网络泛化能力减弱。确定最佳隐结点数的一个常用方法是试凑法，可先设置较少（建议从根号下解释变量的个数开始试，比如有20个解释变量，则从4个隐结点开始）的隐结点进行训练，然后逐渐增加隐结点数，用同一个样本集进行训练，从中确定网络误差最小时对应的隐结点数。

本章使用电信离网数据 telecom_churn. csv 进行案例演示，其字段含义见表10-3：

表10-3 相关字段含义说明

字段名称	标签	字段名称	标签
subscriberID	用户编号	posTrend	用户通话是否有上升态势（1=是）
churn	是否流失（1=流失）	negTrend	用户通话是否有下降态势（1=是）
gender	性别（1=男）	nrProm	营销次数
AGE	年龄	Prom	最近一个月是否被营销（1=是）
edu_ class	教育等级：0=小学及以下，1=中学，2=本科，3=研究生	curPlan	统计开始时套餐类型（1=200分钟，2=300分钟，3=350分钟，4=500分钟
incomeCode	用户居住区域平均收入代码		
duration	在网时长（月）	avgPlan	统计期内使用时间最长的套餐
feton	是否为飞信用户（1=开通）	planChange	是否更换过套餐（1=是）
peakMinAv	最高单月通话时长	posPlanChange	统计期内是否提高套餐（1=是）
peakMinDiff	统计期内结束月份与开始月份通话时长增长量	negPlanChange	统计期内是否降低套餐（1=是）
		Call_10086	是否拨打过客服电话（1=是）

该数据集是一份移动通信用户消费特征数据，其中 churn 是目标字段，有两个分类水平，subscriberID 仅用于标识用户编号，剩余的变量是自变量，包含了用户的基本信息、消费的产品信息以及用户的消费特征等。

首先引入相关的模块：

```
%matplotlib inline

import numpy as np
import pandas as pd
import matplotlib.pyplot as plt
```

读取数据并查看数据集内容，代码如下所示：

```
churn = pd.read_csv('telecom_churn.csv', skipinitialspace=True)
churn.head()
```

输出结果如表 10-4 所示。

表 10-4 电信离网数据中的部分数据

	subscriberID	churn	gender	AGE	edu_class	incomeCode	duration	feton	peakMinA
0	19 164 958.0	1.0	0.0	20.0	2.0	12.0	16.0	0.0	113.666 66
1	39 244 924.0	1.0	1.0	20.0	0.0	21.0	5.0	0.0	274.000 00
2	39 578 413.0	1.0	0.0	11.0	1.0	47.0	3.0	0.0	392.000 00
3	40 992 265.0	1.0	0.0	43.0	0.0	4.0	12.0	0.0	31.000 00
4	43 061 957.0	1.0	1.0	60.0	0.0	9.0	14.0	0.0	129.333 33

使用 scikit-learn 中的 train_test_split 函数划分训练集和测试集：

```
from sklearn.model_selection import train_test_split

data = churn.iloc[:, 2:]
target = churn['churn']
train_data, test_data, train_target, test_target = train_test_split(
    data, target, test_size=0.4, train_size=0.6, random_state=123)
```

神经网络需要对数据进行极值标准化。神经网络是一个黑盒模型，无法获取其参数，更无法解释，因此我们也不需要知道测试集变量的意义，仅知道变量是连续变量还是分类变量即可。一般的数据处理要求是连续变量需要进行极差标准化，分类变量需要转变为虚拟变量。不过也可以变通处理，只有多分类名义变量才必须转化为虚拟变量，等级变量和二分类变量可以不转换，当作连续变量处理即可。本例中的 edu_class 和 curPlan 是等级变量，还有 gender 和 posTrend 等二分类变量可以当作连续变量处理。

```
from sklearn.preprocessing import MinMaxScaler

scaler = MinMaxScaler()
scaler.fit(train_data)

scaled_train_data = scaler.transform(train_data)
scaled_test_data = scaler.transform(test_data)
```

引入多层感知器对应的模型，先设定 1 个隐藏层，并且有 10 个神经元，使用 logistic 激活函数（即 sigmoid 函数），使用极值标准化后的训练集进行模型的训练，代码如下：

```
from sklearn.neural_network import MLPClassifier

mlp = MLPClassifier(hidden_layer_sizes=(10,),
                    activation='logistic', alpha=0.1, max_iter=1000)
```

```
mlp.fit(scaled_train_data, train_target)
mlp
```

神经网络模型的信息如下

```
MLPClassifier(activation='logistic', alpha=0.1, batch_size='auto', bet
a_1=0.9,
       beta_2=0.999, early_stopping=False, epsilon=1e-08,
       hidden_layer_sizes=(10,), learning_rate='constant',
       learning_rate_init=0.001, max_iter=1000, momentum=0.9,
       nesterovs_momentum=True, power_t=0.5, random_state=None,
       shuffle=True, solver='adam', tol=0.0001, validation_fraction=0.
1,
       verbose=False, warm_start=False)
```

模型的预测与决策树相似，使用 predict 方法，分别计算在训练集和测试集上的结果：

```
train_predict = mlp.predict(scaled_train_data)
test_predict = mlp.predict(scaled_test_data)
```

同样，多层感知器可以使用 predict_proba 输出预测概率，返回的数组是二维的，其中第一列是标签为 0 的概率，第二列是标签为 1 的概率：

```
# 计算分别属于各类的概率，取标签为1的概率
train_proba = mlp.predict_proba(scaled_train_data)[:, 1]
test_proba = mlp.predict_proba(scaled_test_data)[:, 1]
```

有了预测值，可以进行评估，输出混淆矩阵与分类结果的报告，代码如下所示：

```
from sklearn import metrics

print(metrics.confusion_matrix(test_target, test_predict, labels=[0, 1]))
print(metrics.classification_report(test_target, test_predict))
```

神经网络模型的决策类评估指标如下：

```
[[660 141]
 [ 92 493]]
             precision    recall  f1-score   support

        0.0       0.88      0.82      0.85       801
        1.0       0.78      0.84      0.81       585

avg / total       0.84      0.83      0.83      1386
```

模型自身包含 score 方法，用于对指定数据集输出该模型预测的平均准确度（accuracy）代码如下所示：

```
mlp.score(scaled_test_data, test_target) # Mean accuracy
```

输出准确度如下：

```
0.8318903318903319
```

模型在测试集中ROC下面积为0.9169，说明模型效果非常好，而且训练集和测试集上的表现很接近，没有过拟合现象。

多层感知器同样可以使用GridSearchCV进行最优参数搜索：

```
from sklearn.model_selection import GridSearchCV
from sklearn import metrics

param_grid = {
    'hidden_layer_sizes':[(10, ), (15, ), (20, ), (5, 5)],
    'activation':['logistic', 'tanh', 'relu'],
    'alpha':[0.001, 0.01, 0.1, 0.2, 0.4, 1, 10]
}
mlp = MLPClassifier(max_iter=1000)
gcv = GridSearchCV(estimator=mlp, param_grid=param_grid,
                   scoring='roc_auc', cv=4, n_jobs=-1)
gcv.fit(scaled_train_data, train_target)
```

我们使用模型隐层数量、激活函数、正则化系数三个参数构建参数搜索网络，选择roc_auc作为评判标准，4折交叉验证，同时为了加快速度，设置n_jobs = -1，这样可以使用多核CPU的全部线程。

搜索最优参数后的模型可以输出最高得分，此处的得分为roc_auc：

```
gcv.best_score_
```

即ROC曲线下面积为0.92：

```
0.92158076101300768
```

当前搜索空间下的最优参数为：

```
gcv.best_params_
```

激活函数为relu类型，alpha为0.01，隐藏层结点数量为15个：

```
{'activation': 'relu', 'alpha': 0.01, 'hidden_layer_sizes': (15,)}
```

训练好的模型可以对测试集进行评分，默认采用mean accuracy：

```
gcv.score(scaled_test_data, test_target) # Mean accuracy
```

平均准确率为0.92：

```
0.92036450163790984
```

可以看到当前的模型表现效果优于未进行参数调优时的表现。

第 11 章 Chapter 11

分类器入门：最近邻域与朴素贝叶斯

分类是数据挖掘的一种重要的方法，分类是说在已有数据的基础上学会一个分类函数或者构造出一个分类模型，从而应用于数据预测。本章介绍常见的分类器：最近领域（KNN）和贝叶斯网络。

11.1 KNN 算法

KNN 算法（最近邻域法，又称为 K-近邻法），是一种用于分类和回归的非参数统计方法，本节着重介绍 KNN 算法原理及其在 scikit-learn 中的实现。

11.1.1 KNN 算法原理

KNN 算法属于惰性算法，其特点是不必事先建立全局的判别公式或规则。当新样本需要分类时，根据每个新样本和原有样本之间的距离，取最近 K 个样本点的众数（Y 为分类变量的情形）或均值（Y 为连续变量的情形）作为新样本的预测值。这种算法的思路体现了一句老话，“近朱者赤，近墨者黑”。如图 11-1 所示，当 $K=3$ 时，对于新样本的预测选取最邻近的 3 个观测的分类的众数。比如实心正方形标出的点为要预测的点，在与它距离最近的三个点中，有两个实心，一个空心，因此该点的预测分类为实心。

KNN 算法对解释变量的类型没有限制，其最主要的超参数就是 K，即取多少个邻近点合适和计算距离的方式。在使用 KNN 算法时需要注意以下三点。

1）根据解释变量计算观测距离时，欧式距离使用较为广泛，另外也可以使用曼哈顿距离。两者都是明可夫斯基距离的特例。一般当连续变量占比较大时，采用欧式距离，否则采用曼哈顿距离（注意分类变量要转变成虚拟变量）。

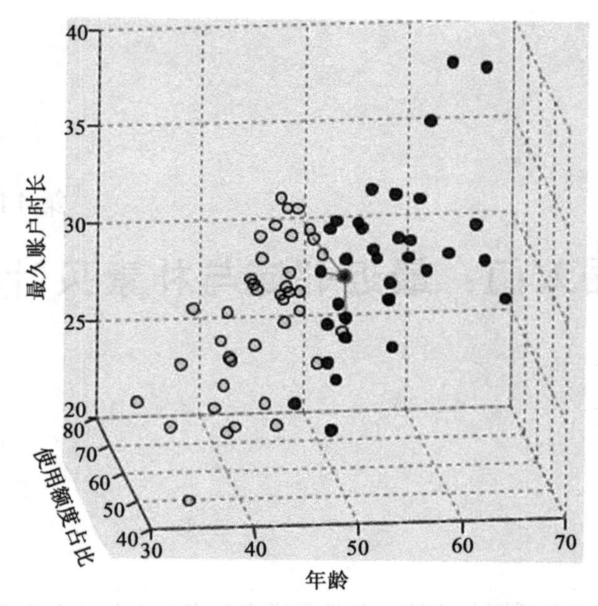

图 11-1 违约数据 KNN 算法演示（黑点代表未违约）

欧式距离：$d_2(x_r,x_s) = [(x_r - x_s)'(x_r - x_s)]^{\frac{1}{2}} = [\sum_{j=1}^{p}(x_{rj} - x_{sj})^2]^{\frac{1}{2}}$

明可夫斯基距离：$d(x,y) = [\sum_{r=1}^{p}|x_r - y_r|^m]^{\frac{1}{m}}$ $m=1$ 时为曼哈顿距离

2）连续变量需要进行数据标准化以消除量纲不一对各个变量产生的影响。对于无序的分类变量，需要生成虚拟变量。

极差标准化：

$$X_{new} = \frac{X - \min(X)}{\max(X) - \min(X)}$$

中心标准化：

$$X_{new} = \frac{X - \mu}{\sigma} = \frac{X - \min(X)}{\max(X) - \min(X)}$$

生成哑变量（m-1 principle）：

$$\text{male} = \begin{cases} 1 & \text{if } x = \text{male} \\ 0 & \text{otherwise} \end{cases}$$

3）选取合适的 K 值。K 值越小，模型越依赖于最近的样本点的取值，越不稳健；K 值越大，虽然模型稳健性增强了，但是敏感度下降。因此需要采用遍历的方法，选取最合适的 K 值。

这里可以使用 AUC（Area Under Carve）值对选取 K 值，遍历结果如表 11-1 所示。

表 11-1　不同 K 值下 KNN 的模型表现

K	AUC	*K*	AUC
	-	10	0.79
2	0.69	15	0.83
3	0.75	20	0.81
4	0.79	25	0.81
5	0.76	30	0.81

当 $K=20$ 时，AUC 值最大，因此可以选取 20 为最佳 K 值。当然，除了 AUC 指标，还有很多其他指标可以用于衡量最佳 K 值，可以在实际场景中依据不同的侧重点进行选择。其他指标包括准确率、召回率、F1-score 等。

11.1.2　在 Python 中实现 KNN 算法

现在让我们看一个实际的例子，某男士希望知道他登录婚恋网站后，和喜欢的女性约会是否会成功，他收集了以往注册该网站的男士的基本信息，以及约会是否成功的信息，由此希望知道自己注册后是否能够约会到喜欢的女士。

这位男士可以使用 KNN 算法来完成这一分析。原理十分简单：察看那些与自己情况特别像的男士的约会成功率如何。

这里使用的数据集包含表 11-2 所示的变量。

表 11-2　相关变量说明

字段	含义	类型
income	收入	连续
attractive	吸引力评分	连续
assets	资产	连续
edueduclass	教育程度	有序分类
dated	是否约会成功	无须分类（因变量）

首先读取数据并查看基本信息，代码如下所示：

```
import pandas as pd

orgData = pd.read_csv('date_data2.csv')
orgData.describe()
```

输出结果如表 11-3 所示：

表 11-3　婚恋网站数据集的部分数据

	income	attractive	assets	edueduclass	Dated	income_rank
count	100.000 000	100.000 000	100.000 000	100.000 000	100.000 000	100.000 000
mean	9010.000 000	50.500 000	96.006 300	3.710 000	0.500 000	1.550 000

（续）

	income	attractive	assets	edueduclass	Dated	income_rank
std	5832. 675 288	28. 810 948	91. 082 226	1. 225 116	0. 502 519	1. 140 397
min	3000. 000 000	1. 000 000	3. 728 400	1. 000 000	0. 000 000	0. 000 000
25%	5000. 000 000	28. 000 000	31. 665 269	3. 000 000	0. 000 000	1. 000 000
50%	7500. 000 000	51. 000 000	70. 746 924	4. 000 000	0. 500 000	2. 000 000
75%	11 500. 000 000	68. 875 000	131. 481 061	4. 000 000	1. 000 000	3. 000 000
max	34 000. 000 000	99. 500 000	486. 311 758	6. 000 000	1. 000 000	3. 000 000

将自变量与因变量分别提取出来，其中因变量是是否约会成功 Dated，使用收入 income、吸引力评分 attractive、资产 assets 和教育程度 edueduclass 作为自变量，暂不考虑其他等级变量。在自变量中教育程度不是连续变量，但因为其是有序的，而且有较多的分类水平，在样本量不是很大的情况下，可以当作连续变量来处理，对其进行标准化后即可直接套用距离计算公式，如果是无序变量或者是分类水平较少的连续变量，可以进行哑变量变换后再处理。关于哑变量变换及更多其他数据预处理的内容可参考特征工程一章。本案例中提取因变量和自变量代码如下：

```
X = orgData.ix[:, :4]
Y = orgData[['Dated']]
```

因为距离的计算受到数据尺度或量纲影响较大，为了降低这种影响，需要对数据进行标准化预处理，不同的标准化方法对模型的表现影响不大，本例中使用极差标准化进行处理，代码如下所示：

```
from sklearn import preprocessing

min_max_scaler = preprocessing.MinMaxScaler()
X_scaled = min_max_scaler.fit_transform(X)
X_scaled[1:5]
```

婚恋网站数据集进行标准化后的部分数据如下：

```
array([[ 0.        ,  0.13705584,  0.07649535,  0.6       ],
       [ 0.        ,  0.05076142,  0.00293644,  0.        ],
       [ 0.        ,  0.        ,  0.00691908,  0.        ],
       [ 0.01612903,  0.13705584,  0.        ,  0.2       ]])
```

标准化后可以看到数据全部是位于［0，1］之间，此时将数据划分为训练集和测试集：

```
from sklearn.model_selection import train_test_split

train_data, test_data, train_target, test_target = train_test_split(
    X_scaled, Y, test_size=0.25, train_size=0.75, random_state=123)
```

需要注意，标准化是在划分训练集和测试集之前进行的。这是一种不规范的处理方式（虽然很多教科书都这样做）。因为我们应该把测试数据集当作完全未知的，包括测试数据集中每个变量的最大值和最小值。很可能测试数据集中某个变量的最大值大于训练数据集中该变量的最大值，造成模型预测的精度下降。规范的处理方式请参见第 16 章不平衡分类问题。此处仅为讲解方便。

经过了数据预处理和训练集划分，我们使用 KNN 建模：

```
from sklearn.neighbors import KNeighborsClassifier

model = KNeighborsClassifier(n_neighbors=3)  # 默认欧氏距离
model.fit(train_data, train_target.values.flatten())

test_est = model.predict(test_data)
```

在测试集上评估模型的效果，代码如下所示：

```
import sklearn.metrics as metrics

print(metrics.classification_report(test_target, test_est))
```

KNN 模型的决策类评估指标如下：

```
             precision    recall  f1-score   support

          0       0.92      0.92      0.92        12
          1       0.92      0.92      0.92        13

avg / total       0.92      0.92      0.92        25
```

可以看到模型的整体表现是不错的，f1-score 达到了 0.92。

模型的 Mean accuracy 可以使用 score 方法进行计算：

```
model.score(test_data, test_target)
```

得到平均准确率为 0.92：

```
0.9200000000000004
```

至此，建模与评估完成。

在 KNN 当中除了距离计算方法外，唯一需要确定的参数就是 k 的取值，当 k 较小时，样本寻找与自己最接近的少数几个邻居，这样的模型很容易不稳定，产生过度拟合，极端情况下当 $k=1$ 时，此时样本的标签仅依赖于离其最近的那个已知样本。同时，如果 k 非常大，则预测结果可能会有较大偏差。本例中，我们使用 k 分别取 1 到 9 的训练模型，然后看它们在测试集上的表现效果如下：

```
for k in range(1, 10):
    k_model = KNeighborsClassifier(n_neighbors=k)
    k_model.fit(train_data, train_target.values.flatten())
    score = k_model.score(test_data, test_target)
    print('When k=%s , the score is %.4f' %(k,  score))
```

KNN 模型的参数调优如下：

```
When k=1 , the score is 0.9200
When k=2 , the score is 0.8800
When k=3 , the score is 0.9200
When k=4 , the score is 0.9200
When k=5 , the score is 0.8800
When k=6 , the score is 0.8800
When k=7 , the score is 0.9200
When k=8 , the score is 0.8800
When k=9 , the score is 0.9200
```

可以看到因为样本量较小，k 的取值与模型得分之间并没有显著规律。当样本量较小时，非常适于采用交叉验证评估模型的效果，因此我们设定参数搜索空间，通过交叉验证搜索最优参数：

```
from sklearn.model_selection import ParameterGrid, GridSearchCV

grid = ParameterGrid({'n_neighbors':[range(1,15)]})
estimator = KNeighborsClassifier()
knn_cv = GridSearchCV(estimator, grid, cv=4, scoring='roc_auc')
knn_cv.fit(train_data, train_target.values.flatten())

knn_cv.best_params_
```

通过交叉验证，我们发现模型的 k 取 7 是效果最佳的：

```
{'n_neighbors': 7}
```

此时模型的最优得分如下：

```
knn_cv.best_score_
```

最优得分为 0.948，即训练集上模型交叉验证的 ROC。AUC 面积为 0.948。

```
0.948148148148148148
```

也即训练集上模型交叉验证的 ROC_ AUC 面积 0.948。

模型在测试集上评估如下：

```
metrics.roc_auc_score(test_target,knn_cv.predict(test_data))
```

在测试集当中模型的 ROC 曲线下面积 AUC 为 0.91987。

```
0.91987179487179482
```

11.2 朴素贝叶斯分类

贝叶斯分类是统计学分类算法，用来预测类成员之间可能存在的关系的强弱。朴素贝叶斯基于贝叶斯定理与全概率公式，可以计算在自变量一定取值条件下，因变量的条件概率，有高准确率和高速度的优点，但是也限制了自变量的取值类型（分类变量）以及相互关系

（自变量互相独立）。本节着重介绍朴素贝叶斯算法的原理、参数估计及其在 Python 中的实现。

11.2.1　贝叶斯公式

概率论数理统计基础的人们应该非常熟悉在贝叶斯条件下的概率公式、全概率公式。

首先对于两个随机独立事件 A 与 B，其中以 B_i 代表 B 的不同水平的取值，其条件概率公式如下：

$$P(A \mid B_i) = \frac{P(AB_i)}{P(B_i)}$$

其全概率公式如下：

$$P(A) = \sum_i P(A \mid B_i)P(B_i)$$

那么贝叶斯公式如下：

$$P(B_i \mid A) = \frac{P(AB_i)}{P(A)} = \frac{P(A \mid B_i)P(B_i)}{\sum_i P(A \mid B_j)P(B_j)}$$

接下来分析有关贝叶斯公式的一个例题：在 8 支步枪中，有 5 支已校准过，3 支未校准。一名射手用校准过的枪射击，中靶概率为 0.8；用未校准的枪射击，中靶概率为 0.3。现在从 8 支枪中随机取一支进行射击，结果中靶。求该枪是已校准过枪支的概率？

首先，依据题意，可以知道以下几个概率。

枪支校准概率：$P(G=1)=5/8$

枪支未校准概率：$P(G=0)=3/8$

枪支校准条件后中靶率：$P(A=1 \mid G=1)=0.8$

枪支未校准条件后中靶率：$P(A=1 \mid G=0)=0.3$

现在需要求 $P(G=1 \mid A=1)$，那么通过贝叶斯公式进行转换可以很容易得出结论，如下所示：

$$P(G=1 \mid A=1) = \frac{P(A=1 \mid G=1)P(G=1)}{\sum_{i=0}^{1} P(G=0)P(A=1 \mid G=i)} = \frac{0.8 \times \frac{5}{8}}{0.8 \times \frac{5}{8} + 0.3 \times \frac{3}{8}} = 0.8163$$

11.2.2　朴素贝叶斯分类原理

理解了贝叶斯公式，就能够对数据进行朴素贝叶斯建模了。

这里假定输入数据集中，变量 $\boldsymbol{Y}=\{y_1,y_2,y_3,\cdots,y_k\}$ 表示目标变量以及其 k 个取值，自变量集 $\boldsymbol{X}^{(i)}=\{\boldsymbol{X}^{(1)},\boldsymbol{X}^{(2)},\boldsymbol{X}^{(3)},\cdots,\boldsymbol{X}^{(i)}\}$（其中 i 为正整数）表示对应的第 i 个自变量，

我们的目标是求出

$$P(\boldsymbol{Y}=y_k \mid \boldsymbol{X}^{(1)}=\boldsymbol{x}^{(1)},\boldsymbol{X}^{(2)}=\boldsymbol{x}^{(2)},\cdots,\boldsymbol{X}^{(i)}=x^{(i)})$$

其中 $x^{(i)}$ 表示自变量 $X^{(i)}$ 的某个观测值。

即自变量集在相应的取值下因变量各个取值的概率，然后比较因变量在各个取值下的概率，选择最大的概率取值作为输出，进行预测。

在条件独立性假设下，自变量之间互相独立，其概率公式可以写为：

$$P(\boldsymbol{Y}=y_k \mid \boldsymbol{X}^{(1)}=\boldsymbol{x}^{(1)},\boldsymbol{X}^{(2)}=\boldsymbol{x}^{(2)},\cdots,\boldsymbol{X}^{(i)}=\boldsymbol{x}^{(i)})=\prod_{i=1}^{n}P(\boldsymbol{Y}=y_k \mid \boldsymbol{X}^{(i)}=\boldsymbol{x}^{(i)})$$

那么如果我们知道自变量的所有取值条件下相应因变量的取值，这个概率就非常容易计算了，简单计算频数即可。但是实际上，我们并不知道自变量 X 的取值条件下因变量 Y 的取值为 Y_k 的概率（若知道也不用预测了），只知道因变量 Y 的取值为 Y_k 条件下自变量 X 的取值的概率（即训练数据里的情况），即：

$$P(\boldsymbol{X}^{(1)}=\boldsymbol{x}^{(1)},\boldsymbol{X}^{(2)}=\boldsymbol{x}^{(2)},\cdots,\boldsymbol{X}^{(i)}=\boldsymbol{x}^{(i)} \mid Y=y_k)=\prod_{i=1}^{n}P(\boldsymbol{X}^{(i)}=\boldsymbol{x}^{(i)} \mid \boldsymbol{Y}=y_k)$$

那么此时，可以使用贝叶斯公式进行转换，即：

$$P(\boldsymbol{Y}=y_k \mid \boldsymbol{X}^{(1)}=\boldsymbol{x}^{(1)},\cdots,\boldsymbol{X}^{(i)}=x^{(i)})=\frac{P(\boldsymbol{Y}=y_k,\boldsymbol{X}^{(1)}=\boldsymbol{x}^{(1)},\cdots,\boldsymbol{X}^{(i)}=\boldsymbol{x}^{(i)})}{P(\boldsymbol{X}^{(1)}=\boldsymbol{x}^{(1)},\cdots,\boldsymbol{X}^{(i)}=\boldsymbol{x}^{(i)})}$$

$$=\frac{P(\boldsymbol{Y}=y_k)\prod_{i=1}^{n}P(\boldsymbol{X}^{(i)}=\boldsymbol{x}^{(i)} \mid \boldsymbol{Y}=y_k)}{\sum_k P(\boldsymbol{Y}=y_k)\prod_{i=1}^{n}P(\boldsymbol{X}^{(i)}=x^{(i)} \mid \boldsymbol{Y}=y_k)}$$

$P(\boldsymbol{Y}=y_k)$ 被称为先验概率，$P(\boldsymbol{Y}=y_k \mid \boldsymbol{X}^{(1)}=\boldsymbol{x}^{(1)},\cdots,\boldsymbol{X}^{(i)}=\boldsymbol{x}^{(i)})$ 表示后验概率。

得到了后验概率，那么就可以计算因变量取值在自变量各个取值条件的概率了。显然，计算出概率最大的因变量取值就是预测值，因此可以写为：

$$\boldsymbol{Y}=f(\boldsymbol{x}^{(1)},\boldsymbol{x}^{(2)},\cdots,x^{(i)})=\underset{y_k}{\operatorname{argmax}}\left(\frac{P(\boldsymbol{Y}=y_k)\prod_{i=1}^{n}P(\boldsymbol{X}^{(i)}=\boldsymbol{x}^{(i)} \mid \boldsymbol{Y}=y_k)}{\sum_k P(\boldsymbol{Y}=y_k)\prod_{i=1}^{n}P(\boldsymbol{X}^{(i)}=\boldsymbol{x}^{(i)} \mid \boldsymbol{Y}=y_k)}\right)$$

由于对于因变量的每一个取值，$\sum_k P(\boldsymbol{Y}=y_k)\prod_{i=1}^{n}P(X^{(i)}=\boldsymbol{x}^{(i)} \mid \boldsymbol{Y}=y_k)$ 都是不变的，所以上述公式也可以写为：

$$\boldsymbol{Y}=f(\boldsymbol{x}^{(1)},\boldsymbol{x}^{(2)},\cdots,\boldsymbol{x}^{(i)})=\underset{y_k}{\operatorname{argmax}}(P(\boldsymbol{Y}=y_k)\prod_{i=1}^{n}P(\boldsymbol{X}^{(i)}=x^{(i)} \mid \boldsymbol{Y}=y_k))$$

11.2.3 朴素贝叶斯的参数估计

首先，先验概率的最大似然估计为训练数据中因变量各个取值的概率：

$$P(\boldsymbol{Y}=y_k)=\frac{\sum_{i=1}^{N}I(\boldsymbol{Y}=y_k)}{N}$$

I 表示计频数，N 表示训练集样本量。

条件概率 $P(\boldsymbol{X}^{(1)}=\boldsymbol{x}^{(1)},\boldsymbol{X}^{(2)}=\boldsymbol{x}^{(2)},\cdots,\boldsymbol{X}^{(i)}=\boldsymbol{x}^{(i)} \mid \boldsymbol{Y}=y_k)$ 的最大似然估计为：

$$P(\boldsymbol{X}^{(1)} = \boldsymbol{x}^{(1)}, \cdots, \boldsymbol{X}^{(i)} = x^{(i)} \mid \boldsymbol{Y} = y_k) = \frac{\sum_{i=1}^{N} I(\boldsymbol{Y} = y_k, \boldsymbol{X}^{(1)} = \boldsymbol{x}^{(1)}, \cdots, \boldsymbol{X}^{(i)} = \boldsymbol{x}^{(i)})}{\sum_{i=1}^{N} I(Y = y_k)}$$

I 表示计频数，N 表示训练集样本量。

估计出了先验概率与条件概率后，就可以计算后验概率了，即：

$$\boldsymbol{Y} = \underset{y_k}{\operatorname{argmax}}(P(\boldsymbol{Y} = y_k)P(\boldsymbol{X}^{(1)} = \boldsymbol{x}^{(1)}, \cdots, \boldsymbol{X}^{(i)} = \boldsymbol{x}^{(i)} \mid \boldsymbol{Y} = y_k))$$

11.2.4 在 Python 中实现朴素贝叶斯

还是使用网站相亲的案例，朴素贝叶斯处理离散型自变量比较简单，如果是连续型自变量，理论上可以采用核密度估计，但是计算比较复杂，而且需要的样本量太大，因此实践中把连续变量离散化分段是更常见的方法。

本例中仍然使用约会数据集，直接使用等级变量作为自变量：

```
orgData1 = orgData.ix[:, -3:]

train_data1, test_data1, train_target1, test_target1 = train_test_split(
    orgData1, Y, test_size=0.3, train_size=0.7, random_state=123)
```

使用朴素贝叶斯进行模型训练如下：

```
from sklearn.naive_bayes import BernoulliNB

nb = BernoulliNB(alpha=1)
nb.fit(train_data1, train_target1.values.flatten())
test_est1 = nb.predict(test_data1)
```

其中 alpha＝1 说明使用了拉普拉斯平滑，predict 方法可用于标签预测。此外，朴素贝叶斯模型可以使用 predict_proba 进行概率预测，但实际上这个预测值并非真正意义上的概率。

模型的评估报告代码如下所示：

```
print(metrics.classification_report(test_target1, test_est1))
```

朴素贝叶斯模型的决策类评估指标如下：

```
             precision    recall  f1-score   support

          0       0.89      0.57      0.70        14
          1       0.71      0.94      0.81        16

avg / total       0.80      0.77      0.76        30
```

Chapter 12 第12章

高级分类器：支持向量机

支持向量机（Support Vector Machine，SVM）是由 Vapnik 领导的 AT&T Bell 实验室研究小组在 1995 年提出的非常有潜力的分类技术，在解决小样本、非线性及高维模式识别问题中表现出许多特有的优势。

在第 1 章我们讲解了模型的偏差和方差的概念，偏差指的是针对样本数据预测的准确性，方差是针对测试数据预测的准确性。前者低说明内部有效性高，后者低说明外部有效性高（即可推广性强），两者之和被称为模型的总风险。一个总风险小的模型应该具有预测准确率高且使用信息量少的特点，因此 Vapnik 提出 VC 维的概念，通俗地讲就是区分一些样本，最少需要多少信息。说实话，在 Vapnik 提出 VC 维之前，统计学家早就开始重视模型复杂度的问题，比如在预测精度同等的情况下，优先选择模型自由度（约等于模型中解释变量的个数）低的模型。SVM 的特点在于首先识别两类（按照被解释变量的取值进行分类）的边界，然后以两类边接连线的中线为基准进行分割，因为这条线是距离两个类最远的，这就可以保证模型的总风险最小。读者可以和第 10 章讲的 BP 神经网络比较一下，那时候做的模型并不是寻找最优的分割，只是随意找到了无数种可能分割中的一个。因此至少在理论上 SVM 相对于 BP 神经网络是有优势的。

实际操作上，给定一组训练实例，每个训练实例被标记为属于两个类别中的一个或另一个，SVM 训练算法创建一个将新的实例分配给两个类别之一的模型，使其成为非概率二元线性分类器。SVM 模型是将实例表示为空间中的点，这样映射就使得单独类别的实例被尽可能宽地明显间隔分开。然后，将新的实例映射到同一空间，并基于它们落在间隔的哪一侧来预测所属类别。除了进行线性分类之外，SVM 还可以使用所谓的核技巧有效地进行非线性分类，将其输入隐式映射到高维特征空间中。

支持向量机可以分为线性可分支持向量机（又称硬间隔支持向量机）、线性支持向量机及非线性支持向量机（又称软间隔支持向量机）。下面对这 3 种支持向量进行介绍。

12.1　线性可分与线性不可分

我们以二维的数据为例，表 12-1 ~ 表 12-3 给出了三个不同的数据实例：表 12-1 所示是典型的线性可分的一个示例；表 12-3 所示的数据是典型的非线性可分的数据；表 12-2 所示的数据既可以认为是非线性可分的，也可以认为是存在噪声的线性可分数据。本章我们权且认为表 12-2 所示的数据是带噪声的线性可分数据吧。

所谓线性可分，就是存在一条直线，能够把这两个分类完美区分，如表 12-1 所示。

表 12-1　线性可分实例数据

	Y	$X^{(1)}$	$X^{(2)}$
x_1	圆形	0	0
x_2	圆形	1	0
x_3	三角	0	1
x_4	三角	1	1

将该表的数据绘制在二维坐标轴上并尝试使用一条直线对数据进行划分如图 12-1 所示。

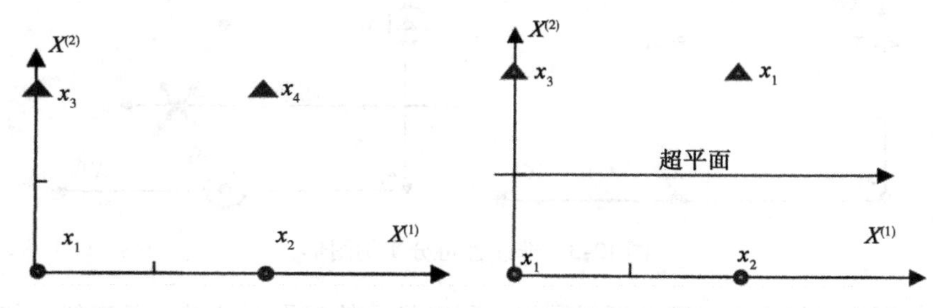

图 12-1　线性可分实例图形

但是大部分情况下是不存在这样的一条能够把这完美区两类数据的直线的。表 12-2 所示的数据，其中 x_5 点的分类是错误的，由于分类正确的和错误的点数量相差较悬殊，可以认为被错误分类的样本是噪声。而表 12-3 所示的数据为非线性可分的。

表 12-2　有噪声的线性可分实例数据

	Y	$X^{(1)}$	$X^{(2)}$
x_1	圆形	0	0
x_2	圆形	1	0
x_3	三角	0	1
x_4	三角	1	1
x_5	三角	0.5	0

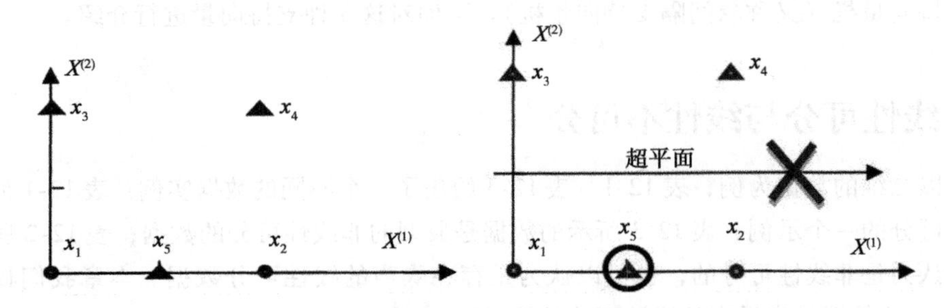

图 12-2　有噪声的线性可分实例图形

表 12-3　非线性可分实例数据

	Y	$X^{(1)}$	$X^{(2)}$
x_1	圆形	0	0
x_2	三角	1	0
x_3	三角	0	1
x_4	圆形	1	1

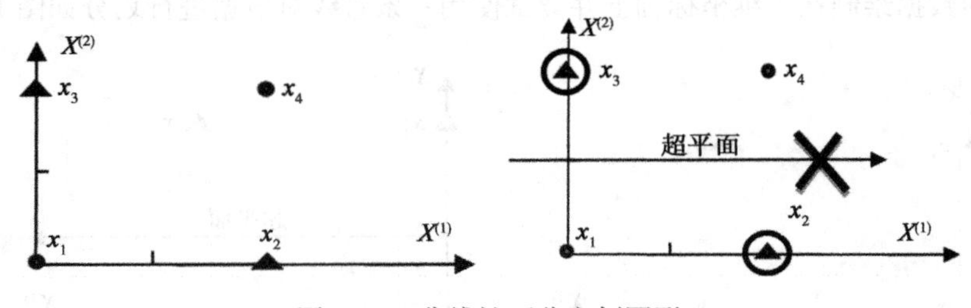

图 12-3　非线性可分实例图形

上面的数据集仅仅是在二维平面展示的，所以显示的超平面就是一条直线。如果在更高的维度上，那么用于分割数据的就是超平面。

所以线性可分可以被定义为：给定一个因变量为二分类的数据集，若存在一个超平面：

$$\boldsymbol{w} \cdot \boldsymbol{x} + b = 0$$

$\boldsymbol{w}$ 和 b 表示超平面的系数向量与截距，$\boldsymbol{x}$ 表示输入数据集的自变量集。如果数据集的两个类别的点完全分到超平面的两侧，那么这个数据集被称为线性可分，否则称为线性不可分。

12.2　线性可分支持向量机

当数据集线性可分的时候，分离类别点的超平面是无穷多的，以图 12-4 所示线性可分超平面为例。

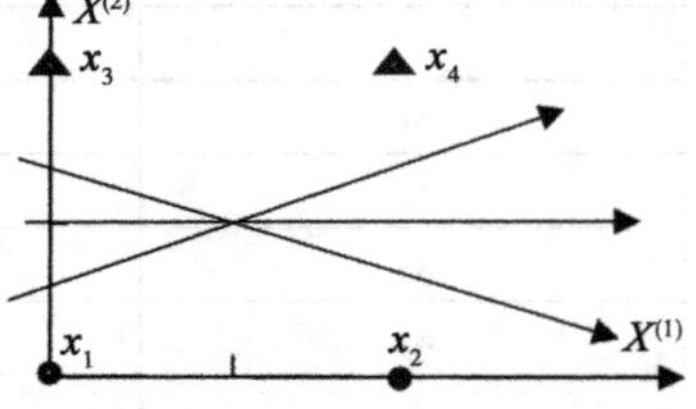

图 12-4　线性可分超平面示例

图 12-4 中，x_1和 x_2是一类，x_3和 x_4是一类，可以看到能将两类准确分开的超平面有无穷多个，但并不是每一个超平面都具有一样的分类性能。支持向量机中，不但要求超平面能将类别准确分开，还要求超平面到不同类别的“间隔”尽可能大，这样的模型不但准确度高，而且泛化能力好。对于线性可分的数据，线性支持向量机使用硬间隔最大化的方法寻找这个唯一的超平面。

我们知道要找的分割平面的特征了，下面就是要想办法得到它了。我们知道，空间上的任何线和超平面都是坐标轴的线性组合。因此我们可以假设寻找的这个超平面为（$\boldsymbol{w} \cdot \boldsymbol{x}_i + b$）。机器学习的三要素中最重要的就是优化目标函数，而 SVM 中的目标函数是边界点到分割超平面的距离，因此我们先来了解一下函数间隔与几何间隔。

12.2.1　函数间隔和几何间隔

函数间隔可以简单地概括为数据集上的点到超平面距离的远近，假如预测数据集中的函数间隔如图 12-5 所示。

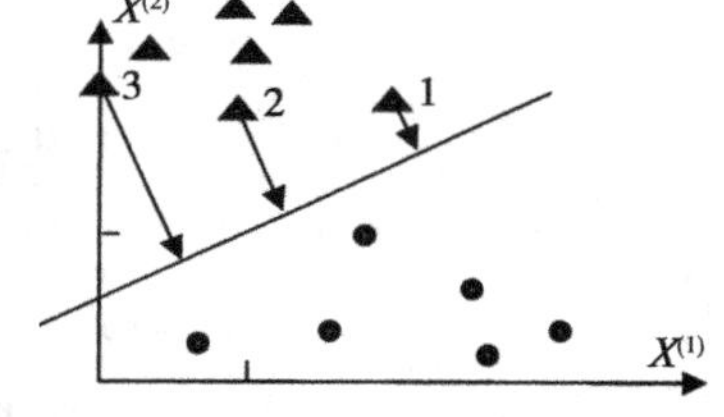

图 12-5　函数间隔示例

箭头指向的实线表示预测的超平面，以三角点中的 3 个点 1、2、3 为例，显然第 1 个点离超平面最近，第 3 个点离超平面最远，所以点 3 最有可能属于三角点类别，可靠性较高；点 1 属于三角的可靠性则较低。因此点 1 需要重点关注。使用点到超平面的距离衡量分类预测的可靠程度，就是函数间隔的涵义。

这里，定义超平面为 $\boldsymbol{w} \cdot \boldsymbol{x} + b = 0$，训练数据集 $T = \{x_i, y_i\}$，那么超平面到训练数据集 $\{\boldsymbol{x}_i,\ y_i\}$ 的函数间隔被定义为：

$$\hat{\gamma}_i = y_i(\boldsymbol{w} \cdot \boldsymbol{x}_i + b)$$

我们没必要关注所有样本到超平面的距离，只需要关注边界点到超平面的距离即可，超平面 $\boldsymbol{w} \cdot \boldsymbol{x} + b = 0$ 到训练数据集的边界的函数间隔为训练数据集 $\boldsymbol{T}$ 中所有点到超平面函数间隔的最小值：

$$\hat{\gamma} = \min_{i=1,2,\cdots,n} \hat{\gamma}_i$$

但是这个函数间隔不是唯一的。当函数间隔 $\boldsymbol{w}$、b 成比例变化时，函数间隔也会成比例变化。这种函数间隔不妨进行标准化称为几何间隔。定义训练数据集 $\boldsymbol{T}$ 到超平面的几何间隔为：

$$\gamma_i = y_i\left(\frac{\boldsymbol{w}}{\|\boldsymbol{w}\|} \cdot x_i + \frac{b}{\|\boldsymbol{w}\|}\right)$$

最后的目标函数为训练数据集 $\boldsymbol{T}$ 到超平面的几何间隔为训练数据所有点到超平面几何间隔的最小值：

$$\gamma = \min_{i=1,2,\cdots,n} \gamma_i$$

12.2.2　学习策略

明确了目标函数，下面该研究如何寻找唯一的超平面了。仍以表 12-1 中所示的数据为例。

如图12-6所示，超平面1和超平面2都可以将三角和圆形数据分开。对于超平面1（浅色），训练数据的几何间隔等价于浅色箭头长度；对于超平面2（深色），训练数据的几何间隔等价于深色箭头长度。图中超平面1的几何间隔大于超平面2的，实际含义为：若以超平面1为分离超平面，那么几何间隔较大，相应分类预测的可靠程度也就较高。也就是说，如果超平面的几何间隔是最大的，那么这个超平面不仅可以分类数据，而且其分类的可靠程度是最高的。

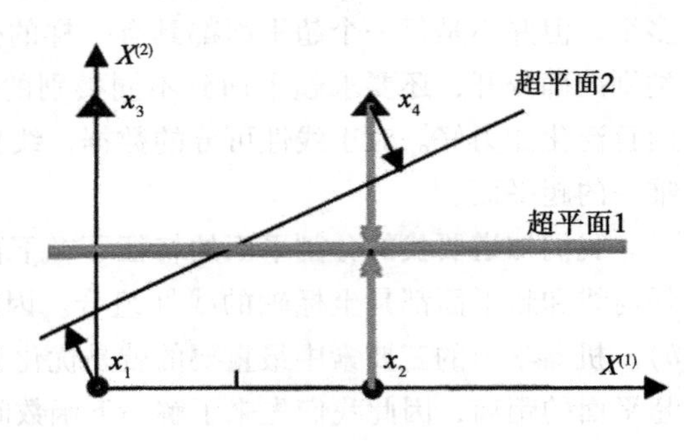

图12-6 间隔最大化示例

所以可以将线性可分支持向量机的学习概括为找到几何间隔最大的超平面，使得训练数据能够被线性分离，这一过程就称为间隔最大化。

以数学语言表达间隔最大化可以写为：

$$\begin{cases} \max\limits_{w,b} \gamma \\ y_i\left(\dfrac{\boldsymbol{w}}{\|\boldsymbol{w}\|}\cdot \boldsymbol{x}_i + \dfrac{\boldsymbol{b}}{\|\boldsymbol{w}\|}\right) \geqslant \gamma,\ i = 1,2,3,\cdots,N \end{cases}$$

$$\Rightarrow \begin{cases} \max\limits_{w,b} \dfrac{\hat{\gamma}}{\|\boldsymbol{w}\|} \\ y_i(\boldsymbol{w}\cdot \boldsymbol{x}_i + b) \geqslant \hat{\gamma},\ i = 1,2,3,\cdots,N \end{cases}$$

间隔最大化的目的在于在训练数据集所有点到超平面几何间隔大于等于训练数据集的几何间隔的约束条件下，最大化超平面到训练数据集的几何间隔，即式（12-6）。而几何间隔与函数间隔的关系为$\gamma = \dfrac{\hat{\gamma}}{\|\boldsymbol{w}\|}$，因此式（12-5）等价于式（12-7）。

需要注意，在间隔$\dfrac{\hat{\gamma}}{\|\boldsymbol{w}\|}$最大化时，可令函数间隔$\hat{\gamma}=1$，因为其不影响最优化问题的解，所以间隔可以写成$\dfrac{1}{\|\boldsymbol{w}\|}$，而最大化$\dfrac{1}{\|\boldsymbol{w}\|}$和最小化$\dfrac{\|\boldsymbol{w}\|^2}{2}$等价，因此间隔最大化可以写成：

$$\min_{w,b} \frac{\|\boldsymbol{w}\|^2}{2}$$

$$y_i(w\cdot \boldsymbol{x}_i + b) \geqslant 1,\ i = 1,2,3,\cdots,N$$

公式（12-8）就是几何间隔最大化的数学形式，即数据集所有点到超平面距离大于等于训练数据集的几何间隔的约束条件下，最小化$\dfrac{\|\boldsymbol{w}\|^2}{2}$。

也可以证明几何间隔最大化的超平面是唯一的，这里略去。学习到此，线性可分SVM的原理就算讲完了，下面是纯数学领域的计算问题了。初学者可以忽略求解的部分内容。

12.2.3 对偶方法求解

1. 构造拉格朗日函数

求解间隔最大化问题时，可以构造拉格朗日函数，间隔最大化可以写为：

$$\min_{w,b} \frac{\|\boldsymbol{w}\|^2}{2}$$

$$y_i(\boldsymbol{w} \cdot \boldsymbol{x}_i + b) \geqslant 1 \leftharpoondown, i = 1,2,3,\cdots,N$$

构造拉格朗日函数，需要引入拉格朗日乘子，将原约束最优问题转化为求解拉格朗日函数最优问题：

$$L(\boldsymbol{w},b,\alpha) = \frac{\|\boldsymbol{w}\|^2}{2} - \sum_{i=1}^{N} \alpha_i y_i(\boldsymbol{w} \cdot \boldsymbol{x}_i + b) + \sum_{i=1}^{N} \alpha_i$$

式（12-10）的计算复杂度是很高的，因为α_i的个数等于样本量，而 w 和 b 的参数数量加在一起和解释变量的数量相等。一般的数据集的样本量远大于变量个数的，因此先计算 w 和 b 的计算量会小很多，这就会涉及对偶问题。

2. 求解拉格朗日函数的对偶问题

引入拉格朗日函数的对偶问题，即：

$$\min_{\boldsymbol{w},\boldsymbol{b}}\max_{\alpha} L(\boldsymbol{w},b,\alpha) \overset{\text{对偶}}{\Rightarrow} \max_{\alpha}\min_{\boldsymbol{w},\boldsymbol{b}} L(\boldsymbol{w},\boldsymbol{b},\alpha)$$

可以证明，优化原始问题可以转化为优化对偶问题。相较于原始问题，求解对偶问题更加方便，并且有利于引入核方法解决非线性可分问题。

（1）求$\min\limits_{w,b} L$（$\boldsymbol{w}$，b，α），对 L（$\boldsymbol{w}$，b，α）分别求 w、b 的偏导，并令其为 0，得：

$$\frac{\partial L}{w} = 0 \Rightarrow w = \sum_{i=1}^{N} \alpha_i y_i \boldsymbol{x}_i$$

$$\frac{\partial L}{\boldsymbol{\alpha}} = 0 \Rightarrow \sum_{i=1}^{N} \alpha_i y_i = 0$$

（2）带入 $L(w,b,\alpha)$ 得到对偶函数 $\varphi(\alpha) = \min\limits_{w,b} L(w,b,\alpha)$，原问题转换为对对偶函数 $\varphi(\alpha)$ 的极值问题求解，如下所示。

$$\max_{\alpha}\varphi(\alpha) = -\frac{1}{2}\sum_{i=1}^{N}\sum_{j=1}^{N} \boldsymbol{\alpha}_i\boldsymbol{\alpha}_j\boldsymbol{y}_i\boldsymbol{y}_j(\boldsymbol{x}_i \cdot \boldsymbol{x}_j) + \sum_{i=1}^{N} \alpha_i \Rightarrow$$

$$\text{Min}_{\alpha}\varphi(\alpha) = \frac{1}{2}\sum_{i=1}^{N}\sum_{j=1}^{N} \boldsymbol{\alpha}_i\boldsymbol{\alpha}_j\boldsymbol{y}_i\boldsymbol{y}_j(\boldsymbol{x}_i \cdot \boldsymbol{x}_j) - \sum_{i=1}^{N} \alpha_i$$

其中，

$$\sum_{i=1}^{N} \alpha_i \boldsymbol{y}_i = 0, \alpha_i \leftharpoondown 0, i = 1,2,3,\cdots,N$$

求解出此问题对应的 a，那么 w、b 就可以被解出，超平面也就随之被确定了。

3. 线性可分支持向量机学习算法：

对比实例，线性可分支持向量机的算法如下。

1）输入

线性可分训练数据集 $\boldsymbol{T}=\{(x_1,y_1),(x_2,y_2),(x_3,y_3)\cdots(x_N,y_N)\},y=\{-1,1\}$。

（1）构造最优化问题：

$$\min_{\alpha}\varphi(\alpha)=\frac{1}{2}\sum_{i=1}^{N}\sum_{j=1}^{N}\alpha_i\alpha_j y_i y_j(x_i\cdot x_j)-\sum_{i=1}^{N}\alpha_i$$

其中，

$$\sum_{i=1}^{N}\alpha_i \boldsymbol{y}_i=0,\alpha_i\geqslant 0,i=1,2,3,\cdots,N$$

求解最优化的所有 a_i。

（2）计算出 $\boldsymbol{w}$ 和 b：

$$\boldsymbol{w}=\sum_{i=1}^{N}\alpha_i\boldsymbol{y}_i\boldsymbol{x}_i$$

$$b=\boldsymbol{y}_j-\boldsymbol{x}_j\cdot\sum_{i=1}^{N}\alpha_i\boldsymbol{y}_i\boldsymbol{x}_i$$

2）输出

得出超平面与决策函数。

$$\boldsymbol{w}\cdot\boldsymbol{x}+b=0$$

分类决策函数如下所示：

$$f(x)=\mathrm{sign}(\boldsymbol{w}\cdot x+\boldsymbol{b})$$

12.2.4 线性可分支持向量机例题

1. 手动演练

以表 12-1 提供的数据为例。

这里令三角点的$y_i=-1$，圆形点的$y_i=1$，正例点为$\boldsymbol{x}_1=(0,0)$，$\boldsymbol{x}_2=(1,0)$，负例点为$\boldsymbol{x}_3=(0,1)$，$\boldsymbol{x}_4=(1,1)$，试使用对偶问题求解此数据集间隔最大超平面 $w\cdot\boldsymbol{x}_i+b=0$。

解：

首先，对偶问题为：

$$\min_{\alpha}\varphi(\alpha)=\frac{1}{2}\sum_{i=1}^{N}\sum_{j=1}^{N}\alpha_i\alpha_j y_i y_j(x_i\cdot x_j)-\sum_{i=1}^{N}\alpha_i$$

$$\sum_{i=1}^{N}\alpha_i y_i=0,\alpha_i\geqslant 0,i=1,2,3,\cdots,N$$

将数据集中四个实例点带入，得：

$$\begin{aligned}\min_{\alpha}L(w,b,\alpha)=\frac{1}{2}([&\alpha_1^2\times 1\times 0+\alpha_1\alpha_2\times 1\times 0+\alpha_1\alpha_3\times(-1)\times 0+\alpha_1\alpha_4\times(-1)\times 0+\alpha_2^2\times 1\times 1\\&+\alpha_2\alpha_1\times 1\times 0+\alpha_2\alpha_3\times(-1)\times 0+\alpha_2\alpha_4\times(-1)\times 1+\alpha_3^2\times 1\times 1\\&+\alpha_3\alpha_1\times(-1)\times 0+\alpha_3\alpha_2\times(-1)\times 0+\alpha_3\alpha_4\times 1\times 1+\alpha_4^2\times 1\times 2\end{aligned}$$

$$+\alpha_4\alpha_1\times(-1)\times 0+\alpha_4\alpha_2\times(-1)\times 1+\alpha_4\alpha_3\times 1\times 1])-\alpha_1-\alpha_2-\alpha_3-\alpha_4$$

$$=\frac{1}{2}(\alpha_2^2+\alpha_3^2+2\alpha_4^2-2\alpha_2\alpha_4+2\alpha_3\alpha_4)-\alpha_1-\alpha_2-\alpha_3-\alpha_4$$

且有

$$\begin{cases}\alpha_1+\alpha_2-\alpha_3-\alpha_4=0\\ \alpha_i\geqslant 0, i=1,2,3,4\end{cases}\Rightarrow\begin{cases}\alpha_1=\alpha_3+\alpha_4-\alpha_2\\ \alpha_i\geqslant 0, i=1,2,3,4\end{cases}$$

将$\alpha_1=\alpha_3+\alpha_4-\alpha_2$带入$\min\limits_{\alpha} L(w,b,\alpha)$得：

$$\min_{\alpha}\varphi(\alpha)=\frac{1}{2}(\alpha_2^2+\alpha_3^2+2\alpha_4^2-2\alpha_2\alpha_4+2\alpha_3\alpha_4)-2(\alpha_3+\alpha_4)$$

此极小值问题由求 α_i 偏导来解决：

$$\begin{cases}\dfrac{\partial L}{\alpha_2}=0\\ \dfrac{\partial L}{\alpha_3}=0\\ \dfrac{\partial L}{\alpha_4}=0\end{cases}\Rightarrow\begin{cases}\alpha_2-\alpha_4=0\\ \alpha_3+\alpha_4=2\\ 2\alpha_4-\alpha_2+\alpha_3=2\end{cases}$$

解得：

$$\begin{cases}\alpha_1=2-\alpha_4\\ \alpha_2=\alpha_4\\ \alpha_3=2-\alpha_4\\ \alpha_4=\alpha_4\\ \alpha_i\geqslant 0\end{cases}$$

在求解拉格朗日函数的对偶问题时，我们知道：

$$\frac{\partial L}{w}=0\Rightarrow w=\sum_{i=1}^{N}\alpha_i y_i x_i$$

所以，将求解出的 α 带入到式（12-18）中，可得：

$$\begin{aligned}\boldsymbol{w}=\sum_{i=1}^{N}\alpha_i\boldsymbol{y}_i\boldsymbol{x}_i&=(2-\alpha_4)(0,0)+\alpha_4(1,0)-(2-\alpha_4)(0,1)-\alpha_4(1,1)\\&=(0+\alpha_4-0-\alpha_4,0+0-2+\alpha_4-\alpha_4)=(0,-2)\\&\Rightarrow w\cdot x=(0,-2)(x^{(1)},x^{(2)})^{\mathrm{T}}=-2x^{(2)}\end{aligned}$$

对于 b 的值，我们知道：

$$\boldsymbol{w}\cdot\boldsymbol{x}_j+b=\boldsymbol{x}_j\sum_{i=1}^{N}\alpha_i\boldsymbol{y}_i\boldsymbol{x}_i+b=\boldsymbol{y}_j\Rightarrow b=\boldsymbol{y}_j-\boldsymbol{x}_j\cdot\sum_{i=1}^{N}\alpha_i\boldsymbol{y}_i\boldsymbol{x}_i$$

由式（12-19）可知，选取正例点$x_1=(0,0)$，$y_1=1$ 带入，可解：

$$b=1-(0,0)(0,-2)^{\mathrm{T}}=1$$

综上，超平面为：

$$-2x^{(2)}+1=0$$

结果如图 12-7 所示。

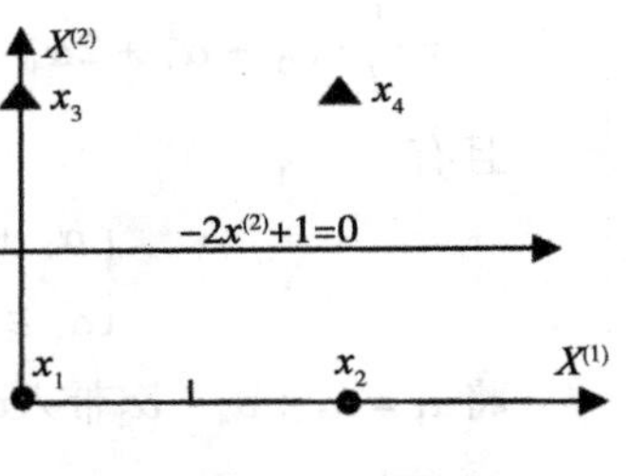

图 12-7 线性分割求解结果

2. 在 Python 中实现

下面介绍如何在 Python 中使用支持向量机实现例题一。关于 Python 中支持向量机的实现会在 12.5 节中详细叙述，这里只列出过程与图示，以帮助读者理解。

使用表 12-1 所示的数据构造数据集，然后线性可分支持向量机建模：

```
from sklearn import svm

x1 = [0, 1, 0, 1]; x2 = [0, 0, 1, 1]; y = [1, 1, 0, 0]
model1 = svm.SVC(kernel='linear').fit(list(zip(x1, x2)), y)
```

其中的 svm. SVC 函数代表调用 svm 函数中的分类函数。kernel 参数中的 linear 选项指示核函数为线性，其实就是不对变量进行任何转换。建立好模型后，输出分类图：

```
h = 0.01
xx, yy = np.meshgrid(np.arange(0, 1, h), np.arange(0, 1, h))
Z = model1.predict(np.c_[xx.ravel(), yy.ravel()])

# Put the result into a color plot
Z = Z.reshape(xx.shape)
plt.figure(figsize=[2, 2])
plt.contourf(xx, yy, Z, cmap=plt.cm.coolwarm, alpha=0.5)
plt.show()
```

上述代码在空间中均匀放置多个点，以这些点为自变量，预测每个点的类别。超平面为 $-2x^{(2)}+1=0$。

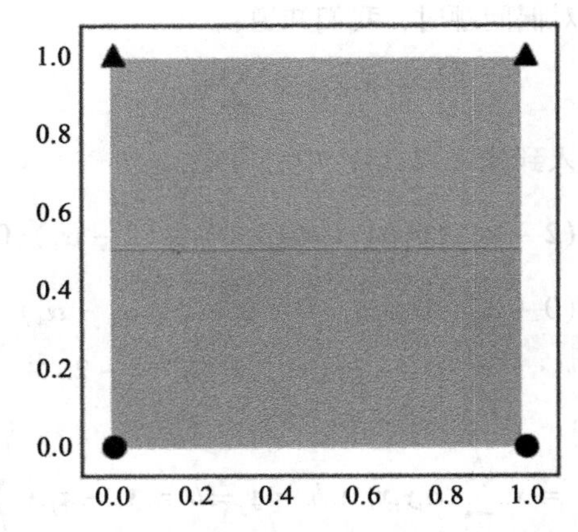

图 12-8 scikit-learn 的针对线性可分的分类决策边界展示

数据被超平面分割，这与本节手动演练部分的数学运算结果是一致的。

12.3 线性支持向量机与软间隔最大化

在图 12-1 中可以看出，可以使用一条直线将不同类型的点全部分开，而表 12-2 所示的数据是不能通过一条直线完全分开的。我们当然可以做一条非线性的抛物线使其分割完全正确，但是大家一定要注意，我们拿到的样本永远是随机抽取或随机生成的，没有人知道三角点$x_5 = (0.5,0)$ 出现的位置是因为服从某种内在规律而出现在那里，还是一个偏离自己应该出现的位置很远的异常点。如果x_5确实是个异常，那么因为正确分类该点而构造的复杂（相对于线性）的抛物线分割线就是过拟合。

上一节要求满足$y_i(w \cdot \boldsymbol{x}_i + b) \geqslant 1$ 这个条件，因此称为“硬”间隔，而本节可以放宽这个条件，被称为“软”间隔。软间隔可以允许分界模糊的情况出现，但是允许错误分类是需要受到惩罚的，这里同样引入正则化方法，类似第 7 章讲线性回归时用的岭回归和 Lasso 算法。当我们竭力杜绝分类错误时，可以将错误分类的惩罚值设置的很高，这样分割平面就会很不光滑，模型就会做得很复杂。

以下我们具体讲解一下线性支持向量机的建模思路[⊖]。该算法在超平面上加入了松弛变量ξ_i。松弛变量其实就是被错误分类的样本的数量，其思路是模型可以是线性的，但是错误分类的地方就要受到惩罚，体现为那个地方的分割线（由于还没有讲解非线性分割情况，这里还是线性分割线）更偏向于错误分类样本点。读者可以参考图 12-10，对其有一个直观认识。

对应的目标函数也加入了相应松弛变量ξ_i的和，因此，线性支持向量机的优化变为：

$$\min_{w,b} \frac{\|w\|^2}{2} + C\sum_{i=1}^{N} \xi_i$$

$$y_i(\boldsymbol{w} \cdot x_i + b) + \xi_i \leqslant 1$$

$$\xi_i \geqslant 0, i = 1,2,3,\cdots,N$$

此优化问题，可以证明$\boldsymbol{w}$、b、ξ_i可解，且$\boldsymbol{w}$解唯一，但b解不唯一，b解是一个区间。

松弛变量的加入允许数据点可以偏离超平面，松弛变量ξ_i直观地表示了对应数据点允许偏离的程度。而C值是一个控制参数，它控制着平面间隔最大化和数据偏离最小化之间的平衡。C越大，代表模型对错误分类越敏感，越接近硬间隔支持向量机。

线性支持向量机在于加入松弛变量，将由异常值导致的线性不可分转化为线性可分的问题，其思路仍在于间隔最大化，但与线性可分支持向量机有所区别。线性可分支持向量机的间隔最大化又被称为硬间隔最大化，线性支持向量机的间隔最大化则被称为软间隔最大化。

以表 12-2 所示数据为例，将问题变为三角点的$y_i = -1$，圆形点的$y_i = 1$，正例点为$x_1 = (0,0)$、$x_2 = (1,0)$，负例点为$x_3 = (0,1)$、$x_4 = (1,1)$、$x_5 = (0.5,0)$，试使用线性支持向量机方法求解出分离超平面。使用线性支持向量机建模，分别选择惩罚参数 4 和 1.5。要注意，

⊖ 12.3 节和 12.4 节不再推导计算公式和例题的计算步骤，有兴趣的读者请到作者的知乎主页上阅读相关内容。

scilti-learn 中的 svm. SVC 函数惩罚项的设置位置和式（12-20）正好颠倒，因此参数 C 越小，惩罚越大。因此 1.5 的惩罚高于 4。

```
x1 = [0, 1, 0, 1, 0.5]; x2 = [0, 0, 1, 1, 0]
y2 = [1, 1, 0, 0, 0]
model2 = svm.SVC(C=4, kernel='linear').fit(list(zip(x1, x2)), y2)
```

建立好模型后，输出决策函数的图形：

```
Z2 = model2.predict(np.c_[xx.ravel(), yy.ravel()]).reshape(xx.shape)
plt.figure(figsize=[2, 2])
plt.contourf(xx, yy, Z2, cmap=plt.cm.coolwarm, alpha=0.5)
plt.show()
```

分别运行惩罚参数为 4 和 1.5 的代码得到超平面，如图 12-9 所示。

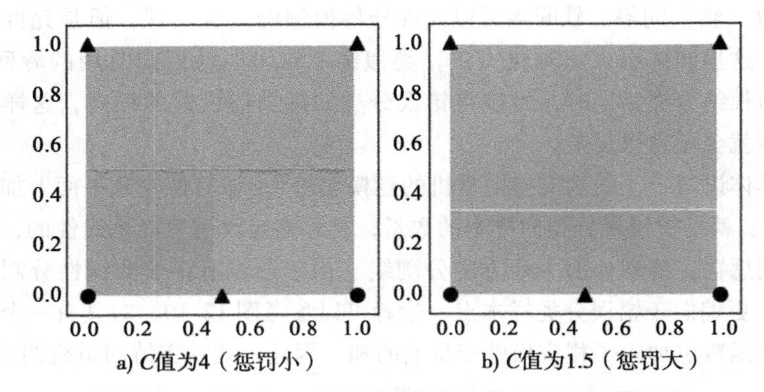

图 12-9　scikit-learn 针对软间隔最大化的线性决策边界

数据被超平面分割，且点（0.5，0）被视为了异常值。scikit-learn 的 SVC 函数中由 C 接收惩罚参数，值越小则惩罚越严重。图 12-9a 所示是惩罚系数为 4 时的情形，与图 12-8 所示并无显著差异。图 12-9b 所示是惩罚系数为 1.5 时的情形，分割线明显向下偏移，这是由于对点（0.5，0）的错误分类给予了更大的惩罚，分割平面更偏向被错误分类的点。拿磁铁做一个比喻，分割线就是一根很硬的铁丝，从不打弯。被分割线正确划分的两类边界点（即点 1、2、3、4，四角上的点）是在排斥分割线，即让分割线离自己越远越好。被分割线错误划分的点（即点 5，下面的三角形）是在吸引分割线，希望分割线离自己更近一点。当错误分类惩罚值小的时候，错分类的点 5 对分割线的吸引力不大，因此其他四个点的排斥力使得分割线基本上居于分类的中线上，而当错误分类惩罚值加大后，错分类的点 5 的吸引力开始逐步起效，将分割线拉向自己。

为了对 SVC 的分类策略理解更清晰，此处把下一节将要讲的核函数方法得到决策边界也展现出来，如图 12-10 所示。

如上图所示，有三个模型，其核函数均为高斯核函数（rbf），惩罚项从左至右分别为 2、4、30，即惩罚越来越低。高斯核函数通俗一些理解，就是二维空间上的椭圆、高维空间上的

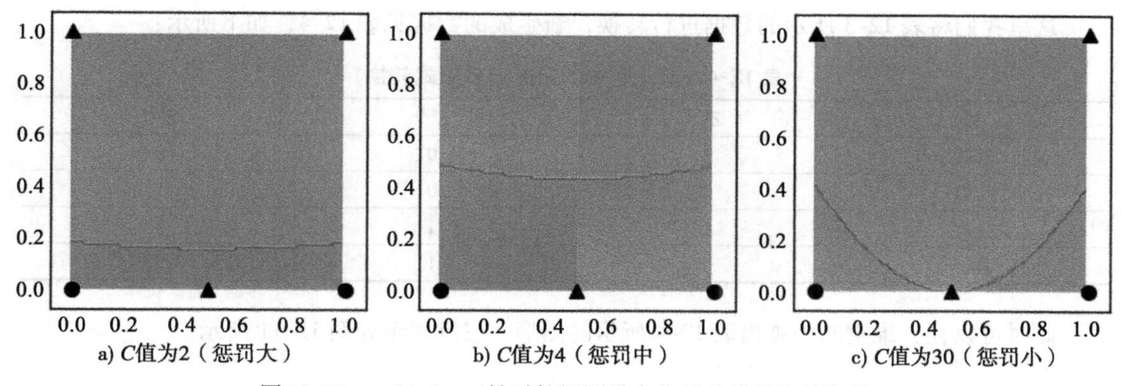

图 12-10　scikit-learn 针对软间隔最大化的非线性决策边界

椭球。如上图所示，我们把通过高斯核函数构造的分割曲线（高维的就是曲面）想象为一个硬度较小的铁丝，不受外力时保持直线形态，受外力作用时可以变弯曲，但是本身的韧性使其一直是光滑的。当 C 值为 2 时，错分类的点 5（下面的三角）的吸引力远大于点 1 和点 2（下面的两个圆点），因此分割曲面被点 5 整体平移拉下来；由于点 1、2 对其有小量排斥力，因此分割线向上微微翘起。当惩罚小的时候，点 5 对分割线的拉力和点 1、2 对分割线的斥力是相当的，分割线在两股作用力下变弯曲度加大。

鉴于以上的示例，最终在实际工作中得到一个设置 SVM 惩罚项和核函数的原则，那就是没有原则，使用网格搜索方法，遍历可能的取值，一切结论依靠在测试数据集上的模型表现来定。

另外，需要说明的是，scikit-learn 中的 svm. SVC(kernel = 'linear') 和 svm. LinearSVC()均可以用于作软间隔最大化线性支持向量机。根据官方文档中的说明，LinearSVC()使用的是 LibLinear 中提供的算法，能更好地应用于大量的数据，而 SVC 使用的是 LibSVM 提供的算法。两者的共同点是，都是其他作者用 C 语言编写的，不同点在于两个算法使用的损失函数不一样。鉴于 scikit-learn 在实现一些算法时引用了以往其他作者的代码，并没有完全改写以统一目标函数，读者可以使用网格搜索等暴力方式求解最合适的惩罚值，不必纠结于参数——C 值的增加是提高还是降低惩罚效应的问题。

12.4　非线性支持向量机与核函数

对于表 12-3 展示的数据集，我们假定没有异常值。通过图 12-3 可知，这个数据集线性不可分，对于这种情况，一个想法是构造该二维数据到高维映射，当该数据映射到高维空间中时，就可以被分离了，此时再找到高维空间中的分离超平面，从而能够对数据进行正确分类。

将对于这个数据集，可以构造映射：

$$\begin{cases} Z^{(1)} = X^{(1)} \\ Z^{(2)} = X^{(2)} \\ Z^{(3)} = (X^{(1)} - X^{(2)})^2 \end{cases}$$

这里我们将表 12-3 所示的数据进行转换，新生成的数据见表 12-4，如下所示：

表 12-4 原始数据的拓展（多项式转换）

Y	$Z^{(1)}$	$Z^{(2)}$	$Z^{(3)}$
圆形	0	0	0
三角	1	0	1
三角	0	1	1
圆形	1	1	0

此时可以在三维空间中画出表 12-4 所示的图形，三维展示如图 12-11 所示。

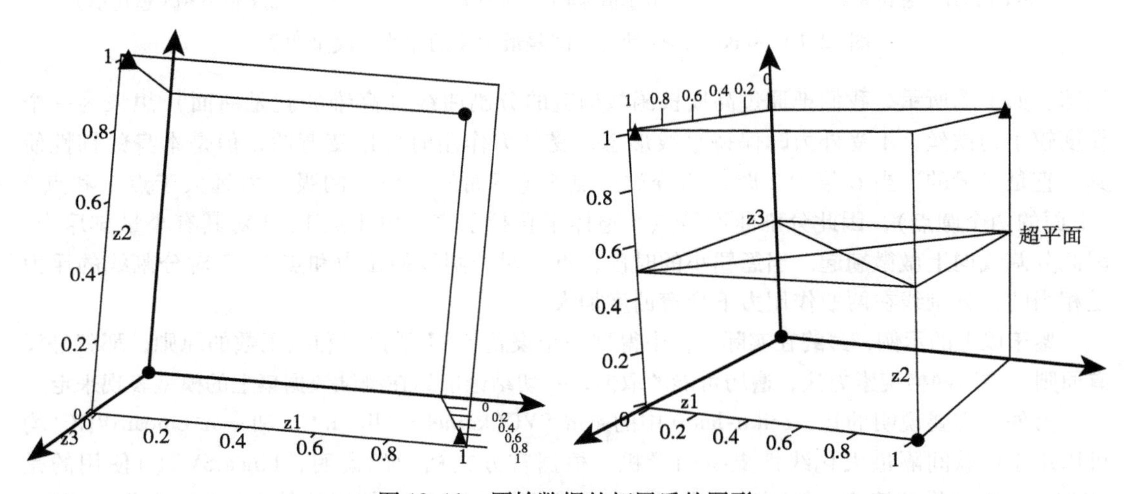

图 12-11 原始数据的拓展后的图形

图 12-11 中的两个子图是不同角度下的三维散点图，左图的视角类似二维平面上的点分布，此时看似不可线性分割；而右图更换了一个视角，可以被超平面分割了。原本在二维空间上无法线性分割的图形，可以被三维的超平面准确分离。

非线性支持向量机的一个重要概念是核函数。核函数的功能就是通过函数映射将数据变换到高维空间，所以理解非线性支持向量机就必须先理解核函数。

12.4.1 核函数

1. 核函数和核技巧

核函数的思想是构造原输入数据的高维映射，将输入空间的数据映射到高维空间。核函数可以被定义为：

$$K(\boldsymbol{x},z) = \boldsymbol{\Phi}(\boldsymbol{x}) \cdot \boldsymbol{\Phi}(z)$$

其中，$\boldsymbol{\Phi}(\boldsymbol{x})$ 为映射函数，注意 $\boldsymbol{\Phi}(\boldsymbol{x}) \cdot \boldsymbol{\Phi}(z)$ 运算方式为向量内积。

例如，由数据集（3），通过构造映射函数，将原有数据映射到数据集（4），将二维数据映射到了三维空间中，此时：

$$\begin{cases} Z^{(1)} = \boldsymbol{x}^{(1)} \\ Z^{(2)} = \boldsymbol{x}^{(2)} \\ Z^{(3)} = (\boldsymbol{x}^{(1)} - \boldsymbol{x}^{(2)})^2 \end{cases} \Rightarrow \begin{cases} \Phi(\boldsymbol{x}) = (\boldsymbol{x}^{(1)}, \boldsymbol{x}^{(2)}, (\boldsymbol{x})^{(1)} - \boldsymbol{x}^{(2)})^2) \\ \Phi(\boldsymbol{z}) = (z^{(1)}, z^{(2)}, z^{(3)}) \end{cases}$$

此时的核函数为：

$$K(\boldsymbol{x},\boldsymbol{z}) = \boldsymbol{x}^{(1)^2} + \boldsymbol{x}^{(2)^2} + (\boldsymbol{x})^{(1)} - \boldsymbol{x}^{(2)})^4$$

求取核函数的过程中首先需要知道映射函数 $\Phi(\boldsymbol{x})$ 和 $\Phi(\boldsymbol{z})$，再通过它们的内积求得 $K(\boldsymbol{x},\boldsymbol{z})$。在一些优化过程中，有时候并不需要知道映射函数 $\Phi(\boldsymbol{x})$ 和 $\Phi(\boldsymbol{z})$ 具体是什么，只需要知道它们的内积 $K(\boldsymbol{x},\boldsymbol{z})$，可以直接带入内积 $K(\boldsymbol{x},\boldsymbol{z})$，即核函数就可以完成优化过程，这种技巧称为核技巧。在非线性支持向量机中，就运用了核技巧。

2. 核技巧应用于非线性支持向量机

在 12.3 节中介绍了线性支持向量机的目标函数，即

$$\min_{a} \varphi(\alpha) = \frac{1}{2}\sum_{i=1}^{N}\sum_{j=1}^{N} \alpha_i \alpha_j y_i y_j (\boldsymbol{x}_i \cdot \boldsymbol{x}_j) - \sum_{i=1}^{N} \alpha_i$$

其中，$\begin{cases} \sum_{i=1}^{N} \alpha_i y_i = 0 \\ 0 \leqslant \alpha_i \leqslant C, i = 1,2,\cdots,N \end{cases}$

其中，$(\boldsymbol{x}_i \cdot \boldsymbol{x}_j)$ 表示输入空间中任意两个点的内积，此时使用核函数 $K(\boldsymbol{x}_i, \boldsymbol{x}_j)$ 代替 $(\boldsymbol{x}_i \cdot \boldsymbol{x}_j)$，即

$$\min_{a}\varphi(\alpha) = \frac{1}{2}\sum_{i=1}^{N}\sum_{j=1}^{N} \alpha_i \alpha_j y_i y_j K(\boldsymbol{x}_i, \boldsymbol{x}_j) - \sum_{i=1}^{N} \alpha_i$$

其中，$\begin{cases} \sum_{i=1}^{N} \alpha_i y_i = 0 \\ 0 \leqslant \alpha_i \leqslant C, i = 1,2,\cdots,N \end{cases}$

上述过程实质上是用输入向量内积的核函数运算代替高维空间（特征空间）的内积，从而达到了将输入空间数据进行高维空间映射的目的。同时，这个过程中并不需要知道高维空间到底是几维，映射函数具体是什么，使用核技巧的结果使得线性支持向量机变成了非线性支持向量机，由此求出的超曲面便可以对数据进行分类预测。

3. 常见的核函数

核函数需要满足一定条件（正定核函数），而要验证核函数是否符合要求是比较困难的，所以一般使用已经被证实是符合要求的核函数，这些核函数包括多项式核函数、高斯核函数以及 *sigmoid* 核函数，下面分别进行介绍。

（1）p 次多项式核函数：

$$K(\boldsymbol{x},\boldsymbol{z}) = (\gamma \boldsymbol{x} \cdot \boldsymbol{z} + c)^p$$

其中，γ、c、p 是可设置参数。

（2）高斯核函数（又称径向基核函数）：

$$K(\boldsymbol{x},\boldsymbol{z}) = \exp(-\gamma\|x - z\|^2)$$

其中，γ 是可设置参数。

（3）sigmoid 核函数：

$$K(\boldsymbol{x},\boldsymbol{z}) = \tanh(\gamma\boldsymbol{x} \cdot \boldsymbol{z} + c)$$

其中，γ、c 是可设置参数。

非线性支持向量机的前提假定是数据在高维空间中是线性可分的，而核函数的作用在于空间转换，不同的核函数会对实际的分类效果带来影响。每一个核函数都有相应的可调节的参数，再加上支持向量机本身的惩罚参数 C，可见支持向量机可调节的参数非常多。

使用较多的核函数是高斯/径向基核函数，其参数较少，而且可以构造无穷维的高维空间。在实际操作中可以通过交叉验证确定核函数的最优参数。

12.4.2 非线性支持向量机的学习

非线性支持向量机的学习过程与线性支持向量机的非常类似，不同之处在于：

- 核函数 $K(\boldsymbol{x}_i,\boldsymbol{x}_j)$ 替代了原输入空间的点积（$\boldsymbol{x}_i \cdot \boldsymbol{x}_j$），从而构造原输入空间到高维空间的映射。
- 由于核函数 $K(\boldsymbol{x}_i,\boldsymbol{x}_j) = \boldsymbol{\Phi}(\boldsymbol{x}_i) \cdot \boldsymbol{\Phi}(\boldsymbol{x}_j)$ 中，且映射函数是隐式的，故只能知道映射函数的内积，参数 w 和 x 都是不可求的，但可以求出决策函数 $f(x)$，并可以用于分类预测。

具体来说，非线性支持向量机的学习过程如下：

输入：训练数据集 $T = \{(x_1,y_1),(x_2,y_2),(x_3,y_3)\cdots(x_N,y_N)\}, y = \{-1,1\}$。

（1）选择一个参数 C 大于 0，求解优化问题：

$$\min_{\alpha} \varphi(\alpha) = \frac{1}{2}\sum_{i=1}^{N}\sum_{j=1}^{N} \alpha_i \alpha_j y_i y_j K(\boldsymbol{x}_i,\boldsymbol{x}_j) - \sum_{i=1}^{N}\alpha_i$$

其中，$\begin{cases} \sum_{i=1}^{N} \alpha_i y_i = 0 \\ 0 \leqslant \alpha_i \leqslant C, i = 1,2,\cdots,N \end{cases}$

求解最优化的所有 α_i。

（2）选择符合 $0 \leqslant \alpha_i \leqslant C$ 条件的一个 α_i，然后计算出超平面的另外一个参数 b：

$$b = y_j - \sum_{i=1}^{N} \alpha_i y_i K(\boldsymbol{x}_i,\boldsymbol{x}_j)$$

输出：分类决策函数如下。

$$f(x) = \mathrm{sign}\left(\sum_{i=1}^{N} \alpha_i y_i K(\boldsymbol{x},\boldsymbol{x}_j) + b\right)$$

12.4.3 示例与 Python 实现

本例题使用表 12-3 中所示的数据，从图 12-3 所示可以看出，本数据集的特点是线性不可分的，三角点的$y_i=-1$，圆形点的$y_i=1$，正例点为$\boldsymbol{x}_1=(0,0)$，$x_2=(1,0)$，负例点为$x_3=(0,1)$，$x_4=(1,1)$，试使用非线性支持向量机方法求解出分离的决策函数。核函数选取二次多项式核函数，即$K(x_i\cdot x_j)=(x_i\cdot x_j+1)^2$。

首先使用表 12-3 所示的数据进行数据集的构造，使用线性可分支持向量机建模。选择惩罚参数为 3，二阶多项式 degree 为 2，系数为 1，gamma 为 1，进行建模：

```
x1 = [0, 1, 0, 1]; x2 = [0, 0, 1, 1]
y3 = [0, 1, 1, 0]
model3 = svm.SVC(C=3, kernel='poly', gamma=1, coef0=1, degree=2)
model3.fit(list(zip(x1, x2)), y3)
```

建立好模型后，使用 plot 输出图示。

```
Z3 = model3.predict(np.c_[xx.ravel(), yy.ravel()]).reshape(xx.shape)
plt.figure(figsize=[2, 2])
plt.contourf(xx, yy, Z3, cmap=plt.cm.coolwarm, alpha=0.5)
plt.show()
```

分类决策的边界展示如图 12-12 所示，此时数据被超曲面分为了两个区域，且分类预测准确。

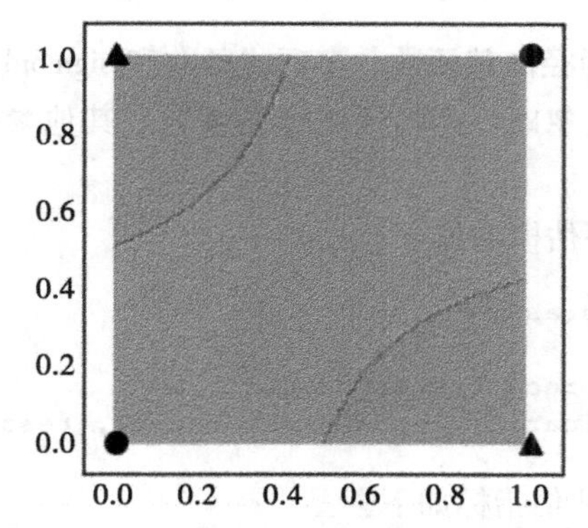

图 12-12 线性不可分分类决策边界展示

12.5 使用支持向量机的案例

这里我们再次使用第 11 章使用过的婚恋网站约会是否成功的数据进行 SVM 算法的演示。正如 12.4.3 节的例题所示，使用 scikit-learn 可以非常方便地用支持向量机进行建模。先将 numpy 和 pandas 引入进来：

```
%matplotlib inline

import numpy as np
import pandas as pd
import matplotlib.pyplot as plt
```

仍然使用约会网站约会数据进行建模分析：

```
orgData = pd.read_csv('date_data2.csv')

X = orgData.ix[:, :4]
y = orgData['Dated']
```

我们提取了数据集中前四个连续型变量进行建模，具体的字段说明可以参考第 11 章中讲到的 KNN 实现相关的内容。

将数据集划分为训练集和测试集：

```
from sklearn.model_selection import train_test_split

train_data, test_data, train_target, test_target = train_test_split(
    X, y, test_size=0.2, train_size=0.8, random_state=1234)
```

使用支持向量机进行建模：

```
from sklearn import svm

svc_model = svm.SVC(kernel='linear', gamma=0.5, C=0.5,
                    probability=True).fit(train_data, train_target)
```

其中 gamma 是当核函数为径向基函数、多项式函数和 sigmoid 函数时的函数参数，当核函数为线性函数时，该参数会被忽略，*C* 则代表惩罚系数。其他参数说明可参见该函数的帮助文档。

建模完成后在测试集上评估模型如下：

```
import sklearn.metrics as metrics

test_est = svc_model.predict(test_data)
print(metrics.classification_report(test_target, test_est))
```

线性 SVM 模型的决策类评估指标如下：

```
             precision    recall  f1-score   support

          0       0.88      0.88      0.88         8
          1       0.92      0.92      0.92        12

avg / total       0.90      0.90      0.90        20
```

由上可以看到，对显性事件的召回率和精确度均为 0.92，还是比较高的。下面看看高斯核表现如何。对于高斯核来说，对变量的尺度是敏感的，因此需要事先进行标准化再建模：

```
from sklearn import preprocessing

scaler = preprocessing.StandardScaler().fit(train_data)
train_scaled = scaler.transform(train_data)
test_scaled = scaler.transform(test_data)
```

```
svc_model1 = svm.SVC(kernel='rbf', gamma=0.5, C=0.5,
                probability=True).fit(train_scaled, train_target)
test_est1 = svc_model1.predict(test_scaled)

print(metrics.classification_report(test_target, test_est1))
```

高斯 SVM 模型的决策类评估指标如下：

```
             precision    recall  f1-score   support

          0       1.00      0.88      0.93         8
          1       0.92      1.00      0.96        12

avg / total       0.95      0.95      0.95        20
```

由上可见，模型的效果更好。此处，读者可以尝试不进行标准化而直接应用高斯核支持向量机，会发现由于变量尺度上的差异及惩罚项的存在，未标准化而直接应用支持向量机的模型效果很差，本书不再进行比较。

此外，由于模型有较多的参数，同时可以选择不同的核函数，我们有必要通过参数搜索寻找指定空间内的最优参数：

```
from sklearn.model_selection import ParameterGrid, GridSearchCV

kernel = ('linear', 'rbf')
gamma = np.arange(0.01, 1, 0.1)
C = np.arange(0.01, 1.0, 0.1)
grid = {'kernel': kernel, 'gamma': gamma, 'C': C}

svc_search = GridSearchCV(estimator=svm.SVC(), param_grid=grid, cv=3)
svc_search.fit(train_scaled, train_target)
```

SVM 模型的网格搜索信息如下：

```
GridSearchCV(cv=3, error_score='raise',
       estimator=SVC(C=1.0, cache_size=200, class_weight=None, coef0=
0.0,
  decision_function_shape=None, degree=3, gamma='auto', kernel='rbf',
  max_iter=-1, probability=False, random_state=None, shrinking=True,
  tol=0.001, verbose=False),
       fit_params={}, iid=True, n_jobs=1,
       param_grid={'kernel': ('linear', 'rbf'), 'gamma': array([ 0.01,
0.11,  0.21,  0.31,  0.41,  0.51,  0.61,  0.71,  0.81,  0.91]), 'C': a
rray([ 0.01,  0.11,  0.21,  0.31,  0.41,  0.51,  0.61,  0.71,  0.81,
0.91])},
       pre_dispatch='2*n_jobs', refit=True, return_train_score=True,
       scoring=None, verbose=0)
```

我们对 kernel、gamma、C 三个参数指定搜索空间，使用 3 折交叉验证在标准化后的数据集上进行训练。通过搜索可以找到最优参数如下：

```
svc_search.best_params_
```

输出如下：

```
{'C': 0.5100000000000001, 'gamma': 0.01, 'kernel': 'linear'}
```

对本数据集来说，使用线性核，惩罚项参数设置为 0.5 时，模型可以取得最佳效果，生成在测试集上的分类效果报告如下：

```
test_est2 = svc_search.predict(test_scaled)
print(metrics.classification_report(test_target, test_est2))
```

网格搜索确定的最优 SVM 模型的决策类评估指标如下：

```
             precision    recall  f1-score   support

          0       1.00      0.88      0.93         8
          1       0.92      1.00      0.96        12

avg / total       0.95      0.95      0.95        20
```

得到 SVM 模型后，可以画出每两两变量之间的关系图，这样可提升感性认识，但一般不能推广到大于两维的情况。以下我们选择了吸引力 Attractive 和资产 Assets 作为坐标轴，在这两条轴的范围内生成网格点，这些点能覆盖整个坐标平面（使用 np. meshgrid），然后使用不同的核函数对标准化后的训练集进行建模。在后一段代码中会用模型对这些网格点进行预测：

```
train_x = train_scaled[:, 1:3]
train_y = train_target.values
h = 0.01  # step size in the mesh
C = 1.0  # SVM regularization parameter
svc = svm.SVC(kernel='linear', C=C).fit(train_x, train_y)
rbf_svc = svm.SVC(kernel='rbf', gamma=0.5, C=C).fit(train_x, train_y)
poly_svc = svm.SVC(kernel='poly', degree=3, C=C).fit(train_x, train_y)
lin_svc = svm.LinearSVC(C=C).fit(train_x, train_y)

# create a mesh to plot in
x_min, x_max = train_x[:, 0].min() - 1, train_x[:, 0].max() + 1
y_min, y_max = train_x[:, 1].min() - 1, train_x[:, 1].max() + 1
xx, yy = np.meshgrid(np.arange(x_min, x_max, h),
                     np.arange(y_min, y_max, h))

# title for the plots
titles = ['SVC with linear kernel',
          'LinearSVC (linear kernel)',
          'SVC with RBF kernel',
          'SVC with polynomial (degree 3) kernel']
```

有了网格点和模型，我们可以预测这些网格点的标签，并绘制等高线图，其中坐标为吸引力 Attractive 和资产 Assets，高度为模型在这些点上的预测值：

```
plt.figure(figsize=(5, 5))
for i, clf in enumerate((svc, lin_svc, rbf_svc, poly_svc)):
    # Plot the decision boundary. For that, we will assign a color
    # to eachpoint in the mesh [x_min, x_max]x[y_min,y_max].
```

```
        plt.subplot(2, 2, i + 1)
        plt.subplots_adjust(wspace=0.3, hspace=0.3)

        Z = clf.predict(np.c_[xx.ravel(), yy.ravel()])

        # Put the result into a color plot
        Z = Z.reshape(xx.shape)
        plt.contourf(xx, yy, Z, cmap=plt.cm.coolwarm, alpha=0.5)

        # Put also the training points
        plt.scatter(train_x[:, 0], train_x[:, 1], c=train_y,
                    cmap=plt.cm.coolwarm)
        plt.xlabel('Attractive', {'fontsize': 9})
        plt.ylabel('Assets', {'fontsize': 9})
        plt.xlim(xx.min(), xx.max())
        plt.ylim(yy.min(), yy.max())
        plt.xticks(())
        plt.yticks(())
        plt.title(titles[i], {'fontsize': 9})

    plt.show()
```

可以看到不同的模型有不同形状的决策边界（见图 12-13），线性核的支持向量机的决策边界是超平面，而其他核函数的支持向量机决策平面为超曲面。读者可以根据注释对代码进行解读，同时也可以尝试使用预测的概率值绘制等高线。需要注意，若要使用 predict_proba 预测概率值，则在模型初始化时要设置参数 probability = True，同时预测的概率值含两列，分别是目标取 0 的概率和取 1 的概率，仅保留其中一列就可以。另外值得注意的是，svm. LinearSVC 不能预测概率值，只能产生分类的标签。

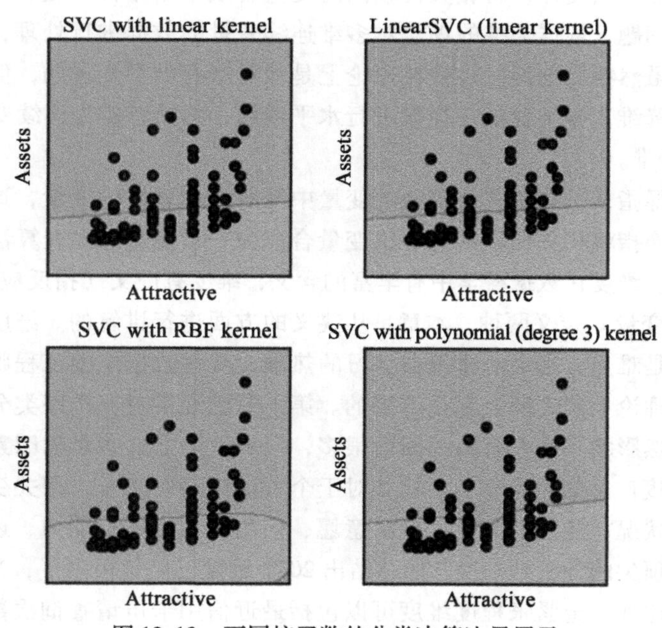

图 12-13 不同核函数的分类决策边界展示

Chapter 13 第13章

连续变量的特征选择与转换

在现实情况中，由于数据日益丰富，建模可使用的原始数据有成千甚至上万个特征（或变量），这么多的特征对建模的解释会造成一定的困难。建模的两大危险因素是引入了不相关变量和冗余变量。不同算法剔除不相关变量的方式也不同：之前讲解的分类模型中可以通过两变量统计检验、逐步、决策树等模型算法剔除不相关变量；而后续讲解的聚类模型可完全依靠分析师的个人经验，借助维度分析的手段进行不相关变量的剔除。至于去除冗余变量，统一采用主成分算法及其变体，将相关性较高的变量合成一个指标，或者选取一个变量。本章针对冗余变量的问题，依据降维的理念对多维连续变量的数据进行处理，从而达到变量筛选和降维的目的。虽然特征选择与转换在理论上是针对所有类型变量的，但实操中只有连续变量可以较方便地降维，分类变量往往先进行水平规约，然后转换为连续变量（该方法称为WOE转换）进行降维。

本章的特征选择指从一些相关性较高的变量中提取有代表性的变量，这在统计学中称为变量聚类；特征转换指将相关性较高的一组变量合成为一个变量，代表算法是主成分分析算法和因子分析算法。维度在数据科学中有丰富的含义，维度有广义（指反应事物特征的方面）和狭义（指特征或变量）定义两种，本章是从狭义的方面进行讲解的。维度分析既是学习数据科学的重点，又是难点。当今恰逢机器学习的热潮，有些数据挖掘工程师动辄上对万个变量进行建模，这从理论上和实操上都是不妥的。第1章已经讲过，排序类分类模型是对人的行为进行建模，虽然影响一个人行为的因素很多，但是理论上这些影响因素会被归纳到少量的维度（此处为维度广义的定义）上。比如对于个人信用违约来说，相关变量可以被归为基本属性、社会经济状况、经济稳定性、还款意愿、信用历史、还款能力、还款偏好、资金紧张程度等。对手最顶尖的分析师来说，能总结出20个维度已经是极限了，当然每个维度中的变量可能非常多，比如资金紧张程度维度可以包括最近信用卡申请查询次数、个人贷款查询次数、互金贷款查询次数等几十个变量。但是这些变量相关性很高，最终一个维度中不相关的变量往往只有三四个，因此最终放入模型的有预测价值的变量数量极限也就是几十个而已。另外模型中变量数量多会降低模型的稳定性、增加模型的维护成本。模型稳定性和鲁棒性是容易被混淆的两个概念，前者是数据挖掘实操中的概念，指因不同期输入数据的漂移造成模型预测的均值发生改变；后者是机器学习的概念，指模型算法的适应性，比如对异常值的容忍程度。

在高数据维度上建模的实践价值在于获得该运用主题的最高的模型效果，比如反欺诈模型，在对欺诈情况并不了解的条件下，可以在数据离散化后在高维数据集上建立一个大模型。而随着对欺诈情况的深入了解，在数据挖掘最佳实践中是分不同情况进行分别建模的，也就是说可以对一个数据挖掘主题建立上千个模型，而不是做一个上万个变量的一个模型。因此在排序类分类模型中，数据分析人员放弃维度分析（此处为广义），放任算法自行在高维数据上建模是建模的初级阶段。

13.1 方法概述

在进行建模时，一般原始数据的变量非常多，若直接建模，计算量会随变量数量的增加呈指数增长，同时模型稳定性下降，维护成本增加。此时就需要通过各种办法降低数据的维度并筛选对模型有用的变量。若数据的维度能够被降低到符合预期的程度并且不至于损失太多对模型有用的信息，那么这种降维就是理想的。

降低数据维度的操作属于特征（或属性）选择和特征变换，分为以下两个方面：

1. 变量筛选

之前在 7.1.3 节中介绍过变量筛选方法，包括向前法、向后法、逐步法、决策树等，通过删除对模型没有效果提升的变量，降低建模时的数据维度。

2. 维度归约

所谓维度归约，就是要减少数据的特征数目，摒弃不重要的特征，尽量只用少数的关键特征描述数据。如果原数据可以通过压缩数据重新构造并且不丢失任何信息，则该维度归约是无损的。如果我们只能重新构造原数据的近似表示，则该维度归约是有损的。很多人担心信息损失，实际上模型的可运用性是最重要的，一般预测类模型要求信息损失越少越好，尤其是黑盒模型，由于其本身模型不可解释，因此完全可以追求信息无损；而聚类模型为了追求模型的可解释性，信息损失可以多一点，这也反映了抓大放小的思想。

本章主要介绍维度规约的知识与方法，维度规约主要方法包括主成分分析、变量聚类、因子分析和奇异值分解等。

（1）**主成分分析**：主成分分析是考察多个变量之间相关性的一种多元统计方法。从原始变量中导出少数几个主成分，使它们尽可能多地保留原始变量的信息，且彼此间互不相关，以达到用少数几个主成分揭示多个变量间结构的目的。由于原始数据经主成分分析之后，得到的主成分不再具有可解释性，因此该方法多用于不可解释类的预测模型，比如神经网络、支持向量机。在13.2节讲解该算法。

（2）**变量聚类**：本质上来讲，变量聚类是主成分分析的一个运用。这种方法是通过丢弃一些相关性较强的变量，以达到降低冗余信息、避免共线性的目的。该方法多用于可解释类预测模型前的特征处理，比如线性回归、逻辑回归、决策树、KNN，也可用于聚类模型。在13.3节讲解该算法。

（3）**因子分析**：本章只讲解因子旋转法的因子分析[一]，该方法是主成分分析的延伸。由于主成分不具有可解释性，但社会科学（商业、心理学、社会学等）工作者在研究问题时又非常关心变量的可解释性，因此通过调整主成分在原始变量上的权重，以发现（实际上一大部分是人为赋予）主成分所代表的含义。该方法主要用于描述性统计分析和聚类模型，不用于预测类模型建模。在13.4节讲解该算法。

（4）**奇异值分解**：奇异值分解是主成分分析在非方阵情况下的推广。某些方面与对称矩阵或Hermite矩阵基于特征向量的对角化类似。虽然这两种矩阵分解有其相关性，但仍存在明显不同。该方法广泛用于推荐算法，也可以用于缺失值填补。该部分内容不属于本书的讲解范畴，大家去笔者的知乎主页上[二]可以查看相关文稿。

13.2 主成分分析

主成分分析在尽量保证数据信息丢失最小的情况下，将多个变量的数据进行简化，可以理解为根据多个变量之间的相关关系和某种线性组合进行转化，得到少数几个保留较多信息且之间不相关的综合变量。

13.2.1 主成分分析简介

在线性回归章节中介绍过连续变量间相关性的概念，通过散点图可以直观地展示两个连续变量的相关性强弱，也可以生成表示相关性强弱的相关系数。当连续变量多于两个时，生成的相关系数矩阵也可以直观地展示多个连续变量之间的关系。当多个变量两两之间的相关性较强时，表示这些变量之中共同的信息比较多。此时，若能通过一种方法提取多个变量之间的共同信息，又不至于过多损失原多个变量总的信息，那么就可以把复杂的多元分析问题变得简单。

主成分分析就是这样一种考察多个变量间相关性的多元统计方法，其研究如何通过少数

[一] 笔者能力有限，无法理解极大似然法等其他因子分析的实际含义，也没有找到能把这些概念讲透彻的文献，因此本书不涉及其他方法。欢迎读者与笔者就这些算法进行讨论，笔者的QQ是453288431。

[二] https://www.zhihu.com/people/CoolFarmer/。

几个主成分揭示多个变量间的内部结构，即从原始变量中导出并保留少数几个主要的主成分，使它们尽可能多地保留原始变量的信息，且彼此间互不相关。

主成分分析的目的是构造输入变量的少数线性组合，尽量多地解释数据的变异性。这些线性组合被称为主成分，它们形成的降维数据可用于后续的预测或聚类模型。

13.2.2　主成分分析原理

1. 几何解释

考虑两个有较强线性关系的连续变量 X 和 Y，其散点图如图 13-1 所示。第一个主成分由图中比较长的直线代表，在这个方向上能够最好解释数据的变异性，即数据在该轴上投影的方差最大；第二个主成分由图中比较短的直线代表，与第一个主成分正交，能够最好解释数据中剩余的变异性。一般而言，每个主成分都需要与之前的主成分正交，并且能够最好解释数据中剩余的变异性。

考虑三个有比较强线性关系的连续变量 X、Y 和 Z，其散点图如图 13-2 所示。三维空间上的相关连续变量呈椭球状分布，只有这样的分布才需要做主成分分析。如果散点在空间上呈球形分布，则说明变量间没有相关关系，没有必要做主成分分析，也不能做变量的压缩。

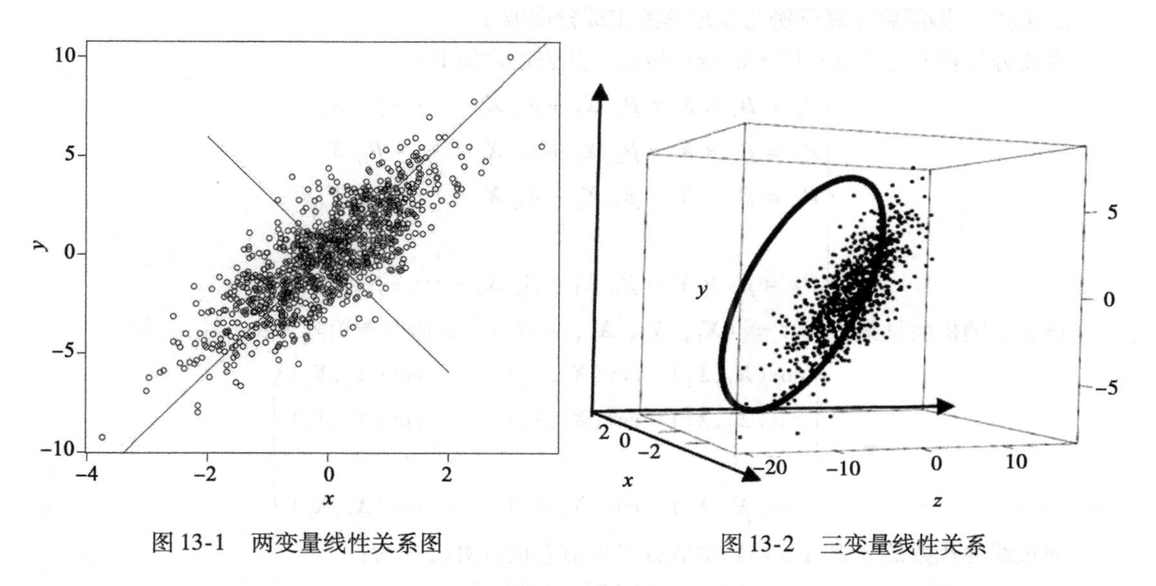

图 13-1　两变量线性关系图　　　　图 13-2　三变量线性关系

在三个变量中，首先找到这个空间椭球的最长轴，即数据变异最大的轴，如图 13-3 所示。之后在与第一个主成分直线垂直的所有方向上，找到第二根最长的轴，再在垂直于第一、第二个主成分直线的所有方向找到第三个根最长的轴，如图 13-4 所示。

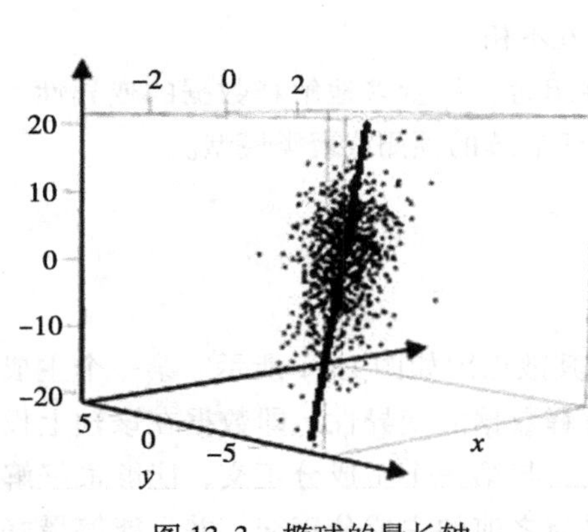

图 13-3　椭球的最长轴

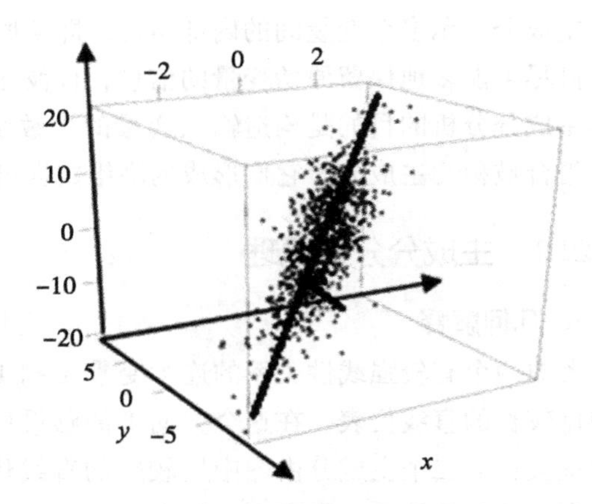

图 13-4　椭球的次长轴

这三根轴可以提取原多元数据的信息。在这个例子中，第一根轴是最长的，其携带的信息量也是最大的，第二根、第三根轴所带的信息量依次减少，三根轴累积提取了原数据的所有的信息量。如果前两个主轴上的信息占到了较高的地步，比如超过90%，则第三个主轴上的信息就可以丢弃不用，从而达到压缩变量的目的。

2. 线性代数解释（基于协方差矩阵的主成分提取）

主成分是在原始数据空间上的线性转换，其表达式如下：

$$\begin{cases} P_1 = \boldsymbol{\beta}_1 \times \boldsymbol{X} = \beta_{11}\boldsymbol{X}_1 + \beta_{12}\boldsymbol{X}_2 + \cdots + \beta_{13}\boldsymbol{X}_p \\ P_2 = \boldsymbol{\beta}_2 \times \boldsymbol{X} = \beta_{21}\boldsymbol{X}_1 + \beta_{22}\boldsymbol{X}_2 + \cdots + \beta_{2p}\boldsymbol{X}_p \\ P_3 = \boldsymbol{\beta}_3 \times \boldsymbol{X} = \beta_{31}\boldsymbol{X}_1 + \beta_{32}\boldsymbol{X}_2 + \cdots + \beta_{3p}\boldsymbol{X}_p \\ \cdots \\ P_P = \boldsymbol{\beta}_4 \times \boldsymbol{X} = \beta_{p1}\boldsymbol{X}_1 + \beta_{p2}\boldsymbol{X}_2 + \cdots + \beta_{pp}\boldsymbol{X}_p \end{cases}$$

设多个随机向量集合为 $\boldsymbol{X} = (\boldsymbol{X}_1, \boldsymbol{X}_2, \boldsymbol{X}_3, \cdots \boldsymbol{X}_P)$，其协方差矩阵为：

$$\boldsymbol{\Sigma} = \begin{pmatrix} \mathrm{cov}(\boldsymbol{X}_1,\boldsymbol{X}_1) & \mathrm{cov}(\boldsymbol{X}_1,\boldsymbol{X}_2) & \cdots & \mathrm{cov}(\boldsymbol{X}_1,\boldsymbol{X}_p) \\ \mathrm{cov}(\boldsymbol{X}_2,\boldsymbol{X}_1) & \mathrm{cov}(\boldsymbol{X}_2,\boldsymbol{X}_2) & \cdots & \mathrm{cov}(\boldsymbol{X}_2,\boldsymbol{X}_p) \\ \vdots & \vdots & \cdots & \vdots \\ \mathrm{cov}(\boldsymbol{X}_p,\boldsymbol{X}_1) & \mathrm{cov}(\boldsymbol{X}_p,\boldsymbol{X}_2) & \cdots & \mathrm{cov}(\boldsymbol{X}_p,\boldsymbol{X}_p) \end{pmatrix}$$

通过线性代数的知识可以得到主成分 P 的方差的计算公式为：

$$\mathrm{VAR}(\boldsymbol{P}) = \boldsymbol{\beta}\boldsymbol{\Sigma}\boldsymbol{\beta}^{\mathrm{T}}$$

其中，$\boldsymbol{\beta}$ 代表主成分在每个变量上的权重。主成分算法的目标函数就是计算特征向量 $\boldsymbol{\beta}$，使得上式取得最大值，即主成分上的方差取得最大值。这个求极值的过程就是线性代数中计算方阵的特征向量和特征根的过程。

显然协方差矩阵 $\boldsymbol{\Sigma}$ 是一个 $P \times P$ 的对称矩阵，对此矩阵求解特征值与特征向量，主成分就是特征向量。设该协方差矩阵的特征值为 $\lambda_1 > \lambda_2 > \cdots \lambda_k$，相对应的特征向量为 $\boldsymbol{\beta}_1 = \begin{pmatrix} \beta_{11} \\ \beta_{12} \\ \cdots \\ \beta_{1p} \end{pmatrix}$，

$\boldsymbol{\beta}_2 = \begin{pmatrix} \beta_{21} \\ \beta_{22} \\ \cdots \\ \beta_{2p} \end{pmatrix}$，$\cdots$，$\boldsymbol{\beta}_p = \begin{pmatrix} \beta_{p1} \\ \beta_{p2} \\ \cdots \\ \beta_{pp} \end{pmatrix}$，那么对于这个协方差矩阵有：

$$\begin{pmatrix} \mathrm{cov}(\boldsymbol{X}_1,\boldsymbol{X}_1) & \mathrm{cov}(\boldsymbol{X}_1,\boldsymbol{X}_2) & \cdots & \mathrm{cov}(\boldsymbol{X}_1,\boldsymbol{X}_p) \\ \mathrm{cov}(\boldsymbol{X}_2,\boldsymbol{X}_1) & \mathrm{cov}(\boldsymbol{X}_2,\boldsymbol{X}_2) & \cdots & \mathrm{cov}(\boldsymbol{X}_2,\boldsymbol{X}_p) \\ \cdots & \cdots & \cdots & \cdots \\ \mathrm{cov}(\boldsymbol{X}_p,\boldsymbol{X}_1) & \mathrm{cov}(\boldsymbol{X}_p,\boldsymbol{X}_2) & \cdots & \mathrm{cov}(\boldsymbol{X}_p,\boldsymbol{X}_p) \end{pmatrix} \times (\boldsymbol{\beta}_1, \boldsymbol{\beta}_2, \cdots, \boldsymbol{\beta}_p)$$

$$= (\boldsymbol{\beta}_1, \boldsymbol{\beta}_2, \cdots, \boldsymbol{\beta}_p) \times \begin{pmatrix} \lambda_1 & 0 & \cdots & 0 \\ 0 & \lambda_1 & \cdots & 0 \\ \cdots & \cdots & \cdots & 0 \\ 0 & 0 & \cdots & \lambda_p \end{pmatrix}$$

这样就可以写出主成分得分：由于特征向量 $\boldsymbol{\beta}_1 = \begin{pmatrix} \beta_{11} \\ \beta_{12} \\ \cdots \\ \beta_{1p} \end{pmatrix}$，$\boldsymbol{\beta}_2 = \begin{pmatrix} \beta_{21} \\ \beta_{22} \\ \cdots \\ \beta_{2p} \end{pmatrix}$，$\cdots$，$\boldsymbol{\beta}_p = \begin{pmatrix} \beta_{p1} \\ \beta_{p2} \\ \cdots \\ \beta_{pp} \end{pmatrix}$ 两两正交，所以主成分之间无相关性。

主成分分析有如下几个特点：

（1）有多少个变量就会有多少个正交的主成分。

（2）主成分的变异（方差）之和等于原始变量的所有变异（方差）。

（3）前几个主成分的变异（方差）可以解释原多元数据中的绝大部分变异（方差）。

（4）如果原始变量不相关，即协方差为 0，则不需要做主成分分析。

那么选取多少主成分表达原多元变量合适呢？这里的原则为单个主成分解释的变异（特征值）不应该小于 1，且选取前几个主成分累积的解释变异能够达到 80% ~90% 。

主成分解释变异的能力可以用方差解释比例来计算：

$$\frac{\lambda_k}{\lambda_1 + \lambda_2 + \cdots + \lambda_p}$$

其中，λ_k 表示主成分 k 的特征值大小，分母表示所有特征值的和。

3. 线性代数解释（基于相关系数矩阵的主成分提取）

既然主成分分析是根据原始变量的方差进行计算的，那么就要求所有变量在取值范围上

是可比的[⊖]，不能出现一个变量的取值范围是 0 ~ 10 000，而另一个变量取值范围是 0 ~ 1。例如在变量“企业销售额”和“利润率”中，“企业销售额”的方差会非常大，而“利润率”的方差则会比较小，这样计算的协方差矩阵就会有问题。由于原始变量取值范围不可比，因此一般情况下不使用协方差矩阵计算主成分。

一般在这种情况下需要先进行中心标准化，然后再构建协方差矩阵，而更多时候则可以直接使用变量的相关系数矩阵代替协方差矩阵作为主成分分析的基础。大部分软件的主成分分析默认都是使用相关系数矩阵而非协方差矩阵。

4. 主成分的解释

可以根据每一个主成分所对应的主成分方程来解释主成分的含义，比如对于下面的主成分方程：

$$F_1 = \beta_{11}\boldsymbol{X}_1 + \beta_{12}X_2 + \cdots + \beta_{13}\boldsymbol{X}_p$$

若规定 $|\beta_{12}|$ 最大，则 $\boldsymbol{X}_2$ 所占权重最大，该主成分就可以使用变量 $\boldsymbol{X}_2$ 的实际含义解释。

不过在很多情况下，主成分方程的系数差异不大，此时解释起来会比较困难，应采用因子旋转的因子分析法对主成分进行解释。

13.2.3 主成分分析的运用

主成分分析可以用于以下四个方面：

（1）**综合打分**。这种情况经常遇到，比如员工绩效的评估和排名、城市发展综合指标等。这类情况只要求得出一个综合打分，因此使用主成分分析比较适合。相对于单项成绩简单加总的方法，主成分分析会使得评分更聚焦于单一维度，即更关注这些原始变量的共同部分，去除不相关的部分。不过当主成分分析不支持取一个主成分时，就不能使用该方法了。

（2）**对数据进行描述**。描述产品情况，比如著名的波士顿矩阵、子公司的业务发展状况、区域投资潜力等，这类情况需要将多个变量压缩到少数几个主成分进行描述，能压缩到两个主成分是最理想的。这类分析一般只进行主成分分析是不充分的，进行因子分析会更好。

（3）**为聚类或回归等分析提供变量压缩**。消除数据分析中的共线性问题。消除共线性常用的有三种方法分别是：①在同类变量中保留一个最有代表性的变量，即变量聚类；②保留主成分或因子；③从业务理解上进行变量修改。主成分分析是以上 3 种方法的基础。

（4）**去除数据中的噪音**。比如图像识别。

13.2.4 在 Python 中实现主成分分析

一家电信运营商希望根据客户在几个主要业务中的消费情况，对客户进行分群分析。数据“profile_telecom”记录了这些信息，该数据包含以下 4 个变量，如表 13-1 所示。

⊖ 有些参考书上写的是值域相同，这个要求过于严格了。比如原始变量经过中心标准化之后，也无法达到值域完全一样。只要差别不太大就可以。

表 13-1　电信客户业务量数据

变量名	类型	解释
cnt_call	连续	打电话次数
cnt_msg	连续	发短信次数
cnt_wei	连续	发微信次数
cnt_web	连续	浏览网站次数

由于变量之间可能存在相关性，这个数据不能直接用于客户分群，需要使用主成分分析提取多个变量的共同信息。

引入必要的分析工具包：

```
%matplotlib inline

import pandas as pd
import numpy as np
import matplotlib.pyplot as plt
```

读取数据：

```
profile = pd.read_csv("profile_telecom.csv")
profile.head()
```

输出结果如表 13-2 所示：

表 13-2　电信客户业务量数据集中的部分数据

	ID	cnt_call	cnt_msg	cnt_wei	cnt_web
0	1964627	46	90	36	31
1	3107769	53	2	0	2
2	3686296	28	24	5	8
3	3961002	9	2	0	4
4	4174839	145	2	0	1

分析变量之间的相关关系：

```
data =profile.ix[ :, 'cnt_call':]
data.corr(method='pearson')
```

输出结果如表 13-3 所示：

表 13-3　两两变量之间的相关系数

	cnt_call	cnt_msg	cnt_wei	cnt_web
cnt_call	1.000 000	0.052 096	0.117 832	0.114 190
cnt_msg	0.052 096	1.000 000	0.510 686	0.739 506
cnt_wei	0.117 832	0.510 686	1.000 000	0.950 492
cnt_web	0.114 190	0.739 506	0.950 492	1.000 000

可以看到，部分变量之间存在较强的线性关系，比如发微信次数和浏览网站次数的相关系数为0.95。这说明我们需要使用主成分分析对数据进行变量压缩。

这份数据中变量的量纲虽然一致，不过取值范围差别较大，数据的变异会受到数据值域的影响。因此，我们对这份数据集进行主成分分析前需要进行变量的标准化。

本例中进行数据标准化后再进行主成分分析的示例如下：

```
from sklearn.preprocessing import scale

data_scaled = scale(data)

pca = PCA(n_components=2, whiten=True).fit(data_scaled)
pca.explained_variance_ratio_
```

输出如下：

```
array([ 0.62510442,  0.24620209])
```

进行标准化的函数为scale，默认进行中心标准化。虽然通过PCA函数可以对数据进行白化（whiten）处理，但是该算法来自机器学习领域，而非统计学。经试验验证，该方法与中心标准化方法的实际效果有一定差异。而且笔者无法理解该算法在统计分析中的具体意义，为了保险起见，建议先进行中心标准化。

可以看到标准化后的数据，仅使用两个主成分就能解释原始变量87%的变异，因此我们保留两个主成分。此时的主成分向量为：

```
pca.components_
```

前两个主成分向量如下：

```
array([[ 0.11085805,  0.50974123,  0.57909319,  0.62651852],
       [ 0.99020127, -0.12736724, -0.01900236, -0.05401806]])
```

以上结果提供了每个主成分在原始变量上的权重。其中行为主成分的列为原始变量。从权重的角度考虑，第一组向量可看作第一个主成分在每个原始变量上的权重，第二组向量可看作第二个主成分在每个原始变量上的权重。原始的四个变量分别为电话、短信、微信、网页，第一个主成分在电话cnt_call上的权重相对较小，而在短信cnt_msg、微信cnt_wei和网页cnt_web上的权重较大。比如第一个主成分在第二个变量上的权重是0.5097，说明该成分主要代表了短信、微信、网页这三个变量；而第二个主成分相反，在第一个变量上的权重大大高于在其他变量上的权重（同样要忽略正负号），因此它主要代表了电话cnt_call这个变量。从业务角度来看，短信、微信和网页都属于电信增值业务，而电话属于传统的基础电信业务，因此第一个主成分可以认为是代表了用户对于新型增值业务的偏好，而第二个主成分可认为是代表了用户对于传统基础业务的偏好。如果输出每个样本的主成分得分就会更加清楚：

```
pca.transform(data_scaled)
```

样本的主成分得分如下：

```
array([[ 2.30375674, -0.89791646],
       [-0.74756399, -0.04038555],
       [-0.11511713, -0.59628302],
       ...,
       [ 2.19516789,  0.04957299],
       [-0.07839955, -0.10954018],
       [-0.66270488,  1.16738689]])
```

以上结果中，列代表主成分的取值（也称为打分），行代表每个观测。从结果看，第一条样本第一个主成分得分高，第二个主成分得分较低，这说明该用户偏好增值业务。样本在每个主成分上取值的含义就是这个样本在该主成分上偏离均值标准差的倍数，因此第一个主成分得分为 2.3 可以解释为该客户在第一个主成分上的取值偏离均值 2.3 个标准差。当该主成分分布服从正态分布时，则可以认为该客户在增值业务的消费中大概处于前 2% 的位置上，即这些业务的前 2% 是高消费客户。最后一条样本的第二个主成分得分高，第一个主成分得分低，说明该用户是一个偏好传统基础电信业务的用户。

通过以上分析，我们甚至可以给这两个主成分找到实际的业务含义，因此也可以给其命名。例如第一个主成分可以命名为“增值业务偏好得分”，第二个主成分可以被命名为“基础电信业务偏好得分”。

需要说明的是，以上主成分分析案例可以通过分析给主成分得分找到合理的商业解释，但并非所有的数据都可以做到这一点，尤其是当参与分析的变量较多的时候。主成分代表了从数据当中学习提取到的信息，它不一定是从业务层面能解释的。在进行主成分分析时，我们需要从变量相关性和业务分析的角度出发，对那些相关性较高并能从业务理解上进行归纳的变量进行主成分分析，这样得出的结论更容易被理解和推广，而不是一股脑地将变量全部放进模型当中。

例如在本例中，我们通过相关系数与业务理解，可以将 cnt_msg、cnt_wei 和 cnt_web 抽取出来进行主成分分析，而保留与其他变量相关性不大且业务上明显无法与其他变量一起归纳提取的 cnt_call，这样分析后得出的主成分提取了增值业务的主要信息，而 cnt_ call 本身就有明确的业务含义，这样在模型解释当中可以更加清晰和明确。读者可以自行尝试进行这样的分析并解释模型结论。

13.3　基于主成分的冗余变量筛选

在进行数据分析时有两种数据的筛选方法。第一种是根据变量的价值进行筛选，那考量纳入模型的变量是否对被解释变量有解释力度，这类筛选方法使用的是有监督的筛选法，即统计检验方法；第二类是根据变量的信息冗余进行筛选，考量纳入模型的变量之前是否有强线性相关性，这类筛选方法使用无监督筛选法，即变量聚类的方法。如图 13-5 所示，我们首先把所有输入变量根据它们之间的相关性分成不同的类，然后在每一个类中找出一个最有代表性的变量。

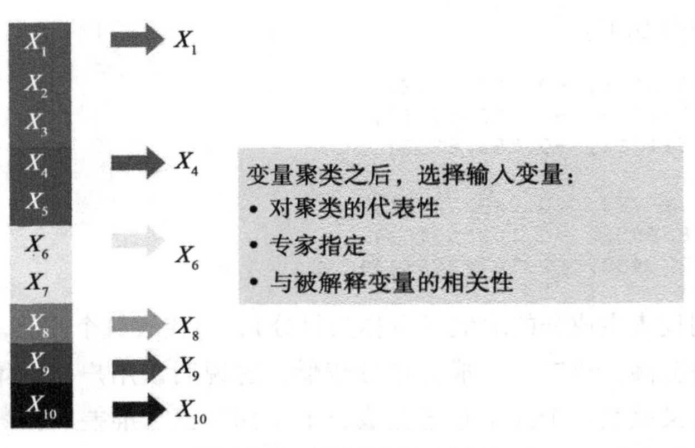

图 13-5 变量聚类的思路

图 13-6 所示是在每一类中选择最有代表性变量的选择依据。即 $1-R^2$ 最小的变量。其分子是1减去每个变量与其所在组的主成分之间的相关系数的平方，分母是1减去该变量与其他所有组的主成分之间最大的相关系数的平方。该值越小，表明该变量在它所在的组内越有代表性。

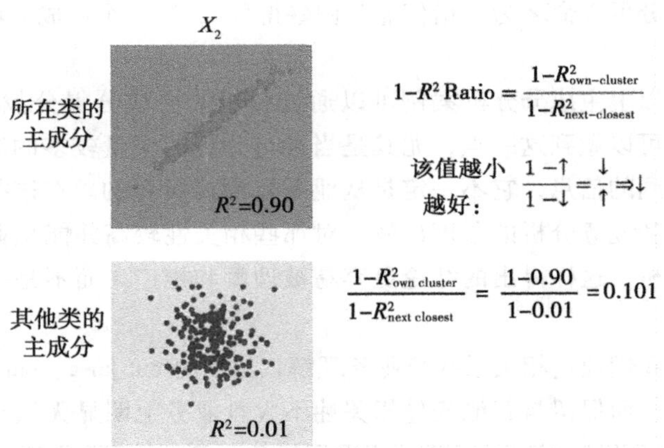

图 13-6 变量选取的思路

本章的配套脚本中就有变量筛选的脚本（VarSelec. py），其使用了稀疏主成分分析（Sparse PCA）实现变量归类的目的，进而计算 $1-R^2$。函数的调用格式为 Var_Select(orgdata, k, alphaMax = 1, alphastep = 0. 2)，其中 orgdata 为仅含有数值变量的数据框；k 为保留变量的数量，可以通过主成分分析来事先确定；alphaMax 为惩罚函数的大小，推荐值为1，最大为5；alphastep 为惩罚递增的步长。后两个参数是优化时使用的，一般保留默认值即可。

13.4 因子分析

本节主要介绍因子分析中的因子旋转法因子分析。因子旋转法因子分析是主成分分析的延伸，最早由英国心理学家 C. E. 斯皮尔曼提出。他发现学生的各科成绩之间存在着一定的相关性，一科成绩好的学生，往往其他各科成绩也比较好，从而推想是否存在某些潜在的共性因子，或称某些一般智力条件影响着学生的学习成绩。因子分析可在许多变量中找出隐藏的具有代表性的因子。将相同本质的变量归入一个因子，可减少变量的数目，还可检验变量间关系的假设。

在电信运营商案例中，其主成分在每个原始变量上的权重分布不均匀，有的权重很高，有的权重很低，这样主成分就具有业务可解释性。沿着这个思路，统计学家发明了因子旋转法，尽量加大主成分在原始变量上权重的差异性，使得原本主成分权重小的因子权重更小，原本主成分权重大的，因子权重更大。最终提高了主成分的可解释性。这就是因子旋转法的思路。

13.4.1　因子分析模型

主成分分析的问题在于得到的主成分有时极不好解释。如果希望得到的主要成分具有更好的可解释性，这就需要用到因子分析。因子分析的方法众多，比如极大似然法、主成分法。本节中讲解的基于主成分的因子分析是在主成分分析的基础上进行因子旋转，使得主成分更容易解释（这种更容易解释的主成分称为因子）。

1. 因子分析模型

假设随机变量的结集合为 $\boldsymbol{X}=(\boldsymbol{X}_1,\boldsymbol{X}_2,\cdots,\boldsymbol{X}_p)$。因子分析模型可以被写为：

$$
\begin{aligned}
\boldsymbol{X}_1 &= \mu_1 + \alpha_{11}F_1 + \alpha_{12}F_2 + \cdots + \alpha_{1m}F_m + \varepsilon_1 \\
\boldsymbol{X}_2 &= \mu_2 + \alpha_{21}F_1 + \alpha_{22}F_2 + \cdots + \alpha_{2m}F_m + \varepsilon_2 \\
&\cdots \\
\boldsymbol{X}_i &= \mu_i + \alpha_{i1}F_1 + \alpha_{i2}F_2 + \cdots + \alpha_{im}F_m + \varepsilon_i \\
&\cdots \\
\boldsymbol{X}_p &= \mu_p + \alpha_{p1}F_1 + \alpha_{p2}F_2 + \cdots + \alpha_{pm}F_m + \varepsilon_p
\end{aligned}
$$

其中，α_{im}代表变量X_i第 m 个公共因子F_m的因子系数，又称因子载荷；ε_i表示公共因子外的随机因子；μ_i表示X_i的均值，因子载荷矩阵为$\begin{pmatrix} \alpha_{11} & \alpha_{12} & \cdots & \alpha_{1m} \\ \alpha_{21} & \alpha_{22} & \cdots & \alpha_{2m} \\ \vdots & \vdots & \cdots & \vdots \\ \alpha_{p1} & \alpha_{p2} & \cdots & \alpha_{pm} \end{pmatrix}$。

这里公共因子F_m是一个不可观测的内在属性或特征，且公共因子和随机因子间两两正交，这与主成分分析中的主成分两两正交类似。另外，m 一般小于等于 p，否则就不能达到以少数因子表达多数变量信息的目的。

2. 因子分析模型的矩阵形式

因子分析模型的矩阵形式为：

$$X - \boldsymbol{\mu} = \boldsymbol{A}\boldsymbol{F} + \boldsymbol{\varepsilon}$$

其中，$\boldsymbol{X}-\boldsymbol{\mu}=\begin{pmatrix} X_1-\mu_1 \\ X_2-\mu_2 \\ \cdots \\ X_p-\mu_p \end{pmatrix}$；$\boldsymbol{A}$ 表示因子载荷矩阵，$\boldsymbol{A}=\begin{pmatrix} \alpha_{11} & \alpha_{12} & \cdots & \alpha_{1m} \\ \alpha_{21} & \alpha_{22} & \cdots & \alpha_{2m} \\ \vdots & \vdots & \cdots & \vdots \\ \alpha_{p1} & \alpha_{p2} & \cdots & \alpha_{pm} \end{pmatrix}$；$\boldsymbol{F}$ 表示公共因子向量，$\boldsymbol{F}=(F_1, F_2\cdots, F_m)$；$\boldsymbol{\varepsilon}$ 为随机因子向量，$\boldsymbol{\varepsilon}=(\varepsilon_1, \varepsilon_2\cdots\varepsilon_p)$。

3. 因子分析中的几个重要概念

在因子分析模型当中有几个概念需要明确：

（1）因子载荷：因子载荷α_{im}的统计意义就是第 i 个变量与第 m 个公共因子的相关系数，即表示X_i依赖F_m的比重，统计学术语称为权重。心理学家将它称为载荷。α_{im}的绝对值越大代表相应的公共因子F_m能提供表达变量X_i的信息越多，即认为信息更多“承载”在该因子上面。

（2）变量共同度：共同度是指一个原始变量在所有因子上的因子载荷平方和，它代表了所有因子合起来对该原始变量的变异解释量。我们知道因子是用来代替繁多的原始变量的简化测量指标，那么共同度高即代表某个原始变量与其他原始变量相关性高；而共同度低则表明该原始变量与其他原始变量共通性很低，也就是说这个原始变量的独特性很强。若其接近 1，则说明因子分析的效果不错。

（3）方差贡献：公共因子F_m的方差贡献，即在所有变量中该公共因子的因子载荷的平方和，其可以衡量公共因子F_m能够提供多少信息。

13.4.2 因子分析算法

1. 因子载荷矩阵的估计：主成分分析法

因子载荷矩阵的估计有很多方法，这里介绍主成分分析法。

假设随机变量的结集合 $\boldsymbol{X}=(X_1, X_2, \cdots, X_p)$，其协方差矩阵为 $\boldsymbol{\Sigma}$，设该协方差矩阵的特征值为$\lambda_1>\lambda_2>\cdots>\lambda_k$，相对应的特征向量为$\boldsymbol{\beta}_1=\begin{pmatrix} \beta_{11} \\ \beta_{12} \\ \cdots \\ \beta_{1p} \end{pmatrix}, \boldsymbol{\beta}_2=\begin{pmatrix} \beta_{21} \\ \beta_{22} \\ \cdots \\ \beta_{2p} \end{pmatrix}, \cdots, \boldsymbol{\beta}_p=\begin{pmatrix} \beta_{p1} \\ \beta_{p2} \\ \cdots \\ \beta_{pp} \end{pmatrix}$，那么对于这个协方差矩阵有

$$\boldsymbol{\Sigma} = [\beta_1 \beta_2 \cdots \beta_p] \begin{pmatrix} \lambda_1 & \cdots & 0 \\ \vdots & \ddots & \vdots \\ 0 & \cdots & \lambda_p \end{pmatrix} \begin{pmatrix} \beta_1^{\mathrm{T}} \\ \beta_2^{\mathrm{T}} \\ \cdots \\ \beta_p^{\mathrm{T}} \end{pmatrix} = \lambda_1 \beta_1 \beta_1^{\mathrm{T}} + \lambda_2 \beta_2 \beta_2^{\mathrm{T}} + \cdots + \lambda_p \beta_p \beta_p^{\mathrm{T}}$$

假定 P 个公共因子中前 m 个公共因子贡献较大，所以上述公式可以写为：

$$\boldsymbol{\Sigma} \approx \lambda_1 \boldsymbol{\beta}_1 \boldsymbol{\beta}_1^{\mathrm{T}} + \lambda_2 \boldsymbol{\beta}_2 \boldsymbol{\beta}_2^{\mathrm{T}} + \cdots + \lambda_m \boldsymbol{\beta}_m \boldsymbol{\beta}_m^{\mathrm{T}}$$

同时我们又知道因子模型的矩阵形式可以写为：

$$\boldsymbol{X}-\boldsymbol{\mu}=\boldsymbol{AF}+\boldsymbol{\varepsilon}$$

可以推导出：

$$\boldsymbol{\Sigma}=\mathrm{Var}(\boldsymbol{X}-\boldsymbol{\mu})=\boldsymbol{A}\mathrm{Var}(\boldsymbol{F})\boldsymbol{A}+\mathrm{Var}(\boldsymbol{\varepsilon})=\boldsymbol{AA}^{\mathrm{T}}+\boldsymbol{D}$$

其中 $\boldsymbol{A}$ 代表因子载荷矩阵，$\boldsymbol{D}$ 代表随机因子的协方差矩阵。

所以

$$\begin{aligned}\boldsymbol{\Sigma}&=\boldsymbol{AA}^{\mathrm{T}}+D\\&\approx\lambda_1\boldsymbol{\beta}_1\boldsymbol{\beta}_1^{\mathrm{T}}+\lambda_2\boldsymbol{\beta}_2\boldsymbol{\beta}_2^{\mathrm{T}}+\cdots+\lambda_m\boldsymbol{\beta}_m\boldsymbol{\beta}_m^{\mathrm{T}}\end{aligned}$$

则

$$\begin{aligned}\boldsymbol{AA}^{\mathrm{T}}+\boldsymbol{D}&\approx\lambda_1\boldsymbol{\beta}_1\boldsymbol{\beta}_1^{\mathrm{T}}+\lambda_2\boldsymbol{\beta}_2\boldsymbol{\beta}_2^{\mathrm{T}}+\cdots+\lambda_m\boldsymbol{\beta}_m\boldsymbol{\beta}_m^{\mathrm{T}}+D\\&=(\sqrt{\lambda_1}\boldsymbol{\beta}_1,\sqrt{\lambda_2}\boldsymbol{\beta}_2\cdots,\sqrt{\lambda_m}\boldsymbol{\beta}_m)\begin{pmatrix}\sqrt{\lambda_1}\boldsymbol{\beta}_1^{\mathrm{T}}\\\sqrt{\lambda_1}\boldsymbol{\beta}_1^{\mathrm{T}}\\\cdots\\\sqrt{\lambda_p}\boldsymbol{\beta}_m^{\mathrm{T}}\end{pmatrix}+D\end{aligned}$$

所以因子载荷矩阵的估计值可以为：

$$A=\begin{pmatrix}\alpha_{11}&\alpha_{12}&\cdots&\alpha_{1m}\\\alpha_{21}&\alpha_{22}&\cdots&\alpha_{2m}\\&&\cdots&\\\alpha_{p1}&\alpha_{p1}&\cdots&\alpha_{pm}\end{pmatrix}\approx\begin{pmatrix}\sqrt{\lambda_1}\beta_{11}&\sqrt{\lambda_2}\beta_{21}&\cdots&\sqrt{\lambda_1}\beta_{m1}\\\sqrt{\lambda_1}\beta_{12}&\sqrt{\lambda_2}\beta_{22}&\cdots&\sqrt{\lambda_1}\beta_{m2}\\\vdots&\vdots&\cdots&\vdots\\\sqrt{\lambda_1}\beta_{1p}&\sqrt{\lambda_2}\beta_{2p}&\cdots&\sqrt{\lambda_1}\beta_{mp}\end{pmatrix}$$

所以对于变量X_i的第 m 个公共因子F_m，其因子载荷的估计值为$\sqrt{\lambda_i}\beta_{mi}$，因子方程可以写为：

$$X_i=\sqrt{\lambda_i}\beta_{1i}F_1+\sqrt{\lambda_i}\beta_{2i}F_2+\cdots+\sqrt{\lambda_i}\beta_{1i}F_m$$

2. 因子旋转——最大方差法

有些时候，估计出的因子载荷在各个因子上并不突出，在解释因子时会有困难。而因子载荷矩阵并不唯一，可以通过旋转的方式突出因子的特征，便于解释，如图 13-9 所示，其中图 13-7a 所示为因子旋转前，散点代表原始变量在因子（与主成分概念一致）上的权重数值，由于所有变量在第一因子上的权重均高，因此不好解释其含义。图 13-7b 为因子旋转后，有的权重在第一因子上高，有的在第二因子上高，这便于解释每个因子的含义。

这里使用最大方差法进行因子旋转，最大方差法的思想在于使因子载荷的平方和最大，即使因子贡献的方差最大，这样可以使得各个因子的载荷尽量拉开距离，某些偏大而另一些偏小，从而达到便于解释因子的目的。

3. 因子得分

公共因子本身是未知变量，一般通过因子载荷对因子进行定性解释。接下来需要用公共因子本身的数值以进行下一步分析，这里就涉及了因子得分。

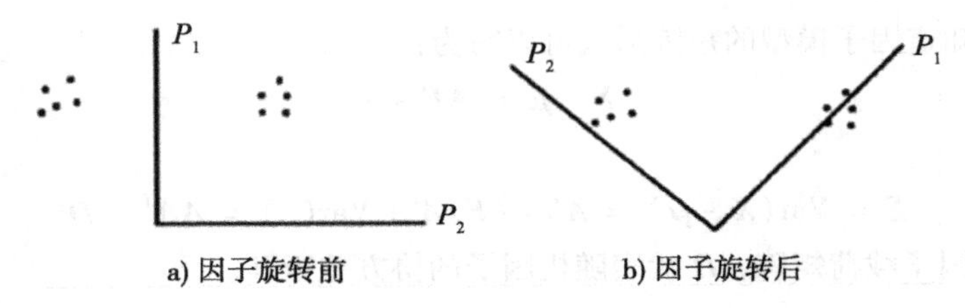

a) 因子旋转前　　b) 因子旋转后

图 13-7　因子旋转

估计因子得分时，一般以因子载荷矩阵为自变量，以 $\boldsymbol{X}-\boldsymbol{\mu}$ 为因变量，构造回归方程进行估计：

$$\begin{cases} \boldsymbol{X}_1-\boldsymbol{\mu}_1=\alpha_{11}F_1+\alpha_{12}F_2+\cdots+\alpha_{1m}F_m+\varepsilon_1 \\ \boldsymbol{X}_2-\boldsymbol{\mu}_2=\alpha_{21}F_1+\alpha_{22}F_2+\cdots+\alpha_{2m}F_m+\varepsilon_2 \\ \cdots \\ \boldsymbol{X}_p-\boldsymbol{\mu}_p=\alpha_{p1}F_1+\alpha_{p2}F_2+\cdots+\alpha_{pm}F+\varepsilon_p \end{cases}$$

由于随机因子向量 $\boldsymbol{\varepsilon}$ 方差不齐，所以估计方法为加权最小二乘法，这里不再介绍。这样，对随机变量集合 $\boldsymbol{X}$ 的某一次观测，就可以估计其在各个公共因子上的得分了。

4. 因子分析总结

（1）因子分析是主成分分析法的拓展，可以很好地辅助进行维度分析。

（2）对于缺乏业务经验的数据分析人员来讲，可以通过观察每个原始变量在因子上的权重绝对值来给因子命名。对于业务知识丰富的数据分析人员来说，其已经对变量的分类有一个预判，并且可以通过进行不同的变量转换方式和旋转方式使得预判为同一组的原始变量在共同的因子上的权重绝对值最大化。所以因子分析的要点在于选择变量转换方式。

（3）因子分析是构造合理的聚类模型的必然步骤，也是进行分类模型的重要维度分析手段。在这方面，主成分分析算法回归只是在建模时间紧张和缺乏业务经验的情况下的替代办法。

13.4.3　在 Python 中实现因子分析

下面我们使用城市经济发展水平数据 cities_10.csv 演示因子分析，其中每个变量及其含义如表 13-4 所示。

表 13-4　城市经济发展水平数据

变量	含义	变量	含义
X_1	GDP	X_6	基本建设投资
X_2	人均 GDP	X_7	社会消费品零售总额
X_3	工业增加值	X_8	海关出口总额
X_4	第三产业增加值	X_9	地方财政收入
X_5	固定资产投资		

读取数据并查看：

```
cities = pd.read_csv("cities_10.csv", encoding='gbk')
cities
```

输出结果如表 13-5 所示：

表 13-5　城市经济发展水平数据集中的数据

	AREA	X1	X2	X3	X4	X5	X6	X7	X8	X9
0	辽宁	5458.2	13 000	1376.2	2258.4	1315.9	529.0	2258.4	123.7	399.7
1	山东	10 550.0	11 643	3502.5	3851.0	2288.7	1070.7	3181.9	211.1	610.2
2	河北	6076.6	9047	1406.7	2092.6	1161.6	597.1	1968.3	45.9	302.3
3	天津	2022.6	22 068	822.8	960.0	703.7	361.9	941.4	115.7	171.8
4	江苏	10 636.3	14 397	3536.3	3967.2	2320.0	1141.3	3215.8	384.7	643.7
5	上海	5408.8	40 627	2196.2	2755.8	1970.2	779.3	2035.2	320.5	709.0
6	浙江	7670.0	16 570	2356.5	3065.0	2296.6	1180.6	2877.5	294.2	566.9
7	福建	4682.0	13 510	1047.1	1859.0	964.5	397.9	1663.3	173.7	272.9
8	广东	11 769.7	15 030	4224.6	4793.6	3022.9	1275.5	5013.6	1843.7	1201.6
9	广西	2455.4	5062	367.0	995.7	542.2	352.7	1025.5	15.1	186.7

我们对数据进行相关性分析，发现多数变量之间存在明显的线性相关关系，因此我们可以运用因子分析对数据进行降维。

为了确定因子个数，我们可以先对数据进行主成分分析，这里需要对数据预先进行标准化处理：

```
from sklearn.preprocessing import scale

scale_cities = scale(cities.ix[:,'X1':])
pca_c = PCA(n_components=3, whiten=True).fit(scale_cities)
pca_c.explained_variance_ratio_
```

输出结果为：

```
array([ 0.80112955,  0.12214932,  0.0607924 ])
```

根据上一节中确定的主成分保留准则，我们仅保留一个主成分即可。但是我们也看到，如果将第二个主成分也保留的话，能解释的数据变异将从 80% 一下提升到 92%，因此我们仍然选择保留两个主成分。之后，使用 fa_kit 包提供的因子旋转法进行因子分析。其分析有四个步骤：数据导入与转换（load_data_samples）、抽取主成分（extract_components）、确定保留因子的个数（find_comps_to_retain）、进行因子旋转（rotate_components）。

以下是前两步，输入数据并进行主成分提取。为保险起见，data 需要进行中心标准化。该步骤和 scikit-learn 中的主成分分析方法完全一致。

```
from fa_kit import FactorAnalysis
from fa_kit import plotting as fa_plotting
fa = FactorAnalysis.load_data_samples(
        data,
        preproc_demean=True,
        preproc_scale=True
        )
fa.extract_components()
```

以下为第三步，确定保留因子的数量。该函数默认为 broken_stick 方法，经过笔者实践发现，当变量较多（比如超过 6 个）时，可以使用默认方法。而变量较少时，建议使用示例中的方法，先使用 scikit-learn 做主成分分析，确定保留的因子个数之后，再使用 top_n 法，并且设置好 num_keep 的值。

```
fa.find_comps_to_retain(method='top_n',num_keep=2)
```

以下为第四步，使用最大方差法进行因子旋转。

```
fa.rotate_components(method='varimax')
fa_plotting.graph_summary(fa)
```

经过因子分析之后，我们需要对原始数据进行因子转换，即得到每个观测的因子得分。首先我们看一下因子载荷矩阵，知道每个因子代表的含义，即在哪些变量上权重绝对值高。comps 中保存因子旋转前后的数据，"rot"代表选取因子旋转后的数据。

```
pd.DataFrame(fa.comps["rot"])
```

输出结果如表 13-6 所示：

表 13-6　因子旋转后的得分

	0	1
0	0.362 880	-0.196 047
1	-0.001 947	0.943 648
2	0.364 222	0.006 565
3	0.369 255	-0.028 775
4	0.361 258	0.111 596
5	0.352 799	-0.007 144
6	0.370 140	-0.118 691
7	0.295 099	0.061 400
8	0.346 765	0.199 650

以上是因子载荷矩阵，列为每个因子在原始变量上的因子载荷。从结果来看，第一个因子载荷上，除了第二个变量外，其他变量的载荷均较大（注意这里对因子载荷取了转置）；而第二个因子载荷上，只有第二个变量的载荷相对较大（同样忽略正负号）。我们分析原始变量发现，第二个变量是人均 GDP，代表了经济发展的人均规模，而其他变量均代表了经济发展

的总量规模，因此，我们可以对每个因子进行命名。例如第一个因子可命名为“经济发展总量水平”，第二个因子可命名为“经济发展人均水平”之类的。它们每个都代表了经济发展的一个方面，这样我们就可以很好地对数据进行归纳和信息提取。

以下是获取因子得分和给每个因子更换名称的脚本。第一个因子代表经济发展的总量规模，取名为 Gross，第二个因子代表人均 GDP，取名为 Avg。

```
pd.DataFrame(fa.comps["rot"])

import numpy as np
fas = pd.DataFrame(fa.comps["rot"])
data = pd.DataFrame(data)
score = pd.DataFrame(np.dot(data, fas))

a=score.rename(columns={0: "Gross", 1: "Avg"})
citi10_fa=model_data.join(a)
```

我们使用两个因子绘制散点图，结果如图 13-11 所示，从该图中可以对原始数据有一个直观的认识。

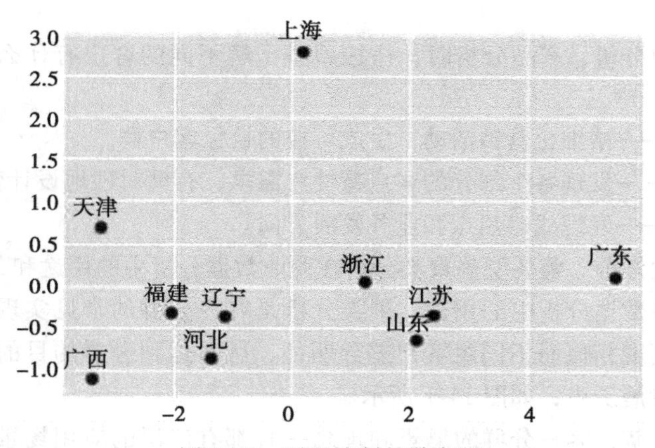

图 13-8　因子绘制的散点图

可以看到广东、江苏是经济发展总量较高的省份，而天津、广西则是经济总量较小的省份（因子得分不能忽略正负号，这与因子载荷矩阵及主成分向量不同），上海和广东属于经济发展人均水平较高的省市，这与现实情况是一致的。

因子分析因为对主成分进行了旋转，使得因子载荷在各变量之间的差异更大，这样可以更好地对信息进行归纳和综合，在一些情况下降维的效果更优。同样是对本例的数据进行主成分分析和因子分析，最终的结果可能会有差异，这一点我们会在第 14 章进行进一步讨论。

Chapter 14 第14章

客户分群与聚类

企业在进行客户分析、产品分析时，往往希望了解不同的客户有什么特征，进而可以达到以下三种目的：

（1）有的放矢——精细化营销活动，生成可控的目标客户群。

（2）量体裁衣——发现各个细分的客户特性和需求，有针对性地设计营销计划。

（3）高瞻远瞩——发现战略焦点和业务发展方向。

在学习聚类算法之前，需要明确聚类分析在商业数据分析中的用途和分析用的变量特点。

首先是聚类商业数据分析中的用途。聚类分析是客户分群的常见实现方法之一。聚类分析力求使组内客户高度相似而不同组客户差异明显，从而达到分群的目的。首先我们了解一下客户分群的大概发展历史，如图14-1所示。

由此我们可以了解，客户分群的思想和理念一直都有广泛的应用场景。客户管理和市场营销的从业者们基于顾客的人口学、社会经济特征、行为和交易等数据对顾客和市场进行分群，然后深入了解和认识各个顾客群体，制定更有效的顾客管理策略和更具针对性的市场营销策略。具体来讲，客户分群可以帮助企业市场营销部门解决以下问题：

- 更加深入细致地了解顾客，有利于挖掘新的市场机会。
- 设计全新的产品/服务，为各群组顾客提供定制化的产品，而非一概而论。
- 通过识别各群组顾客的需求，为已有客户设计个性化的产品和接触策略。
- 提供定制化的奖励及激励措施。
- 选择恰当的广告内容和渠道。
- 基于各群组顾客的不同特征，确定推广的品牌形象和主打产品。
- 根据各群组的重要性（客户价值）提供差异化的服务。
- 预测投资回报率，合理有效地分配资源。

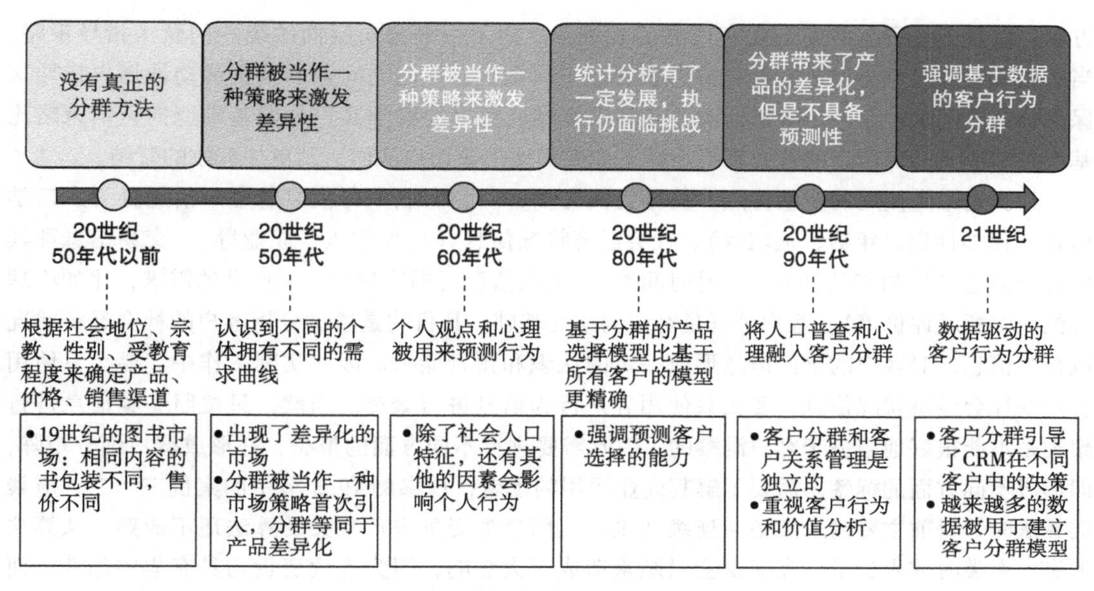

图 14-1　客户分群的历史回顾

❑ 根据各群组的价值和重要性，确定在客户挽留、顾客关系维护活动中的优先级。

我们看一个的客户分群的案例：某世界财富 500 强的保险公司在过去几年间通过数据系统的升级，实现了顾客数据的积累和打通。最核心的数据信息包括投保人的相关信息数据，详细的保单数据和第三方数据提供商提供的信用评分等数据。由第三方专业数据咨询公司建立基于数据分析的聚类分群，并给出量化的群体特征画像。大致的分群情况如表 14-1 所示。

表 14-1　保险产品客户分群案例

人群	青年精英	初为人母	财务自由	中年女士	居家老人
在客户总体中所占比例	35% （其中 50% 对寿险产品感兴趣）	25% （其中 60% 对寿险产品感兴趣）	20% （其中 40% 对寿险产品感兴趣）	10% （其中 30% 对寿险产品感兴趣）	10% （其中 25% 对寿险产品感兴趣）
群体特征	青年 中高等以上收入 男性居多 受教育程度高	中青年 中等收入 女性居多 中等教育程度	中老年 高收入 男性居多 公司管理层	中年 中等收入 女性居多	中老年 中低收入 男性/女性
消费取向（消费特征）	愿意尝试新鲜事物 喜好科技产品 风险爱好型 价格敏感度高	使用社交媒体 不易接受新科技产品 对寿险相关产品了解少，需要专业指导 价格敏感度较高	对保险有深刻认识 对财务状况充满信心 价格敏感度最低 对寿险产品有兴趣	不愿意接受新事物 风险厌恶型 非家庭的决策者 对寿险产品兴趣低	使用社交媒体 不信任金融机构 对寿险产品没兴趣

相对应每一个群体，该保险公司和数据咨询公司紧密合作，并结合公司业务现状和发展

方向，以及该公司在市场上现有产品的表现，制定了一套公司层面的统一的营销指导策略。当然各执行部门也会相对应有非常详细的在不同渠道、不同时间点的营销活动计划去指导该保险公司直销保险业务。事实证明，在基于多维度数据的科学客户分群基础上的营销策略比基于主观或者局部信息的营销策略能够更加准确地把握用户从而达到更加有效的营销。

其次是聚类使用的变量特点。其分为两方面：一、商业中可获取的客户信息分为人口学信息（比如性别、年龄、地域等）、社会经济状况信息（比如收入、职业等）、交易信息和其他行为信息（比如产品订购、交易时间等）、价值信息（即客户对该司产品的需求，比如心理价位、满意度评价等）。客户分群是客户洞察的基础，其目的是通过分析客户的社会经济状况或行为信息，对客户的价值信息形成一定的认识和预判能力。因此实际工作中，要么只使用客户的社会经济状况信息，要么只使用客户行为信息进行聚类。当然，只按照一类信息进行聚类是不能很好地服务于客户洞察的，因此需要进行不同方面的聚类，并形成客户细分矩阵，即形成不同方面的标签。需要了解其商业运用的读者，请参阅 19.3 节中的案例三。二、应聚类算法时，目前主要输入类型为连续变量，使用分类变量进行聚类的算法还不成熟。从算法上讲，聚类时放入少量分类变量会对结果造成很大影响，因为连续变量均具有集中趋势，而分类变量（聚类时均需要转化为二分类）具有离中趋势。聚类算法是根据变量的变异对样本进行分组的，变量经过标准化之后分类变量的方差明显大于连续变量的方差。因此在聚类算法中单个分类变量的权重高于单个连续变量的权重，引入分类变量会影响聚类的稳定性。从业务需求上讲，反应社会经济状况和行为的都是连续变量，比如购买量、购买频次、收入等都是连续变量。对于这一点很多人不认同，比如职业就是分类变量。但是请仔细考虑一下，把职业放入聚类分析中的目的是什么？这个信息有用吗？应该怎么使用？职业本身没有高低贵贱，但是不同职业的收入水平是有差异的，因此要么把职业作为大分类变量，每个职业进行一次聚类；要么计算每个职业的平均收入放入聚类算法，这样就转化为一个连续变量。鉴于以上两点，算法和业务需求都不支持使用分类变量进行商业中的聚类分析。

14.1 聚类算法概述

1. 聚类的方法

聚类分析本身有很多方法，常用的有层次聚类、基于划分的聚类、基于密度的聚类：

（1）层次聚类：适用于小样本数据。可以形成相似度层次图谱，便于直观地确定类之间的划分。该方法一边探索样本特征，一边进行聚类，得到业务可解释性强的分类，但是难以处理大量样本。

（2）基于划分的聚类（k-means）：适用于大样本数据。其将观测分为预先指定的、不重叠的类，但是不能提供类相似度信息。该算法需要事先决定聚类个数，这是使用该算法的难点。实际工作中有三种确定聚类个数的方法。

- 先通过 k-means 聚类成 30～50 个小类，然后再使用层次聚类法得到 3～10 个大类；

- 直接取聚类个数为 3 ~ 10，通过 k-means 分别做多次聚类（最多 8 次），然后使用每次聚类得到的标签作为被解释变量，聚类的输入变量作为解释变量构建决策树，寻找最具有可解释性的聚类个数；
- 使用轮廓系数测算法得到较理想的聚类个数，然后再使用 k-means 进行聚类。聚类个数要为 3 ~ 10，这是一种实用主义的体现。因为根据一方面特征的客户细分，分得太少不能体现差异性，分得太多不具有可操作性。上一节讲过，客户分群标签是要组合使用的，单个分群标签分为 5 组，那 2 个分群标签的组合就有 25 组之多。因此商业聚类中的分组数量一般不多，并不需要复杂的算法寻找最优的分类数量。笔者最常使用的是第二种方式，请参阅 19.3 节中的案例三。

（3）基于密度的聚类：适用于大样本数据。基于划分的聚类方法只适用于样本形态为球状簇时的情况。当分布不规则时，则需要使用本方法。商业数据分析中，该算法主要用于发现异常，比如欺诈筛选、违规交易识别、去除异常值。

2. 聚类的逻辑

不同聚类方法在算法方面差异很大，但是逻辑是相同的，即把类似的样本归为一组。下面以层次聚类方法为例。

层次聚类分析的基本逻辑为：

（1）生成初始聚类数据，即特征数据集。聚类特征是该算法中最重要的，分类算法的特征虽然重要，但是初学者可以胡乱地丢一些变量到模型中，并得到一个可凑合使用的模型，因为分类算法本身有筛选变量的算法，而且很多算法是不需要解释的（比如神经网络、随机森林）。但是聚类算法没有变量筛选功能，而且聚类结果必须在业务上可以解释。那特征是什么呢？举个形象的例子，父子的面相是否相像，主要的是看五官在脸上的占比，而不是五官本身的绝对尺寸。因此把五官和脸型的绝对数据放入聚类模型，与把五官与面部的比例数据放入模型，其结果是完全不同的。

（2）根据特征，计算两两观测点之间的距离，生成距离矩阵，如图 14-2 所示。

Subjects	1	2	3	…	*N*
1		1. 782	2. 538	…	47. 236
2	1. 782		0. 821	…	39. 902
3	2. 538	0. 821		…	41. 652
…	…	…	…		…
N	47. 236	39. 902	41. 652	…	

图 14-2　样本的相似性矩阵

（3）将距离较近的观测点聚为一类，最终达到组间的距离最大化，组内的距离最小化。

14. 2　聚类算法基本概念

在进行聚类算法时需要知道相关的概念，例如样本间距离、类与类的概念和算法、标准化变量、分布形态转换、变量的维度分析与降维。本节着重对这些概念进行描述。

聚类首先需要对样本间的距离进行计算，常见的距离测量公式有以下三种。

①闵可夫斯基距离（Minkowski），用于连续型数据，其中包括欧式距离：

$\text{dist}(X,Y) = \left(\sum_{i=1}^{n} |x_i - y_i|^p\right)^{\frac{1}{p}}$，其中 $p=1$ 时为街区（Block）距离，$p=2$ 时为欧式距离。

②杰卡德相似系数（Jaccard），用于分类数据：$J(A, B) = \frac{|A \cap B|}{|A \cup B|}$，$A$、$B$ 为各自变量分类水平的集合。

③余弦相似度（cosine similarity）：$\cos(\theta) = \frac{\boldsymbol{a}^{\mathrm{T}}\boldsymbol{b}}{|\boldsymbol{a}| \cdot |\boldsymbol{b}|}$，$\boldsymbol{a}$、$\boldsymbol{b}$ 为向量，该测量实际反映了向量之间夹角的余弦值。等于 1 时，表明两个向量方向完全相同；越接近 1，表明两个向量越相似。

在聚类分析的实际操作中，主要还是使用欧式距离。当变量中有少量分类变量时，将分类变量进行哑变量（也称虚拟变量）转换后使用欧式距离；当变量中分类变量数量多于连续变量时，将分类变量进行哑变量（也称虚拟变量）转换后使用街区（Block）距离。不过建议在聚类时尽量不使用分类变量。

14.2.1 变量标准化与分布形态转换

按道理来讲，变量单位变化不应该对层次聚类的结果产生影响。分析图 14-3 所示的情况可以知道，变量单位的变化引起了聚类结果的变化。方差大的变量比方差小的变量对距离或相似度的影响更大，从而对聚类结果有很大的影响。一般来说数据的指标变量的量纲是不同的或数量级相差很大，为了使这些变量的变异程度能放到一起进行比较，常需要做变换。在聚类前，通常需要对各连续变量进行标准化。常用的标准化方法有中心标准化和极值标准化。

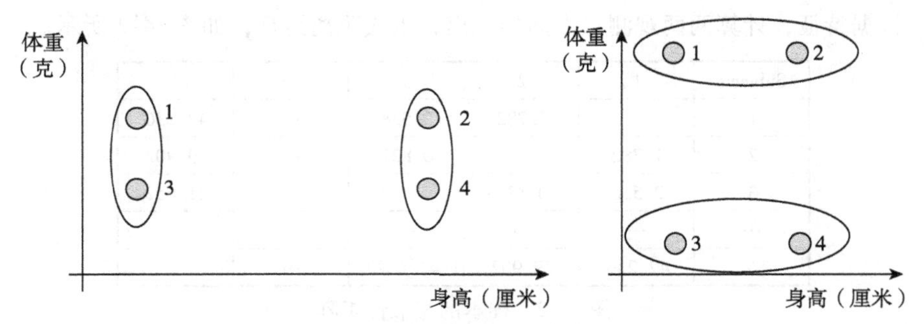

图 14-3 变量量纲改变对聚类的影响

中心标准化变换后的数据均值为 0，标准差为 1，消去了量纲的影响。当抽样样本改变时，它仍能保持相对稳定性。

$$\tilde{x}_i = \frac{x_i - \bar{x}}{S}$$

极值标准化变换后的数据取值在 [0，1] 内，极差为 1，无量纲。

$$\tilde{x}_i = \frac{x_i - \min(x)}{\max(x) - \min(x)}$$

图 14-4 所示是这两种标准化后的效果，从分布情况来看，完全没有变化。变量还是右偏的，直方图上的差异是由于分箱不同造成的。

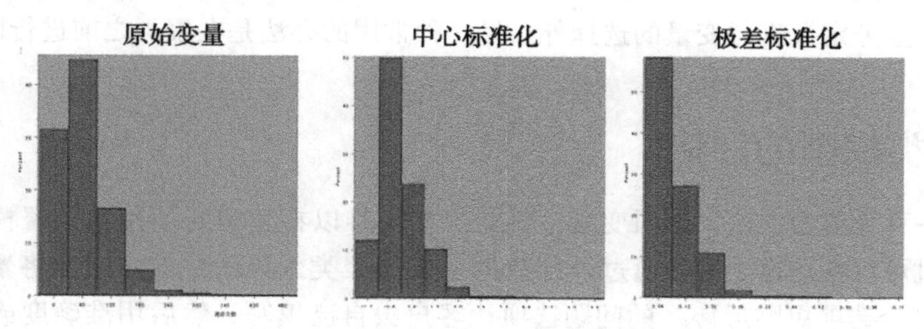

图 14-4　变量标准化后的分布情况

变量分布形态转换是有别于中心标准化和极值标准化的方法。常用的转换方式有百分位秩、Tukey 正态分布打分、取对数（见图 14-5）。百分位秩是将变量从小到大排序，然后依次赋予序列号，最后用总的样本量除以序列号，值域为 [0，100]。Tukey 正态分布评分是在百分位秩基础之上，将均匀分布向正态分布做对应。Tukey 在大样本聚类方法中更常用，因为聚类分析关心的是每个个体取值的相对位置。自然对数在构造分类模型（比如线性回归）时更常用，因为该转换具有经济学含义，代表该变量百分比的变化。

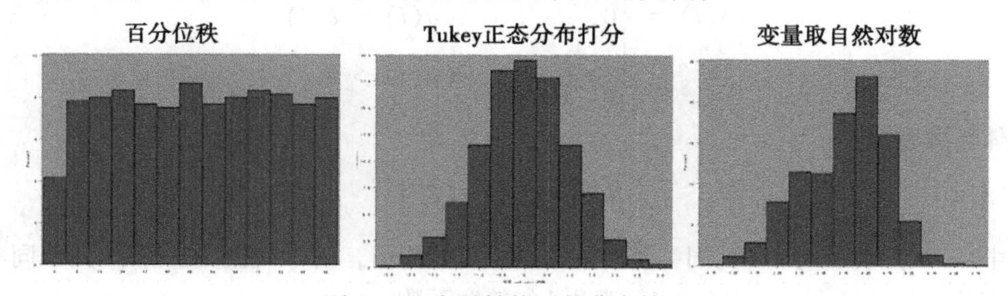

图 14-5　变量转换后的分布情况

我们需要根据聚类目的的不同，选择合适的标准化方法。如果是为了发现异常值，比如对洗钱、诈骗等交易行为进行侦测，则应该保留数据的原有分布情况，仅进行中心标准化就可以了。如果基于营销和客户管理考虑，需要将客户较均匀地分为若干类，则需要对偏态数据进行一定的形态转换。需要强调的是，小样本的系统聚类不常进行变量形式转换，因为样本量太少，没必要。

14.2.2　变量的维度分析

为了得到合理的聚类结果，不但要进行变量的标准化，还需要对变量进行维度分析。假设一组变量中，一个维度包含 5 个变量，而另一个维度只包含 1 个变量。如果把原始的 6 个变量全部放入聚类模型中，当两个样本在所有变量上都有一个标准差的距离，则第一个维度上的总距离为5个标准差，而第二个维度上只有1个标准差。因此第一个维度的权重明显高于第二个维度。由于一般情况下每个维度的重要性是一样的，因此每个维度上使用的变量个数应该是一样的，不过分析人员也可以根据自己的判断，在不同维度上提供不同数量的变量个数，这相当于认为加大了一些维度的权重。

除了基于业务定义进行变量的选择外，另一种常用的办法是在聚类之前进行因子分析。

14.3 聚类模型的评估

聚类是一种无监督方法，无因变量，其效果好坏难以在建模时使用有监督模型的评估方法衡量。不过可以在建模之后，通过外部数据去验证聚类效果的好坏。比如将聚类后的标签作为“以下哪个选项更贴近您”的问题选项让客户去自己填写，然后用准确度或ARI等指标进行评估。不过这样做的成本较高，但是也有一些低成本、精确度尚可的指标用于衡量聚类效果，其思想在于类簇内的差异尽可能小，而类间的差异尽可能大。评估聚类模型优劣主要有轮廓系数、平方根标准误差和R方。

1. 轮廓系数

样本轮廓系数：

$$S(i)=\begin{cases}1-\dfrac{a(i)}{b(i)}, & \text{if } a(i)<b(i)\\ 0, & \text{if } a(i)=b(i)\\ \dfrac{b(i)}{a(i)}-1, & \text{if } a(i)>b(i)\end{cases}$$

整体轮廓系数：

$$S=\frac{1}{n}\left(\sum_{i=1}^{n}s(i)\right)$$

其中，$a(i)$ 表示观测 i 到同一类内观测点距离的均值，$b(i)$ 表示观测点 i 到不同类内所有点距离的均值的最小值，$S(i)$ 表示观测 i 的轮廓系数。

生成聚类结果以后，对于结果中的每一个观测点来说，若 $a(i)$ 小于 $b(i)$，则说明该观测点在聚类的类簇中是合理的，此时，如果$\frac{a(i)}{b(i)}$的值越趋近于0，那么 $S(i)$ 越趋近于1，聚类效果越好；若 $a(i)$ 大于 $b(i)$，说明该观测点还不如在别的类簇中，聚类效果不好，此时$\frac{b(i)}{a(i)}$的值趋近于0，从而 $S(i)$ 趋近于 -1，若 $a(i)=b(i)$，则说明不能判断观测点 i 在哪个类簇中效果好，此时 $S(i)$ 为0。

所以 $S(i)$ 值域为 -1 到1，其值越小代表聚类效果越差，其值越大代表聚类效果好。将所有观测点的轮廓系数值相加求均值，就可以得到整个已聚类数据集的轮廓系数，同样，衡量其聚类好坏的标准与单个观测点的轮廓系数的衡量方式是一致的。

2. RMSSTD 平方根标准误差（Root-Mean-Square Standard Deviation）

计算公式如下：

$$\text{RMSSTD} = \sqrt{\sum_{i=1}^{n} \frac{S_i^2}{p}}$$

其中，S_i 代表第 i 个变量在各群内的标准差之和；p 为变量数量。群体中所有变量的综合标准差 RMSSTD 越小，表明群体内（簇内）个体对象之间的相似程度越高，聚类效果越好。

3. R 方（R-Square）

计算公式如下：

$$R^2 = 1 - \frac{W}{T} = \frac{B}{T}$$

其中，W 代表聚类分组后的各组内部的差异程度（组内方差）；B 代表聚类分组后各组之间的差异程度（组间方差）；T 代表聚类分组后所有数据对象总的差异程度，并且 $T = W + B$；R^2 代表聚类后群体间差异的大小，也就是聚类结果可以在多大比例上解释原数据的方差，R^2 越大表明群体内（簇内）的相异性越高，聚类效果越好。

4. ARI （Adjusted Rand Index ）

当聚类结果有“标准答案”时，可以使用 ARI 评价聚类效果：

$$t_1 = \sum_{i=1}^{K_A} C_{N_i}^2, t_2 = \sum_{j=1}^{K_B} C_{N_j}^2, t_3 = \frac{2t_1t_2}{N(N-1)}$$

$$\text{ARI}(A,B) = \frac{\sum_{i=1}^{K_A}\sum_{j=1}^{K_B} C_{N_{ij}}^2 - t_3}{\frac{t_1t_2}{2} - t_3}$$

其中，A 和 B 是数据集 Z 的两个划分，分别有 K_A 和 K_B 个簇；N_{ij}表示在划分 A 的第 i 个簇中的数据同时也在划分 B 的第 j 个簇中数据的数量；N_i、N_j 分别表示划分 A 中第 i 个簇与划分 B 的第 j 个簇中数据的数量。

若 $\text{ARI}(A,B)=0$，则说明划分 A 和 B 是独立的，若 $\text{ARI}(A,B)=1$：则说明划分 A 和 B 是完全相同的。ARI 越高说明聚类效果越好。

14.4 层次聚类

层次聚类是聚类算法的一种，通过计算数据点之间的距离，创建一个有层次结构的树形图。树形图的各个叶结点表示每条记录，树的高度表示不同记录或不同类之间的距离。这样可以使用图形来辅助进行类数量的选择，为聚类提供一个较直观的理解。

14.4.1 层次聚类原理

层次聚类可以建立类与类之间的层次关系，然后通过层次树决定聚类的个数和聚类方式，如图14-6所示。

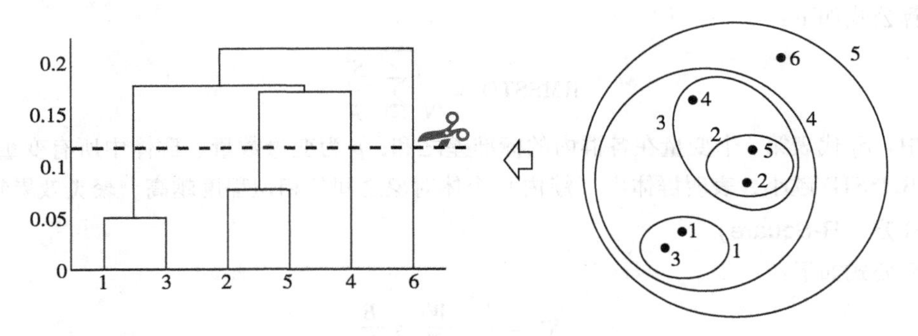

图14-6　样本距离与树形图

上图右侧，空间中的6个样本点分别编号为1～6。通过计算，1和3的距离最近，可以首先将其聚为一个簇，并在后续将该簇视为一个整体；第二步，剩下的样本中2和5距离最近，将它们可以聚为一簇，后续视为一个整体；第三步中，通过计算可得，4和簇（2，5）的距离是最近的，将它们聚为一个簇；反复执行下去后，各个点和簇会逐步合并，直至最后所有点都属于一个簇为止。

这个聚类的过程可以使用图14-6中左边所示的树形图来直观展示出来，其中叶子为各个样本点，树枝的高度代表了左右结点之间的距离。按图中所示横线来切分树形图，则四个子树分别代表四个簇，而且从树高来判断，各簇内部距离较小，而簇间距离较大，这意味着聚类效果比较好。

实际上，层次聚类可分为凝聚法和分裂法，凝聚法首先将每个观测视为一簇，然后根据观测的距离将观测合并，直到全部合并为一簇；分裂法与层次法相反，其首先将所有观测看作一个簇，然后逐步分裂簇，直到每个观测单独分为一簇。

这里以凝聚法为例，其基本步骤为：

（1）计算数据中每两个观测之间的距离。

（2）将最近的两个观测聚为一簇，将其作为一个整体，计算其与其他观测的距离。

（3）重复这一过程，直到所有观测被聚集为一簇。

需要注意的是，距离的测量涉及两个层面的问题。第一，观测之间的距离；第二，类与观测或类与类之间的距离的度量。

1. 观测之间距离

观测之间距离的度量可以通过14.2节介绍的距离度量方式进行，比如闵可夫斯基距离：

$$\mathrm{dist}(X,Y) = \left(\sum_{i=1}^{n} |X_i - Y_i|^p\right)^{\frac{1}{p}}$$

其中，X_i指观测X的第i个属性的值；Y_i指观测Y的第i个属性的值。当$p=2$时，闵可夫斯基距离就是欧式距离。

2. 簇之间的距离

簇之间的聚类有很多度量方式，比如平均法、重心法、Ward 最小方差法等。

（1）平均法

聚类平均法将簇与簇之间的距离定义为所有样本对之间的平均距离，如图 14-7 所示。

相关计算公式如下：

$$D_{pq}=\frac{1}{n_p n_q}\sum_{i\in P, i\in G} d_{ij}$$

其中，n_p、n_q 指当类 P、Q 中观测个数；d_{ij}指观测 i 与 j 之间的距离。

平均法的特点是倾向于将大的簇分开，所有的类倾向于具有同样的直径，且对异常值敏感。

（2）重心法

重心法以两个簇各自重心之间的距离为簇距离，如图 14-8 所示。

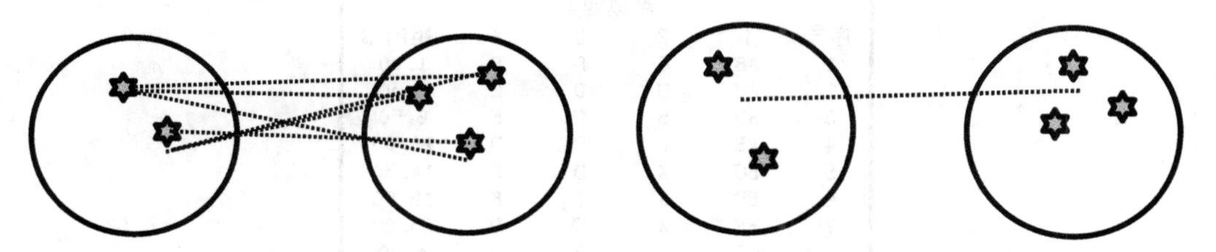

图 14-7　平均法计算类距离　　图 14-8　重心法计算类距离

相关的计算公式如下：

$$D(C_i,C_j)=d(r_i,r_j)$$

重心法较少受到异常值的影响，但因为簇间的距离没有单调递增的趋势，在树状聚类图上可能出现图形逆转，因此使用受到限制。

（3）Ward 最小方差法

Ward 最小方差法可以计算两簇内观测点的方差，并计算合并两簇后大簇的方差，后者减去前者得到方差的增量。当所有的簇中某两簇合并方差增量最小时，说明这两簇的合并是适合的。方差增量的计算公式为：

$$D(C_i,C_j)=\sum_{x\in C_{ij}}(x-r_{ij})^2-\sum_{x\in C_i}(x-r_i)^2-\sum_{x\in C_j}(x-r_j)^2$$

其中，$\sum_{x\in C_i}(x-r_i)^2$ 表示簇 i 的方差；$\sum_{x\in C_j}(x-r_j)^2$ 表示簇 j 的方差；$\sum_{x\in C_{ij}}(x-r_{ij})^2$ 表示簇 i 与簇 j 合并后的方差。

该方法很少受到异常值的影响，在实际应用中分类效果较好，适用范围广。但该方法要求样品间的距离必须是欧氏距离。图 14-9 ~ 图 14-12 演示了 Ward 算法的计算步骤。

图 14-9a 所示是原始数据，图 14 −9b 是两两样本的欧氏距离。根据欧氏距离，应该是 AB 首先被归为一簇，那下面看看根据 Ward 法是否也被归为一类。聚成四类时，假设 AB 并为一类，则组内离差平方和为 $SS=\left(6-\frac{6+7}{2}\right)^2+\left(7-\frac{6+7}{2}\right)^2+\left(5-\frac{5+6}{2}\right)^2+\left(6-\frac{5+6}{2}\right)^2=1$。同

	X	Y
A	6	5
B	7	6
C	2	4
D	4	2
E	2	1

a) 原始记录

	A	B	C	D	E
A					
B	2				
C	17	29			
D	13	25	8		
E	32	50	9	5	

b) 两两样本之间的欧式距离平方

图 14-9　重心法计算类距离

理，如果 CD 并为一类，则为 $SS=\left(2-\frac{2+4}{2}\right)^2+\left(4-\frac{2+4}{2}\right)^2+\left(4-\frac{4+2}{2}\right)^2+\left(2-\frac{4+2}{2}\right)^2=4$。其他方案与此类似。聚成四类时的组内离差平方和如图 14-10 所示。从结果来看，聚为四类时，AB 被划归为一类是最优的，因此 Ward 法和欧氏距离法的结论是一样的。

聚成四类					
序号	1	2	3	4	组内SS
1	AB	C	D	E	1.00
2	AC	B	D	E	8.50
3	AD	B	C	E	6.50
4	AE	B	C	D	16.00
5	BC	A	D	E	14.50
6	BD	A	C	E	12.50
7	BE	A	C	D	25.00
8	CD	A	B	D	4.00
9	CE	A	B	D	4.50
10	DE	A	B	C	2.50

图 14-10　聚成四类时的组内离差平方和

当合并成三类时，在上一步已经确定 AB 被归为一组后，接下来遍历所有可能的组合情况。比如 AB、CD、E 组合，则组内离差平方 $SS=1+4+0=5$，如图 14-11 所示。

聚成三类					
序号	1	2	3	4	组内SS
1	ABC	D	E		16.00
2	ABD	C	E		13.33
3	ABE	C	D		28.00
4	AB	CD	E		5.00
5	AB	CE	D		5.50
6	AB	DE	C		3.50

聚成二类					
序号	1	2	3	4	组内SS
1	ABC	DE			18.50
2	AB	CDE			8.33

聚成一类					
序号	1	2	3	4	组内SS
1	ABCDE				38.00

图 14-11　聚成三、二类时的组内离差平方和

最终的聚类结果：首先是 AB 聚为一类，之后是 DE 聚为一类，然后 CDE 聚为一类，最终全部聚为一类。根据图 4-12（树形图）所示，最合理的聚类结果是聚为两类，即 AB 一类、CDE 一类。因为从两类到一类之间的组内离差平方变化最大。

14.4.2　层次聚类在 Python 中的实现

我们使用 13.4.3 节中使用的数据集——城市经济发展水平数据（数据说明表 13-2）进行

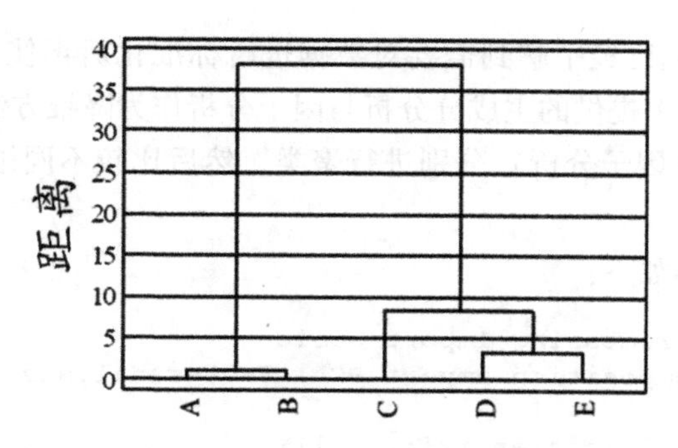

图 14-12 Ward 法聚类的树形图

Python 实现的案例演示。该数据比较特殊，其主成分和因子旋转后得到的因子基本一致。鉴于 scikit - learn 中提供了极大似然法的因子分析，本例中使用 scikit - learn 中的主成分和因子分析进行降维处理，以比较其差异。首先引入常用模块：

```
%matplotlib inline

import numpy as np
import pandas as pd
import matplotlib.pyplot as plt
```

读取数据，为阅读方便我们仍然将数据输出出来：

```
cities = pd.read_csv('cities_10.csv', encoding='gbk')
cities
```

给出结果如表 14-2 所示：

表 14-2 城市经济发展水平数据集中的数据

	AREA	X1	X2	X3	X4	X5	X6	X7	X8	X9
0	辽宁	5458.2	13000	1376.2	2258.4	1315.9	529.0	2258.4	123.7	399.7
1	山东	10550.0	11643	3502.5	3851.0	2288.7	1070.7	3181.9	211.1	610.2
2	河北	6076.6	9047	1406.7	2092.6	1161.6	597.1	1968.3	45.9	302.3
3	天津	2022.6	22068	822.8	960.0	703.7	361.9	941.4	115.7	171.8
4	江苏	10636.3	14397	3536.3	3967.2	2320.0	1141.3	3215.8	384.7	643.7
5	上海	5408.8	40627	2196.2	2755.8	1970.2	779.3	2035.2	320.5	709.0
6	浙江	7670.0	16570	2356.5	3065.0	2296.6	1180.6	2877.5	294.2	566.9
7	福建	4682.0	13510	1047.1	1859.0	964.5	397.9	1663.3	173.7	272.9
8	广东	11769.7	15030	4224.6	4793.6	3022.9	1275.5	5013.6	1843.7	1201.6
9	广西	2455.4	5062	367.0	995.7	542.2	352.7	1025.5	15.1	186.7

这份数据中，关于经济总量的指标有 8 个，关于人均经济量的指标只有 1 个，如果使用原始变量进行聚类，那么聚类结果将几乎全部由经济总量决定，那么类似广东、山东、江苏这样的经济大省就会被聚为一类。但是从实际来看，广东与山东、江苏是有显著的区别，经济发展水平不能仅仅由经济总量来判断。这就需要我们对数据进行维度分析和降维。

在 13.4 节当中，我们已经了解到需要对数据进行标准化后再使用降维，为了进行比较，我们分别使用 scikit-learn 中提供的主成分分析与因子分析作为降维方法，对主成分得分和因子得分（此处是极大似然法因子分析）分别进行聚类，然后比较不同维度分析方法对聚类结果的影响。

标准化与降维的示例如下：

```
from sklearn.preprocessing import scale
from sklearn.decomposition import PCA, FactorAnalysis

scale_cities = scale(cities.ix[:, 1:])
cities_pca_score = PCA(n_components=2).fit_transform(scale_cities)
cities_fa_score = FactorAnalysis(n_components=2).fit_transform(scale_cities)
```

我们生成的 cities_pca_score 和 cities_fa_score 分别是标准化数据的主成分得分和因子分析得分。

scikit-learn 中的 AgglomerativeClustering 函数用于做层次聚类，其中有一个参数是 n_clusters，用于指定类的数量。读者可能会奇怪，既然层次聚类法是通过树形图辅助分析师确定聚类数量的，为什么还要指定这个参数呢？这其实是该函数提供的一个便利。之前使用 SAS 和 R 的层次聚类法，在确定聚类数量后需要自行手动编码。毕竟 scikit-learn 是面向运用的，而不是面向分析的，因此在做预测方面提供了很多便利。不过通过 AgglomerativeClustering 函数获取树形图就比较烦琐了，需要手动完成大量工作，因此我们使用 scipy 包中的层次聚类，该函数比较初级，需要根据数据的主成分首先通过 distance. pdist 函数获得两两样本间的距离矩阵，参数'euclidean'说明采用欧氏距离。之后使用 linkage 函数进行层次聚类，参数 method = 'ward'表明采用沃尔德方法计算类与类之间合并的最优方式。

```
import scipy.cluster.hierarchy as sch
disMat = sch.distance.pdist(cities_pca_score, 'euclidean') # 生成距离矩阵
Z = sch.linkage(disMat, method='ward')   # 进行层次聚类
P = sch.dendrogram(Z)   # 将层次聚类结果以树形图表示出来
```

其聚类树形图结果如图 14-13 所示。

图 14-13 中所示横轴是观测的索引，比如 0 代表辽宁，纵轴代表距离。从图中显示的层次上来看，横线 1 和 2 的间隔是最大的，因此数据聚成两类是比较合理的方法。如果觉得两类太少了，则 4 类也是可选的，因为横线 3 和 4 的间隔是第二大的。

引入 scikit-learn 中的层次聚类，将数据聚成 4 类，计算方法使用 Ward 法，使用数据集的主成分得分进行模型训练如下。由于之前已经查看了树形图，因此不再提取树形图（compute_full_tree = False）的信息。

```
from sklearn.cluster import AgglomerativeClustering
ward = AgglomerativeClustering(n_clusters=4, linkage='ward',compute_full_tree=False)
ward.fit(cities_pca_score)
```

聚类中使用的两个主成分分别代表经济总量水平与人均水平，分析过程见 13.4 节中的说明。

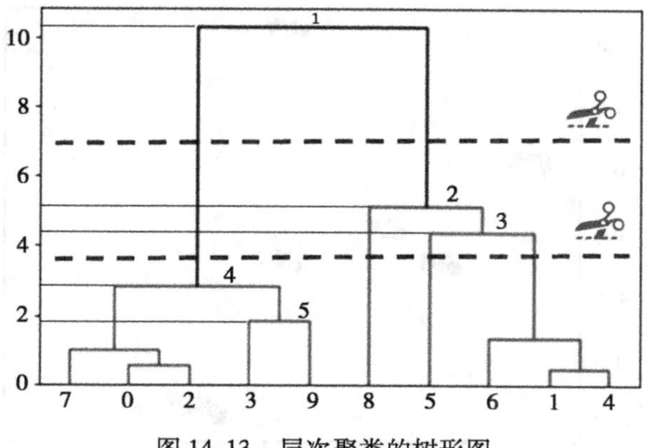

图 14-13　层次聚类的树形图

```
cities['total'] = cities_pca_score[:, 0]
cities['average'] = cities_pca_score[:, 1]
cities['cluster'] = ward.labels_
```

图 14-16b 所示是通过旋转法因子分析得到两个因子，对此进行可视化，并辅助人工聚类的示意（因子分析之后在 Excel 中绘制的）。可以看到，广州的 GDP 总量最高，上海的人均 GDP 最高，这两个省比较特殊，单独分为一组。然后浙江、山东、江苏的经济状况比较相似，可以分为一组，其他省可以分为一组。图 14-14a 所示分类结果与图 14-15b 所示的分类情况完全一致。当然，这有可能是巧合，因此建议读者以后使用层次聚类法之前，先采用因子旋转法对变量进行因子分析。

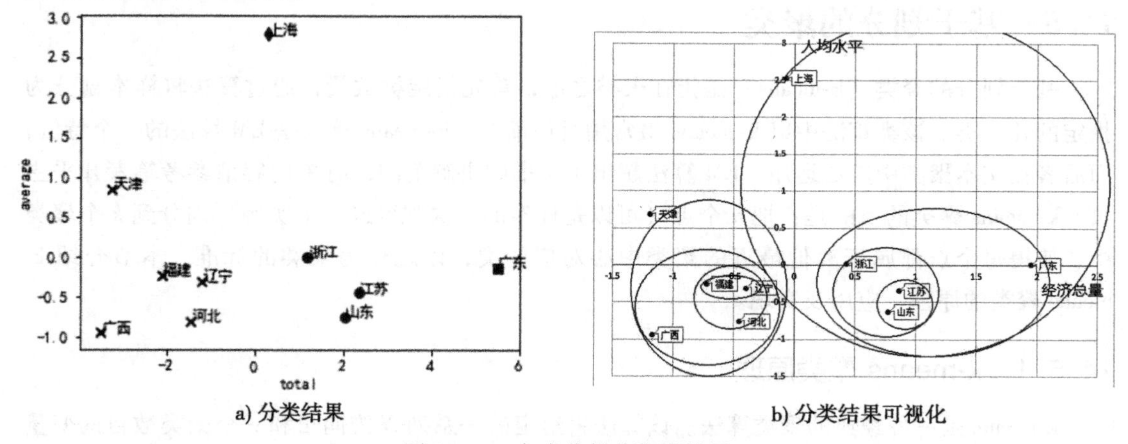

a) 分类结果　　b) 分类结果可视化

图 14-14　主成分得分聚类结果

图 14-16 所示是通过 scikit-learn 中的 FactorAnalysis 函数提供的极大似然法因子分析的聚类结果。

从图 14-15 可以看出，广东和上海被聚为一个簇，山东和江苏被聚为一个簇，天津和广西被聚为一个簇，剩余省市被聚为一个簇。不过实际经验告诉，我们广州和上海的经济发展状

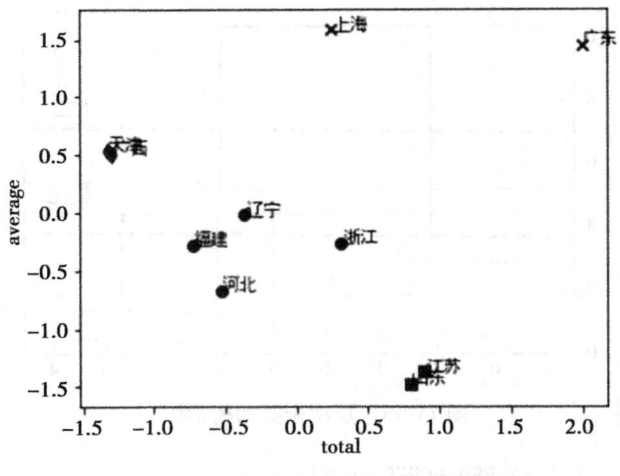

图 14-15　极大似然法因子得分聚类结果

况差异性较大，天津和广西的差异性也很大，这个聚类结果不符合常识。因此依据 FactorAnalysis 函数提供的因子分析得到了无法进行业务解释的聚类结果。

以上示例旨在说明数据科学中的算法很多，不能望文生义，更不要迷信，认为因子分析一定比主成分效果好。如果 Python 尚未提供合适的算法包，应该退而求其次，选择算法明晰但是效果一般的算法，也不能使用据说比较先进，但是算法的含义解释不清的算法。

14.5　基于划分的聚类

基于划分的聚类（k-means）是指在聚类之前，首先指定类数量，通过算法将样本划分为指定的几大类。该类算法中以 k-means 最常用且最简单，k-means 算法是 EM 算法的一个特例，而后者在文本聚类中广泛运用。EM 算法超出了本书的讲解范围，有关内容请参考笔者知乎主页。k-means 聚类的目的是：把 n 个点（可以是样本的一次观察或一个实例）划分到 k 个聚类中，使得每个点都属于离他最近的聚类中心对应的类，以之作为聚类的标准。本节介绍 k-means 聚类的原理、应用及实现。

14.5.1　k-means 聚类原理

k-means 是一种经典的聚类算法。该算法将给定的一系列 N 维向量和一个聚类数目的变量 k，聚为 k 类。通常我们将每个向量映射为欧氏空间里的一个点，两点距离越近越相似，即把欧氏距离作为相异性度量。k-means 是一种迭代式（iterative）算法，此聚类过程先对样本观测点粗略分类，然后按某种最优准则逐步修改分类，直至最优为止。k 均值法是快速聚类的重要方法，主要分为以下 4 个步骤。

（1）设定 k 值，确定聚类数（软件随机分配聚类中心所需的种子）。

（2）计算每个记录到类中心的距离（欧氏距离），并分成 k 类。

（3）然后把 k 类中心（均值）作为新的中心，重新计算距离。

（4）迭代到收敛标准停止。

如图 14-16 所示，通过多次迭代的方法可以调整各类的中心及各类的范围，直到各类和类的中心趋于稳定为止。

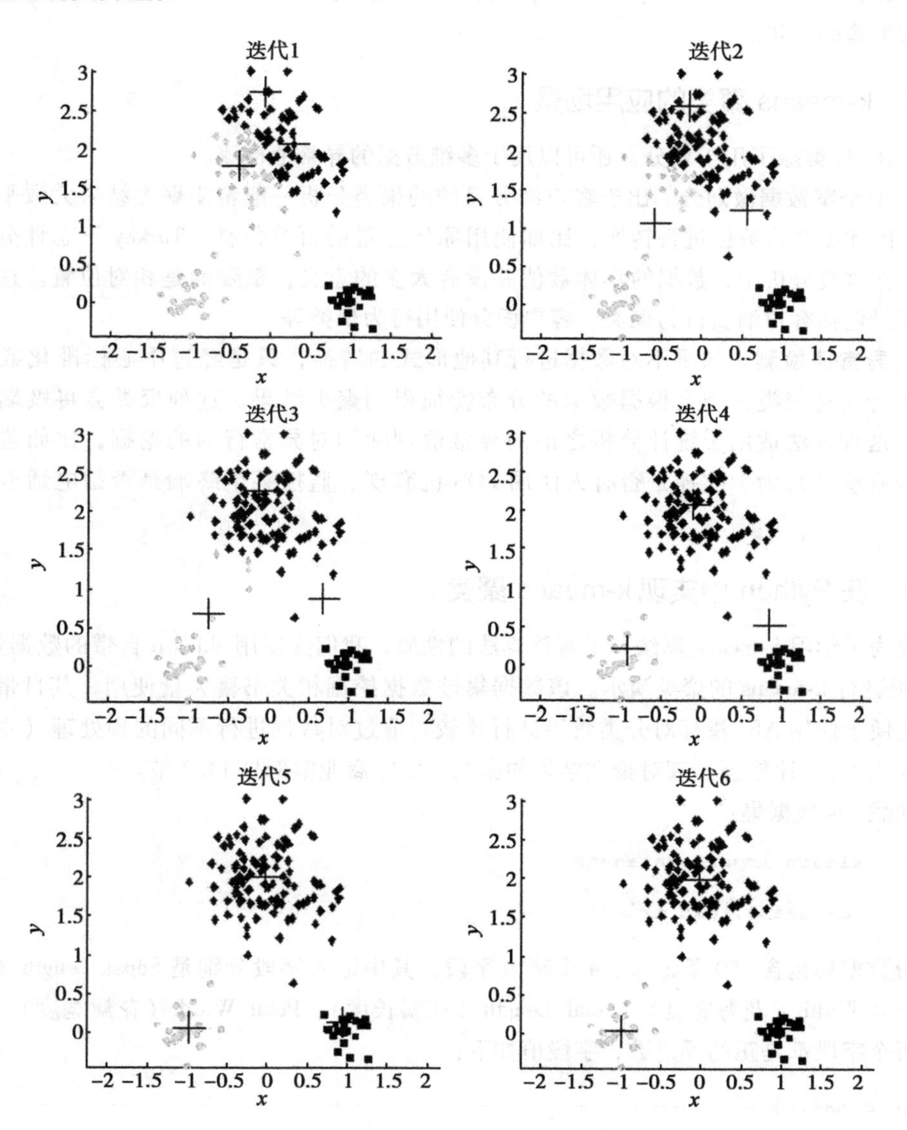

图 14-16　k-means 聚类迭代过程

k-means 聚类方法效率高，结果易于理解，但也有很多缺点：

（1）需要事先指定 k 值作为类簇个数。

（2）只能对数值数据进行处理。

（3）只能保证是局部最优，而不一定是全局最优（不同的起始点可能导致不同的结果）。

（4）不适合发现非凸形状的簇或者大小差别很大的簇。

（5）对噪声和孤立点数据敏感。

所以在进行 k-means 聚类时，需要进行数据标准化，去异常值，而且需要对数据进行可视化以观察类簇的形状。

14.5.2 k-means 聚类的应用场景

k-means 聚类除了用于划分，还可以用于多维数据的异常值检测。

（1）**对个案数据做划分**。出于客户细分目的的聚类分析一般希望聚类结果大致平均分为几大类，因此需要将数据进行转换，比如使用原始变量的百分位秩、Turkey 正态评分、对数转换等。在这类分析中，数据的具体数值并没有太多的意义，重要的是相对位置。这种方法的适用场景包括客户消费行为聚类、客户积分使用行为聚类等。

（2）**异常值检测**。如果不对数据进行其他形式的转换，只是经过中心标准化或极差标准化就进行快速聚类，则会根据数据的分布特征得到聚类结果。这种聚类会将极端数据聚为几类。这种方法适用于统计分析之前的异常值剔除和对异常行为的挖掘，比如监控银行账户是否有洗钱行为、监控是否有人使用 POS 机套现、监控某个终端是否是电话卡养卡客户等。

14.5.3 在 Python 中实现 k-means 聚类

此处为了学习 k-means 算法，了解该算法的性质，我们先使用 sklearn 自带的数据集——iris 数据集进行 k-means 的聚类演示。该数据集被数据挖掘相关书籍大量使用，其自带分类标签，因此便于使用 ARI 指标对分类效果进行比较。通过对数据进行不同的预处理（主成分分析、标准化等），比较预处理对聚类结果的影响。实际商业案例见 14.7 节。

先加载 iris 数据集：

```
from sklearn import datasets

iris = datasets.load_iris()
```

该份数据集包含 150 条记录、4 个输入字段，其中输入字段分别是 Sepal. Length（花萼长度）、Sepal. Width（花萼宽度）、Petal. Length（花瓣长度）、Petal. Width（花瓣宽度），单位为厘米。每个字段都是正的浮点数，字段值如下：

```
iris.data[:5]
```

输出结果如表 14-3 所示：

表 14-3 Iris 数据集中的数据

```
array([[ 5.1,  3.5,  1.4,  0.2],
       [ 4.9,  3. ,  1.4,  0.2],
       [ 4.7,  3.2,  1.3,  0.2],
       [ 4.6,  3.1,  1.5,  0.2],
       [ 5. ,  3.6,  1.4,  0.2]])
```

数据集的目标字段为花的种类，包括 3 种 Iris Setosa（山鸢尾）、Iris Versicolour（杂色鸢尾）和 Iris Virginica（维吉尼亚鸢尾），目标值示意如下：

```
iris.target[:5]
```

输出结果如下：

```
array([0, 0, 0, 0, 0])
```

由于这份数据具有实际标签，因此我们聚类后可以比较聚类的簇标签与实际标签的差异，进而判断不同聚类结果的优劣。

对数据进行降维处理：

```
iris_pca = PCA(n_components=2)
iris_pca_score = iris_pca.fit_transform(iris.data)
print(iris_pca.explained_variance_ratio_ )
```

输出结果如下：

```
[ 0.92461621  0.05301557]
```

结果显示，保留一个主成分即可，但为了演示和比较，我们仍然先保留两个主成分，这样可以将数据在二维平面上绘制成散点图，如图 14-17 所示。

```
plt.figure(figsize=[4, 3])

for cluster, marker in zip(range(3), ['x', 'o', '+']):
    x_axis = iris_pca_score[:, 0][iris.target == cluster]
    y_axis = iris_pca_score[:, 1][iris.target == cluster]
    plt.scatter(x_axis, y_axis, marker=marker)

plt.show()
```

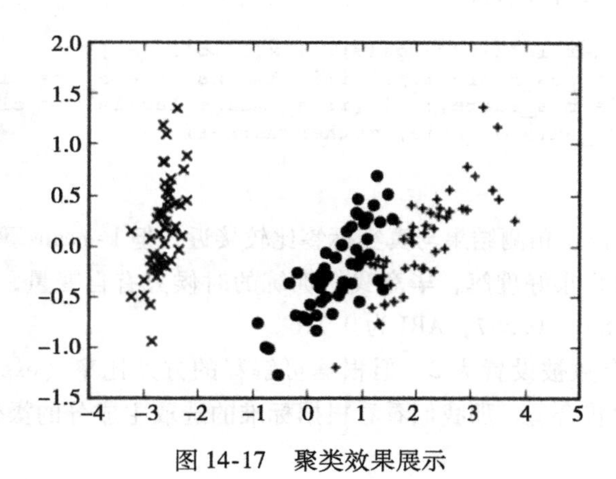

图 14-17　聚类效果展示

在图14-17中，我们按照样本的实际标签对散点进行标识，这样可以很直观地看到样本的真实分类情况。

我们使用scikit-learn中的k-means聚类，设定将各点聚为三类。由于k－means存在不同的起始点可能导致不同的结果的问题，为了消除随机初始化的影响，我们让模型训练15次，并以其中稳定出现的结果作为预测结果：

```
from sklearn.cluster import KMeans

iris_kmeans = KMeans(n_clusters=3, n_init=15)
iris_kmeans.fit(iris_pca_score)
```

k-means聚类的模型信息如下：

```
KMeans(algorithm='auto', copy_x=True, init='k-means++', max_iter=300,
    n_clusters=3, n_init=15, n_jobs=1, precompute_distances='auto',
    random_state=None, tol=0.0001, verbose=0)
```

iris_kmeans即为训练好的模型，模型可以输出训练集的预测标签和类中心（输出属性labels_和cluster_centers_），同时可以使用predict对其他数据进行聚类预测：

```
print('Labels:', iris_kmeans.labels_[:5])
print('Prediction:', iris_kmeans.predict(iris_pca_score)[:5])
print('Centers: \n', iris_kmeans.cluster_centers_)
```

k-means聚类模型的预测结果如下：

```
Labels: [1 1 1 1 1]
Prediction: [1 1 1 1 1]
Centers:
 [[ 2.34645113  0.27235455]
 [-2.64084076  0.19051995]
 [ 0.66443351 -0.33029221]]
```

为了直观，我们同样将数据进行可视化，并使用预测标签对数据进行标识，如图14-18所示。

```
plt.figure(figsize=[4, 3])

for cluster, marker in zip(range(3), ['x', 'o', '+']):
    x_axis = iris_pca_score[:, 0][iris_kmeans.labels_ == cluster]
    y_axis = iris_pca_score[:, 1][iris_kmeans.labels_ == cluster]
    plt.scatter(x_axis, y_axis, marker=marker)

plt.show()
```

从图14-19可以看出，预测结果与真实标签比较接近，但k-means聚类的簇标号并不一定是真实标签的标号。这也很好理解，毕竟我们训练的时候只有自变量，并没有给任何标签信息。此时模型的Sihouette为0.597，ARI为0.716。

上述PCA主成分个数被设置为2，但根据可解释的方差比率（explained_variance_raion）来看，取1个主成分比较合适。那我们看看根据标准的选取主成分的操作，其聚类效果如何。相关代码如下：

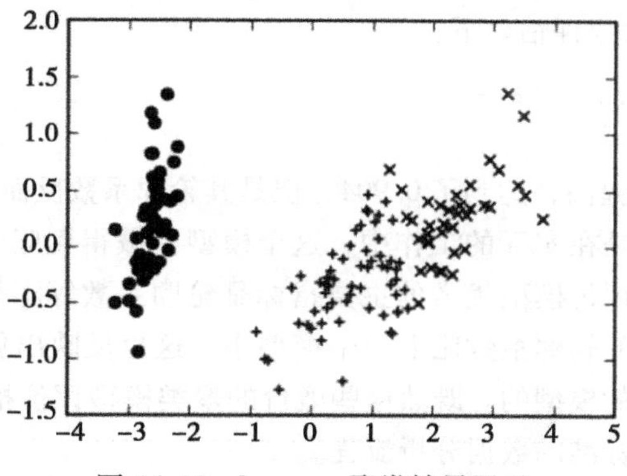

图 14-18　k-means 聚类结果展示

```
from sklearn.pipeline import Pipeline

steps = [('pca', PCA(n_components=1)), ('km', KMeans(n_clusters=3))]
pl = Pipeline(steps=steps)
pl.fit(iris.data)

print('Silhouette: ',
      silhouette_score(pl.named_steps['pca'].transform(iris.data),
                                     pl.predict(iris.data)))
print('ARI: ', adjusted_rand_score(iris.target, pl.predict(iris.data)))
```

k-means 聚类的模型效果评估如下：

```
Silhouette:  0.677166058432
ARI:  0.772631417041
```

可以看到轮廓系数有所提高，ARI 也更高了。

这里说明，同样的原始变量，降到一维的聚类结果可能会比降到二维更优。因此并不是信息越多越好。这是因为在提取主成分时，可以认为未保存下来的成分是噪声，通过主成分分析达到了降噪的目的。降低噪声后模型能够更好地体现出数据背后的本质规律，因此后续的建模结果可能反而更优。

另一方面，之前在 14.5.2 节中讲过，如果是将个案数据做划分，则需要进行分布形态转换，scikit-learn 中的 Normalization 函数提供了单个变量正态性转换的功能。本例中我们对数据进行正态转换后，使用 k-means 聚为三类。我们先不做降维，看看聚类效果如何。很多人认为纳入模型的数据越多越好，情况是这个样子吗？下面看看模型的效果：

```
from sklearn.preprocessing import StandardScaler, Normalizer

iris_norm = Normalizer().fit_transform(iris.data)
iris_norm_kmeans = KMeans(n_clusters=3).fit(iris_norm)

print('Silhouette: ',
      silhouette_score(iris_norm, iris_norm_kmeans.labels_ ))
print('ARI: ',
      adjusted_rand_score(iris.target, iris_norm_kmeans.labels_ ))
```

k-means聚类的模型效果评估如下：

```
Silhouette:  0.576148277869
ARI:  0.903874231775
```

可以看到ARI有大幅提高，达到了0.904，但是其轮廓系数反而变小了。从ARI来看，确实是很优质的模型了，但是在实际的工作中，这个模型会被得到吗？在实际的商业客户分群中是很少有目标变量的，评价模型优劣的主要指标是轮廓系数等不需要目标变量参与计算的指标，这是因为这个模型的轮廓系数比上一个模型小。这也反映出凭借轮廓系数、R^2等指标是不能选出与事实最相符的模型的。既然这些廉价的聚类模型评价指标不靠谱，那怎么办呢？还是那句老话，靠合理而标准的数据分析流程。

下面加入对数据的降维处理，看看聚类效果如何，示例如下：

```
iris_norm_pca = PCA(n_components=1).fit_transform(iris_norm)
# When set n_components=1, explained_variance_ratio is 0.96.
iris_norm_pca_kmeans = KMeans(n_clusters=3).fit(iris_norm_pca)

print('Silhouette: ',
      silhouette_score(iris_norm_pca, iris_norm_pca_kmeans.labels_))
print('ARI: ',
      adjusted_rand_score(iris.target,iris_norm_pca_kmeans.labels_))
```

k-means聚类的模型效果评估如下：

```
Silhouette:  0.735607874078
ARI:  0.941044980074
```

可以看到，当将正态转换的数据降到一维后，聚类效果有很大提升，轮廓系数与ARI都有大幅提高。

因此，我们得到最好效果的基于因子旋转的因子分析（更便于对聚类结果进行解释）或主成分分析是：

（1）单变量中心标准化。

（2）单变量正态性转换（只有客户分群需要1，识别异常值不需要）。

（3）基于因子旋转的因子分析（面向客户分群的需求）或者主成分分析（面向识别异常值的需求）。

（4）k-means聚类。

（5）计算轮廓系数评估模型优劣并比较模型。

（6）使用描述性统计或决策树来描述每一类的特征。

其中在面向客户分群的需求时，第六步最重要，如果聚类结果不具有可解释性，可以推翻第5步的结论，选取可解释性强但是评估指标不是最高的模型。切记，轮廓系数、R^2、平方根标准误差这些廉价的评估指标只是辅助工具，千万不要盲信。只有ARI这个指标才是最重要的评估聚类好坏的，但是在建模时无法得到，需要后期调研。

14.6 基于密度的聚类

除了以距离为标准进行聚类之外，我们还可以使用基于密度标准的聚类。基于密度的聚类算法能够挖掘任意形状的簇，此算法把一个簇视为数据集中密度大于某阈值的一个区域。DBSCAN（Density-Based Spatial Clustering of Applications with Noise）是其中比较典型的算法。

14.6.1 详谈基于密度聚类

1. 基于密度聚类的基本思想

基于密度聚类的基本思想是只要样本点的密度大于某阈值，就将该样本添加到最近的簇中。这类算法能克服基于距离的聚类算法只能发现“类圆形”（凸）的聚类的缺点，其可发现任意形状的聚类，且对噪声数据不敏感。但基于密度聚类计算密度单元的计算复杂度大，需要建立空间索引来降低计算量。

与划分聚类和层次聚类不同，它将簇定义为密度相连的点的最大集合，能够把具有足够高密度的区域划分为簇，并且可以在有“噪声”的空间数据库中发现任意形状的聚类。

2. DBSCAN 算法原理

DBSCAN 算法是一种常见的基于密度的聚类算法。理解 DBSCAN 算法，需要先了解该算法的一些概念和术语。

（1）半径——EPS：需要事先设定，给定一个对象（一个点）的半径为 EPS 内的区域，如图 14-19 所示。

（2）半径内的点的个数阈值——MinPts：半径为 EPS 的区域内的点的个数的阈值，如果数量大于该阈值，那么圆心的点即为核心点，需要提前设定。

（3）核心点（core point）：若在半径 EPS 内含有超过 MinPts 数目的点，则该圆心点为核心点。这些点都是在簇内的。

如图 14-20 所示，若设定 MinPts = 3，则该圆心点就是核心点；若设定 MinPts = 10，则该圆心点不是核心点。

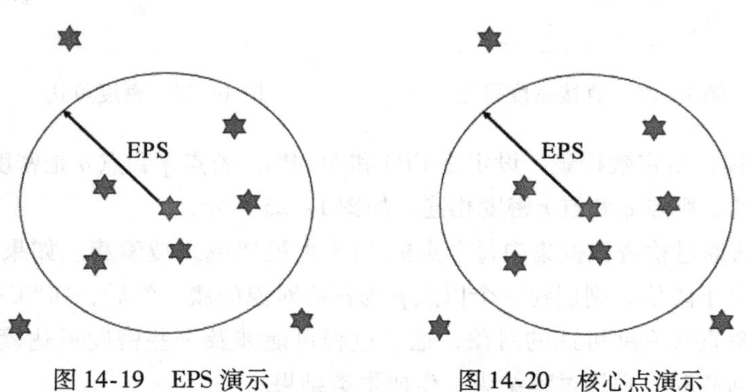

图 14-19 EPS 演示　　图 14-20 核心点演示

（4）边界点（border point）：边界点在半径 EPS 内的点的数量小于 MinPts，但是边界点是核心点的邻居。

如图 14-21 所示，设 MinPts = 3，点 1 是核心点，点 2 是非核心点，但由于点 2 在点 1 半径内，所以点 2 为边界点。

（5）噪声点（noise point）：在图 14-22 中，深色点 3 既不是核心点也不是边界点，因此点 3 为噪声点。

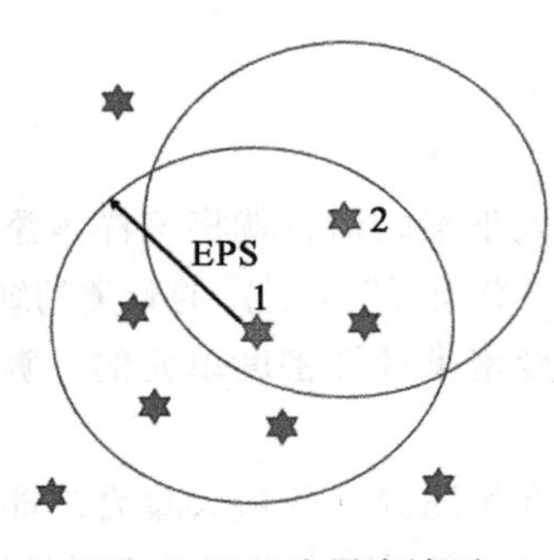

图 14-21　边界点演示

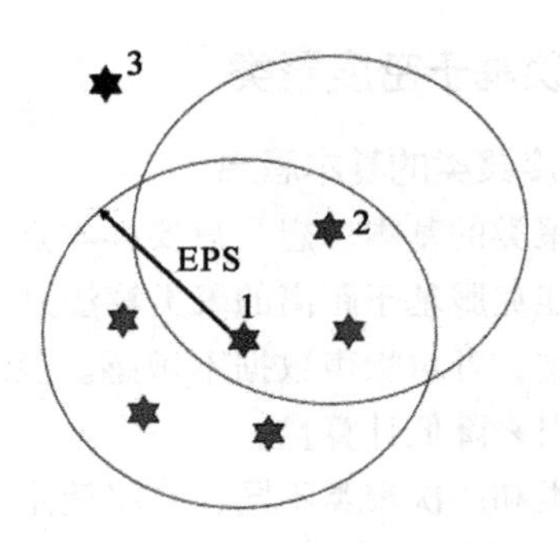

图 14-22　噪声点演示

（6）直接密度可达：给定数据集，设定好 EPS 和 MinPts，如果点 p 在点 q 的半径范围内，且点 q 是一个核心对象，则从点 p 到点 q 是直接密度可达的，如图 14-23 所示。

（7）密度可达：给定数据集，设定好 EPS 和 MinPts，若点 p 到点 q 是直接密度可达的，点 r 到点 q 也是直接密度可达的，则点 p 和点 r 是密度可达的，如图 14-24 所示。

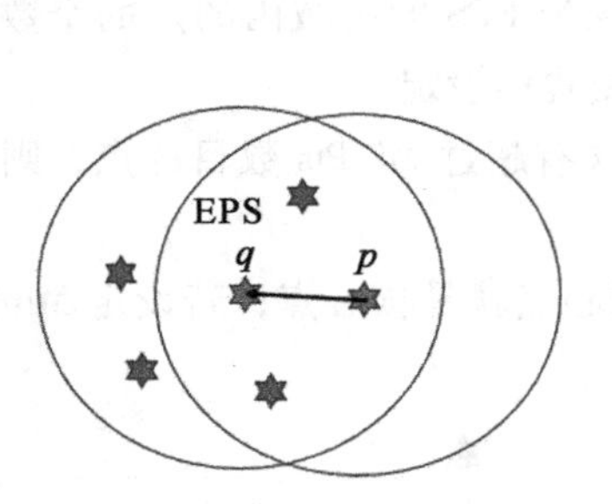

图 14-23　直接密度可达

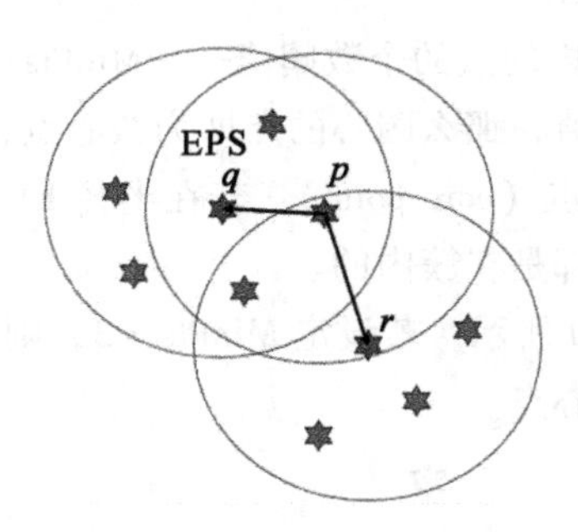

图 14-24　密度可达

（8）密度相连：给定数据集，设定好 EPS 和 MinPts，若点 q 到点 o 是密度可达的，点 r 到点 o 是密度可达的，则点 q 和点 r 密度相连，如图 14-25 所示。

DBSCAN 算法通过检查数据集中每个点的 EPS 半径邻域来搜索簇。如果点 p 的 EPS 邻域包含的点的数量大于阈值，则创建一个以点 p 为核心对象的簇。然后，DBSCAN 算法迭代地聚集从这些核心对象直接密度可达的对象，这个过程可能涉及一些密度可达簇的合并。当没有新的点添加到任何簇时，则该过程结束，生成聚类结果。

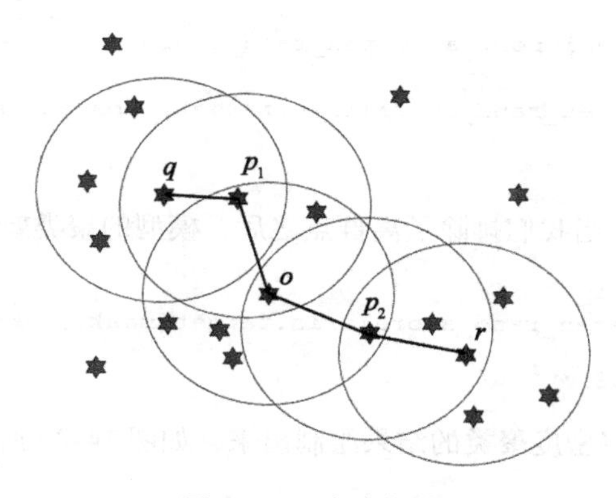

图 14-25　密度相连

基于密度聚类的优点在于其根据点的密度聚类，能够处理噪声数据，也能处理任意形状和大小的簇；而其缺点在于当簇的密度变化太大或数据的维度较高时，密度聚类的参数比较难以定义。

14.6.2　在 Python 中实现密度聚类

我们使用前面用过的 iris 数据集进行密度聚类演示，对数据进行主成分分析的部分可参考 14.5 节中的内容，在这里我们直接使用降维后的结果进行密度聚类：

```
from sklearn.cluster import DBSCAN

dbscan = DBSCAN(eps=0.3, min_samples=6)
dbscan.fit(iris_pca_score)
```

聚类结果如下：

```
DBSCAN(algorithm='auto', eps=0.3, leaf_size=30, metric='euclidean',
    min_samples=6, n_jobs=1, p=None)
```

不同于 k - means 聚类要求输入簇的个数，密度聚类要求输入半径和半径内的点数阈值 MinPts，因此最终模型生成的簇的个数是事先不知道的。在 scikit-learn 中，密度聚类 DBSCAN 会保存一个 labels_属性，用于指示每个点归属的簇类别。与其他聚类模型不同的是，DBSCAN 的 label_属性最小值为 - 1，用于表示密度很低的离群点，具体如下：

```
dbscan.labels_.min()
```

```
-1
```

DBSCAN 函数将离群点排除在各个簇之外，虽然这些点都有同样的标签，但是并不代表它们属于同一个簇，仅仅表示它们密度过低，不宜放在任何一个簇内。如果我们不慎直接使用 labels_ 的值，将离群点也作为一个簇，则聚类效果会变差。由于 iris 数据本身有标签数据，可以通过 ARI 指标考察其聚类效果：

```
from sklearn.metrics import adjusted_rand_score

print('ARI:', adjusted_rand_score(iris.target, dbscan.labels_))

ARI: 0.584245005698
```

此时 ARI 仅有 0.584。当我们排除了离群点之后，模型的聚类效果会更佳，比如：

```
mask = dbscan.labels_ > -1
print('ARI: ',adjusted_rand_score(iris.target[mask], dbscan.labels_[mask]))

ARI:  0.737165753698
```

为了直观，我们可以将密度聚类的结果绘制出来，如图 14-26 所示。

```
plt.figure(figsize=[4, 3])

for cluster, marker in zip(range(-1, 3), ['^', 'x', 'o', '.']):
    x_axis = iris_pca_score[:, 0][dbscan.labels_ == cluster]
    y_axis = iris_pca_score[:, 1][dbscan.labels_ == cluster]
    plt.scatter(x_axis, y_axis, marker=marker)

plt.show()
```

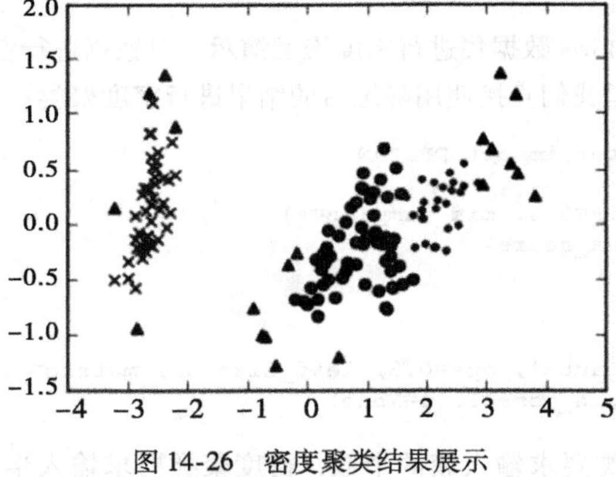

图 14-26 密度聚类结果展示

本数据原本的标签中有三类，而通过密度聚类之后，得到了四个分类。其中图中三角形的样本点就是离群点，它们密度都较低。

密度聚类是通过算法自动发现样本中的模式与异常的优秀方法。但是商业中的数据往往在空间中均匀分布，适合基于划分的聚类算法，不适合基于密度聚类，因此基于密度聚类在商业中主要用于确定异常值。scikit-learn 官网中的聚类页面详细讲解了聚类算法的适用性，请参考该网址的内容（百度搜索 sklearn）：http://scikit-learn.org/stable/modules/clustering.html#clustering。

14.7 案例：通信客户业务使用偏好聚类

对电信公司的客户业务使用量数据进行客户细分，数据集为 profile_telecom.csv，该数据在上一章连续变量的特征选取和转换中已经使用过，当时讲变量通过因子分析，降为两维。本节将演示如何进行客户分群，并对各群的消费偏好进行分析。

在本案例中，我们采用 k-means 算法进行聚类。但是采用两种不同的变量处理方式：保持原有变量的分布形态和改变变量分布形式。两种数据处理的定义在前面已经讲述过，此处是通过实例进行演示。

14.7.1　保持原始变量分布形态进行聚类

读取数据：

```
import pandas as pd

profile_telecom = pd.read_csv('profile_telecom.csv')
profile_telecom.head()
```

输出结果如表 14-3 所示：

表 14-3　电信客户业务量数据集中的部分数据

	ID	cnt_call	cnt_msg	cnt_wei	cnt_web
0	1964627	46	90	36	31
1	3107769	53	2	0	2
2	3686296	28	24	5	8
3	3961002	9	2	0	4
4	4174839	145	2	0	1

计算数据的相关性矩阵：

```
profile_telecom.ix[: ,'cnt_call':].corr()
```

输出结果如表 14-4 所示：

表 14-4　两变量间的相关系数

	cnt_call	cnt_msg	cnt_wei	cnt_web
cnt_call	1.000000	0.052096	0.117832	0.114190
cnt_msg	0.052096	1.000000	0.510686	0.739506
cnt_wei	0.117832	0.510686	1.000000	0.950492
cnt_web	0.114190	0.739506	0.950492	1.000000

可以看到变量间有较强的线性关系。

我们查看一下各个变量的分布情况，结果如图 14-27 所示。

```
plt.figure(figsize=(8, 3))

for i in range(4):
    plt.subplot(220 + i + 1)
    plt.hist(profile_telecom.iloc[:, i + 1], bins=20, normed=True)

plt.show()
```

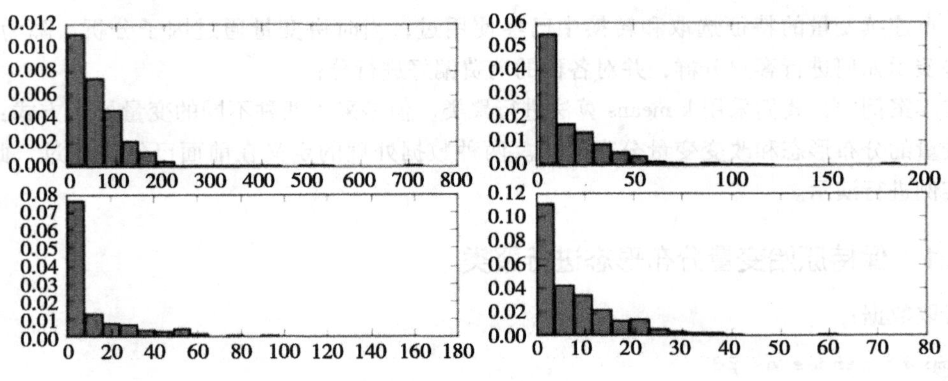

图 14-27　变量分布情况

可以发现每个变量都是偏态分布的。一般来说，高消费的用户总是少数，多数消费都发生在中低档次。通信业务由于采用套餐制，所以很多用户会在套餐当中的某项业务上面出现零消费。

我们仅使用中心标准化进行预处理，然后使用 k-means 聚类：

```
from sklearn.preprocessing import scale
from sklearn.cluster import KMeans

k = 4
tele_scaled = scale(profile_telecom.ix[:, 'cnt_call':])
tele_kmeans = KMeans(n_clusters=k, n_init=15).fit(tele_scaled)
tele_kmeans.cluster_centers_
```

聚类后得到的类中心点如下：

```
array([[-0.2145554 , -0.49172093, -0.46821962, -0.5285122 ],
       [ 0.05009428,  0.89070414,  0.57702018,  0.74219554],
       [ 0.37320284,  1.77110626,  3.36746271,  3.23194709],
       [ 4.07714914, -0.2997685 , -0.29238829, -0.31809185]])
```

评估模型效果：

```
from sklearn.metrics import silhouette_score

silhouette_score(tele_scaled, tele_kmeans.labels_)
```

```
0.46580743450157663
```

为了直观起见，使用主成分分析（从 13.2 节主成分分析的内容可知，该数据应当保留两个主成分）对数据进行降维，然后绘制散点图，将同一个簇的样本使用同样的标识进行标记，结果如图 14-28 所示。

```
plt.figure(figsize=[4, 3])

tele_pca = PCA(n_components=2)
tele_pca_score = tele_pca.fit_transform(tele_scaled)
markers = 'xvo+*^dDhs|_<,.>'
```

```
for cluster, marker in zip(range(k), markers[:k]):
    x_axis = tele_pca_score[:, 0][tele_kmeans.labels_ == cluster]
    y_axis = tele_pca_score[:, 1][tele_kmeans.labels_ == cluster]
    plt.scatter(x_axis, y_axis, marker=marker)

plt.show()
```

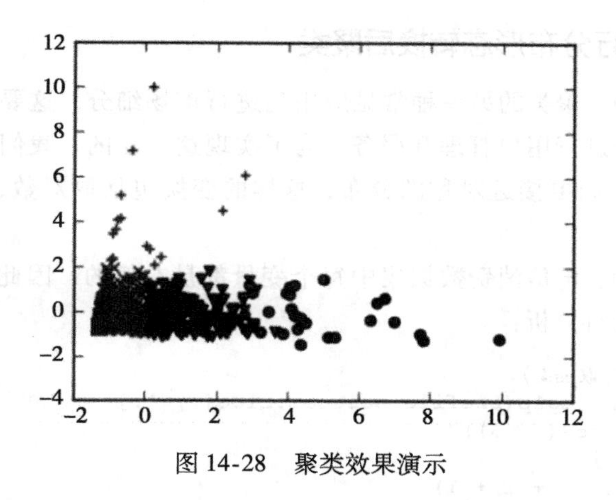

图 14-28　聚类效果演示

从上图中可以看到，在边缘上有少数零散的样本分布，它们是离群点，从聚类结果来看，离群点由于距离大多数样本较远，因此会被划分到同样的簇内。要找到哪些簇是离群点所在的簇，只需要将每个簇中包含的样本数量统计出来，其中样本数量远小于平均水平的就是离群点所在的簇。相关代码如下：

```
pd.DataFrame(tele_pca_score).groupby(tele_kmeans.labels_).count()
```

输出结果如表 14-5 所示：

表 14-5　聚类后得到的每类的频次

	0	1
0	390	390
1	167	167
2	27	27
3	16	16

从上面的输出结果可以看到这个客户分群的效果并不好，因为绝大部分客户被归为第 0 类，而第 1 类的客户数量居中，第 2、3 类客户数量太少。这种聚类结果是符合实际情况的，因为根据二八法则，确实低价值客户人数较多，甚至占到 90% 以上也是常见的情况。但是实际客户分群中，业务人员更希望客户数量在每个类中是大致均匀分配的（这样做并不是很科学，但是符合诉求）。因此这就需要对原始变量进行分布形态转换。

此外，利用原始变量进行聚类可能导致簇不平衡的“缺点”，也可以被我们利用来进行离群点检测。那些样本极少的簇因为与多数样本距离较远，所以它们包含的点就是离群点，而离群点经常意味着反常情况，如洗钱、欺诈识别等。使用 k-means 聚类进行离群点监测的要点就是使用变量的原始分布，不能对变量进行改变分布形态的变换，但可以进行中心标准化或极值标准化（标准化不会改变变量的分布形态）。

14.7.2 对变量进行分布形态转换后聚类

在商业数据分析中，聚类的另一种常见应用是进行市场细分，这要求我们划分的簇具有相近的规模，这样便于进行用户管理和服务。为了实现这一目的，我们对严重偏态的数据要进行一定的转换，使它们更接近对称的分布，这样的变换包括取对数、百分位秩、取 rank、Tukey 打分等。

从前面的分析可知，电信消费数据集中每个变量都是右偏的，因此对其进行变换，本例中对数据取对数后再进行分析：

```
# 对变量取对数（也可取rank）
log_telecom = np.log1p(profile_telecom.iloc[:, 1:])
plt.figure(figsize=(8, 3))
for i in range(4):
    plt.subplot(220 + i + 1)
    plt.hist(log_telecom.iloc[:, i], bins=20, normed=True)

plt.show()
```

本例中我们使用 np. log1p 函数进行对数变换，这个变换会对原始变量加 1 后再取对数，这样可以避免在 0 点处对数没有定义的问题出现，而且可以保证转换后的结果均为正值。

从图 14-29 中可以发现，取对数之后数据的偏态得到了改善。有些变量在 0 点的样本比较多（对应于 0 消费的用户），由于取值一样，因此不可能将其分为不同组，因此这些变量的分布还是右偏的。有两种方式处理这种数据过于集中的情况：1、单独对取值为 0 的样本进行分析，因为他们的消费特征会与普通用户具有较大差异，将他们单独作为一个细分市场是一个合理的方案。2、忽略这个问题，直接进行聚类分析。本节中只是一个演示，因此采用第二种处理方式。

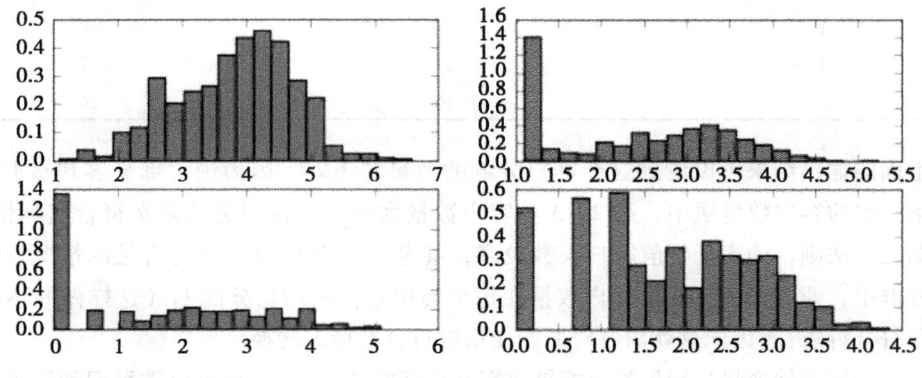

图 14-29 变量分布情况

在进行函数变换之后，再对数据进行维度分析，这里我们使用主成分分析：

```
log_pca = PCA(n_components=2, whiten=True)
log_pca_score = log_pca.fit_transform(scale(log_telecom))
print('variance_ratio:', log_pca.explained_variance_ratio_)
```

分析结果如下：

```
variance_ratio: [ 0.71197124  0.22755356]
```

从结果来看，前两个主成分能解释约 94% 的数据变异，因此保留两个主成分是合理的。然后使用主成分打分进行聚类，此处选择聚成三类（后续会分析如何选择聚类数量）：

```
log_pca_kmeans = KMeans(n_clusters=3, n_init=15).fit(log_pca_score)
silhouette_score(log_pca_score, log_pca_kmeans.labels_)
```

输出结果如下：

```
0.44549776892256943
```

按照簇绘制降维后的散点图，如图 14-30 所示。

```
plt.figure(figsize=[4, 3])

for cluster, marker in zip(range(3), markers[:3]):
    x_axis = log_pca_score[:, 0][log_pca_kmeans.labels_ == cluster]
    y_axis = log_pca_score[:, 1][log_pca_kmeans.labels_ == cluster]
    plt.scatter(x_axis, y_axis, marker=marker)

plt.show()
```

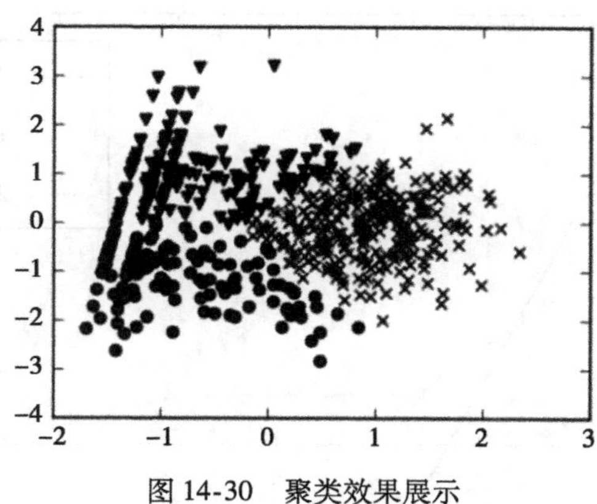

图 14-30　聚类效果展示

从图 14-30 可以看出，每个簇的规模是比较接近的，同样输出每个簇的大小如下：

```
pd.DataFrame(log_pca_score).groupby(log_pca_kmeans.labels_).count()
```

输出结果如表 14-6 所示：

表 14-6 聚类后得到的每类的频次

	0	1
0	272	272
1	176	176
2	152	152

可以发现，相对于不进行变量转换之前，簇的规模比较接近，因此可以按照不同的簇的特征配置资源，对每个簇进行有针对性的市场开发和维护。具体簇的特征可以使用每个变量的均值来体现，此时要汇总每个簇的原始变量的均值，因为数据变换降维之后，其均值的业务含义会变得模糊。示例代码如下：

```
co = profile_telecom.iloc[:, 1:5].groupby(log_pca_kmeans.labels_).mean()
co
```

输出结果如表 14-7 所示：

表 14-7 按照聚类结果做分类描述性统计

	cnt_call	cnt_msg	cnt_wei	cnt_web
0	104. 732955	5. 636364	1. 534091	2. 261364
1	13. 769737	7. 342105	1. 611842	2. 546053
2	69. 227941	31. 422794	30. 772059	16. 702206

我们按照簇类别汇总了电话、短信、微信、网页的消费次数均值，为了更加直观，我们将每个簇在这些变量上的均值绘制成图形，这里选择折线图，结果如图 14-31 所示。

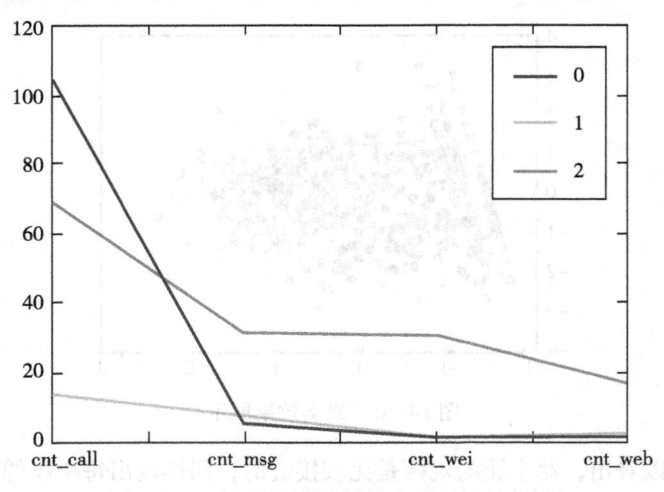

图 14-31 按照聚类结果做分类描述性统计

至此，我们可以根据图 14-31 来解读每个簇对应的业务的特征。例如第 0 簇（在 cnt_call 上数值最高的那条折线），在电话消费上非常活跃，但是在短信、微信、网页这些增值业务上消费较低，他们属于比较传统的消费者，平时电话较多，但较少使用新兴的通信手段，年纪较大的用户以及小企业主等用户具有这样的特征；第 1 簇（在 cnt_call 上数值位于底部的那条折线）在各项业务上均消费不高，他们属于低端用户，或者使用副卡的用户等；第 2 簇（在 cnt_call 上数值在中间的折线）属于基础业务和增值业务均消费较多的群体，他们是比较活跃的潜力用户，针对他们可以推广其他新兴业务以培育市场。

之前我们直接选择聚成 3 类，但是这是否合理，我们可以通过一些技术手段进行判断。例如使用样本到各自簇中心的距离和（离差平方和），这个指标会随着聚类数量的增加而稳定降低。但是当聚类数量足够多时，其下降幅度会缩小。因此可以使用碎石图寻找该指标较为合理时的聚类数量。另外，之前介绍过的聚类评价指标轮廓系数（该算法计算复杂，建议样本量不超2000）也可用于选择 k 值，我们设置 k 值分别取 2 ~ 10 间的自然数，绘制每个 k 值对应的效果评分，如图 14-32 所示。

```
plt.figure(figsize=[8, 2])
Ks = range(2,10)
rssds = []; silhs = []
for k in Ks:
    model = KMeans(n_clusters=k, n_init=15)
    model.fit(log_pca_score)
    rssds.append(model.inertia_)
    silhs.append(silhouette_score(log_pca_score, model.labels_))

plt.subplot(121); plt.plot(Ks, rssds)
plt.subplot(122); plt.plot(Ks, silhs)
plt.show()
```

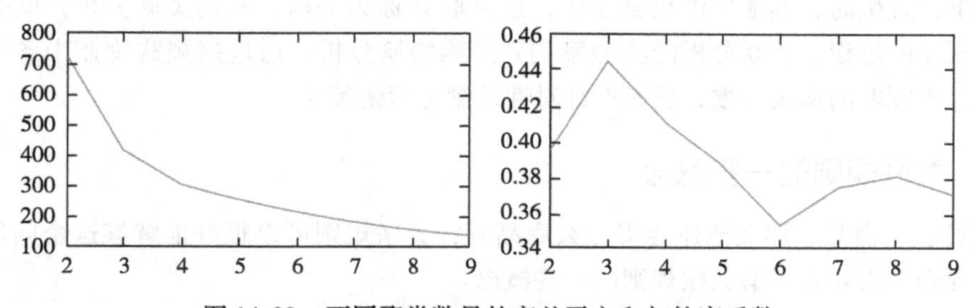

图 14-32　不同聚类数量的离差平方和与轮廓系数

图 14-32 的左图所示为离差平方和，其值随着 k 值的增加而下降，应该选择之前下降最显著的分类数量，其中离差平方和从分 2 个类到分 3 个类的下降幅度是最明显的，因此分 3 个类是最优的；同理分 4 个类是次优的。图 14-32 的右图所示为轮廓系数，应选择最大值对应的 k 的数量。随 k 值的变化可以看出，当 k 取 3 时轮廓系数最大。结合这两个指标，我们选定 $k=3$ 进行聚类。

Chapter 15 第15章

关联规则

关联规则是一种在大型数据库中发现事物之间相关性的方法。这里的事物有产品、事件，比如什么商品会被一同购买，什么疾病会相继出现。本章着重介绍关联规则及序列模式。

15.1 关联规则

当某事件发生时，其他事件也会发生，这种联系称为关联。所谓关联分析，就是指挖掘对象间的规律的过程。关联分析的典型案例就是购物篮分析，通过挖掘购物篮中各商品之间的关系，分析顾客的购买习惯，从而有针对性地制定营销策略。

15.1.1 关联规则的一些概念

某人买了A商品，那么他还会买什么商品呢？关联规则可以很好地解答这个问题。要想熟悉关联规则，需要先了解关联规则的一些概念。

（1）项集：即项目的集合。在交易型数据中，一笔交易中的商品的集合就可以称为项集。

（2）左边规则（LHS）和右边规则（RHS）：在一条关联规则中，规则内左边的商品或商品集合被称为左边规则，右边的商品或商品集合被称为右边规则。例如在规则｛苹果→香蕉｝中，左边规则为“苹果”，右边规则为“香蕉”。右边规则是被左边规则所预测的。

（3）支持度（support）：指的是左手规则和右手规则所包括的商品同时出现的概率。例如在计算｛苹果→香蕉｝的支持度时，需要计算苹果与香蕉在一笔交易中的频数除以总频数的值，即：

$$\text{support}\{\text{LHS}\rightarrow\text{RHS}\} = P(\text{LHS}\cup\text{RHS})$$

显然，如果某关联规则的支持度越高，则说明这条规则适用量超高，不是极少数事件，因此需要被关注。

（4）置信度（confidence）：指在所有购买了左边商品的交易中，同时购买右边商品的概率，即包含规则两边商品的交易次数除以包含规则左边商品的交易次数。例如计算｛苹果→香蕉｝的置信度，即计算包含苹果与香蕉交易的个数除以苹果交易的个数：

$$\text{confidence}(\text{LHS}\rightarrow\text{RHS})=\frac{P(\text{LHS}\cup\text{RHS})}{P(\text{LHS})}$$

置信度用于衡量关联规则的可靠程度，若关联规则的置信度低，则说明客户在购买左边商品后，再购买右边商品的概率不高；若置信度非常高，则说明客户只要购买了左边商品就很有可能购买右边的商品。

（5）提升度（Lift）：提升度指的是两种可能性的比较，一种可能性是在已知购买了左边商品的情况下购买右边商品的可能性；另一种可能性是任意情况下购买右边商品的可能性。两种可能性的比较方式可以定义为两种可能性的概率之比：

$$\text{lift}(\text{LHS}\rightarrow\text{RHS})=\frac{\text{confidence}(\text{LHS}\rightarrow\text{RHS})}{\text{Support}\{\text{RHS}\}}=\frac{P(\text{LHS}\cup\text{RHS})}{P(\text{LHS})P(\text{RHS})}$$

在评价一条关联规则时，只使用支持度与置信度可能会产生可笑的结果，例如发现规则｛牛奶→豆浆｝的支持度与置信度都很高，但又发现｛豆浆｝本身的支持度就已经高于至于超出了｛牛奶→豆浆｝的置信度，说明如果为了促销豆浆而将牛奶和豆浆捆绑销售还不如只销售豆浆。因此在这种情况下，要求右边规则的支持度尽可能低于关联规则的置信度，即提升度需要大于 1 才能说明规则是有商业运用价值的。

（6）最小支持度：人为设定的一个支持度阈值，大于该阈值的规则才需要被重视。

（7）最小置信度：人为设定的一个置信度阈值，大于该阈值的规则被认为是有预测价值。

（8）频繁项集：即符合最小支持度的项集，也称为大项集（large itemsets 或 Litemsets），包括 k 个项的频繁项集被称为频繁 k - 项集。

一个频繁项集同时满足最小置信度要求时，这个项集就可以形成一个关联规则。挖掘关联规则时最重要的一步在于寻找频繁项集，因为这会搜索原始的数据库，并产生大量候选的项集，计算量大；而找到了频繁项集后去寻找关联规则则简单得多，因为频繁项集中的项数量相对原始数据库小很多，同时频繁项集生成时已经保存了大量的项的计数。我们可以很容易从频繁项集得到满足最小置信度的关联规则。因此关联规则的相关挖掘算法的核心都是在寻找频繁项集，其中最经典的算法就是 Apriori 算法。

15.1.2　Apriori 算法原理

1. Apriori 算法

Apriori 算法是最早的挖掘频繁项集的算法，其目标在于找到数据集中所有符合最小支持度的项集。该算法利用频繁项集性质的先验知识，通过逐层搜索的迭代方法，将 k - 项集用于探察 $(k+1)$ - 项集，以穷尽数据集中的所有频繁项集。Apriori 算法利用了项集的一个性质：任何频繁项集的非空子集也是频繁项集，或者说只有对频繁项集进行合并才可能产生更大的频繁项集。

利用这样的性质，我们知道候选的频繁 $k+1$ – 项集只有可能从频繁 k – 项集的合并中产生，由于频繁 k – 项集的数量不会太多，因此产生的候选 $k+1$ 项集也就比较少，至少比从海量商品中任选 $k+1$ 项的组合数少得多，这就大大减少了搜索数据库的次数。

下面以 Apriori 算法原始论文中的一个数据集作为例子，该数据集中的数据均为交易数据，TID 表示交易号，ID 列表代表当前交易中商品的集合，如图 15-1 所示。

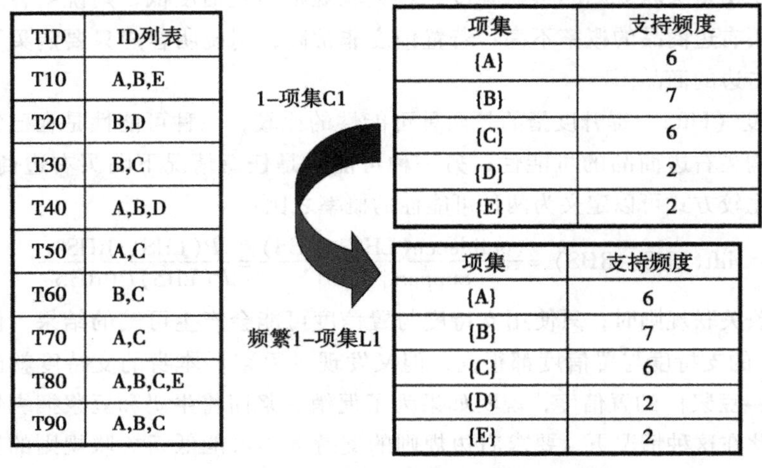

TID	ID列表
T10	A,B,E
T20	B,D
T30	B,C
T40	A,B,D
T50	A,C
T60	B,C
T70	A,C
T80	A,B,C,E
T90	A,B,C

项集	支持频度
{A}	6
{B}	7
{C}	6
{D}	2
{E}	2

项集	支持频度
{A}	6
{B}	7
{C}	6
{D}	2
{E}	2

图 15-1 从原始交易记录得到频繁 1 – 项集

这里设定支持度阈值为 20%，TID 总数为 9，故最小支持频数为 1.8（即只取支持频度大于 1.8 的项集），首先计算出 1 – 项集 C 1（只有一个元素的项集）。

通过搜索发现商品｛A｝、｛B｝、｛C｝、｛D｝、｛E｝都符合最小支持度要求，它们形成了频繁 1-项集 L1。所以在频繁 1-项集 L1 的基础上，找到频繁 2-项集 L2，如图 15-2 所示。

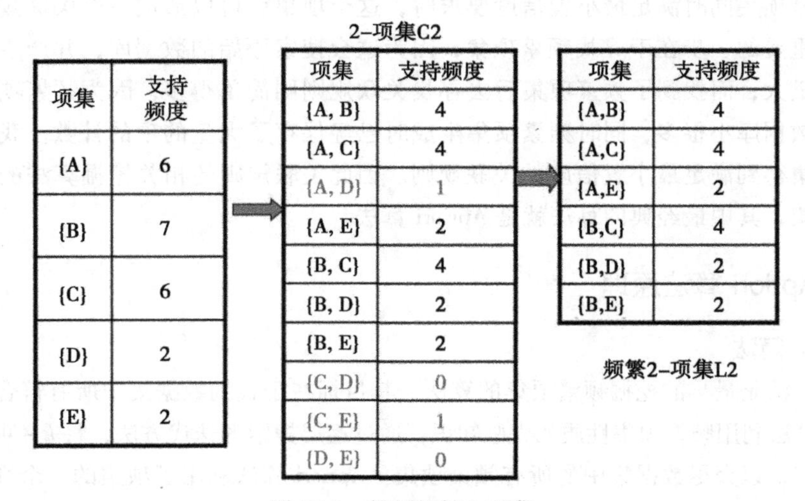

项集	支持频度
{A}	6
{B}	7
{C}	6
{D}	2
{E}	2

项集	支持频度
{A, B}	4
{A, C}	4
{A, D}	1
{A, E}	2
{B, C}	4
{B, D}	2
{B, E}	2
{C, D}	0
{C, E}	1
{D, E}	0

项集	支持频度
{A,B}	4
{A,C}	4
{A,E}	2
{B,C}	4
{B,D}	2
{B,E}	2

图 15-2 得到频繁 2-项集

在频繁1-项集L1的基础上，继续穷尽所有2-项集C2（由于频繁1-项集L1中各只有一个项，故2-项集C2两两组合即可），发现有一些2-项集不符合最小支持度要求，将其剔除后形成频繁2-项集L2。

之后继续以频繁2-项集L2为基础，找出候选的3-项集C3（将各项集合中只有一个项不同，其余项都相同的项集两两组合），然后计算候选的3－项集的支持度，以确定每个候选3-项集是否是频繁的，如图15-3所示。

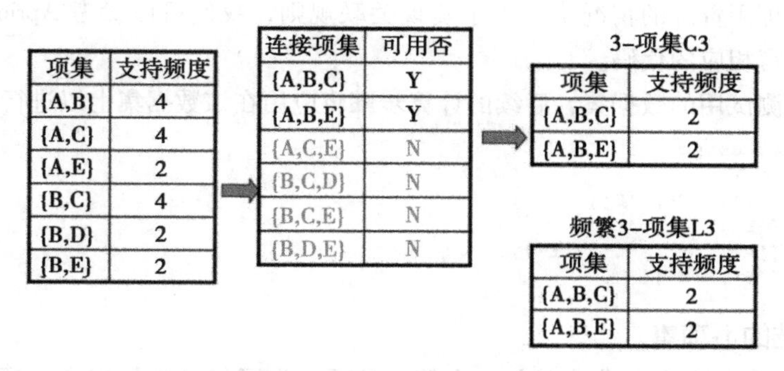

图15-3 得到频繁2-项集

在这个例子中，找到了频繁3-项集L3，可以发现经过组合的4-项集仅有一个，即｛A，B，C，E｝，而其子集｛B，C，E｝不是频繁的，因此该4-项集不是候选的频繁4-项集，算法终止。

2. 由频繁项集产生关联规则

在产生频繁项集后，由于频繁项集的非空子集也频繁，所以关联规则由频繁项集组成，首先找到频繁项集的所有非空子集，分别作为左边规则、右边规则组成关联规则，再计算关联规则的置信度，以最小置信度要求将不符合要求的规则过滤掉。例如频繁项集｛A、B、E｝的非空子集有｛A，B｝、｛A，E｝、｛B，E｝、｛A｝、｛B｝、｛E｝，可以得到以下关联规则，并计算出其置信度。

（1）A^B＝＞E的置信度：2/4＝50%。

（2）A^E＝＞B的置信度：2/2＝100%。

（3）B^E＝＞A的置信度：2/2＝100%。

（4）A＝＞B^E的置信度：2/6＝33%。

（5）B＝＞A^E的置信度：2/7＝29%。

（6）E＝＞A^B的置信度：2/2＝100%。

这里设定最小置信度为70%，因此只有关联规则（2）（3）（6）符合要求并且被保留下来。产生关联规则后，再计算各个关联规则的提升度：

（2）A^E＝＞B的置信度为2/2＝100%，提升度为100%/(7/9)＝1.28。

（3）B^E＝＞A的置信度为2/2＝100%，提升度为100%/(6/9)＝1.5。

（6）E＝＞A^B的置信度为2/2＝100%，提升度为100%/(4/9)＝2.25。

可以看到各个关联规则提升度都大于1，说明规则有效。

15.1.3 在Python中实现关联规则

在Python中，实现关联规则的第三方库并不多，典型如Orange，仅在Python2对应版本当中支持关联规则挖掘，Python3对应版本的Orange尚未支持（截止本书编写完成时），有兴趣的读者可访问 https://orange.biolab.si/了解具体情况。

在没有太多可用资源的情况下，为了实现关联规则，我们可以参考Apriori论文[⊖]中的算法原理，自己编写相应的代码。

先生成一个测试用的数据集，后续的计算步骤将应用在该数据集上以进行验证：

```
import pandas as pd

dataSet = [['A', 'C', 'D'],
           ['B', 'C', 'E'],
           ['A', 'B', 'C', 'E'],
           ['B', 'E']]
```

1. 生成候选的1-项集

候选的1-项集即是数据集中的每一个单独的项，为了保护数据安全，项集可以使用frozenset类型，该类型类似于集合set。不同的是frozenset是不可变对象，因此使用frozenset的另一个好处就是可用其作为字典的键key，此时将支持度作为相应字典的值value，方便我们对频繁项集的支持度进行查询：

```
import itertools

def createC1(dataSet):  # 'C1' for Candidate-itemset of 1 item.
    # Flatten the dataSet, leave unique item
    C1 = set(itertools.chain(*dataSet))

    # Transform to a list of frozenset
    return [frozenset([i]) for i in C1]
```

createC1函数将购物篮中的数据“摊平”，返回frozenset类型的摊平后的项集，这些项集就是候选的项集（candidate itemset），其中函数用“C1”代表了Candidate itemset of 1 item。

我们使用createC1函数对测试数据集进行处理如下：

```
C1 = createC1(dataSet)
list(C1)[:5]
```

输出结果如下：

```
[frozenset({'E'}),
 frozenset({'D'}),
 frozenset({'C'}),
 frozenset({'A'}),
 frozenset({'B'})]
```

⊖ R Agrawal and R Srikant: Fast algorithms for mining association rules in large databases. In Proc. 20th International Conference on Very Large Data Bases, pages 487-499, Santiago, Chile, September 1994。

可见每一个单独的项就是候选的 1 - 项集。

2. 按条件过滤，生成频繁 1 - 项集

定义一个函数用于计算项集的支持度，其输入为候选的 k - 项集，返回的是满足最小支持度的频繁 k - 项集（Large-itemsets）：

```
def scanD(dataSet, Ck, min_support): # 'Ck' for Candidata-set of k items.
    support = {}

    # Calculate the support of all itemsets
    for i in dataSet:
        for j in Ck:
            if j.issubset(i):
                support[j] = support.get(j, 0) + 1

    n = len(dataSet)

    # Return litemset with support
    return {k: v/n for k, v in support.items() if v/n >= min_support}
```

我们定义最小支持度为 0.4，经过该函数处理，测试数据集的频繁 1 - 项集及其支持度如下：

```
min_support = 0.4
L1 = scanD(dataSet, C1, min_support)
L1
```

输出结果如下：

```
{frozenset({'B'}): 0.75,
 frozenset({'A'}): 0.5,
 frozenset({'C'}): 0.75,
 frozenset({'E'}): 0.75}
```

3. 从频繁 k-项集产生候选的 $k+1$-项集

Apriori 算法的核心在于使用频繁 k-项集来产生候选的 $k+1$-项集，这大大减少了候选项集的数量，从而使得算法的复杂度大大降低。我们定义函数 aprioriGen，该函数输入频繁 k-项集，对其中的任意两个项集取并集操作，并集容量为 $k+1$ 的予以保留，以备后续计算：

```
def aprioriGen(Lk):  # 'Lk' for Large-itemset of k items.
    '''
    Generate candidate k+1 itemset  from litemset
    '''
    lenLk = len(Lk)
    k = len(Lk[0])
    if lenLk > 1 and k > 0:
        return set([
                Lk[i].union(Lk[j])
                for i in range(lenLk - 1)
                for j in range(i + 1, lenLk)
                if len(Lk[i] | Lk[j]) == k +1
            ])  # Use set() to drop duplicates
```

测试使用频繁1-项集产生候选2-项集如下：

```
C2 = aprioriGen(list(L1.keys()))
C2
```

输出结果如下：

```
{frozenset({'A', 'B'}),
 frozenset({'B', 'C'}),
 frozenset({'B', 'E'}),
 frozenset({'A', 'E'}),
 frozenset({'C', 'E'}),
 frozenset({'A', 'C'})}
```

4. 筛选频繁 $k+1$-项集

从候选的 $k+1$-项集产生频繁项集的函数可以使用之前定义的scanD，测试如下：

```
scanD(dataSet, C2, min_support)
```

输出结果如下：

```
{frozenset({'B', 'E'}): 0.75,
 frozenset({'C', 'E'}): 0.5,
 frozenset({'A', 'C'}): 0.5,
 frozenset({'B', 'C'}): 0.5}
```

5. 循环执行上述两步直至无法组合新项集

创建一个通过循环发现所有频繁项集的函数如下：

```
def apriori(dataSet, min_support=0.5):
    '''
    Return large itemsets
    '''
    C1 = createC1(dataSet)
    L1 = scanD(dataSet, C1, min_support)
    L = [L1, ]          # Large-itemsets
    k = 2
    while len(L[k-2]) > 1:
        Ck = aprioriGen(list(L[k-2].keys()))
        Lk = scanD(dataSet, Ck, min_support)
        if len(Lk) > 0:
            L.append(Lk)
            k += 1
        else:
             break

    # Flatten the freqSets
    d = {}
    for Lk in L:
        d.update(Lk)
    return d
```

应用这个函数就可以发现测试数据当中的所有频繁项集：

```
L = apriori(dataSet, min_support)
L
```

输出结果如下：

```
{frozenset({'E'}): 0.75,
 frozenset({'B'}): 0.75,
 frozenset({'B', 'C'}): 0.5,
 frozenset({'B', 'E'}): 0.75,
 frozenset({'C'}): 0.75,
 frozenset({'C', 'E'}): 0.5,
 frozenset({'B', 'C', 'E'}): 0.5,
 frozenset({'A'}): 0.5,
 frozenset({'A', 'C'}): 0.5}
```

6. 生成候选的左手规则和右手规则 LHS→RHS

仅仅生成频繁项集还不够，我们还需要产生关联规则。首先就需要将频繁项集分拆成两个部分，一个作为左手规则，一个作为右手规则：

```
def rulesGen(iterable):
    # Generate nonvoid proper subset of litemset.
    subSet = []
    for i in range(1, len(iterable)):
        subSet.extend(itertools.combinations(iterable, i))

    return [(frozenset(lhs), frozenset(iterable.difference(lhs)))
             for lhs in subSet]  # Left hand rule and right hand rule
```

该自定义函数中，使用 itertools. combinations 产生频繁项集的长度为 i 的子集（通过限制 i，产生的子集为非空真子集），再利用 difference 产生该非空真子集的补集，两个集合分别作为左手规则和右手规则。测试一下：

```
ss = frozenset(['A', 'B', 'C'])
rulesGen(ss)
```

输出结果如下：

```
[(frozenset({'C'}), frozenset({'A', 'B'})),
 (frozenset({'A'}), frozenset({'B', 'C'})),
 (frozenset({'B'}), frozenset({'A', 'C'})),
 (frozenset({'A', 'C'}), frozenset({'B'})),
 (frozenset({'B', 'C'}), frozenset({'A'})),
 (frozenset({'A', 'B'}), frozenset({'C'}))]
```

可见函数返回了所有可能出现的规则，至于规则是否是关联规则，还需要考虑置信度 confidence。

7. 生成规则的置信度 confidence 和提升度 lift

为了使用方便，将生成频繁项集的函数 Apriori 和生成候选规则的函数 RulesGen 集成在一起，并对规则的置信度和提升度进行计算，定义函数如下：

```
def arules(dataSet, min_support=0.5):
    '''
    Return a pandas.DataFrame of 'rules|support|confidence|lift'
    '''
```

```
    # Generate a dict of 'large-itemset: support' pairs
    L = apriori(dataSet, min_support)

    # Generate candidate rules
    rules = []
    for Lk in L.keys():
        if len(Lk) > 1:
            rules.extend(rulesGen(Lk))

    # Calculate support、confidence、lift
    scl = []  # 'scl' for 'Support, Confidence and Lift'
    for rule in rules:
        lhs = rule[0]; rhs = rule[1]
        support = L[lhs | rhs]
        confidence = support / L[lhs]
        lift = confidence / L[rhs]
        scl.append({'LHS':lhs, 'RHS':rhs, 'support':support,
                    'confidence':confidence, 'lift':lift})

    return pd.DataFrame(scl)
```

对该函数的作用进行测试：

```
res = arules(dataSet, 0.4)
res.head()
```

上述代码的输出结果如表 15-1 所示。

表 15-1 测试输出

	LHS	RHS	confidence	lift	support
0	(C)	(B)	0.666667	0.888889	0.5
1	(B)	(C)	0.666667	0.888889	0.5
2	(E)	(C, B)	0.666667	1.333333	0.5
3	(C)	(E, B)	0.666667	0.888889	0.5
4	(B)	(E, C)	0.666667	1.333333	0.5

可以看到，利用上面的这些函数，我们最终生成了所有的规则的支持度、置信度、提升度，并以 pandas. DataFrame 的形式返回。只要指定相应置信度阈值，我们就可以很方便地从中筛选出关联规则。

8. 将函数封装在模块中

将本节前面列出的所有函数保存在一个文本文件中，将文件扩展名改为 . py（例如保存为 apriori. py），此时该文件就成为一个模块了（也可以使用 jupyter notebook 中的“download as”，或者其他集成开发环境来简化操作），这样方便再次调用。假设模块保存在 E：\ myscripts 下，我们调用它对一个新的数据集进行关联规则挖掘。

首先 import 需要的库如下：

```
import sys
import os
import pandas as pd

sys.path.append(r'E:\myscripts') # Append the module path
os.chdir(r'Q:/data')

import apriori
```

其中，sys. path 中添加了 apriori. py 的路径，这样才能将其 import 进来；os. chdir 改变工作目录至数据集所在路径，仅仅是为了方便读取数据而已。

读取数据：

```
transactions = pd.read_csv('Transactions.csv')
transactions.head()
```

读取的结果如表 15-2 所示。

表 15-2 读取结果

	OrderNumber	LineNumber	Model
0	SO51178	1	Mountain-200
1	SO51178	2	Mountain Bottle Cage
2	SO51178	3	Water Bottle
3	SO51184	1	Mountain-200
4	SO51184	2	HL Mountain Tire

Transaction 数据集包含了三个字段，其中的 OrderNumber 是订购号，可以将其理解成是一个购物篮，该字段有重复值说明一个购物篮中有多个项；LineNumber 是行号；Model 是购物项。

进行关联规则分析前，将数据进行整理，把每个订购号中的购物项组合为项集：

```
baskets = transactions['Model'].groupby(transactions['OrderNumber'])\
.apply(list)
baskets.head()
```

输出结果如下：

```
OrderNumber
SO51176                        [Road-250, Road Bottle Cage]
SO51177                           [Sport-100, Touring-2000]
SO51178    [Mountain-200, Mountain Bottle Cage, Water Bot...
SO51179    [All-Purpose Bike Stand, Road Tire Tube, HL Ro...
SO51180    [Road-250, Road Bottle Cage, Water Bottle, Spo...
Name: Model, dtype: object
```

为了使用我们前面保存的 apriori. py 进行关联规则挖掘，将其转化为嵌套的列表：

```
dataSet = baskets.tolist()
```

使用自定义的函数 arules 产生关联规则，其中指定最小支持度为 0.02：

```
rules = apriori.arules(dataSet, min_support=0.02)
rules.head()
```

进行上述处理后的结果如表15-3所示。

表15-3　处理后的结果

	LHS	RHS	confidence	lift	support
0	(Water Bottle)	(Mountain Bottle Cage, Mountain-200)	0.144504	4.236471	0.027711
1	(Mountain Bottle Cage)	(Water Bottle, Mountain-200)	0.303452	10.950541	0.027711
2	(Mountain-200)	(Water Bottle, Mountain Bottle Cage)	0.237788	3.114095	0.027711
3	(Mountain Bottle Cage, Water Bottle)	(Mountain-200)	0.362908	3.114095	0.027711
4	(Mountain-200, Water Bottle)	(Mountain Bottle Cage)	1.000000	10.950541	0.027711

由上图可以看到，产生了大量规则，并计算出了置信度和提升度。之后就可以根据需要进行后续处理，例如按照confidence和lift过滤后，按support排序：

```
conf = rules[(rules.confidence > 0.5) & (rules.lift > 1)]
conf.sort_values(by='support', ascending=True).head()
```

排序后的结果如表15-4所示。

表15-4　排序后的结果

	LHS	RHS	confidence	lift	support
9	(Sport-100, Mountain Bottle Cage)	(Water Bottle)	0.838346	4.371698	0.020983
73	(LL Mountain Tire)	(Mountain Tire Tube)	0.560701	4.098245	0.021077
41	(Road Bottle Cage, Road-750)	(Water Bottle)	0.867621	4.524357	0.022818
43	(Road-750, Water Bottle)	(Road Bottle Cage)	1.000000	12.488249	0.022818
69	(LL Road Tire)	(Road Tire Tube)	0.526531	5.050274	0.024277

读者可以尝试自行对结果进行解读。

15.2 序列模式

在分析同时发生的事物时，可以采用关联规则，比如购物篮分析。当要分析的事物有前后关系时，就需要采用序列模式进行分析，比如对患者病情发展的长期分析。

15.2.1 序列模式简介与概念

序列模式挖掘又称序贯模型，指从数据库中发现蕴涵的按时间顺序形成的频繁出现的序列。时间序列分析和序列模式有相似之处，在应用范畴、技术方法等方面也有部分重合度。但是，序列模式一般是指发现相对时间或者其他顺序出现的序列的高频率子序列，典型的应用还是限于离散型的序列。

序列模式挖掘最早是由 Agrawal 等人提出的，它的最初动机是在带有交易时间属性的交易数据库中发现频繁项目序列，以此发现某一时间段内客户的购买规律。

近年来，序列模式已经成为数据挖掘的一个重要方面，其应用范围不再局限于交易数据库，还在在尖端科学（如 DNA 分析）、新型应用数据源（如 Web 访问）等众多方面得到针对性研究。

举例来说，一个顾客租借录像带，典型的顺序是先租《星球大战》，然后是《帝国反击战》，最后是《绝地归来》（这三部影片情节连续）。值得注意的是，租借这三部电影录像带的行为并不一定是连续发生的。在任意两部之间也可能随便租借了某部影片录像带，但仍然还是满足了这个序列模式。扩展一下，序列模式的元素可以不只是一个元素（如一部电影），它也可以是一个项集（item set）。

序列模式用于研究某段时间内行为模式的分析，比如某段时间内客户购买商品的序列模式，涉及以下几个概念。

（1）**频繁序列**：指定次序的序列频数达到设定要求，这样的序列称为频繁序列，频数称为支持度。

（2）**序列模式**：如果一个序列 s 包含于一个客户序列中，则称该客户支持序列 s。一个序列的支持度为支持该序列的客户总数。给定一个由客户交易组成的数据库 D，挖掘序列模式的问题是：在那些具有客户指定最小支持度的序列中找出最大序列。而这样的最大序列就代表了一个序列模式。

例如，对于表 15-5 中所示的数据，设定最小支持度阈值为 2，则满足该模式的序列就被称为序列模式。

表 15-5 原始购买纪录

交易号	客户购物序列
1	(30), (90)
2	(10, 20), (30), (40, 60, 70)
3	(30, 50, 70)
4	(30), (40), (70), (90)
5	(90)

这里序列（30）、（90）出现频数为 2，（30）、（40，70）出现频数为 2，这两个序列便是符合要求的序列模式。

15.2.2 序列模式算法

序列模式算法大致分为 5 个步骤：

（1）Sort Phase：排序阶段，以实例数据集为例，这个过程将根据客户 ID 和交易时间排序。这一步将原来的事务数据转换成客户序列的数据。

（2）Litemset Phase：频繁项集挖掘阶段，这个过程相当于利用了一次 Apriori 算法，找出所有大于给定支持度的频繁项集。为后面转换成 Map 阶段做准备工作。

（3）Transformation Phase：转换阶段，利用上面生成的频繁项集，扫描原交易序列数据，根据构造出的 Map 进行映射得到新的序列。

（4）Sequence Phase：序列阶段，根据上一步得到的新序列数据集，再进行一次 Apriori 算法，得到新的频繁项集。

（5）Maximal Phase：最大化序列阶段，经过以上步骤后将得到所有满足条件的序列模式，然后找出“最大长度”的序列模式，即删除其父模式也在这个集合里的模式。

下面进行举例说明。

我们先构造出一个代表顾客购买记录的数据集，每一行代表一个购物篮（已按照顾客号和时间排序过）。数据如表 15-6 所示。

表 15-6　已按时间排序的客户购买记录表

CustomID	购买记录	CustomID	购买记录
C1	30	C4	40，70
C1	90	C4	90
C2	10，20	C5	30
C2	30	C5	40
C2	40，50，70	C5	70
C3	30，50，70	C5	90
C4	30		

1. 排序阶段 （Sort Phase）

我们把上表的数据进行转换，然后以历史序列的方式进行表示，其中每个序列为客户的购买历史行为，如表 15-7 所示。

2. 频繁项集阶段 （Litemset Phase）

假设给定最小支持度为 2，我们按照这个支持度从表 15-7 中生成频繁 1-项集，如表 15-8 所示。

表 15-7　客户购买记录序列化

客户 ID	历史购买序列
C1	(30) (90)
C2	(10，20) (30) (40，50，70)
C3	(30，50，70)
C4	(30) (40，70) (90)
C5	(30) (40) (70) (90)

表 15-8　频繁 1-项集

频繁 1 项集
(30)
(40)
(70)
(40，70)
(90)

制定一个可行的映射关系，如表 15-9 所示，其目的在于将频繁 1-序列中的每一项或组合项当作一个整体，在后续计算中更加简便与高效。

表 15-9 频繁 1-项集序列编码表

频繁 1-项集	映射值	频繁 1-项集	映射值
(30)	1	(40，70)	4
(40)	2	(90)	5
(70)	3		

3. 转换阶段 （Transformation Phase）

按照客户合并项目。为了使这个过程尽量快，可以用另一种形式来替换每一个客户序列。需要注意的是，在转换完成的客户序列中，每条交易被其包含的所有频繁 1-序列所取代。如果一条交易不包含任何频繁 1-序列，在转换完成的序列中它将不被保留。如果一个客户序列不包含任何的频繁 1-序列，在转换后这个序列也将不复存在。

在本例中，将映射好的频繁 1-序列的映射值带回原来的数据，原数据会发生改变，如表 15-10 所示。

表 15-10 序列关系转换结果表

Customer ID	客户购物序列	序列转换	序列映射
C1	(30)(90)	{(30)}{(90)}	{1}{5}
C2	(10，20)(30)(40,60,70)	{(30)}{(40),(70),(40,70)}	{1}{2，3，4}
C3	(30,50,70)	{(30),(70)}	{1,3}
C4	(30)(40,70)(90)	{(30)}{(40),(70),(40,70)}{(90)}	{1}{2,3,4}{5}
C5	(30)(40)(70)(90)	{(30)}{(40)}{(70)}{(90)}	{1}{2}{3}{5}

4. 序列阶段 （Sequence Phase）

通过该方式生成所有的出现的序列，然后对该序列进行下一步处理，如图 15-4 所示。

1项集	支持度
1	5
2	3
3	4
4	2
5	3

2项集	支持度
<1,2>	3
<1,3>	3
<1,4>	2
<1,5>	3
<2,5>	2
<3,5>	2

3项集	支持度
<1,2,5>	2
<1,3,5>	2

图 15-4 生成频繁集

频繁 4-项集为空，所以该数据的频繁项集为 <1，2，5> 和 <1，3，5>。

5. 最大化序列阶段 （Maximal Phase）

在大序列 large sequences 中发现 maximal sequences（序列模式）。

最大化序列阶段：如果一个频繁的子序列同时在更大的频繁序列中出现了（即该子序列

被包含在其他序列当中)，则删除掉该子序列，最终保留最大化的序列作为序列模式。例如挖掘出来的所有大序列如下所示：

- Large 1-sequence：[1]，[2]，[3]，[4]，[5]
- Large 2-sequence：[1, 2]，[1, 3]，[1, 4]，[1, 5]，[2, 5]，[3, 5]
- Large 3-sequence：[1, 2, 5]，[1, 3, 5]

在本例中，3-项集的一个序列 [1, 2, 5] 中就包含了 2-项集 [1, 2]、[1, 5]、[2, 5] 这三个序列，所以这些被包含的序列就需要被删除，其他的同理。所以最后我们最大化序列的结果就是 [[1, 4]，[1, 2, 5]，[1, 3, 5]] 了。

15.2.3 在 Python 中实现序列模式

Python 中实现序列模式的第三方包并不多，与关联规则一样，我们可以通过分析相关的算法[⊖]，自己编写序列模式的实现。

首先生成测试用的数据集，与关联规则一样采用列表类型。该测试训练集与研究者 Agrawal R 在《序列模式挖掘》论文中定义的一致：

```
seq1 = [             [30], [90]          ]
seq2 = [ [10, 20], [30], [40, 60, 70] ]
seq3 = [          [30, 50, 70],         ]
seq4 = [       [30], [40, 70], [90]     ]
seq5 = [               [90],             ]
dataSet = [seq1, seq2, seq3, seq4, seq5]
min_support=0.25
```

此外将相应的包 import 进来，其中 apriori. apriori 是我们在 15.1 节当中定义的函数，在序列模式挖掘当中我们使用它来发现所有的 Large 1 – sequence：

```
import sys
sys.path.append('E:/myscripts')

import itertools
import pandas as pd
from apriori import apriori
```

1. 排序阶段 （Sort Phase）

过程略，直接使用整理过的示例数据。

2. 频繁项集阶段 （Litemset Phase）

在数据中搜索 Litemset，可使用 Apriori 算法，但要注意与常规关联规则相比，该步骤的主要区别在于计算支持度时，一个客户 customer 购买了同样的项集（itemset）时，支持频度仅计算一

⊖ Agrawal，R.，Srikant，R.，Institute of Electric and Electronic Engineer et al. Mining sequential patterns [C]. Proceedings of the Eleventh International Conference on Data Engineering，Washington DC，USA：IEEE Computer Society，1995：3 – 14。

次。这是因为在 Apriori 算法中，支持度是对交易（transaction）而言的，但在序列模式的计算中，大项集的支持度是对客户（customer）而言的。因此为了能够使用已定义好的 Apriori 算法，最简单的方法是对数据集进行变换，将每个客户的交易打开，同时最小支持度也进行相应的变换：

```
def createLs1(dataSet, min_support):
    '''
    Using  algorithm apriorito mining large 1-sequences
    `Ls` for Large Sequence
    '''
    n = len(dataSet)
    flattenSet = list(itertools.chain(*dataSet))
    flatten_n = len(flattenSet)

    # Transform the min_support to litemset_support
    min_support_new = min_support * n /flatten_n
    litemsets = apriori(flattenSet, min_support=min_support_new)
    mapping = {v: k for k, v in enumerate(litemsets)}

    # Transform the litemset_support to sequence_support
    supportLs1 = {(mapping[k],): v *flatten_n / n
                  for k, v in litemsets.items()}

    return mapping, supportLs1
```

上述代码中将数据集“摊平”成一行生成一个交易（transaction）的形式，为了保持最小支持频数不变，对最小支持度进行相应变换，最后输出所有的频繁项集（大项集）及支持度，这些频繁项集就是我们要寻找的 Large 1-sequence。同时为了简化计算，将每个 Large 1-sequence 映射为一个整数，这可以降低代码的复杂度，也能提高运行效率。

对测试数据集进行测试：

```
mapping, supportLs1 = createLs1(dataSet, min_support=min_support)
mapping

{frozenset({30}): 0,
 frozenset({70}): 1,
 frozenset({90}): 2,
 frozenset({40}): 4,
 frozenset({40, 70}): 3}
```

可以看到每个频繁项集被映射为一个整数，使用这组整数表示 Large 1-sequence 的支持度：

```
supportLs1

{(0,): 0.8, (1,): 0.6, (2,): 0.6, (3,): 0.4, (4,): 0.4}
```

所有的 Large 1-sequence 如下：

```
Ls1 = [list(k) for k in supportLs1]
Ls1

[[2], [0], [3], [1], [4]]
```

3. 转换阶段（Transformation Phase）

将交易记录中的项集用新的映射值代替，先定义一个对每个序列进行映射的函数 seqMapping，再定义一个将所有序列都分别进行映射的函数 transform，代码如下：

```
def seqMapping(seq, mapping):
    '''
    Mapping litemsets to integer objects, for treating litemsets as
    single entities, and reducing the time required
    '''
    newSeq = []
    for iSet in seq:
        newSet = [v for k, v in mapping.items() if k <= set(iSet)]
        if newSet != []:
            newSeq.append(newSet)
    return newSeq

def transform(dataSet, mapping):
    '''
    Transform each customer sequence into an alternative representation.
    '''
    transformDS = []
    for seq in dataSet:
        newSeq = seqMapping(seq, mapping)
        if newSeq != []:
            transformDS.append(newSeq)
    return transformDS
```

用 transform 函数对交易序列进行转换，测试如下：

```
transformDS  = transform(dataSet, mapping)
for seq in transformDS :
    print(seq)

[[0], [2]]
[[0], [1, 4, 3]]
[[0, 1]]
[[0], [1, 4, 3], [2]]
[[2]]
```

可以看到每个序列中的项集被替换成了对应的整数，同时那些不频繁的项集被略去，方便下一步分析。

4. 序列阶段（Sequence Phase）

在序列阶段，需要做的工作主要包括两个部分：产生候选序列和从候选序列中筛选频繁出现的大序列，其中产生频繁序列过程中需要定义一个函数用于判断候选序列是否是某行序列的子序列。

1）产生候选序列

使用 AprioriAll 算法从频繁序列 Large k-sequence 中产生候选的 $k+1$ 序列，其中两个频繁 k 序列的前 $k-1$ 项都是一致的，这样可以将这两个序列合并：前 $k-1$ 项保持不变，最后的还有两项由这两个序列的末位项产生：

```
def seqGen(seqA, seqB):
    '''
    Generate candidate k+1 sequences with two large k-sequences
    '''
    newA, newB = seqA.copy(), seqB.copy()
    if seqA[:-1] == seqB[:-1]:
        newA.append(seqB[-1])
        newB.append(seqA[-1])
        return [newA, newB]

def CsGen(Ls):
    '''
    Generate all candidate k+1 sequences from large k-sequences
    '''
    Cs = []
    for seqA, seqB in itertools.combinations(Ls, 2):
        newSeqs = seqGen(seqA, seqB)
        if newSeqs != None:
            Cs.extend(newSeqs)
    return [seq for seq in Cs if seq[1:] in Ls] # Pruning
```

进行如下测试：

```
testLs = [
    [1, 2, 3],
    [1, 2, 4],
    [1, 3, 4],
    [1, 3, 5],
    [2, 3, 4]]
CsGen(testLs)
```

输出结果如下：

```
[[1, 2, 3, 4]]
```

可以看到，从测试的 Large 3-sequence 中可以生成多个候选，如果候选序列的某个子序列不包含在 Large 3-sequence 中，则这个候选序列肯定不是 Large sequence，因此可以删掉。该例的计算过程见表格 15-11：

表 15-11 计算过程

Large 3-sequences	Candidate 4-sequences（after join）	Candidate 4-sequences（after pruning）
[1, 2, 3]	[1, 2, 3, 4]	[1, 2, 3, 4]
[1, 2, 4]	[1, 2, 4, 3]	
[1, 3, 4]	[1, 3, 4, 5]	
[1, 3, 5]	[1, 2, 5, 3]	
[2, 3, 4]		

可以看到，从 Large 3-sequences 中可以产生四个候选项集，比如其中第三个序列 [1, 3, 4, 5] 的子序列 [3, 4, 5] 不包含在 Large 3-sequences 中，因此 [1, 3, 4, 5] 肯定不会是频繁的，因此可以删掉。其他候选序列进行类似处理，最后保留下的 candidate 4-sequences 只有 [1, 2, 3, 4]。

2）子序列判断

要判断一个候选序列是否是某行序列的子序列，可以定义如下：

```
def isSubSeq(seq, cusSeq):
    '''
    Check if a sequence is contained in a customer sequence.
    '''
    nSeq, nCusSeq = len(seq), len(cusSeq)
    if nSeq > nCusSeq:
        return False
    if nSeq == 1:
        return any([seq[0] in i for i in cusSeq])
    if nSeq > 1 :
        head = [seq[0] in i for i in cusSeq]
        if any(head):
            split = head.index(True)
            return isSubSeq(seq[1:], cusSeq[split + 1:]) # Recursion
        else:
            return False
```

上述代码使用了递归的方式进行简化，其原理在于：要判定含 n 项的候选序列 seq 是否是用户序列 cusSeq 的子序列，则假定存在一个分割点 s 将 cusSeq 分成前、后两个部分，seq 的第一项和后面的 $n-1$ 项都分别是 cusSeq 的前、后部分的子序列，则 seq 就是 cusSeq 的子序列。示意如图 15-15 所示。

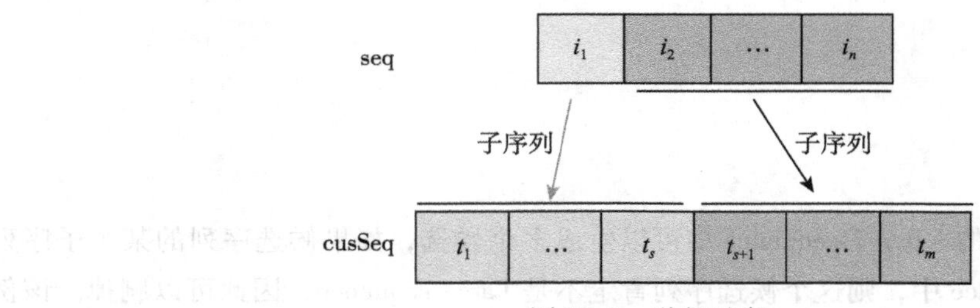

图 15-5 递归示意

具有上述结构的两个序列就可以判断 seq 是 cusSeq 的子序列。

为了验证，产生两个序列，并用自定义的 isSubSeq 函数来判断其中一个是否是另一个的子序列：

```
seq = [3, 4, 8]
cusSeq = [[7], [3, 8], [9], [4, 5, 6], [8]]
isSubSeq(seq, cusSeq)
```

输出结果为：

```
True
```

3）产生频繁 *k* 序列 Large k-sequence

产生了候选的序列，并具备了判断其是否为用户购物序列的子序列的功能，就可以计算每个候选序列的支持度，并根据最小支持度阈值来筛选频繁 k 序列：

```
def calcSupport(transformDS, Cs, min_support):
    '''
    Return: 1. a list of large-sequences
            2. a dictionary of `large-sequence: support` pairs
    '''
    supportLsk = {}; n = len(transformDS)
    if len(Cs) >= 1:
        for seq in Cs:
            support = sum([isSubSeq(seq, cusSeq) for cusSeq in transformDS]\
                    ) / n
            if support >= min_support:
                supportLsk.update({tuple(seq): support})
    return [list(k) for k in supportLsk], supportLsk
```

用测试的数据集验证一下：

```
Cs2 = CsGen(Ls1)
Ls2, supportLs2 = calcSupport(transformDS, Cs2, min_support)
print(Ls2)
print(supportLs2)
```

输出结果为：

```
[[0, 1], [0, 3], [0, 2], [0, 4]]
{(0, 1): 0.4, (0, 3): 0.4, (0, 2): 0.4, (0, 4): 0.4}
```

可以看到，我们从频繁 1-序列产生了候选的 2-序列，并通过计算支持度，获取了频繁 2-序列。这样的步骤需要反复执行，直至无法产生新的候选序列为止。

5. 最大化序列阶段 （Maximal Phase ）

在最大化序列阶段，我们首先自定义一个搜寻子序列的函数，要想获得更快速搜寻子序列的算法，可以参考 R. Agrawal and R. Srikant. Mining sequential patterns. Research Report RJ 9910，IBM Almaden Research Center，San Jose，California，Oc tober 1994。

在本阶段中，需要将大序列中的项集转换回原始的购物篮再进行序列最大化，这是因为原始数据在映射为整数后，每个数字都可能代表一个项集（包含了多个项），而本阶段需要打开序列中项集的每一项，以判断其他序列是否被该序列所包含，因此需要执行：

```
tr_mapping = {v: k for k, v in mapping.items()}

Ls = Ls1 + Ls2
Ls = [[tr_mapping[k] for k in seq] for  seq in Ls ]

supportLs = {}
supportLs.update(supportLs1); supportLs.update(supportLs2)
supportLs = {tuple([tr_mapping[i] for i in k]):v for k, v in \
            supportLs.items()}

print(supportLs)
```

执行结果为：

```
{(frozenset({40}),): 0.4, (frozenset({30}), frozenset({70})): 0.4, (froze
nset({70}),): 0.6, (frozenset({30}), frozenset({40, 70})): 0.4, (frozense
t({30}), frozenset({40})): 0.4, (frozenset({40, 70}),): 0.4, (frozenset
({30}), frozenset({90})): 0.4, (frozenset({30}),): 0.8, (frozenset({9
0}),): 0.6}
```

序列最大化需要保留的是某个序列的非空真子序列（类似于非空真子集，此处要保留该序列本身），该步骤与 Transformation 阶段判断子序列的方法类似，区别在于已经将其中的项集映射回来了，因此稍作修改：

```
def isSubSeq2(seq, cusSeq):
    nSeq, nCusSeq = len(seq), len(cusSeq)

    if nSeq > nCusSeq:
        return False
    if nSeq == 1:
        return any([seq[0].issubset(i) for i in cusSeq])
    if nSeq > 1 :
        head = [seq[0].issubset(i) for i in cusSeq]
        if any(head):
            split = head.index(True)
            return isSubSeq2(seq[1:], cusSeq[split:]) # Recursion
        else:
            return False

def notProperSubSeq(seq, cusSeq):
    '''
    Return True if `seq` is not proper sub sequence of `cusSeq`
    '''
    if seq == cusSeq:
        return True
    else:
        return not isSubSeq2(seq, cusSeq)
```

利用这个函数，可以将候选序列中的最大化的序列保留下来：

```
def maxLs(Ls, supportLs):
    LsCopy = Ls.copy()
    lenL, lenC = len(Ls), len(LsCopy)
    while lenC > 1 and lenL > 1:
        if LsCopy[lenC - 1] in Ls:
            mask = [notProperSubSeq(seq, LsCopy[lenC - 1]) for seq in Ls]
            Ls = list(itertools.compress(Ls, mask))
            lenL = len(Ls)

        lenC -= 1

    supportLs = {tuple(seq): supportLs[tuple(seq)] for seq in Ls}
    return Ls, supportLs
```

进行如下测试：

```
Ls, supportLs = maxLs(Ls, supportLs)
supportLs
```

测试结果为：

```
{(frozenset({30}), frozenset({40, 70})): 0.4,
 (frozenset({30}), frozenset({90})): 0.4}
```

6. 完成序列模式

在序列模式挖掘的五个步骤中，第四部分需要反复执行，因此我们编写一个函数，使得我们可以很方便地调用这五个步骤：

```
def aprioriAll(dataSet, min_support=0.4):
    # Litemset Phase
    mapping, supportLs1 = createLs1(dataSet, min_support)
    Ls1 = [list(k) for k in supportLs1]
    # Transformation Phase
    transformDS  = transform(dataSet, mapping)

    # Sequence Phase
    LsList = [Ls1]; supportLs = supportLs1.copy()
    k = 1
    while k >= 1 and len(LsList[-1]) > 1:
        Csk = CsGen(LsList[-1])
        Lsk, supportLsk = calcSupport(transformDS, Csk, min_support)
        if len(Lsk) > 0:
            LsList.append(Lsk); supportLs.update(supportLsk)
            k += 1
        else:
            break

    Ls = list(itertools.chain(*LsList))
    tr_mapping = {v: k for k, v in mapping.items()}
    Ls = [[tr_mapping[k] for k in seq] for  seq in Ls ]
    supportLs = {tuple([tr_mapping[i] for i in k]):v
                 for k, v in supportLs.items()}

    # Maximal Phase
    Ls, supportLs = maxLs(Ls, supportLs)

    return pd.DataFrame(list(supportLs.items()),
                        columns=['sequence', 'support'])
```

为了方便解读，我们以 pandas 数据框作为返回对象，测试如下：

```
aprioriAll(dataSet, min_support=0.25)
```

测试结果如表 15-12 所示。

表 15-12 测试结果

	sequence	support		sequence	support
0	((30),(40,70))	0.4	1	((30),(90))	0.4

可以看到，经过封装，我们可以仅调用一个函数就方便地执行 Apriori 算法。

7. 应用

将上述过程的第 1 ~6 步骤中所有自定义的函数都保存在 aprioriAll. py 文件中，形成一个用于序列模式挖掘的模块。假定保存路径为 E:/myscripts，在应用时需要将其 import 进来，同时使用 15. 1 节中介绍过的 Transactions. csv 数据集，将其读取进来，准备进行序列模式分析：

```
import os, sys
import itertools
import pandas as pd

sys.path.append('E:/myscripts')

from aprioriAll import aprioriAll

os.chdir('Q:/data')
transactions = pd.read_csv('Transactions.csv')
```

transactions 数据是事务型数据，需要转换成 aprioriAll 函数需要的形式。第一步要做的就是 Sort Phase，即以'OrderNumber'为主键，以'LineNumber'为次键进行排序，其中'LineNumber'本应当是购物时间，但只要其能指示购物的先后顺序即可。由于数据集事先经过排序，故我们省略这一步骤。

然后我们需要按照'OrderNumber'和'LineNumber'进行分组（其中'OrderNumber'为第一关键字），将购物项汇总成项集，因此进行变换：

```
def aggFunc(*args):
    agg = itertools.chain(*args)
    return list(agg)

baskets = transactions['Model']\
    .groupby([transactions['OrderNumber'], transactions['LineNumber']])\
    .apply(aggFunc)
baskets.head()
```

变换结果如下：

```
OrderNumber  LineNumber
SO51176      1                          [Road-250]
             2                  [Road Bottle Cage]
SO51177      1                      [Touring-2000]
             2                         [Sport-100]
SO51178      1                     [Mountain-200]
Name: Model, dtype: object
```

这里，pandas 的分组汇总不会改变分组关键字的先后顺序，相当于购物的顺序未发生变化。

接下来以'OrderNumber'为关键字再进行一次汇总，将项集汇总成序列，其中项集已经是经过排序的，因此汇总后的序列是有时间先后顺序的：

```
dataSet = list(baskets.groupby(level=0).apply(list))
dataSet[:3]
```

输出结果如下：

```
[[['Road-250'], ['Road Bottle Cage']],
 [['Touring-2000'], ['Sport-100']],
 [['Mountain-200'], ['Mountain Bottle Cage'], ['Water Bottle']]]
```

最后，我们利用自定义的 aprioriAll 函数来挖掘序列模式，其中定义了最小支持度是0.05，结果如图 15-6 所示。

```
aprioriAll(dataSet, min_support=0.05).head()
```

输出结果如表 15-13 所示：

表 15-13　最终结果

	sequence	support
0	((Short-Sleeve Classic Jersey),)	0.072 312
1	((Long-Sleeve Logo Jersey),)	0.077 252
2	((Patch kit),)	0.141 614
3	((Road-750),)	0.067 890
4	((Road Bottle Cage),)	0.080 075

Chapter 16 第16章

排序模型的不平衡分类处理

不平衡分类数据在商业数据挖掘中是很常见的，也是最近数据挖掘方面的研究热点。但是是否对不平衡数据进行处理，业内存在两个不同的观点：一是必须处理，使得样本更均衡，否则模型参数估计是有偏的（“A separate, and also overlooked, problem is that the almost - universally used method of computing probabilities of events in logit analysis is suboptimal in finite samples of rare events data, leading to errors in the same direction as biases in the coefficients.”）[⊖]。按照 FICO 等制作评分卡的要求，需要从原始数据中抽取5000左右的样本，正负样本需要控制在1:2至1:5之间。二是没必要处理，有些人工智能公司认为，采用上述小样本只是在时间和资源有限的情况下的一种提高效率的手段，如果条件允许，均应该采用大数据分析，不进行任何处理。

根据以上两方面的观点，对不平衡数据进行调整至少可以提高建模效率。因此，做如下归纳：

（1）对于排序类模型（业内又称评分卡模型，比如信用评级）建议使用小数据，需要对不平衡数据进行抽样处理。

（2）对于决策模型（比如反欺诈、语音识别等）建议使用大数据，即使用全部样本进行建模。因为前者需要的是排序的能力，使用超额抽样等手段更容易获得稳定的排序能力；而后者需要对样本做精确区分，超额抽样后得到的模型在全量样本上的表现差别较大，因此不建议使用小数据算法进行分析。

16.1 不平衡分类概述

前面讲解逻辑回归、决策树所用的数据其实是经过超额抽样处理的，即正负样本的数量

⊖ 参考 Gary King, Langche Zeng. Logistic Regression in Rare Events Data. Society for Political Methodology, 2001 12: 54。

相当，如图 16-1 所示。这样可以把注意力集中特定算法上，而不被其他问题干扰。

真实数据的散点图看起来更像图 16-2 所示。这种不对称分类是经常遇到的，比如每年约 1% 的信用卡账户是伪造的；在线广告的转化率在 0.1% ~0.001% 的范围区间内。

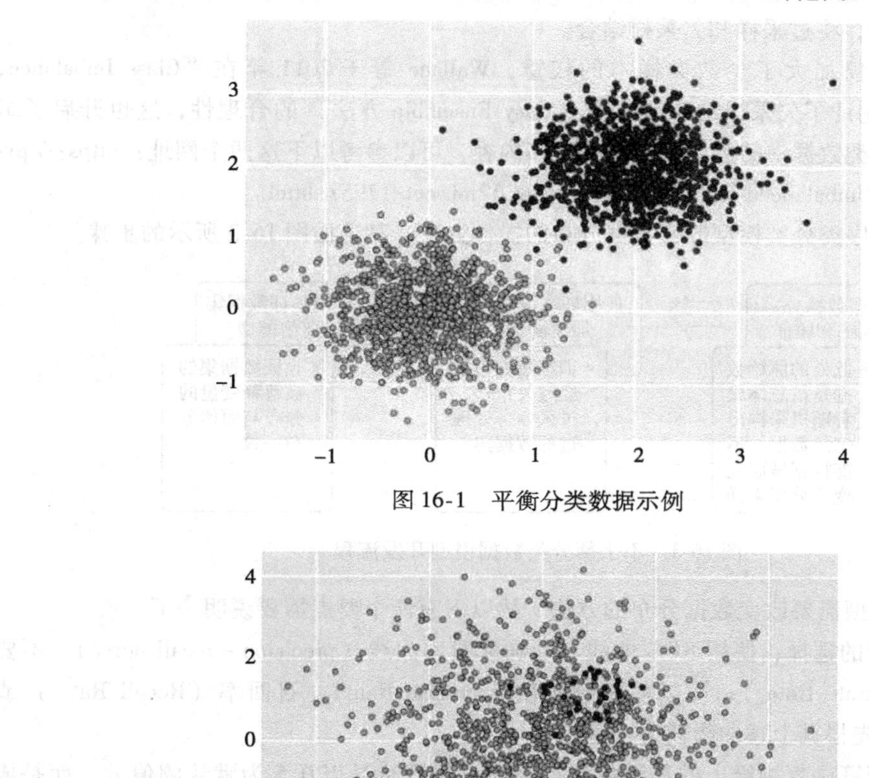

图 16-1　平衡分类数据示例

图 16-2　不平衡分类数据示例

处理不平衡分类需要结合商业运用来考虑，分为以下两方面：

（1）排序模型（业内也称为评分卡模型），若使用逻辑回归、决策树算法建模，则需要改变数据分布，从数据层面使得类别更平衡，或者在传统分类算法的基础上对不同类别采取不同的加权方法，使得模型更看重少数类。到目前为止，还没有一个明确的结论指导我们是使用改变数据分布法好，还是使用样本加权法好，要对不同的方案进行测试。

（2）对于决策模型，可使用组合算法等，不需要对数据进行抽样处理，直接拿全量样本建模，但是评估模型的指标不可使用准确度，而应该使用精确度、召回率等指标。

改变数据分布采用以下三种方法：

（1）欠采样，减少多数类样本的数量；

（2）过采样，增加少数类样本的数量；

（3）综合采样，将过采样和欠采样结合。

早期的方法仅仅加大了少数类样本的权重，Wallace 等于 2011 年在“Class Imbalance, Redux”的论文中论证了欠采样结合装袋法（Easy Ensemble 方法）的合理性，这也开启了组合算法在不平衡分类数据中的运用。要了解更多内容，可以参考以下这两个网址：https://pypi.python.org/pypi/imbalanced-learn 和 http://www.52ml.net/17957.html。

本节只讲解排序类分类模型改变数据分布的操作方法，其遵循图 16-3 所示的步骤。

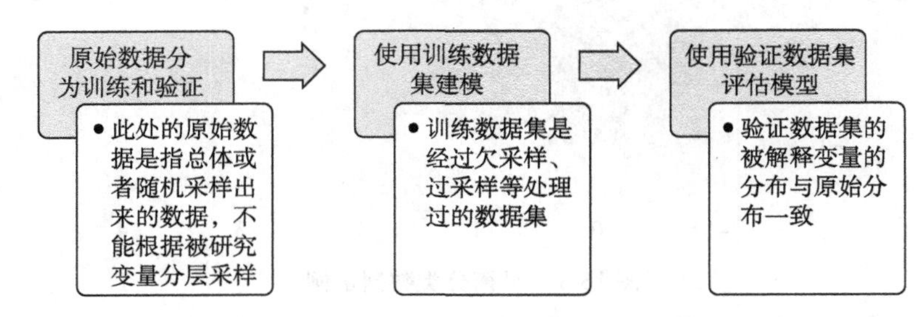

图 16-3 不平衡分类数据模型开发流程

由于排序类模型需要改变数据分布的方法，故以下有两个要点需要说明一下：

（1）评估指标的选择：使用 ROC 曲线、准确度召回曲线（precision - recall curve）；不要使用准确度（Accurate Rate）；可以使用精确度（Precise Rate）、召回率（Recall Rate）或 Fmeasure，但是要先根据上述曲线获得阈值。

（2）不要使用算法直接给出的预测标签，因为一般算法是以 0.5 为默认阈值的。而是要得到概率估计，而且不要盲目地使用 0.5 的决策阈值来区分类别，应该检查表现曲线之后再自己决定使用哪个阈值。

16.2 欠采样法

欠采样的宗旨是减少多数类的样本量，常用的有随机欠采样法、Tomek Link 法、NearMiss 方法、One-Sided Selection 法。欠采样法最早被数据科学家所诟病，因为他们认为欠采样会将数据丢掉。但是对组合算法的运用使得欠采样的优势逐渐体现出来。本节仅介绍前两种方法，更全面的讲解请参考 https://pypi.python.org/pypi/imbalanced-learn。

16.2.1 随机欠采样法

减少多数类样本量最简单的方式是随机剔除多数类的样本。可以事先定好多数类和少数类的比例，根据这个比例随机选择多数类样本，如图 16-4 所示。

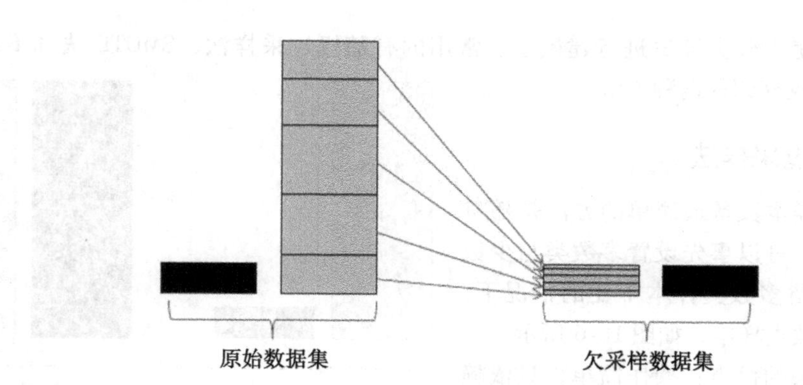

图 16-4　随机欠采样

随机欠采样法的优点：操作简单，只依赖于样本分布，不依赖于任何距离信息，属于非启发式方法。

随机欠采样法的缺点：会丢失一部分多数类样本的信息，无法充分利用已有信息。

16.2.2　Tomek Link 法

Tomek Link 法是指在样本空间中，由分别属于多数类和少数类的两个样本组成的一对样本，在所有的样本中，它们两个离得最近。这种对一般处于分类的边沿。在欠采样中，将 Tomek Link 对中属于多数类的样本剔除，如图 16-5 所示。

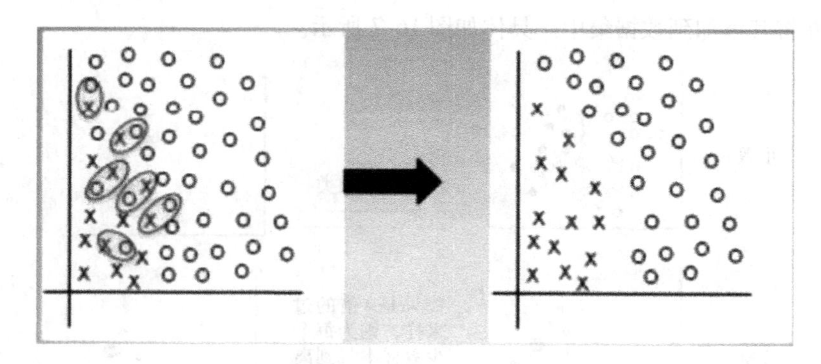

图 16-5　Tomek Link 欠采样

Tomek Link 法的优点：使得分类的边界更宽，因此这种方法也会用于数据清洗。

Tomek Link 法的缺点：只采用该方法往往无法达到使数据平衡的要求，还需要与过采样法相结合，也就是 16.4 节将要介绍的综合采样法。

16.3　过采样法

过采样的宗旨是增加少数类的样本量，使得数据集中的正例和反例能够达到或接近平衡，如此便可以正常使用分类算法进行建模了。常用的有随机过采样法、SMOTE 法和 Borderline SMOTE 法。本节仅介绍前两种方法。

16.3.1 随机过采样法

增加少数类样本数量最简单的方法是随机复制少数类样本，可以事先设置多数类与少数类的比例，在保留多数类样本不变的情况下，根据比例复制少数类样本，如图 16-6 所示。

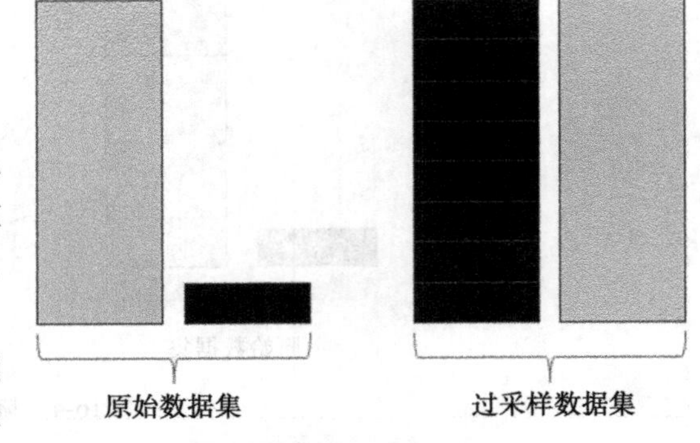

图 16-6 随机过采样法

随机过采样法的优点：操作简单，只依赖于样本分布，不依赖于任何距离信息，属于非启发式方法。

随机过采样法的缺点：重复样本过多，近亲繁殖，容易造成分类器过拟合。

16.3.2 SMOTE 法

SMOTE（Synthetic Minority Oversampling Technique）法，即合成少数类过采样技术。它是基于随机过采样法的一种改进方案，由于随机过采样法采取简单复制样本的策略来增加少数类样本，这样容易产生模型过拟合的问题，即使得模型学习到的信息过于特别（Specific）而不够泛化（General）。SMOTE 法的基本思想是对少数类样本进行分析并根据少数类样本人工合成新样本并将其添加到数据集中。具体如图 16-7 所示。

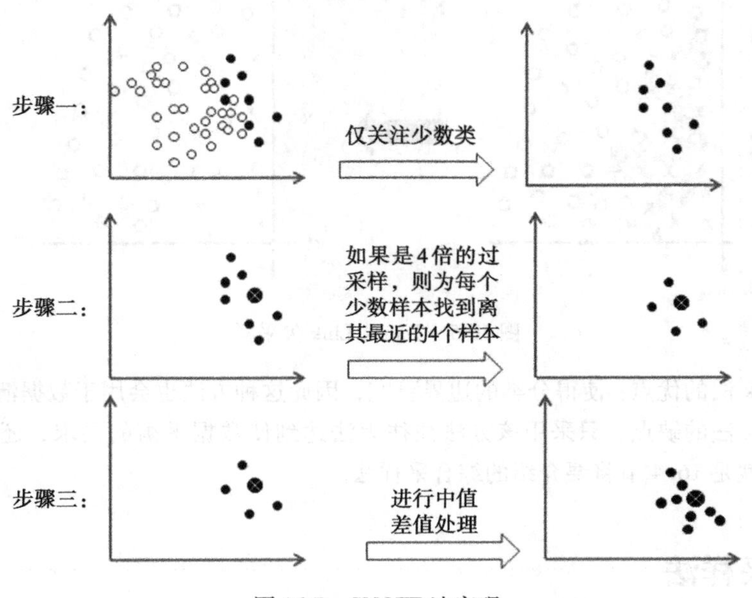

图 16-7 SMOTE 法实现

SMOTE 法生成的少数类样本是通过线性插值得到的，这可能造成少数类样本入侵多数类样本空间的现象，造成模型的过拟合。如图 16-8 所示，生成的点 3 属于“入侵”的样本。

SMOTE 法的优点：操作简单，只依赖于样本分布，不依赖于任何距离信息，属于非启发式方法。

SMOTE 法的缺点：样本入侵会造成分解模糊，破坏原有的规律；同样难以避免近亲繁殖的情况，容易造成分类器过拟合。

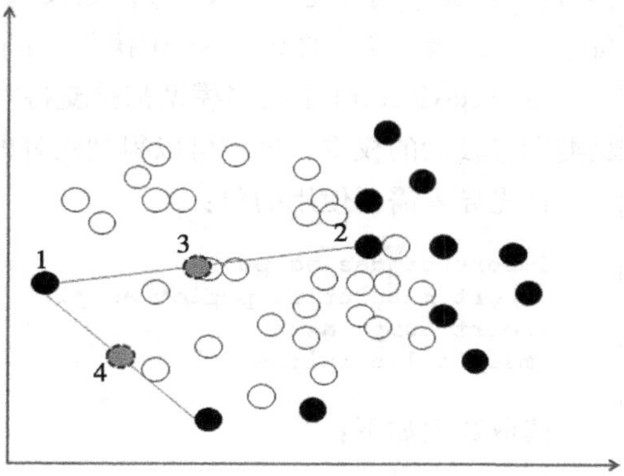

图 16-8 SMOTE 过采样的问题

16.4 综合采样法

对于事件比例过于悬殊的数据，比如正样本 50 个而负样本 1000 个，若采用欠采样法会造成样本大量丢失，甚至出现样本量不能满足建模要求的情况。而采用过采样法，由于稀有事件的样本被重复复制了过多次数，导致过于关注局部信息，造成过拟合问题。此时可以采用中庸的方法，即同时采用欠采样与过采样的方法，解决样本类别分布不平衡和过拟合问题，这被称为综合采样法。常用的方法有 SMOTE + Tomek Links 法和 SMOTE + KNN 法。

SMOTE + Tomek Links 法首先利用 SMOTE 法生成新的少数类样本，将数据集扩充。随后构建 Tomek Links 对并进行剔除操作。Tomek Links 对可以剔除噪声点或者边界点，可以很好地解决“入侵”问题。SMOTE + KNN 法与上述方法类似，这里不再赘述。

综合采样法的优点：可以处理样本量过少情况下的稀有事件问题。

综合采样法的缺点：经实测，会出现欠采样和过采样的缺点；不同算法有其适用的输入变量空间的数据分布类型，不同采样方法会造成模型解决的明显差异，而实际工作中又难以确定恰当的算法。

最后，需要注意，本节只是介绍了算法原理，没有强调哪种算法好，因为这些所谓的算法优点都是理论上的。根据笔者实践，发现收集足够多的样本，比如稀有事件样本的数量至少达到 1000 个才是硬道理，这时候采用随机欠抽样法处理即可。至于其他处理方法，由于适用性难以确定，只有万不得已时才会使用。

16.5 在 Python 中实现不平衡分类处理

在 Python 中，imbalanced-learn 包提供了常用的不平衡分类数据的采样方法，可以在命令行中输入 pip install-U imbalanced-learn 进行安装，也可以通过编译源码进行安装，具体可参考相应文档[1]。但是要使用 imbalanced-learn，其依赖的 sicikit-learn 的版本必须是 0.19 及以上（其他依赖关系同样见安装文档），如果 scikit-learn 的版本较低，可以使用在 Windows 的 cmd 命令行，或者 Linux 的 terminal 中执行 “pip install-U scikit-learn” 命令。

另外 scikit-learn 中很多模型都是支持对样本设置权重的，在不平衡数据处理中，可以为少数类设置较大的权重，这样可以得到较好的效果。

首先导入需要使用的包：

```
import pandas as pd
import matplotlib.pyplot as plt
import numpy as np
%matplotlib inline
```

读取数据如下：

```
train = pd.read_csv('imb_train.csv')
test = pd.read_csv('imb_test.csv')
train.head()
```

数据读取后的输出如表 16-1 所示。

表 16-1 示例数据集中的部分数据

	X1	X2	X3	X4	X5	cls
0	-1.249738	1.445085	-1.725502	-1.240094	-0.486357	0
1	1.094761	-1.754265	0.777568	-1.016829	-1.500572	0
2	-0.749148	0.825491	-1.280002	-0.918879	-0.452324	0
3	0.529419	-0.912219	-0.404428	-0.766775	-0.977623	0
4	0.098122	-0.293959	0.385421	-0.679932	-0.673869	0

上述代码中，train 为训练集，test 为测试集，两个数据集拥有同样的结构，其中 $X1 \sim X5$ 为自变量，cls 为因变量，训练集和测试集的样本量分别为：

```
y_train = train['cls']; X_train = train.ix[:, :'X5']
y_test = test['cls'];   X_test = test.ix[:, :'X5']

print('train_size: %s' %len(y_train),
      'test_size: %s' % len(y_test))
train_size: 14000 test_size: 6000
```

其中测试集含 6000 条记录，代码如下：

```
plt.figure(figsize=[3, 2])
count_classes = pd.value_counts(y_train, sort=True)
count_classes.plot(kind='bar')
plt.show()
```

[1] http://contrib.scikit-learn.org/imbalanced-learn/stable/install.html。

从图 16-9 可以看出，这是一份高度不平衡的数据。

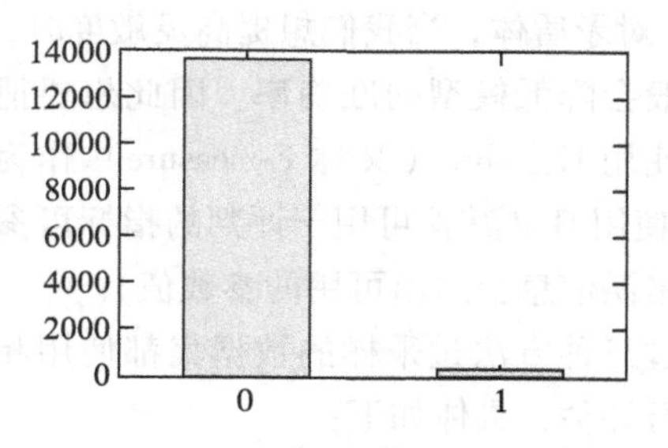

图 16-9　被解释变量的柱形图

为了处理不平衡数据问题，我们通过过采样法对数据进行处理：

```
from imblearn.over_sampling import RandomOverSampler, SMOTE
from imblearn.combine import SMOTETomek

ros = RandomOverSampler(random_state=0, ratio='auto') # 随机过采样
sos = SMOTE(random_state=0)           # SMOTE过采样
kos = SMOTETomek(random_state=0)  # 综合采样

X_ros, y_ros = ros.fit_sample(X_train, y_train)
X_sos, y_sos = sos.fit_sample(X_train, y_train)
X_kos, y_kos = kos.fit_sample(X_train, y_train)

print('ros: %s, sos:%s, kos:%s' %(len(y_ros), len(y_sos), len(y_kos)))

ros: 27288, sos:27288, kos:26790
```

imbalancelearn 提供了过采样与欠采样多种方法，我们采用随机过采样法、SMOTE 过采样法和综合采样法分别对数据进行处理，处理完后的训练集的样本量明显增加，其中样本的数量由 ratio 参数进行控制，当该参数为默认值 auto 时，采样后的正例和负例数量相等：

```
y_ros.sum(), y_sos.sum(), y_kos.sum()

(13644, 13644, 13395)
```

然后我们可以使用 scikit - learn 中的模型对训练集进行建模，建模过程中使用交叉验证进行调参。我们使用决策树进行建模，示例中需要调优的超参数为树的深度及叶结点的数量：

```
from sklearn.tree import DecisionTreeClassifier
from sklearn import metrics
from sklearn.model_selection import GridSearchCV

clf = DecisionTreeClassifier(criterion='gini', random_state=1234)
param_grid = {'max_depth':[3, 4, 5, 6], 'max_leaf_nodes':[4, 6, 8, 10, 12]}
cv = GridSearchCV(clf, param_grid=param_grid, scoring='f1')
```

由于不平衡数据的分类问题中，往往少数类是我们要研究的，研究它们的原因在于其可能会带来巨大的损失，比如药品的不良反应、贷款中的欺诈用户、雷达监测的飞机信号等。

因此我们需要模型能够尽量多地捕捉到这些少数类，也即提高灵敏度（recall）。另一方面准确率（precision）与灵敏度是一对矛盾体，当我们想提高灵敏度时，最简单的方法是增加我们预测当中的正例数量，而这一般会降低模型的准确率。因此想要捕捉到更多的少数类，又不希望准确率降低太多时，可以使用 f1_score（又称 F-measure）作为评判准则。正如上面代码所示，交叉验证的 scoring 参数使用 f1（其他可用于评判的指标可参考文档，或者 scoring 随便设置为某个字符串，执行后的错误信息会给出可用的参数值）。

我们对原始训练集和经过三种方法过采样的数据集都使用相同的模型进行交叉验证，并把模型用于同样的测试集进行评估，具体如下：

```
data = [[X_train, y_train],
        [X_ros, y_ros],
        [X_sos, y_sos],
        [X_kos, y_kos]]

for features, labels in data:
    cv.fit(features, labels)
    predict_test = cv.predict(X_test)

    print('auc:%.3f' %metrics.roc_auc_score(y_test, predict_test),
          'recall:%.3f' %metrics.recall_score(y_test, predict_test),
          'precision:%.3f' %metrics.precision_score(y_test, predict_test))

auc:0.766 recall:0.533 precision:0.964
auc:0.824 recall:0.783 precision:0.132
auc:0.819 recall:0.757 precision:0.143
auc:0.819 recall:0.757 precision:0.142
```

可以看到，原始训练集训练出来的模型，其在测试集上有着最好的 precision 表现，即 0.964。但是灵敏度（0.533）却不高，也即实际的正例中仅有 53% 左右会被模型捕捉到（尽管模型预测中的 96.4% 的正例都是准确的）。而采用过采样法训练的模型，在测试集上普遍有着更好的灵敏度表现，但相应的 precision 会有较大下降。我们可以通过调整超参数或者评估标准来选择我们需要的模型。

另外，scikit－learn 中的分类模型都是可以设置类的权重的，我们通过加大正例的权重或减小负例的权重，可以很方便地处理不平衡数据问题，而且可以使用交叉验证来决定最佳的正负例权重：

```
param_grid2 = {'max_depth':[3, 4, 5, 6],
               'max_leaf_nodes':[4, 6, 8, 10, 12],
               'class_weight':[{0:1, 1:5}, {0:1, 1:10}, {0:1, 1:15}]}

cv2 = GridSearchCV(clf, param_grid=param_grid2, scoring='f1')
```

class_weight 可以传入字典来决定类的权重，字典的 key 为类标签，value 为类的权重。上述代码中我们选择了负例和正例的权重分别为 1:5、1:10 和 1:15，这与树的深度和叶结点数形成参数搜索网格，并且选择了 f1 作为交叉验证的评估标准，模型的测试结果如下：

```
cv2.fit(X_train, y_train)
predict_test2 = cv2.predict(X_test)

print('auc:%.3f' %metrics.roc_auc_score(y_test, predict_test2),
      'recall:%.3f' %metrics.recall_score(y_test, predict_test2),
      'precision:%.3f' %metrics.precision_score(y_test, predict_test2))
```

```
auc:0.806 recall:0.618 precision:0.740
```

可以看到，模型的 recall 和 precision 取得了较好的平衡。模型的最优参数如下：

```
cv2.best_params_
```

```
{'class_weight': {0: 1, 1: 5}, 'max_depth': 3, 'max_leaf_nodes': 12}
```

可以看到，在当前搜索空间下，负例与正例的权重设置为 1∶5，能取得 f1_ score 的最大化。

当然了，具体哪个模型最好，不能仅依靠一个指标进行判断，我们仍然需要结合实际的业务去进行分析。考虑成本和效益，对比多个指标，最后给出最优的解决方案。

Chapter 17 第17章

集成学习

我们在建模的时候，会出现两种结果：一种结果是在训练集上的预测精度很高，但是在测试上预测精度很低，即泛化能力差，我们称这类模型为强学习器；另一种结果是在训练集上的预测精度不高，我们称这类模型为弱学习器。生活中，给能力强的人的建议往往是“多征求别人意见再做决定”。而对于能力一般的人，我们说“三个臭皮匠，顶个诸葛亮”。集成学习的思想就来源于这种生活常识：对强学习器采取综合取预测均值的方式，去除预测值中的异常情况；对于弱学习器，采取迭代累加的方式，通过获取片面知识的弱学习器们可以组合成预测能力强且泛化能力强的模型。

17.1 集成学习概述

集成学习（Ensemble Learning）是一种机器学习的框架，它会创建多个基模型，每个基模型被训练出来解决同一个问题，然后通过集成这些基模型的预测结果来提升整体表现。

因此对于构建集成学习算法需要解决的两个问题如下：

(1) 基模型如何构建，如何训练?

(2) 以何种方式组合不同类型的基模型，以获得准确且稳健的模型?

根据解决上述两问题的思路不同，集成学习主要可分为三种类型：

(1) Bagging：选用相同的强学习器作为基模型，每个基模型的训练数据不是全部训练数据，而是通过对全部训练数据由放回采样产生的随机子集，预测时各个基模型等权重投票。是一种并行训练结构。

(2) Boosting：选用相同的弱学习器作为基模型，依次训练基模型，每个基模型的训练集根据前一次模型的预测结果进行调整，重点关注被前面模型错误预测的样本，以逐步修正前面基模型的误差。最终的预测结果通过基模型的线性组合来产生。是一种串行训练结构。

（3）Stacking：对不同类型模型的融合。对每个基模型进行训练，并将预测结果作为新的特征，对新特征构成的训练集进行一次训练，最终的预测结果由其产生。Stacking 在本章中不细述。

本章将主要使用 scikit-learn 中的 ensemble 模块进行集成学习算法的演示。

案例演示使用电信离网数据 telecom_churn. scv，字段含义可见本书神经网络相关章节。在开始之前，我们先读取数据并进行基本处理。首先引入需要的包：

```
%matplotlib inline

import matplotlib.pyplot as plt
import pandas as pd
import numpy as np
```

为了便于阅读，其他包或模块在使用时再 import。

读取数据：

```
churn = pd.read_csv('telecom_churn.csv')
churn.head()
```

数据读取后的结果如表 17-1 所示。

表 17-1 电信客户流失数据集中的部分数据

	subscriberID	churn	gender	AGE	edu_class	incomeCode	duration	feton	peakMinAv
0	19164958.0	1.0	0.0	20.0	2.0	12.0	16.0	0.0	113.666667
1	39244924.0	1.0	1.0	20.0	0.0	21.0	5.0	0.0	274.000000
2	39578413.0	1.0	0.0	11.0	1.0	47.0	3.0	0.0	392.000000
3	40992265.0	1.0	0.0	43.0	0.0	4.0	12.0	0.0	31.000000
4	43061957.0	1.0	1.0	60.0	0.0	9.0	14.0	0.0	129.333333

由于展示空间有限，文中仅能看到全部变量，在 notebook 中会有滚动条用于查看所有变量的情况。

我们将电信离网数据分成训练集与测试集：

```
from sklearn.model_selection import train_test_split

X = churn.ix[:, 'gender':]
y = churn.churn

X_train, X_test, y_train, y_test = train_test_split(
    X, y, test_size=0.3, random_state=42)
```

在本章后面的内容中，我们会反复使用这个数据集进行建模并验证。

17.2 Bagging

装袋法 Bagging（bootstrap aggregation）来自于自助法（bootstrap）抽取样本与聚集（aggregation）最后预测结果两个步骤的结合。

Bagging 方法的过程是：从原数据集进行有放回抽样，反复 M 次可得 M 个训练集，每个训练集用于训练一个模型。使用这 M 个模型分别对其测试数据集进行预测。这样，测试数据集的一个样本会得到 M 个预测值，对预测的结果按相同权重进行加总，如图 17-1 所示。

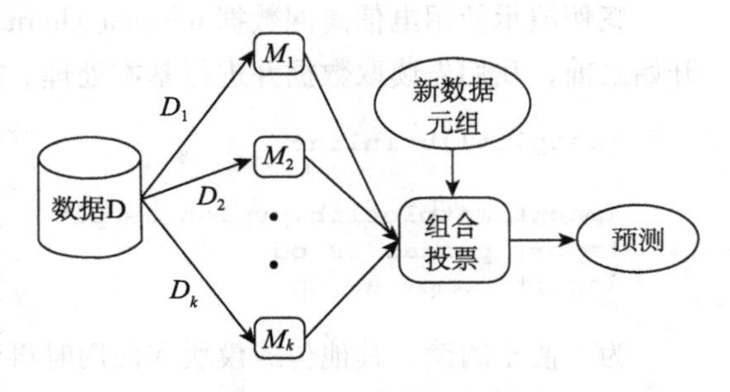

图 17-1 Bagging 算法示意

根据统计学基础知识可知，样本均值的方差明显小于样本本身的方差。Bagging 方法通过自助抽样法构造数据集，并基于每次抽出的数据集训练出一个强学习器。每个学习器在其训练样本上的预测准确度很高，即预测的偏度低，但是在其他数据集上的预测准确度较低，即预测的方差大。为了得到了一个低方差的统计学习模型，通过将每个强学习器的预测结果取均值得方法，降低其预测的方差。

17.2.1 Bagging 算法实现

在 ensemble 模块中，调用 BaggingClassifier 解决分类问题的示例如下：

```
from sklearn.ensemble import BaggingClassifier

# Default base estimator is decision tree.
bgc = BaggingClassifier()
bgc.fit(X_train, y_train)
bgc.predict_proba(X_test)[:, 1]
```

输出结果如下：

```
array([ 0.2,  0. ,  0. , ...,  0.6,  0.8,  0.6])
```

该类默认使用决策树模型作为基模型，也可以自定义基模型。另外，还可以自行设置最大子样本数、进入模型的子特征数以及是否采用 bootstrap 进行采样（包括对样本与特征的采样）等多个参数，具体设置可参见 scikit-learn 文档说明。

对模型的分类效果进行评估如下：

```
from sklearn.metrics import classification_report

print(classification_report(y_test, bgc.predict(X_test)))
```

装袋模型的决策类模型评估指标如下：

```
             precision    recall  f1-score   support

        0.0       0.80      0.89      0.84       557
        1.0       0.85      0.74      0.79       482

avg / total       0.82      0.82      0.82      1039
```

可以看到模型在测试集上的 f1 - score 达到 0.82。我们也可以在训练集内进行交叉验证来评估模型的表现：

```
from sklearn.model_selection import cross_val_score

cross_val_score(bgc, X_train, y_train)
```

输出结果如下：

```
array([ 0.82941904,  0.8539604 ,  0.8488228 ])
```

cross_val_score 在训练集内部进行模型的交叉验证，默认使用 precision 作为评估依据，由于 cross_val_score 默认采用 3 折交叉验证，因此会有 3 个准确率得分，可以对这 3 个准确率取平均作为模型表现效果的考量。

在其他章节当中，我们展示过使用 GridSearchCV 进行模型最优参数搜索，集成学习模型的参数搜索方法与其类似。

装袋法的准确率通常会高于从原始数据导出的单个分类器的准确率，能更好地容忍噪声数据的影响，模型表现更加稳定，不易出现过拟合情况。

17.2.2 随机森林

随机森林（Random Forest）是基于 Bagging 的一个重要改进。顾名思义，随机森林是一种选用分类回归树作为基模型的 Bagging 算法。与 Bagging 方法最大不同是，随机森林对基模型——分类回归树进行了去相关处理。这体现于在树分裂点的特征选择上仅是全预测变量 F 的一个子集 f，可取 f 的数量为 F 数量的平方根或者 log（F）（log 以 2 为底）。

因为如果装袋法中每棵树的纳入变量是高度重叠的，则每个子决策树特征结点选择顺序是高度相似的，因此各个树差异不大，装袋法与单棵决策树相比不会带来方差有较大降低。而随机森林不仅在样本选择上具有随机性，对特征选择同样增加了随机性，使得最终模型预测均值方差的减小有更广泛的适用性，从而提升了最终模型的泛化能力。

对电信离网数据集使用随机森林建模的方法如下：

```
from sklearn.ensemble import RandomForestClassifier

rf = RandomForestClassifier()
rf.fit(X_train, y_train)
print(classification_report(y_test, rf.predict(X_test)))
```

随机森林模型的决策模型评估指标如下：

```
             precision    recall  f1-score   support

        0.0       0.80      0.89      0.84       557
        1.0       0.86      0.74      0.79       482

avg / total       0.82      0.82      0.82      1039
```

随机森林中可调整的参数包括树的规模、每棵树使用的样本容量、每棵树的特征数量等。设置原则是：树的棵数至少应该大于5，每棵树可以复杂一些，每次采取的样本量不应该超过总样本的30%，每次建树用的变量不应该超过总变量数的30%。其他内容读者可以参考官方文档中的说明。

随机森林具有可媲美 AdaBoost 的准确率，而且对离群点不敏感，随机森林的泛化误差随着树的棵数的增多而收敛，因此不易过拟合。另外，每棵树在划分时考虑的候选特征较少，因此计算速度快，而且能给出变量重要性的估计。

17.3 Boosting

下面介绍另一种集成学习方法——提升法（Boosting）。Boosting 与 Bagging 的不同之处在于：Boosting 算法的每个基模型都是顺序生成的，并会用到上一轮迭代模型计算结果信息；Boosting 没有自助采样，每个基模型用到的数据都是原始数据集的某一个修正版本（比如预测变量是上一次模型预测的残差）；Boosting 最终结果预测是基模型的线性组合，不像 Bagging 中是等权重的，其权重对应各个基模型在其所在轮迭代中的准确率。

Boosting 有很多实现版本，比如 AdaBoost（Adaptive boosting）、GBDT（Gradient Boosting Decision Tree）和 XGBoost（eXtreme Gradient Boosting）等。本书只讲解 AdaBoost 算法。

AdaBoost 一般解决的是二类分类问题，可通过改变其损失函数进行推广使用。其核心思想是使序列产生的基模型，其更关注之前被错分的样本。具体步骤如下：

在 AdaBoost 中，用具有一定权值分布的训练数据训练弱分类器，这些权重又称权值向量，一开始都初始化成相等值。首先在训练集上训练出一个弱分类器并计算该分类器的错误率，然后在同一数据集上再次训练弱分类器。在分类器的二类训练当中，权值向量在每一轮训练中都会被更新，其中第一次分对的样本的权重将会降低，而第一次分错的样本的权重将会提高。在组合弱分类器得到最终的分类结果时，AdaBoost 为每个分类器都分配了一个权重值 alpha，这些 alpha 值是基于每个弱分类器的错误率进行计算的。

（1）初始化每条记录的权重为 $1/N$：

$$W_1 = \{w_{11},\cdots,w_{1i},\cdots w_{1N}\}, w_{1i} = 1/N, i = 1,2,\cdots,N$$

（2）对 $m=1, 2, \cdots, M$，则有：

a）创建具有权值分布 W_m 的训练集 D_m；

b）使用算法训练 D_m 得到模型 G_m（x）

c）计算 $G_m(x)$ 的误分类率 $e_m = \sum_{j=1}^{N} \omega_{mj} I(G_m(x_j) \neq y_j)$，其中 I 为指示函数（条件成立时返回1，否则为0），$G_m(x_j)$ 为模型预测第 j 条记录的结果，y_j 为实际结果。e_m 相当于按每条记录是否被误分类进行加权汇总的值。

d）如果 $e_m > 0.5$，则返回步骤 b）。

e）更新每条被正确分类的记录的权重，令其乘以 $e_m/(1-e_m)$，然后对所有记录（包括正确分类的和误分类的）的权重规范化（Normalization）得到 W_{m+1}。

f）设定模型的权重 $\alpha_m = \ln \frac{1-e_m}{e_m}$

（3）获得 M 个模型 $G_1(x), G_2(x), \cdots, G_m(x)$ 及它们的权重 $\alpha_1, \alpha_2, \cdots, \alpha_M$。结束

使用时，用 M 个模型分别对未知数据进行预测，对预测结果进行加权汇总后得到最终结果。假设 $y \in \{-1, +1\}$：则最终分类结果为 $\text{sign}\left(\sum_{m=1}^{Mk} \alpha_m G_m(x)\right)$，$G_m(x)$ 代表第 m 个模型预测特征 x 的结果，sign 为符号函数。

在算法中，步骤 d）保证了每个模型的误分类率 $e_m < 0.5$ 时才会进入下一步更新权重的任务，此时 $e_m/(1-e_m) < 1$，正确分类的记录权重与其相乘会变小，规范化后相当于错误分类的记录权重会变大，因此下一个模型会受到错误分类的记录的更大影响。

在表决时，每个模型的权重为 $\ln \frac{1-e_m}{e_m}$，该权重是误分类率 e_m 的单调递减函数，意味着模型的误分类率越高，模型投票时的权重越低，反之相反。

使用 scikit-learn 进行 AdaBoost 分类建模并评估如下：

```
from sklearn.ensemble import AdaBoostClassifier

# Default base estimator is decision tree.
abc = AdaBoostClassifier()
abc.fit(X_train, y_train)
print(classification_report(y_test, abc.predict(X_test)))
```

AdaBoost 模型的决策类模型评估指标如下：

```
             precision    recall  f1-score   support

        0.0       0.85      0.88      0.87       557
        1.0       0.86      0.82      0.84       482

avg / total       0.85      0.85      0.85      1039
```

AdaBoost 会根据每个基模型的训练误差率更新各自的权重，相当于自动适应基模型各自的训练误差率，因此被称为 Adaptive（适应的）提升。

一般来说，提升法相对于装袋法能有更高的准确率。由于提升会更“关注”误分类的记录，而这些误分类的记录有更大的可能包含噪声，因此导致模型可能出现过拟合的情况。

17.4 偏差（Bias）、方差（Variance）与集成方法

17.4.1 偏差与方差

模型的偏差（Bias）与方差（Variance）反映了模型整体的预测效果，提高模型的预测能力其实就是（通过特征工程与模型参数调整）提升模型在这两方面的表现。

- 模型的偏差是指模型偏离真实目标的情况。当模型对训练集进行拟合时，高偏差意味着拟合效果差，不能将训练集中的信息充分学习出来。
- 模型的方差代表模型泛化能力的优劣，即当学习的模型在训练集和验证集上表现相差较大时（一般都是训练集上表现好于验证集），则意味着高方差。

在建模过程中，输入的特征是随机变量，模型可以看作对这些随机变量进行函数变换，因此模型的输出也是随机的，可以从随机变量的统计特性这一角度理解模型偏差（Bias）和方差（Variance）。

偏差意味着输出结果偏离了真实的分布，突出表现在预测结果的均值与实际结果的均值相背离。方差意味着模型表现不稳定，即模型的输出结果波动较大，换一批数据（例如验证集或测试集）则模型的精度明显下降，这突出表现在预测结果的方差较大。

图 17-2a 所示，预测结果偏离实际分布较大，属于高偏差，但模型比较稳定，预测结果基本围绕在均值附近波动，低方差；图 17-2b 所示预测结果与实际分布很接近，属于低偏差，但其预测结果波动范围大，模型不稳定，高方差。

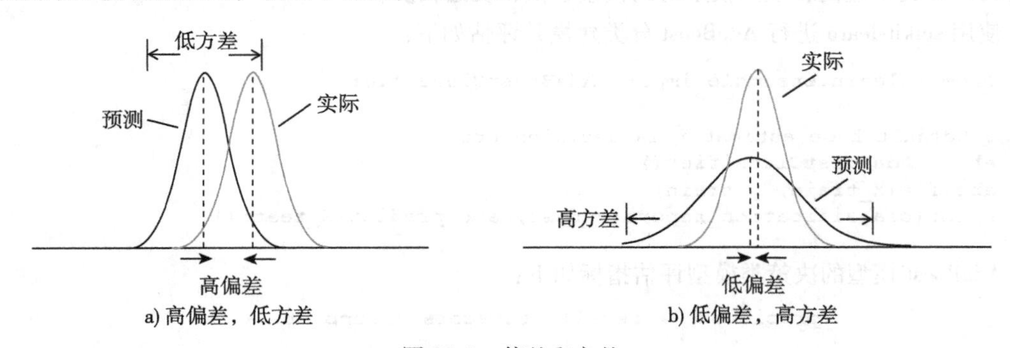

图 17-2 偏差和方差

建模的最优结果是模型具有低偏差与低方差，然而模型的偏差和方差往往不可兼得：比如一个完美拟合训练集的模型，其偏差很低，但是完美拟合带来的后果就是换一批样本（比如测试集），模型精度会下降明显，这就是高方差的结果；再比如对于一个很弱的模型，比如基线模型（靠随机猜测进行预测），一定是偏差很高的（二分类问题只有 50% 的准确率），但是换一批数据（比如测试集），模型的“表现”不会下降，还是很“稳定”地维持在 50% 的准确率，因此低方差。

这就好比学校里，A学生完美地“拟合”了老师教的题目（低偏差），但换一批题目其成绩就很有可能明显下滑（高方差），而B学生每次成绩都是只能刚刚及格（高偏差），而且无论用什么题目来考也都能保持差不多的水平（低方差）。

一般来说，偏差、方差与模型的复杂度有关：越复杂的模型（后面称为强模型）越可能低偏差、高方差；越简单的模型（后面称为“弱模型”）越会体现出高偏差、低方差。

17.4.2 Bagging与Boosting的直观理解

对于Bagging与Boosting的理解，可以通过如下两个问题展开。

（1）如果我们有了一个强模型（低偏差、高方差），如何用集成的方法提高其表现呢？图17-3所示是一个示意。

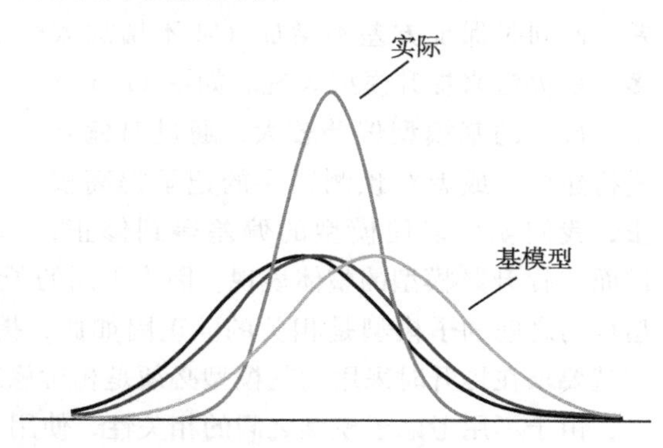

图17-3 用集成的方法提高表现

对于较低偏差、较高方差的模型，我们可以将多个模型进行加总，这样可以在不降低准确率的情况之下，降低整体模型的方差。这是因为随机变量的均值的分布其方差会小于原始变量的分布，如图17-4所示。

要注意的是，均值分布的方差变小有个前提条件：变量是独立的。因此在使用“加总”综合的方法（实际为求均值）时要保证每个模型之间尽量不相关。也因此，在使用基模型进行学习时，要求使用的子训练集之间是不相关的，故采用Bootstrap自助采样。而对于随机森林这样的组合方法来说，每步基模型训练时，对特征还要进行随机选择，并且保证被选中特征数要远小于原有特征数，这样的要求能降低模型之间的关联性，因此能更好地提升模型表现。

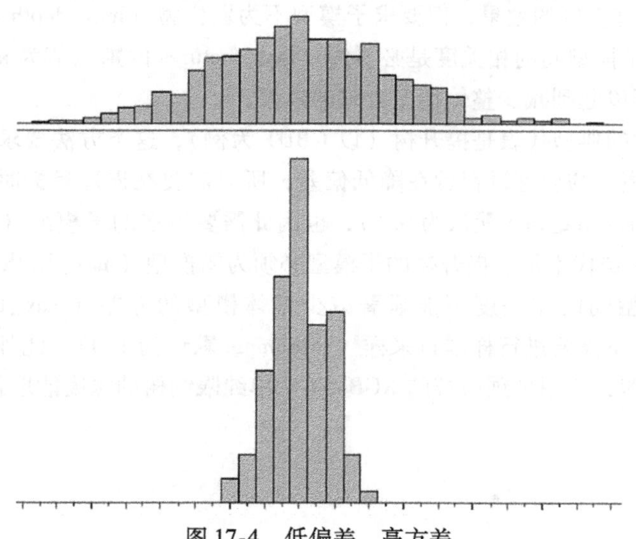
图17-4 低偏差，高方差

在使用 Bagging 时要求基模型必须是强模型，如果是高偏差的弱模型，会影响整体模型方差的收敛。这也是随机森林当中要求子树充分生长，并且不剪枝的原因所在。

当然了，随着基模型数量的增加，方差的降低是有极限的，因为基模型数量越多，互相之间相关性会越高。

（2）如果我们有了一个弱模型（高偏差、低方差），如何通过集成学习提高整体表现呢？图 17-5 所示是一个示意。

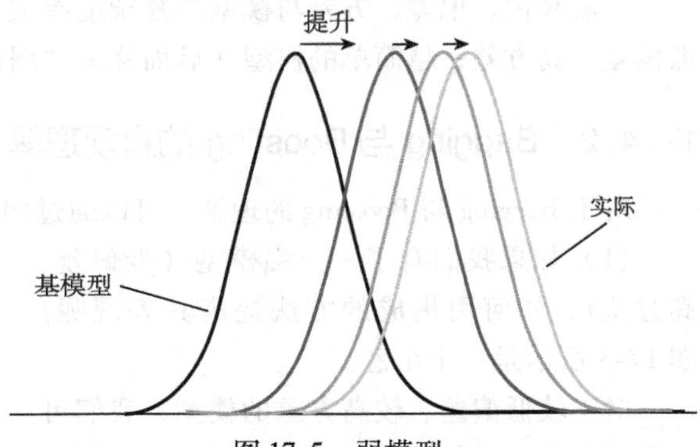

图 17-5 弱模型

对于弱模型，可以采用逐步降低其偏差，而同时保证方差不增加（或不增加太多）的办法来提升模型表现。如图 17-6 所示，最初的基模型偏差较大，通过对偏差进行建模，或者对预测错误的记录提高权重，我们就可以使模型的偏差得到修正，进而“提升”模型的整体表现。因为采用的子训练集与之前的结果相关，因此新建立的子模型也与之前的子模型是相关的。正因如此，提升表现可以降低偏差，但对方差的影响不大。这就要求在提升时采用的基模型必须是相对稳定的弱模型。

由于不用考虑子模型之间的相关性，使用 Boosting 方法可以选择较多的子模型，且每次子模型的叠加都使用缩减（shrinkage）来小步幅逼近目标，以期将偏差尽可能降低。

从 scikit-learn 文档关于集成模型的默认参数设置中，也可以一窥 Bagging 和 Boosting 的区别：

- Bagging 方法的典型代表是随机森林（Random Forest），其子模型都要求拥有较低的偏差，整体模型的训练过程旨在降低方差，故其需要较少的子模型（n_estimators 默认值为 10）即可有较好的效果，但要求子模型不为弱模型（max_depth 的默认值为 None）。同时，降低子模型间的相关度是必要的（max_features 的默认值为 auto，即对特征进行采样），这可以起到减少整体模型方差的效果。
- Boosting 方法的典型代表是提升树（以 GBDT 为例），这类方法要求子模型拥有较低的方差，整体模型的训练过程旨在降低偏差，所以需要在逼近目标时使用缩减来避免跨过最优解（learning_rate 默认为 0.1），也因此需要较多的子模型（n_estimators 默认值为 100）避免迭代不足。提升树的子模型必须为弱模型（max_depth 的默认值为 3），而且降低子模型间的相关度不能显著减少整体模型的方差（max_features 的默认值为 None），也就不需要进行样本自采样（subsample 默认为 1.0）。此外，为了更好地控制子模型的方差，使用带预剪枝的 XGBoost 比单纯限制树的深度能取得更好的效果。

第 18 章 Chapter 18

时间序列建模

时间序列数据是某个体在多个时间点上收集的数据。本章主要对时间序列及其分析方法进行介绍。时间序列分析方法体系庞大而且理论众多，故本章的不会涉及时间序列分析的每个方面，而是提供了商业时间序列预测的两个分析框架。

18.1 认识时间序列

本书其他章节涉及的为横截面数据的分析方法，即在进行数据分析的时候假设样本之间是不相关的。但是本章中分析的数据样本具有相关性，因此处理方法明显不同。

在实际分析工作中，会遇到很多与时间序列有关的数据，比如某电商每个月的全国销售额、某网站一个月内的日访问量等。时间序列是按时间顺序排列、随时间变化且相互关联的数据序列。图 18-1 所示是一种典型的时间序列数据。

分析时间序列的方法构成了数据分析的一个重要领域，即时间序列分析。时间序列根据所研究的依据不同，可产生不同的分类。按研究对象可以分为一元时间序列和多元时间序列；按时间属性可分为离散时间序列和连续时间序列；按序列的特性可以分为平稳时间序列和非平稳时间序列，如表 18-1 所示。

表 18-1　时间序列分类

维　度	时间序列分类
按照研究对象	一元时间序列、多元时间序列
按照时间连续性	离散时间序列、连续时间序列
按照序列的特性	平稳时间序列、非平稳时间序列

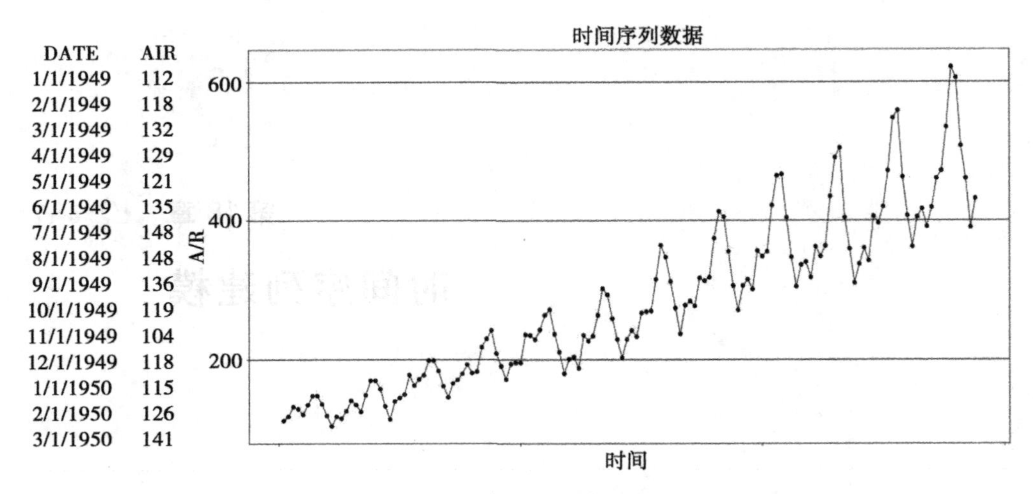

图 18-1 航运公司客运量

初级常用的时间序列数据的分析方法有两类：一类为效应分解法，即把时间序列分解为趋势和周期性效应，并分别使用曲线拟合。另一类为 ARIMA 法，其可以针对数据产生的机理构建动态模型，实际上是根据数据扰动项之间相关性结构构建预测模型。分析方法详情如表 18-2 所示。

表 18-2 时间序列预测的初级分析方法

分析方法	简介	适用场景
趋势分解法时间序列分析	将时间序列分解为趋势、周期、随机三个部分，并对前两个部分使用曲线进行拟合	适用于所有类型的时间序列数据，需要事先根据数据的走势判断趋势和周期部分的特征，设置好参数
ARIMA 法	通过分析前后观测点之间的相关关系构建动态微分方程，用于预测	适用于所有类型的时间序列数据，需要事先判定 AR、I、MA 三个组成部分的参数

18.2 效应分解法时间序列分析

气温、自然景点旅游人流等时间序列可以分解为趋势、周期性/季节性、随机性三个主要部分。其中前两个部分属于时间序列的稳定部分，可以用于预测未来。

1. 时间序列的效应分解

（1）长期趋势变动：序列朝着一定的方向持续上升或下降，或停留在某一水平上的倾向。它反映了客观事物的主要变化趋势。比如随着企业近段时间拓展业务，销售额稳步上升的趋势。

（2）周期性/季节性变动：周期性通常是指经济周期，由非季节因素引起的与波形相似的涨落起伏波动。比如 GDP 增长率随经济周期的变化而变化。但是周期性变动稳定性不强，在实际操作中很难考虑周期性变动，主要考虑的是季节性变动。季节性变动是指季度、月度、周度、日度的周期性变化，比如啤酒的销售量在春夏季较高而在秋冬季较低、郊区的加油站客流在周末大而周中小、交通流量在上班高峰时大而其他时间小。

（3）随机变动：随机变动指随机因素导致时间序列的小幅度波动。

另外，还有节日效应。比如因为春节引起的交通运量剧增，因双十一促销引起的网上商品销售量骤然上升等现象。本书不对节日效应的内容进行讨论。

图 18-2 示例了这三种效应的分解。

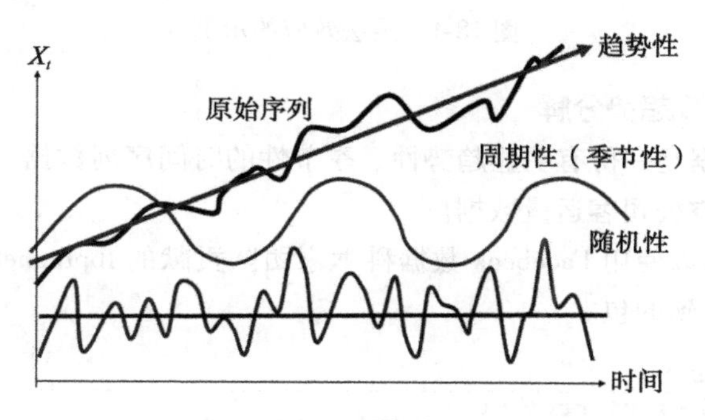

图 18-2　时间序列的分解

2. 时间序列三种效应的组合方式

（1）加法模型，即三种效应是累加的：

$$x_t = T_t + S_t + I_t$$

其中，T 代表趋势效应，S 代表季节效应，I 代表随机效应，如图 18-3 所示。

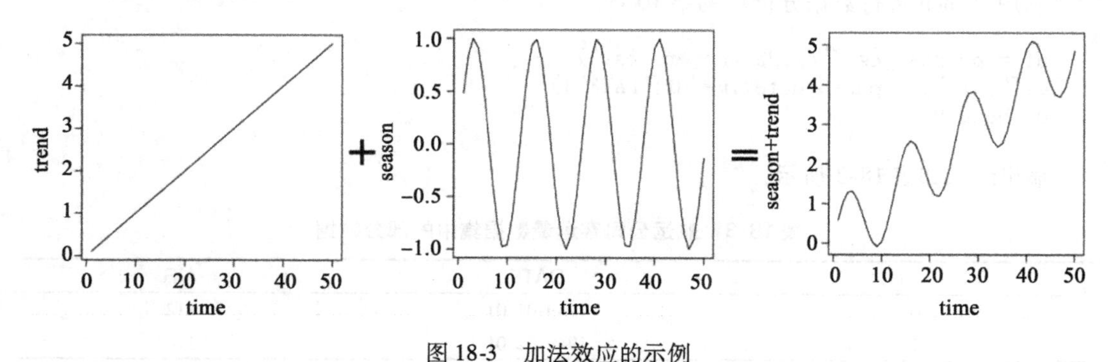

图 18-3　加法效应的示例

（2）乘积模型，即三种效应是累积的：

$$x_t = T_t \times S_t \times I_t$$

累积预测出的时间序列数据会有叠加趋势，从而使得周期振荡的幅度随着趋势性变化而变化，如图 18-4 所示。

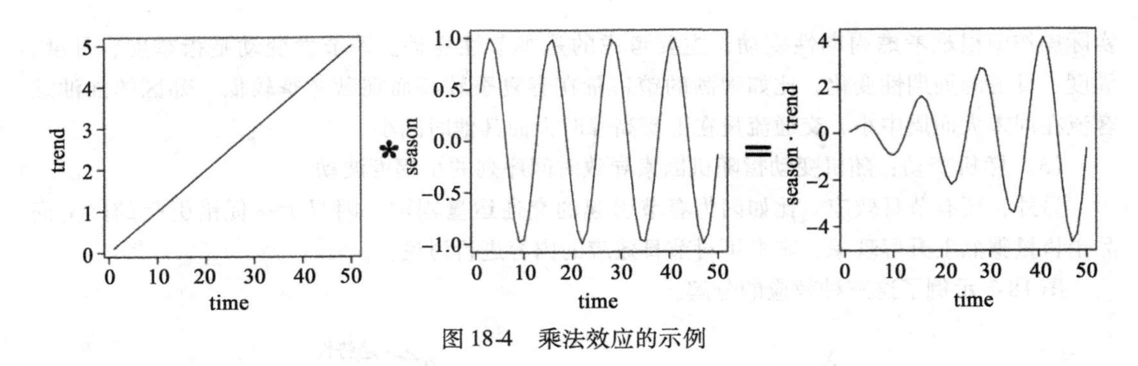

图 18-4　乘法效应的示例

3. 在 Python 中实现趋势分解

图 18-1 的示例数据是一份有明显趋势性、季节性的时间序列数据。该数据是一份从 1949 年到 1960 年每月的航空公司客运量数据。

对于这种数据，可以使用 Facebook 数据科学家团队贡献的 fbprophet 包来使用趋势分解法分析。首先需要导入用到的包。

```
import pandas as pd
from fbprophet import Prophet
import matplotlib.pyplot as plt
%matplotlib inline
```

然后使用 pandas 的 read_csv 函数读取数据 AirPassengers. csv。此时“DATE”变量没有被识别为日期类型，而是字符类型。因此需要使用 pandas 的 to_datetime 函数将字符类型转换为日期类型。读者应该好奇为什么 to_datetime 函数可以将字符串识别为日期？这部分知识请参考《利用 Python 进行数据分析》的第 10 章。

```
df = pd.read_csv('AirPassengers.csv')
df['DATE'] = pd.to_datetime(df['DATE'])
df.head(2)
```

输出结果如表 18-3 所示：

表 18-3　航运公司客运量数据集中的部分数据

	DATE	AIR
0	1949-01-01	112
1	1949-02-01	118

下面这一步比较重要，因为 Prophet 函数要求其只能处理单变量的时间序列。导入的数据第一列必须是日期类型的变量，变量名为“ds”。第二列必须为数值类型的变量，变量名称必须为”y”。

```
df = df.rename(columns={'DATE': 'ds',
                        'AIR': 'y'})
df.head(2)
```

输出结果如表 18-4 所示：

表 18-4　符合 Prophet 函数要求的数据

	ds	y
0	1949-01-01	112
1	1949-02-1	118

以下是使用 Prophet 函数对时间序列“df”进行建模。虽然该函数有很多参数，但是大部分采用默认即可。其中只有两个参数需要修改：growth 参数用于指定长期趋势部分的拟合函数的形式，选项有 'linear' 和 'logistic' 两个，通过观察 AirPassengers 的趋势可以确定是线性趋势，假设发现时间序列的趋势是非线性的，无论是指数形式还是对数形式，均可以选择 'logistic'；预测值的置信区间默认为 80%，而我们常用的是 95%，因此需要设置一下。

```
# 设置趋势的形式和预测值的置信区间为95%
my_model = Prophet(growth='linear',interval_width=0.95)
my_model.fit(df)
```

接下来使用构建的模型“my_model”进行预测。第一条语句用于准备好预测使用的日期字段，“periods”参数指定预测的期数，由于“freq”设置为“MS”代表月度数据，因此 36 期代表生成了 3 年的日期月度字段。第二条语句使用只有日期字段的空表进行预测，其预测的输出变量较多，主要变量是时间序列的预测均值（“yhat”），预测均值 95% 置信区间的下限（“yhat_lower”），预测均值 95% 置信区间的上限（“yhat_upper”）。

```
future_dates = my_model.make_future_dataframe(periods=36, freq='MS')
forecast = my_model.predict(future_dates)
forecast[['ds', 'yhat', 'yhat_lower', 'yhat_upper']].tail(2)
```

输出结果如表 18-5 所示：

表 18-5　趋势分解法的预测数据

	ds	yhat	yhat_ lower	yhat_ upper
178	1963-11-01	535. 335567	492. 476365	578. 075821
179	1963-12-01	564. 953015	519. 993529	610. 586768

最后展示预测数据。其中“uncertainty”选项用于设置是否需要在图中展示置信区间。

```
my_model.plot(forecast,uncertainty=True)
```

在图 18-5 中，蓝色的实线为预测的均值，浅蓝色区域为 95% 的置信区间，黑色的点为原始数据。可以看到最后三年为预测数据。

从图 18-5 的 AirPassengers 数据的趋势图中可以发现，随着时间的增长，季节效应的振幅逐渐增大。但是 Prophet 函数本身没有设置加法效应和乘法效应的选项，只能做加法效应模型。如果需要做乘法模型，只需要对时间序列取自然对数。建模语句如下：

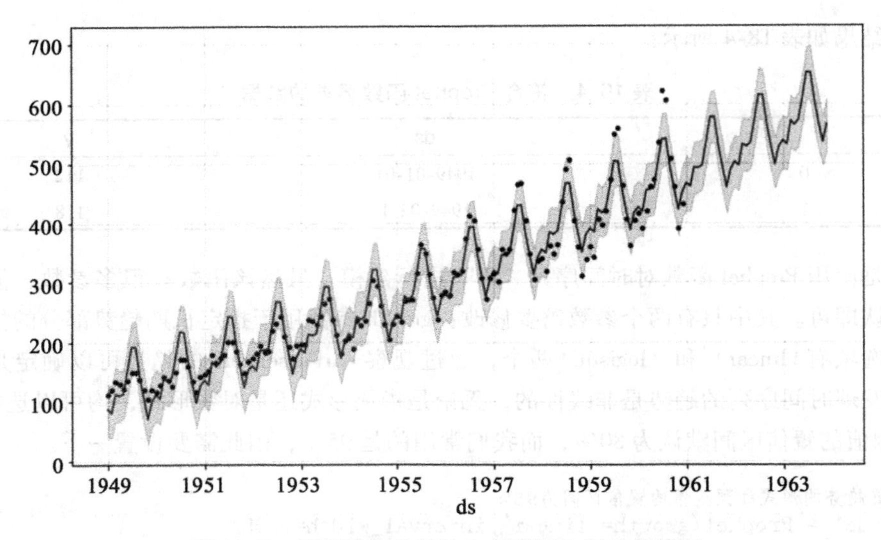

图 18-5　使用趋势分解法向前预测 3 年的趋势图

```
import math
my_model = Prophet(growth='linear',interval_width=0.95)
my_model.fit(df)
future_dates = my_model.make_future_dataframe(periods=36, freq='MS')
forecast = my_model.predict(future_dates)
forecast['yhat']=np.power(math.e, forecast['yhat'])
forecast['yhat_lower']=np.power(math.e, forecast['yhat_lower'])
forecast['yhat_upper']=np.power(math.e, forecast['yhat_upper'])
forecast[['ds', 'yhat', 'yhat_lower', 'yhat_upper']].tail(2)
my_model.plot(forecast,uncertainty=True)
```

可以看到，这个预测结果更符合实际情况，如图 18-6 所示。

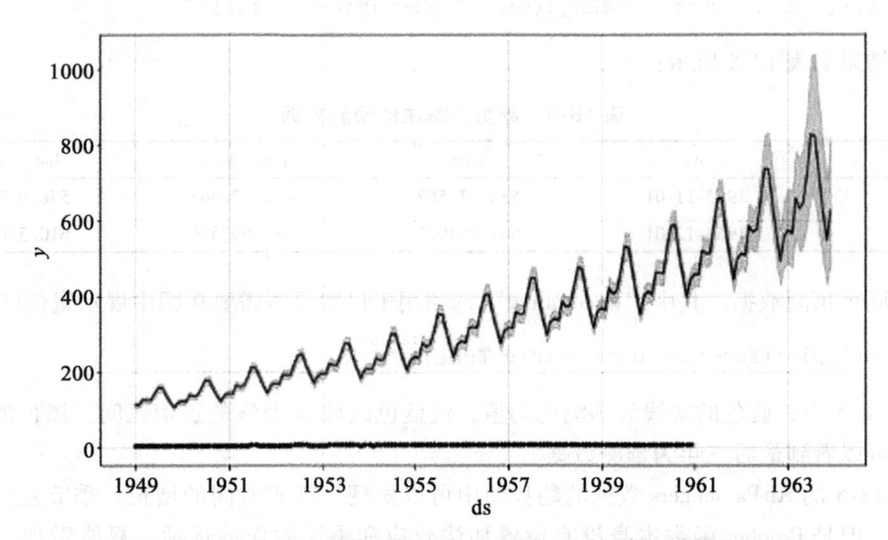

图 18-6　原始数据取对数后使用趋势分解法向前预测 3 年的趋势图

以下是使用 Prophet 函数进行趋势分解法建模的流程图，如图 18-7 所示。

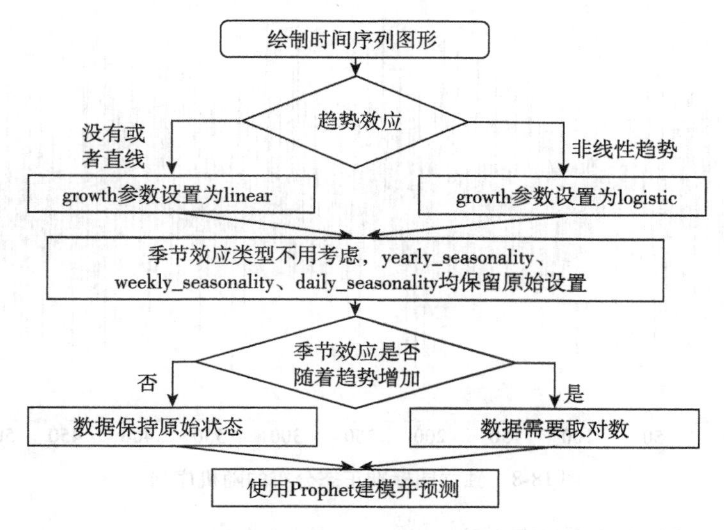

图 18-7 采用趋势模型法进行建模的流程

18.3 平稳时间序列分析 ARMA 模型

本节将详细描述平稳时间序列的含义，并且详细讲解 AR、MA 及 ARMA 模型及其在 Python 中的实现。

18.3.1 平稳时间序列

在统计学中，平稳时间序列分为严平稳时间序列与宽平稳时间序列两种。如果一个时间序列中，各期数据的联合概率分布与时间 t 无关，则称该序列为严平稳时间序列。但是在通常情况下，时间序列数据的概率分布很难获取与计算，实际中讨论的平稳时间序列是指对任意时间下，序列的均值、方差存在并为常数，且自协方差函数与自相关系数只与时间间隔 k 有关。

只有平稳时间序列才可以进行统计分析，因为平稳性保证了时间序列数据都是出自同一分布，这样才可以计算均值、方差、延迟 k 期的协方差、延迟 k 期的相关系数。

一个独立同标准正态分布的随机序列就是平稳时间序列，如图 18-8 所示。

当然，若一个平稳时间序列的序列值之间没有相关性，那么就意味着这种数据前后没有规律，也就无法挖掘出有效的信息。这种序列称为纯随机序列。在纯随机序列中，有一种序列称为白噪声序列，这种序列随机且各期的方差一致。

所以从这种意义上说，平稳时间序列分析在于充分挖掘时间序列之间的关系，当时间序列中的关系被提取出来后，剩下的序列就应该是一个白噪声序列。

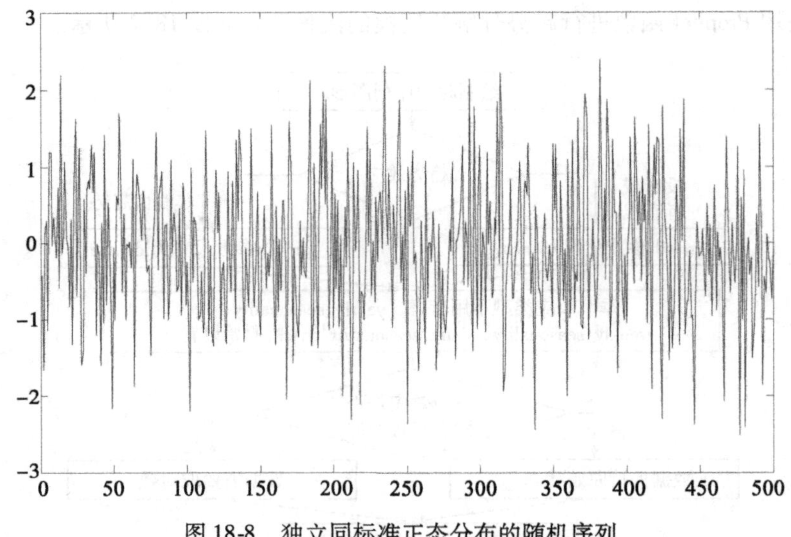

图 18-8 独立同标准正态分布的随机序列

平稳时间序列模型主要有以下 3 种。

（1）自回归模型（Auto Regression Model），简称 AR 模型。

（2）移动平均模型（Moving Average Model），简称 MA 模型。

（3）自回归移动平均模型（Auto Regression Moving Average Model），简称 ARMA 模型。

用于判断 ARMA 类型的自相关和偏自相关函数如下：

（1）自相关函数（Autocorrelation Function，ACF）：描述时间序列任意两个时间间隔 k 的相关系数。

$$\mathrm{ACF}(k) = \rho_k = \frac{\mathrm{Cov}(y_t, y_{t-k})}{\mathrm{Var}(y_t)}$$

（2）偏自相关函数（Partial Autocorrelation Function，PACF）：描述时间序列中在任意两个时间间隔 k 的时刻，去除 1 至 $k-1$ 这个时间段中的其他数据的相关系数，这在统计学中称为偏相关系数。

$$\rho_k^* = \mathrm{Corr}[y_t - E^*(y_t \mid y_{t-1}, \cdots, y_{t-k+1}), y_{t-k})]$$

18.3.2 ARMA 模型

1. AR 模型

AR 模型（Auto Regression），又称自回归模型，其认为时间序列当期观测值与前 n 期有线性关系，而与前 $n+1$ 期无线性关系。

即假设时间序列 X_t 仅与 X_{t-1}，X_{t-2}，$\cdots$，X_{t-n} 有线性关系，而在 X_{t-1}，X_{t-2}，$\cdots$，X_{t-n} 已知的条件下，X_t 与 X_{t-j}（$j=n+1$，$n+2\cdots$）无关，ε_t 是一个独立于 X_t 的白噪声序列：

$$X_t = \alpha_0 + \alpha_1 X_{t-1} + \alpha_1 X_{t-2} + \cdots + \alpha_1 X_{t-n} + \varepsilon_t$$

$$\varepsilon_t \sim N(0,\sigma^2)$$

可见在 AR(n) 系统中，X_t 具有 n 阶动态性。AR(n) 模型通过把 X_t 中依赖于 X_{t-1}，X_{t-2}，…，X_{t-n}的部分消除后，使得具有 n 阶动态性的时间序列 X_t 转换为独立的序列。因此拟合 AR(n) 模型的过程也就是使相关序列独立化的过程。

以 AR(1) 模型为例，其中（1）代表滞后 1 期。

AR(p) 模型有以下重要性质。

- 某期观测值 X_t 的期望与系数序列 α 有关，方差有界。
- 自相关系数（ACF）拖尾，且值呈指数衰减（时间越近的往期观测对当期观测的影响越大）。
- 偏自相关系数（PACF）p 阶截尾。

其中 ACF 与 PACF 的性质可用于识别该平稳时间序列是适合滞后多少期的 AR 模型。

2. MA 模型

MA 模型认为，如果一个系统在 t 时刻的响应 X_t，与其以前时刻 $t-1$，$t-2$，…的响应 X_{t-1}，X_{t-2}，…无关，而与其以前时刻 $t-1$，$t-2$，…，$t-m$ 进入系统的扰动项 ε_{t-1}，ε_{t-2}，…，ε_{t-m}存在一定的相关关系，那么这一类系统为 MA（m）模型。

$$X_t = \mu + \varepsilon_t + \beta_1\varepsilon_{t-1} + \cdots + \beta_m\varepsilon_{t-m}$$

其中，ε_t 是白噪声过程。

MA(q) 模型有以下重要性质。

（1）t 期系统扰动项 ε_t 的期望为常数，方差也为常数。

（2）自相关系数（ACF）q 阶截尾。

（3）偏自相关系数（PACF）拖尾。

其中 ACF 与 PACF 的性质可以用于识别该平稳时间序列是适合滞后多少期的 MA 模型。

3. ARMA 模型

ARMA 模型结合了 AR 模型与 MA 模型的共同特点，其认为序列是受到前期观测数据与系统扰动的共同影响。

具体来说，一个系统，如果它在时刻 t 的响应 X_t，不仅与其以前时刻的自身值有关，还与其以前时刻进入系统的扰动项存在一定的依存关系，那么这个系统就是自回归移动平均模型。

ARMA(n,m)模型如下：

$$X_t - = \alpha_0 + \alpha_1 X_{t-1} + \alpha_1 X_{t-2} + \cdots + \alpha_1 X_{t-n} + \varepsilon_t - \beta_1 \varepsilon_{t-1} - \cdots - \beta_n \varepsilon_{t-n}$$

其中，ε_t 是白噪声过程。

对于平稳时间序列系统来说，AR 模型、MA 模型都属于 ARMA(n, m) 模型的特例。

ARMA(p,q)模型的性质如下：

- X_t的期望与系数序列 α 有关，方差有界。
- 自相关系数（ACF）拖尾。
- 偏相关系数（PACF）拖尾。

4. ARMA 模型的定阶与识别

之前介绍过 AR 模型、MA 模型和 ARMA 模型的一些重要性质，其中自相关系数（ACF）与偏自相关系数（PACF）可以用于判断平稳时间序列数据适合哪一种模型和阶数。

（1）下面是一个 AR（1）模型（见图 18-9）：

$$Y_t = 0.8\,Y_{t-1} + \varepsilon_t$$

$$\varepsilon_t \sim N(0,\sigma^2)$$

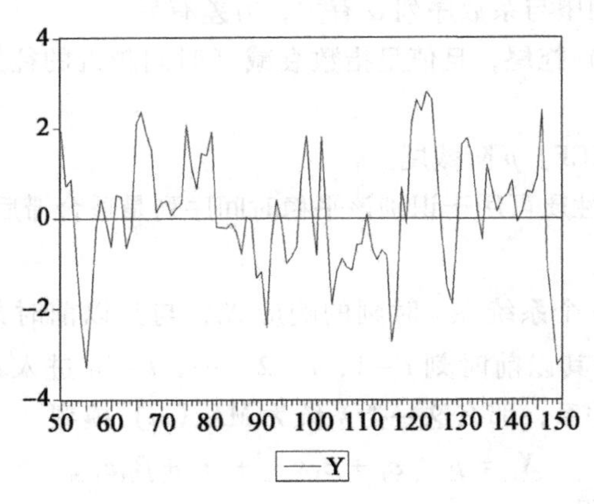

图 18-9　一阶自相关序列

其 ACF 拖尾，PACF 为 1 阶截尾，如图 18-10 所示。

ACF of AR(1) with coefficient 0.8

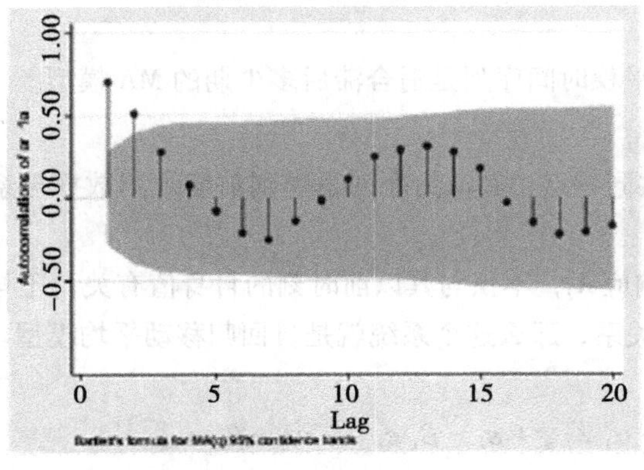

PACF of AR(1) with coefficient of 0.8

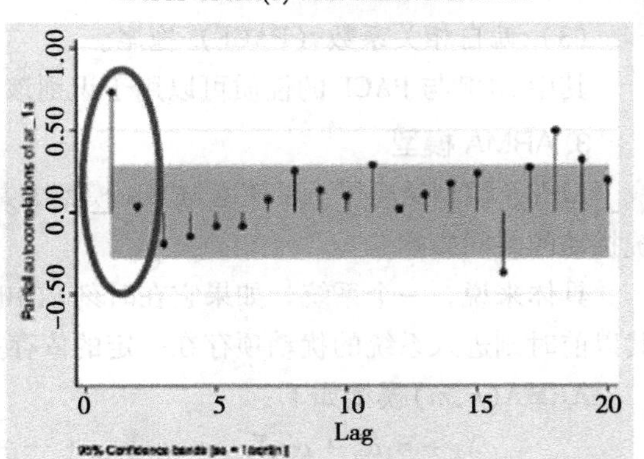

图 18-10　一阶自相关序列的自相关和偏自相关函数图

（2）下面是一个 MA（1）模型（见图 18-11）。

$$Y_t = \varepsilon_t + 0.7\varepsilon_{t-1}$$

其 ACF 为 1 阶截尾，PACF 拖尾，如图 18-12 所示。

（3）下面是一个 ARMA（1，1）模型（见图 18-13）：

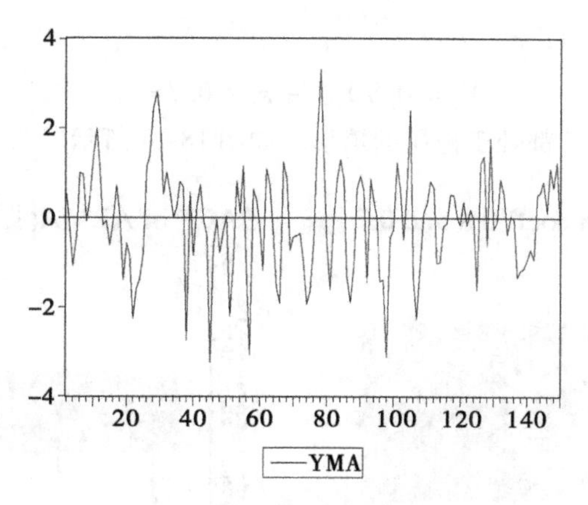

图 18-11　一阶移动平均序列

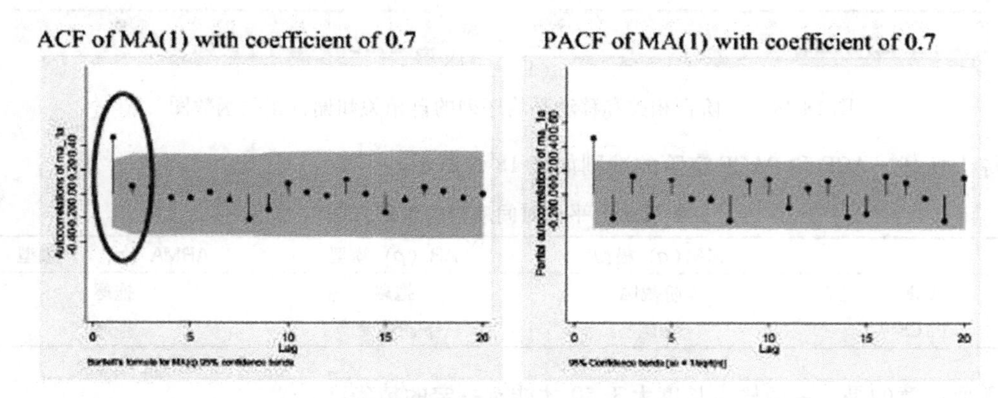

图 18-12　一阶移动平均序列的自相关和偏自相关函数图

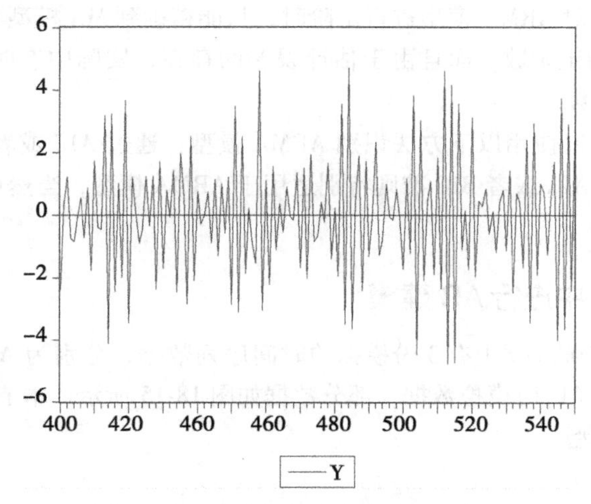

图 18-13　一阶自相关和移动平均序列

$$Y_t = 0.8\,Y_{t-1} + \varepsilon_t + 0.7\,\varepsilon_{t-1}$$

ARMA 模型的 ACF 与 PACF 都处于拖尾的情形，如图 18-14 所示。

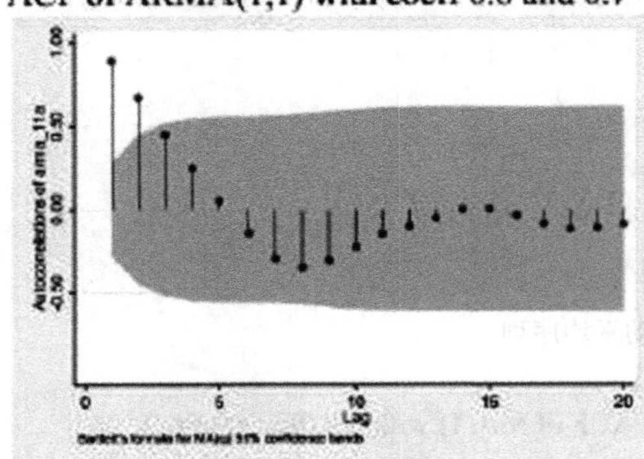

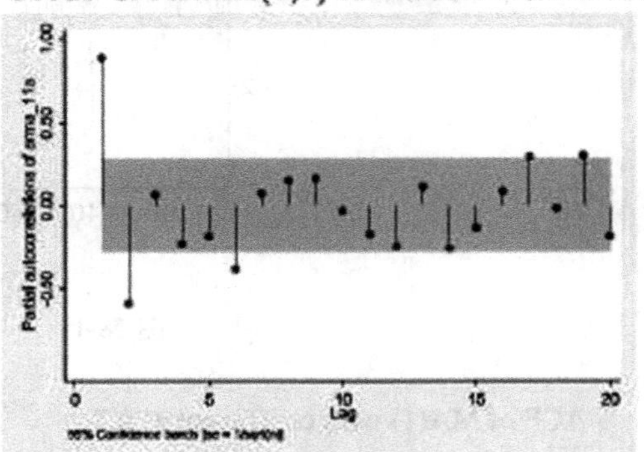

图 18-14　一阶自相关和移动平均序列的自相关和偏自相关函数图

综上所述，ACF 和 PACF 定阶的准则如表 18-6 所示。

表 18-6　平稳时间序列的识别方法

	MA（*q*）模型	AR（*p*）模型	ARMA（*p*，*q*）模型
ACF	*q* 阶截尾	拖尾	拖尾
PACF	拖尾	*p* 阶截尾	拖尾

需要注意的是，一般样本长度大于 50 才能有一定的精确度。

5. 使用 AIC 和 BIC 定阶与识别

使用 ACF 与 PACF 对 ARMA 模型进行定阶时，只能精确到 MA 模型与 AR 模型的阶数，而对于 ARMA 模型无法确定阶数，而且由于估计误差的存在，实际中有时甚至很难判断 AR 模型与 MA 模型的截尾期数。

在实际操作中，可以使用以下方法识别 ARMA 模型：通过 AIC 或者 BIC 准则识别，两个统计量都是越小越好。AIC 或者 BIC 准则特别适用于 ARMA 模型，当然也适用于 AR 模型或者 MA 模型。

18.3.3　在 Python 中进行 AR 建模

在数据集 ts_ simu200. csv 中有 3 份模拟的时间序列数据，分别为 AR(1) 模拟数据、MA(1) 模拟数据和 ARMA(1,1)模拟数据。部分数据如图 18-15 所示。本节使用 AR1_a 序列演示在 Python 中建立 AR 模型。

1. 探索平稳性

载入数据后，选择 AR1_a 列为原始数据，并将原始数据转换为时间序列数据。

	t	AR1_a	MA1_a	ARMA_11_b
1	1	-1.79203505	1.95171135	1.35688933
2	2	-0.74379065	0.40791265	2.02719577
3	3	0.64499864	-1.37523074	2.45797404
4	4	-0.37099008	-0.55676046	3.26581586
5	5	-0.77919709	1.53987519	3.08181002
6	6	-1.33549172	-0.59459772	1.48986234
7	7	0.25486543	-2.22520419	0.05255668
8	8	1.30246236	-1.38567633	-2.10089679
9	9	1.77355780	-0.19778113	-3.79148775
10	10	0.01539530	2.68318473	-4.22406125
11	11	-0.52999051	1.44274941	-4.01710491
12	12	-0.12301964	-0.79763077	-3.76982895
[illegible]	[illegible]	[illegible]	[illegible]	[illegible]

图 18-15　ts_ simu 200 数据集的部分数据

```
#dta=AR
ts_simu200= pd.read_csv('ts_simu200.csv',index_col='t')
dates=pd.date_range(start='2017/01/01', periods=200)
ts_simu200.set_index(dates, inplace=True)
dta=ts_simu200['AR1_a']
```

如图 18-16 所示，初步看来时序图中的数据是平稳的，因此可以进一步画出自相关系数与偏自相关系数的定阶图，以进一步验证平稳性并确定使用什么模型，阶数是多少。

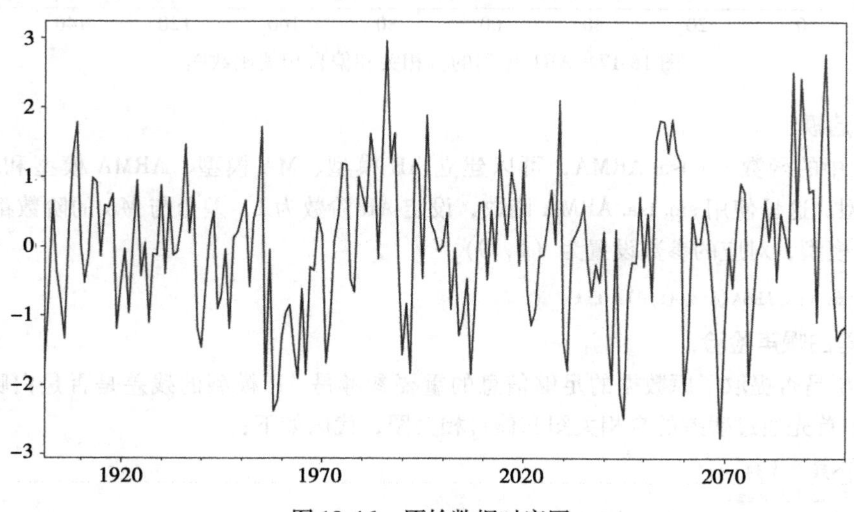

图 18-16　原始数据时序图

2. 定阶

在Python中可以使用acf与pacf函数画出ACF图与PACF图，如下所示：

```
# 自相关和偏自相关
fig = plt.figure(figsize=(12,8))
fig = sm.graphics.tsa.plot_acf(dta,lags=20) #lags表示滞后的阶数
fig = sm.graphics.tsa.plot_pacf(dta,lags=20)
plt.show()
```

代码运行效果如图18-17所示。从图中可以看出，ACF显示拖尾，而PACF显示1阶截尾，可以判断应使用AR(1)模型。

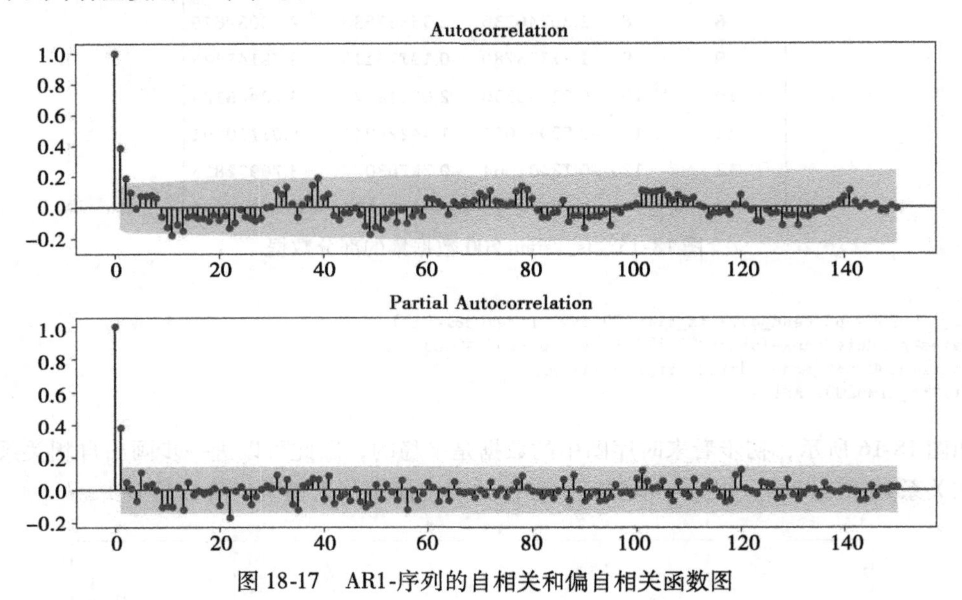

图18-17 AR1-序列的自相关和偏自相关函数图

3. AR建模

Python中的函数sm.tsa.ARMA，可以建立AR模型、MA模型、ARMA模型和带差分的ARIMA模型。这里使用sm.tsa.ARMA函数，设定AR阶数为1，差分与MA的阶数都为0，即为AR(1)模型，对应的参数设置为（1，0）：

```
ar10 = sm.tsa.ARMA(dta, (1,0)).fit()
```

4. 残差白噪声检验

AR模型是否提取了原数据的足够信息的重要参考是AR模型的残差是否是白噪声序列，在Python中首先通过残差的自相关图和偏自相关图，代码如下：

```
# 检验下残差序列：
resid = ar10.resid
fig = plt.figure(figsize=(12,8))
fig = sm.graphics.tsa.plot_acf(resid.values.squeeze(), lags=20)
fig = sm.graphics.tsa.plot_pacf(resid, lags=20)
plt.show()
```

残差的自相关图和偏自相关图如图 18-18 所示。

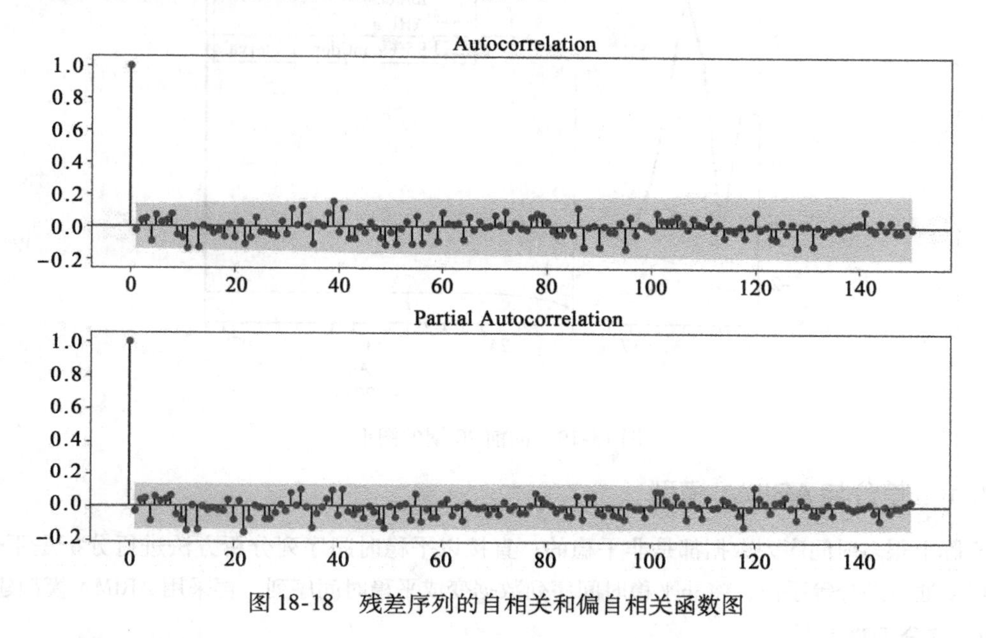

图 18-18　残差序列的自相关和偏自相关函数图

通过图 18-19 所示，可以看出，残差已经无信息可提取。在 ACF 图中，残差滞后，各期均无显著的自相关性（ACF 第 0 期代表与自身的相关性，其值恒为 1）；在 PACF 图中，各期也无显著的偏自相关性。可以判定，残差序列为白噪声序列。

5. AR 模型预测

利用下面代码预测未来 20 期的情况，并绘制曲线图，展示已有真实值、预测值及预测的置信区间。

```
predict_dta = ar10.forecast(steps=5)
import datetime
fig = ar10.plot_predict(pd.to_datetime('2017-01-01')+datetime.timedelta(days=190),
                        pd.to_datetime('2017-01-01')+datetime.timedelta(days=220),
                        dynamic=False, plot_insample=True)
plt.show()
```

代码运行效果如图 18-19 所示。

18.4　非平稳时间序列分析 ARIMA 模型

本节主要介绍针对非平稳时间序列使用的差分处理手段，将非平稳时间序列转换为平稳数据后再用 ARMIA 建模，还介绍了其在 Python 中的实现。

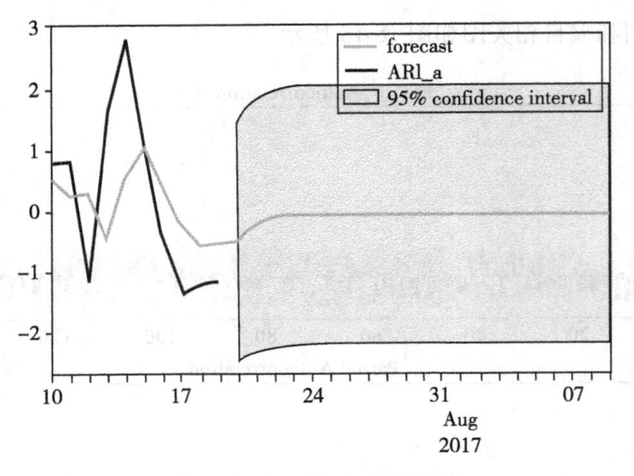

图 18-19 向前 20 期的图形

18.4.1 差分与 ARIMA 模型

实际上很多时间序列数据都是非平稳的，直接以平稳时间序列分析方法进行分析是不合适的。可以通过差分等手段，将非平稳时间序列数据变成平稳时间序列，再采用 ARIMA 模型建模。

1. 差分运算

差分方法是一种非常简便、有效的确定性信息提取的方法，而 Cramer 分解定理在理论上保证了适当阶数的差分一定可以充分提取确定性信息。

差分运算的实质是使用自回归的方式提取确定性信息，1 阶差分即用当期观测数据减去前 1 期的观测数据构成差分项，其数学表达式为：

$$\nabla x_t^{(1)} = x_t - x_{t-1}(t = 2,3,\cdots)$$

2 阶差分在 1 阶差分的基础上，对 1 阶差分的结果再进行差分，其数学表达式为：

$$\nabla x_t^{(2)} = \nabla x_t^{(1)} - \nabla x_{t-1}^{(1)}$$

以此类推，d 阶差分是在 $d-1$ 阶差分的基础上，对 $d-1$ 阶差分的结果再进行差分，其数学表达式为：

$$\nabla x_t^{(d)} = \nabla(\nabla x_t^{(d-1)})$$

适度的差分能够有效将非平稳时间序列转换为平稳时间序列，如图 18-20 所示，原数据有着明显的趋势性。

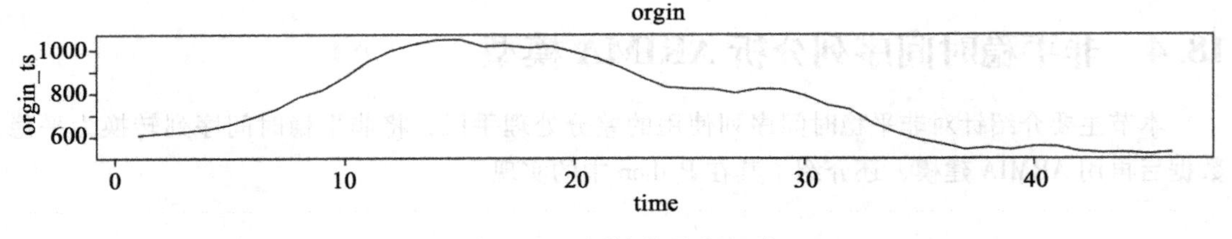

图 18-20 原始非平移序列

从上图中可以看出，原始数据呈现一定趋势，经过 1 阶差分后趋势减弱，而经过 2 阶差分后，序列已经显得非常平稳。

经过 1 阶、2 阶差分的结果分别如图 18-21 和图 18-22 所示。在本例中，差分有效地提取了时序数据的趋势性，而一般来说若序列蕴含着显著的线性趋势，1 阶差分就可以实现趋势平稳；若序列蕴含着曲线趋势，则通常高阶（2 阶）差分就可以提取出曲线趋势的影响。

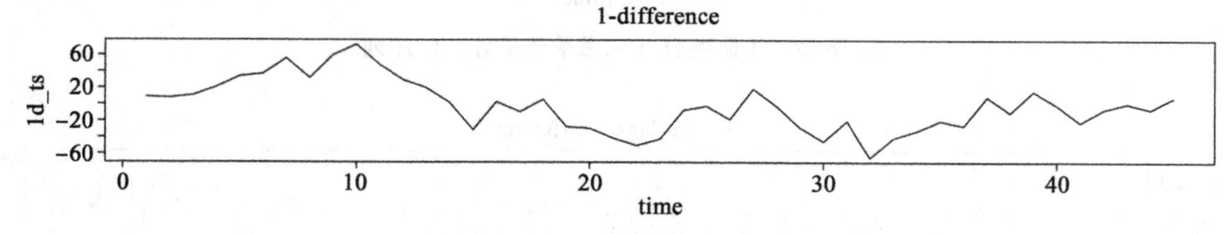

图 18-21　1 阶差分后的序列

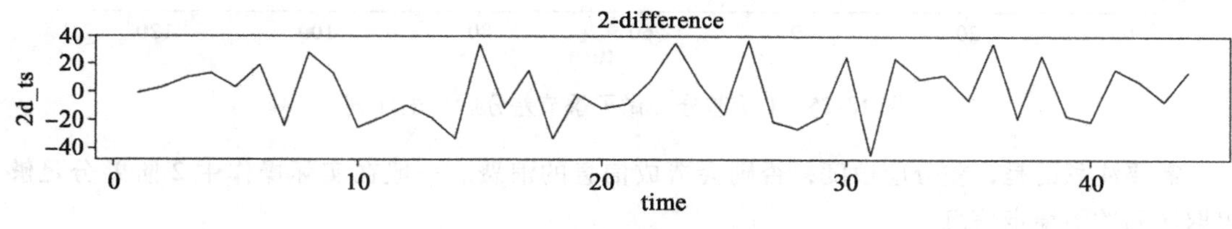

图 18-22　2 阶差分后的序列

对于季节性的数据，可以采用一定周期 s 的差分运算（季节差分）提取季节信息、季节差分数学表达式如下所示（s 表示周期）：

$$\nabla_s x_t = x_t - x_{t-1}, (t = 2,3,\cdots)$$

在季节差分基础上再进行一般的差分可以同时提取季节性与周期性，s 期 d 阶的差分表达式如下所示：

$$\nabla_s^{\ d} x_t = \nabla_s(\nabla_s^{\ d-1} x_t), (t = 2,3,\cdots)$$

图 18-23 所示是一个带有季节性的数据，周期为 12 期，选择 12 期季节差分后的结果下所示：图 18-23 所示为原始数据，有明显的季节性与趋势性；图 18-24 所示仅仅做了 1 阶差分，未做季节差分，结果显示仍旧具有明显的季节效应；图 18-25 所示为进行了 12 期季节差分与 1 阶差分的结果，其说明这比其他数据更加平稳。

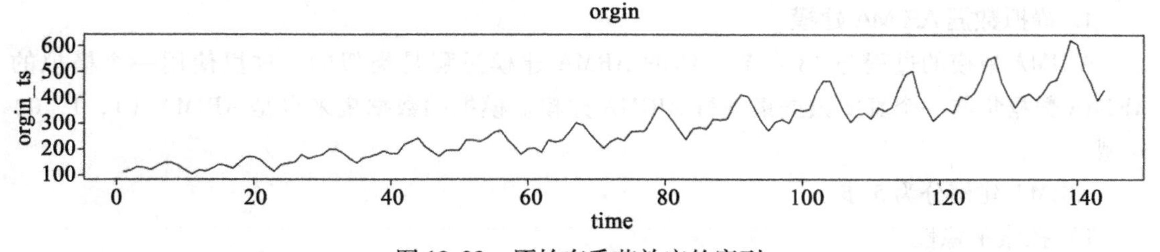

图 18-23　原始有季节效应的序列

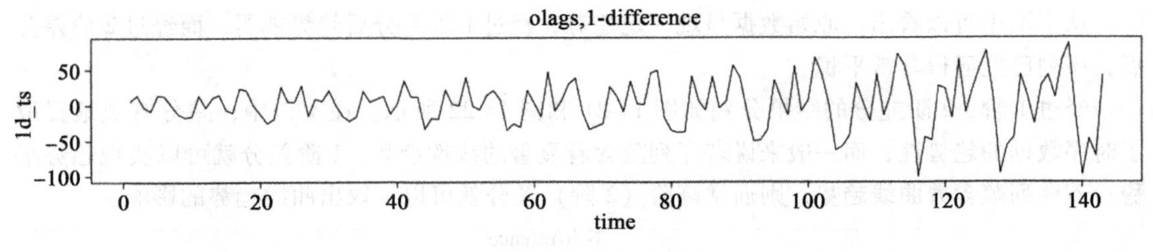

图 18-24 1 阶差分（未做季节差分）的序列

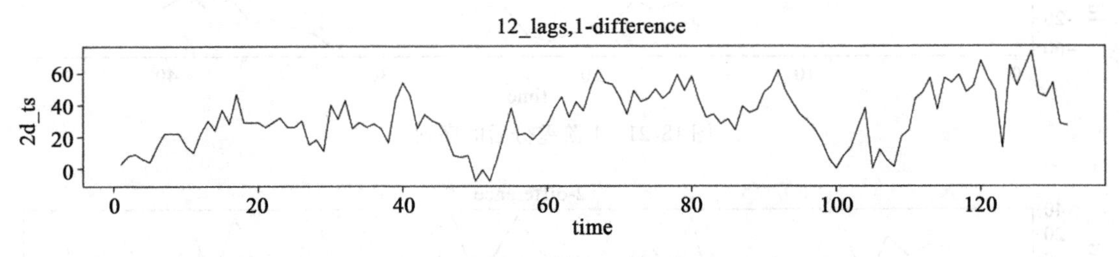

图 18-25 1 阶差分（做了季节差分后）的序列

需要注意的是，差分应适度，否则会造成信息的浪费。一般在实际操作中 2 阶差分足够提取序列的不稳定信息。

2. ARIMA 模型的建模步骤

ARIMA 模型适用于非平稳时间序列数据，其中的 I 表示差分的次数，适当的差分可使原序列成为平稳序列后，再进行 ARIMA 模型的建模。

其建模步骤与 ARMA 模型类似，分为以下 5 步。

（1）平稳：通过差分的手段，对非平稳时间序列数据进行平稳操作。

（2）定阶：确定 ARIMA 模型的阶数 p、q。

（3）估计：估计未知参数。

（4）检验：检验残差是否是白噪声过程。

（5）预测：利用模型进行预测。

18.4.2 在 Python 中进行 ARIMA 建模

1. 模拟数据 ARIMA 建模

ARIMA 建模的过程与 18.3 节介绍的 ARMA 建模过程是类似的，这里使用一个模拟的 ARIMA 数据集与一个真实数据集进行 ARIMA 建模。模拟的数据集来自是 ARIMA（1，1，0）模型。

ARIMA 建模分为 5 步。

1）探索平稳性

载入数据后，选择 ARIMA_110 列为原始数据，将其转换为时间序列数据。

```
# dta=ARIMA_jj_b
ts_simu200= pd.read_csv('ts_simu200.csv',index_col='t')
dates=pd.date_range(start='2017/01/01', periods=200)
ts_simu200.set_index(dates, inplace=True)
dta=ts_simu200['ARIMA_110']
```

代码运行效果如图 18-26 所示。

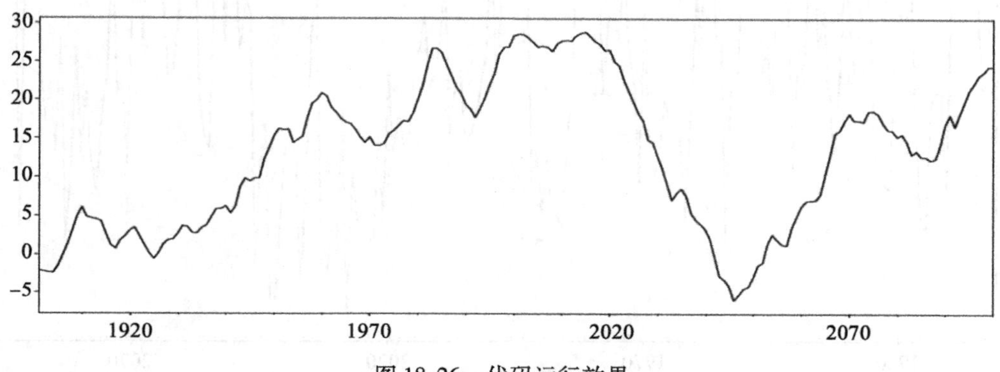

图 18-26　代码运行效果

从图 16-46 中可以看出数据不同时间段的均值差别较大，并不是一个平稳时间序列。为进一步确定，可以调用 Python 中的包 tseries 中的函数 adfuller 进行平稳性检验。该检验原假设为该时间序列是非平稳的，备择假设为时间序列是平稳的。

```
# 平稳性检验
result = adfuller(dta)
print('ADF Statistic: %f' % result[0])
print('p-value: %f' % result[1])
```

输出结果如下：

```
ADF Statistic: -1.897349
p-value: 0.333309
```

从检验结果上来看，p 值为 0.333，无法拒绝平稳假设，因此有足够理由认为该数据是非平稳的，所以需要对原数据进行差分。由于趋势是线性的，预先判断 1 阶差分就可以平稳。

使用函数 diff 进行差分，设定为 1 表示进行 1 阶差分，再画出差分后的时序图，如下所示：

```
# 差分序列的时序图
diff1= dta.diff(1)
diff1.plot(figsize=(12,8))
plt.show()
```

代码运行效果如图 18-27 所示。阶差分后，时序图中显示序列转化为了平稳时间序列。

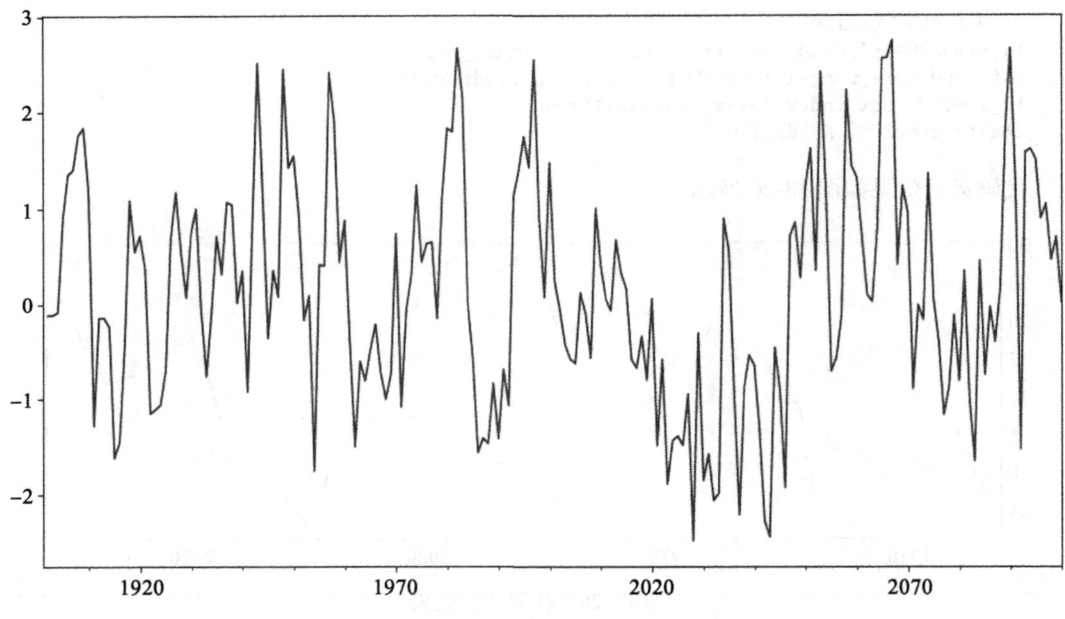

图 18-27 1 阶差分后的序列

2）定阶

使用 acf 与 pacf 函数对差分数据画出 ACF 图与 PACF 图，如下所示。

```
# 差分序列的自相关和偏自相关图
ddta = diff1
ddta.dropna(inplace=True)
fig = plt.figure(figsize=(12,8))
fig = sm.graphics.tsa.plot_acf(ddta,lags=20)
fig = sm.graphics.tsa.plot_pacf(ddta,lags=20)
plt.show()
```

代码运行效果如图 18-28 所示，从图中可以看出，此数据的 ACF 拖尾，PACF 为 1 阶截尾，可以判断应使用 ARIMA(1，1，0）模型。

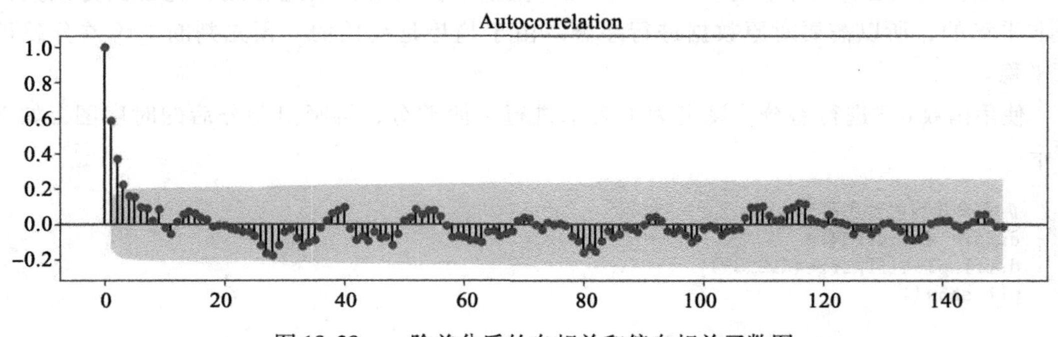

图 18-28 一阶差分后的自相关和偏自相关函数图

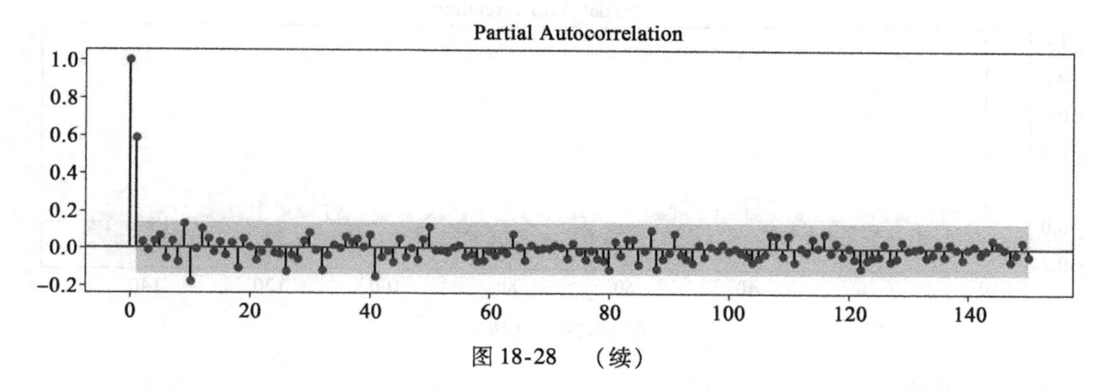

图 18-28 （续）

3）ARIMA 模型建模

使用 Python 中的函数 sm. tsa. ARMA，设定 AR 阶数为 1，差分为 1；MA 模型的阶数都为 0，即为 ARIMA（1，1，0）模型，对应的参数设置为（1，1，0）。

```
arima110 = sm.tsa.ARIMA(dta, (1,1,0)).fit()
```

4）残差白噪声检验

通过自相关和偏自相关图直观展示残差序列。

```
# 检验下残差序列：
resid = arima110.resid
fig = plt.figure(figsize=(12,8))
fig = sm.graphics.tsa.plot_acf(resid.values.squeeze(), lags=20)
fig = sm.graphics.tsa.plot_pacf(resid, lags=20)
plt.show()
```

代码运行效果如图 18-29 所示。从图中可以看出，残差已经无信息可提取，在 ACF 图中，残差滞后，各期均无显著的自相关性；在 PACF 图中，残差没有滞后，各期也无显著的偏自相关性。

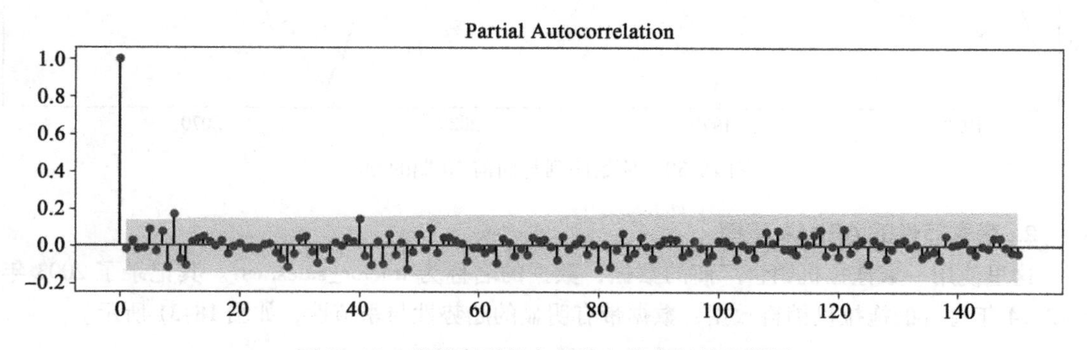

图 18-29 残差序列的自相关和偏自相关函数图

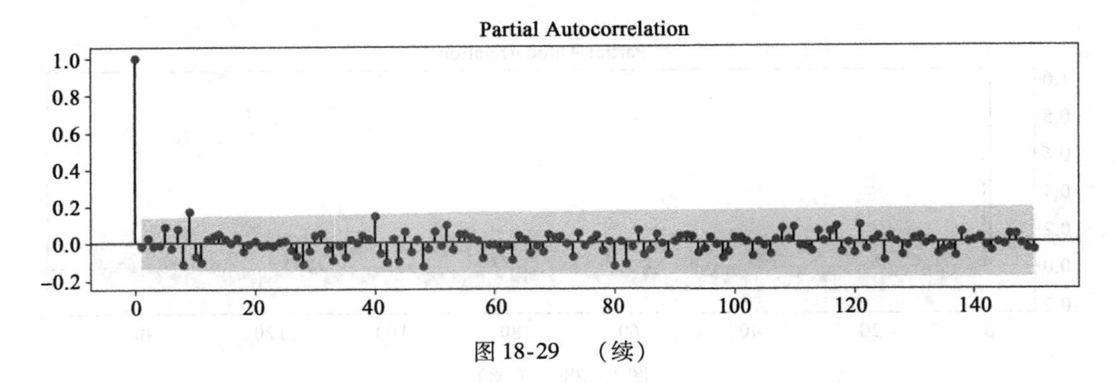

图 18-29 （续）

5）进行预测

利用下面代码预测未来 20 期的情况，并绘制曲线图，展示已有真实值、预测值及预测的置信区间。

```
import datetime
fig = arima110.plot_predict(pd.to_datetime('2017-01-01')
                            pd.to_datetime('2017-01-01')+datetime.timedelta(days=220),
                            dynamic=False, plot_insample=True)
plt.show()
```

代码运行效果如图 18-30 所示。

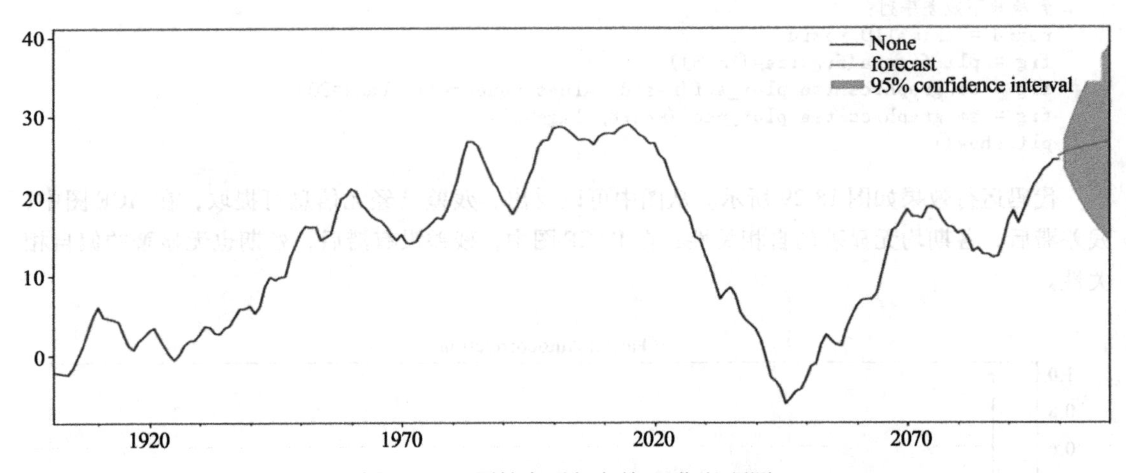

图 18-30 原始序列与向前 20 期的预测

2. 带季节性的 ARIMA 建模

这里使用一家拖拉机销售厂商的数据，数据的名称为 tractor_sales. csv。其记录了 2003 年到 2014 年每月的拖拉机销售数据，数据带有明显的趋势性与季节性，如图 18-31 所示。

```
sales_data = pd.read_csv('tractor_sales.csv')
plt.figure(figsize=(10, 5))
```

```
plt.plot(sales_ts)
plt.xlabel('Years')
plt.ylabel('Tractor Sales')
```

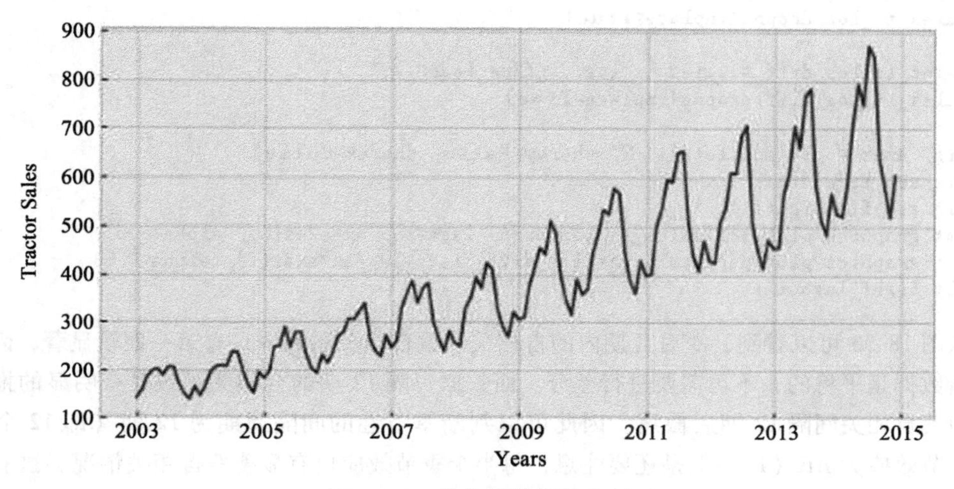

图 18-31　拖拉机销售量序列

1）探索平稳性

需要注意的是，该数据的季节效应的波幅有明显增加，在这种情况下考虑对原数据做对数。

```
plt.figure(figsize=(10, 5))
plt.plot(np.log(sales_ts))
plt.xlabel('Years')
plt.ylabel('Log (Tractor Sales)')
```

代码运行效果如图 18-32 所示。

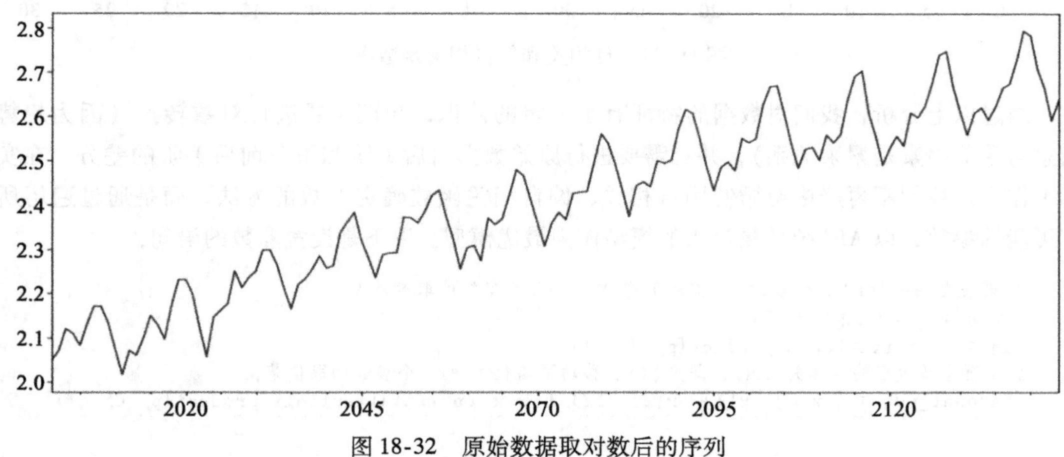

图 18-32　原始数据取对数后的序列

和原序列相比，对数变换后的时间序列的波幅基本一致了，且仍旧存在趋势性与季节性。因此对取对数的数据进行1阶差分，并查看其自相关和偏自相关函数。

```
sales_ts_log = np.log(sales_ts)
sales_ts_log.dropna(inplace=True)

sales_ts_log_diff = sales_ts_log.diff(periods=1)
sales_ts_log_diff.dropna(inplace=True)

fig, axes = plt.subplots(1, 2, sharey=False, sharex=False)
fig.set_figwidth(12)
fig.set_figheight(4)
smt.graphics.plot_acf(sales_ts_log_diff, lags=30, ax=axes[0], alpha=0.5)
smt.graphics.plot_pacf(sales_ts_log_diff, lags=30, ax=axes[1], alpha=0.5)
plt.tight_layout()
```

从图18-33可以看到，滞后几期内的自相关和偏自相关系数中只有第一期较显著，因此可以判断数据是平稳的，不再需要进行差分。而数据每隔12期的自相关函数具有明显的拖尾现象，而偏自相关间隔12期后截尾，因此可以判断季节性的间隔周期为12期（即12个月），而且季节效应为AR（1）。但是还要注意，每半个季节效应也有显著的自相关情况，这有可能是MA（1）造成的。

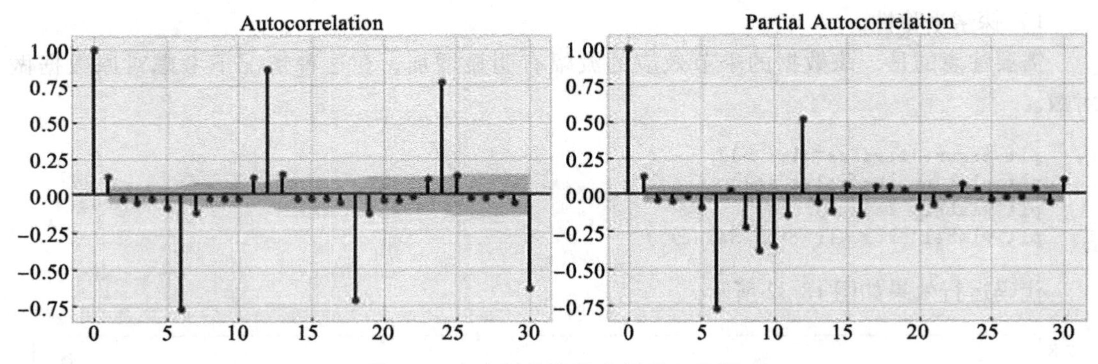

图18-33 自相关和偏自相关函数图

通过以上分析，我们对数据的特征有了一定的认识，知道需要进行对数转换（因为趋势因素与季节因素是累乘关系），并且需要进行原始数据前后1阶和季节前后1阶的差分。在实际工作中，我们不再严格遵循使用自相关、偏自相关函数确定参数的方法，而是通过遍历所有可能的参数，以AIC统计量最小的模型作为最优模型。以下是设置参数的语句：

```
# 设置自相关(AR)、差分(I)、移动平均(MA)的三个参数的取值范围
p = d = q = range(0, 2)
pdq = list(itertools.product(p, d, q))
# 设置季节效应的自相关(AR)、差分(I)、移动平均(MA)的三个参数的取值范围
seasonal_pdq = [(x[0], x[1], x[2], 12) for x in list(itertools.product(p, d, q))]
```

下面语句中的核心函数是 sm. tsa. statespace. SARIMAX ( )，只有当数据有季节性时，才会使用该函数。其中 S 代表该函数可以处理季节效应；X 代表该函数可以加入外生变量，即对当前时间序列有具有预测作用的变量，类似线性回归中的 X。

通过执行该脚本，获得的最优模型为 SARIMAX（0, 1, 1）x（1, 0, 1, 12)，各参数的含义是：第一个（0, 1, 1）代表该模型是 ARIMA（0, 1, 1)，即 1 阶差分后为 MA（1）模型；第二个 x（1, 0, 1, 12）代表季节效应为 ARIMA（1, 0, 1)，即同时有 AR（1）和 MA（1）效应。而最后的 12 代表季节效应为 12 期，这是我们之前自己设置的。

```
import sys
warnings.filterwarnings("ignore") # 忽略ARIMA模型无法估计出结果时的报警信息
best_aic = np.inf
best_pdq = None
best_seasonal_pdq = None
temp_model = None

for param in pdq:
    for param_seasonal in seasonal_pdq:
        try:
            temp_model = sm.tsa.statespace.SARIMAX(sales_ts_log,
                                                   order = param,
                                                   seasonal_order = param_seasonal,
                                                   enforce_stationarity=True,
                                                   enforce_invertibility=True)
            results = temp_model.fit()
            if results.aic < best_aic:
                best_aic = results.aic
                best_pdq = param
                best_seasonal_pdq = param_seasonal
        except:
            continue
print("Best SARIMAX{}x{}12 model - AIC:{}".format(best_pdq, best_seasonal_pdq, best_aic))
```

输出结果如下：

```
Best SARIMAX(0, 1, 1)x(1, 0, 1, 12)12 model - AIC:-733.7733673716689
```

2）季节性 ARIMA 模型建模

根据上一步分析获得的参数，设置好 SARIMAX( ) 函数的参数，再次运行，并对残差进行检验。

```
best_model = sm.tsa.statespace.SARIMAX(sales_ts_log,
                                       order=(0, 1, 1),
                                       seasonal_order=(1, 0, 1, 12),
                                       enforce_stationarity=True,
                                       enforce_invertibility=True)
best_results = best_model.fit()
best_results.plot_diagnostics(lags=30, figsize=(16,12))
plt.show()
```

图 18-34 是对残差进行的检验。可以确认服从正态分布，且不存在滞后效应。因此不能再提取任何信息。

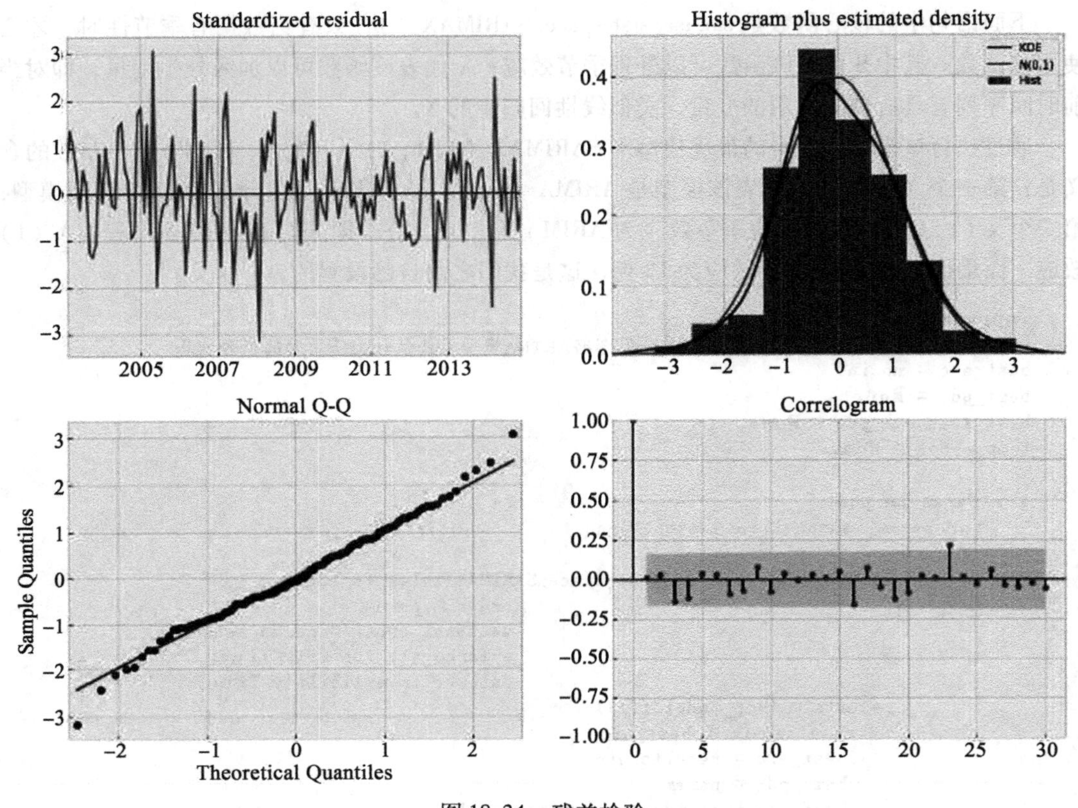

图 18-34 残差检验

3）进行预测

利用下面代码预测未来36期的情况，并绘制曲线图，展示已有真实值、预测值及预测的置信区间。

```
import math
n_steps = 36
pred_uc_95 = best_results.get_forecast(steps=n_steps, alpha=0.05)
pred_pr_95=pred_uc_95.predicted_mean
pred_ci_95 = pred_uc_95.conf_int()
idx = pd.date_range(sales_ts.index[-1], periods=n_steps, freq='MS')
fc_95 = pd.DataFrame(np.column_stack([np.power(math.e, pred_pr_95),
                                      np.power(math.e, pred_ci_95)]), index=idx,
                                 columns=['forecast', 'lower_ci_95', 'upper_ci_95'])
fc_95.head()
```

上面代码中，获取预测值的语句为 best_results. get_forecast( )，其中的 steps 用于设置向前预测的期数；alpha 用于设置置信区间，0.05 代表置信区间为95%。pred_uc_95. predicted_mean( )语句是为了将预测的均值提取出来。pred_uc_95. conf_int( )语句是为了将预测值的置信区间单独提取出来。由于之前对数据取了自然对数，现在这些预测数值需要取自然指数。

idx = pd. date_range(sales_ts. index[-1], periods = n_steps, freq = 'MS')语句的目的是创建日期索引。其中 sales_ts. index[-1]代表从 sales_ts 数据的索引的最后一个数值（即 2014 年 12 月 1 日）开始，生成 36 期（periods = n_steps）的月度（freq = MS'）日期序列。最终生成数据集 fc_95，其内容如表 18-7 所示，包括预测的均值和 95% 置信区间的上下限。

表 18-7 预测数量

	forecast	lower_ci_95	upper_ci_95
2014-12-01	567. 460865	528. 210592	609. 627748
2015-01-01	566. 199249	519. 952771	616. 559057

以下语句将预测的结果通过图形展现出来。

```
axis = sales_ts.plot(label='Observed', figsize=(15, 6))
fc_95['forecast'].plot(ax=axis, label='Forecast', alpha=0.7)
axis.fill_between(fc_all.index, fc_95['lower_ci_95'], fc_95['upper_ci_95'],
                  color='k', alpha=.25)
axis.set_xlabel('Years')
axis.set_ylabel('Tractor Sales')
plt.legend(loc='best')
plt.show()
```

代码运行效果如图 18-35 所示。

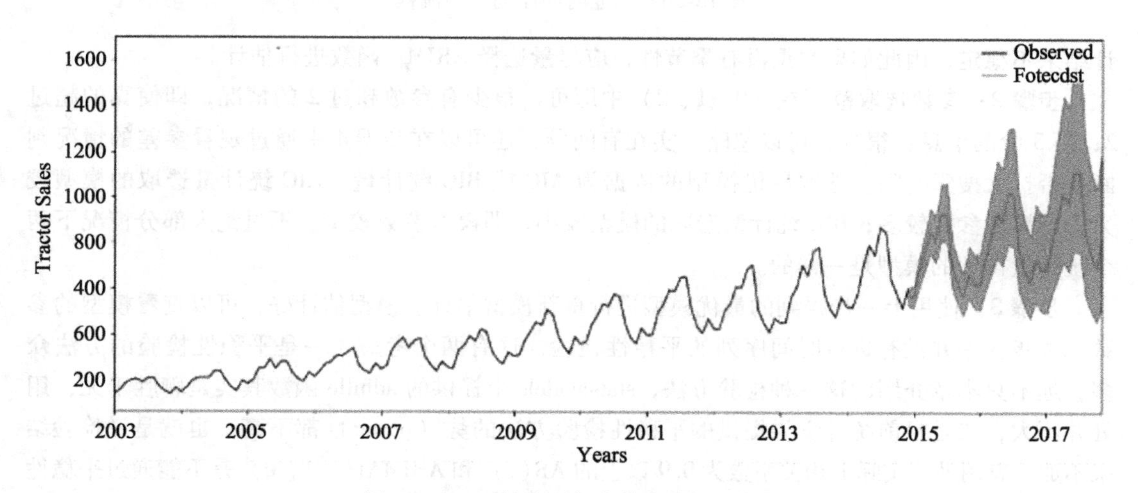

图 18-35 原始序列与向前 36 期的预测

18.5 ARIMA 方法建模总结

在商业领域，时间序列预测遵循图 18-36 所示的建模流程。

步骤 1：这是必需的，如果不看时间序列的图形，就不能确定是否有季节性。可能有人认为，既然 SARIMAX 函数的功能可以涵盖 ARIMA 函数，那就可以统一使用 SARIMAX 函数遍历所有参数得到最优模型。但是这样做是不可取的，因为 SARIMAX 函数的参数过多，模型的估

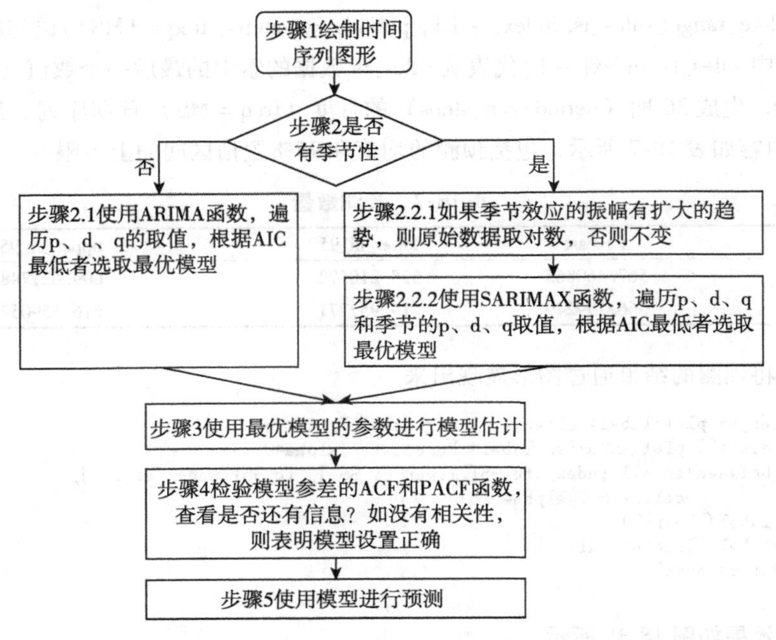

图 18-36 商业时间序列预测流程

计结果不稳定，因此如果数据没有季节性，应尽量选择 ARIMA 函数进行估计。

步骤 2：参数选取范围在（0、1、2）中即可，很少有参数超过 2 的情况，即使真的超过 2，第 3 阶的信息也很少，可以忽略。实在有问题，还可以在步骤 4 中通过观看参差的情况判断是否扩大搜索空间。选取最优模型的依据为 AIC 或 BIC 统计量。AIC 统计量选取的模型较大，即模型参数较多；BIC 统计量选取的模型较小，即模型参数较少。不过绝大部分情况下两个统计量得到的模型是一样的。

步骤 3：使用上一步得到的最优模型进行重新模型估计。模型估计好，可以查看模型的参数。本步骤中并没有进行时间序列的平稳性检验，这有两个考虑：一是平稳性检验的方法众多，远不只本章介绍的这一种检验方法，statsmodels 中提供的 adfulle 函数其实是聊胜于无，用处并不大；二是目前统计学界提供的平稳性检验方法的势（power）都不高，也就是说检验结果不那么有用处。实际上相关系数为 0.9 以上的 AR(1) 和 ARIMA(0，1，0) 是不能通过平稳性检验区分开的。因此索性不做平稳性检验，仅依靠 AIC 或 BIC 统计量来判断最优模型即可。

步骤 4：该步骤目的是确认模型正确性。如果残差序列的前几阶（比如 5 阶）自相关、偏自相关函数没有显著的，则说明已经是最优模型。统计学参考书中会使用 DW 检验（德宾－沃尔森检验）、Q-Q 检验、Q 检验，其实和查看自相关函数区别不大，这些检验在本书配套脚本中提供了，读者请自行学习。

步骤 5：本步骤中，如果之前数据取了自然对数，则在使用模型预测后，要对数据取自然指数。

第 19 章 Chapter 19

商业数据挖掘案例

在商业数据分析中，主要使用分类和聚类两类算法。本章的案例取自真实的商业运用场景，以 CRISP-DM 方法论为指导，展现商业案例的全流程。不过每个案例也有侧重，案例一重点讲解分类模型的数据理解与数据准备；案例二重点讲解分类模型的构建与评估；案例三重点讲解聚类模型的构建与实施策略，案例四重点讲解如何使用组合算法提高模型表现。

19.1 个人贷款违约预测模型

教科书中一般会提供建模使用的宽表，我们学习的是建立一个逻辑回归模型并用其进行预测。但是当我们面临许多张原始客户或账户数据表时，很可能手足无措。建模的人都知道，构建建模宽表（属于特征工程最重要的部分，但是和机器学习中常提到的变量扩增、变量压缩算法是两码事）是商业数据分析中最难、最耗时、最考验数据科学家功底的环节。本案例使用一套真实的数据集为大家演示贷款违约预测模型开发的全流程。这个流程就是本书第 1 章介绍的数据挖掘项目的分析思路的直接体现，如图 19-1 所示。

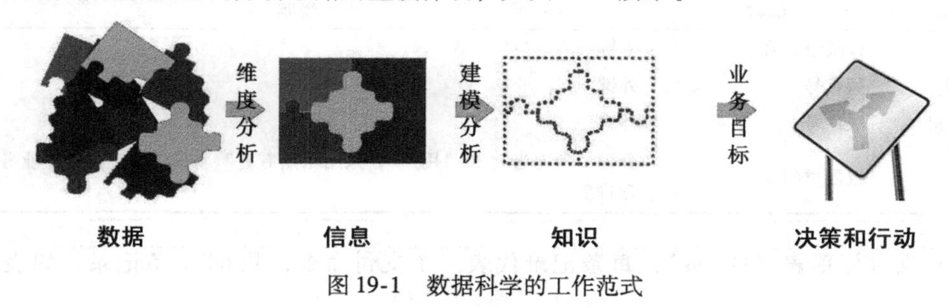

图 19-1 数据科学的工作范式

19.1.1 数据介绍

本案例所用数据来自一家银行的个人金融业务数据集，可以作为银行场景下进行个人客户业务分析和数据挖掘的示例。这份数据中涉及5300个银行客户的100万笔交易，而且涉及700份贷款信息与近900张信用卡的数据。通过分析这份数据可以获取与银行服务相关的业务知识。例如，对于提供增值服务的银行客户经理来说，希望明确哪些客户有更多的业务需求，而风险管理的业务人员可以及早发现贷款的潜在损失。

（1）账户表（Accounts）：每条记录描述了一个账户（account_id）的静态信息，共4500条记录，如表19-1所示。

表19-1 账户表

名称	标签
account_id	账户号，主键
district_id	开户分行地区号，外键
date	开户日期
frequency	结算频度（月、周，交易之后马上）

（2）顾客信息表（Clients）：每条记录描述了一个客户（client_ id）的特征信息，共5369条记录，如表19-2所示。

表19-2 顾客信息表

名称	标签
client_id	客户号,主键
Sex	性别
birth_date	出生日期
district_id	地区号（客户所属地区），外键

（3）权限分配表（Disp）：每条记录描述了顾客（client_id）和账户（account_id）之间的关系，以及客户操作账户的权限，共5369条记录，如表19-3所示。

表19-3 权限分配表

名称	标签	说明
disp_id	权限设置号	主键
client_id	顾客号	外键
account_id	账户号	外键
type	权限类型	分为“所有者”和“用户”，只用“所有者”身份可以进行增值业务操作和贷款

（4）支付订单表（Orders）：每条记录代表一个支付命令，共6471条记录，如表19-4所示。

表 19-4　支付订单表

名称	标签	说明
order_id	订单号	主键
account_id	发起订单的账户号	外键
bank_to	收款银行	每家银行用两个字母来代表，用于脱敏信息
account_to	收款客户号	
amount	金额	单元是“元”
K_symbol	支付方式	

（5）交易表（Trans）：每条记录代表每个账户（account_id）上的一条交易，共 1056320 条记录，如表 19-5 所示。

表 19-5　交易表

名称	标签	名称	标签
trans_id	交易序号，主键	amount	金额
account_id	发起交易的账户号，外键	balance	账户余额
date	交易日期	K_Symbol	交易特征
type	借贷类型	bank	对方银行
operation	交易类型	account	对方账户号

（6）贷款表（Loans）：每条记录代表某个账户（account_id）上的一条贷款信息，共 682 条记录如表 19-6 所示。

表 19-6　贷款表

名称	标签	说明
loan_id	贷款号	主键
account_id	账户号	外键
date	发放贷款日期	
amount	贷款金额	单位是“元”
duration	贷款期限	
payments	每月归还额	单位是“元”
status	还款状态	A 代表合同终止，没问题； B 代表合同终止，贷款没有支付； C 代表合同处于执行期，至今正常； D 代表合同处于执行期，为欠债状态

（7）信用卡（Cards）：每条记录描述了一个顾客号的信用卡信息，共 892 条记录，如表 19-7 所示。

表 19-7 信用卡

名 称	标 签	名 称	标 签
card_id	信用卡 ID，主键	type	卡类型
disp_id	账户权限号，外键	issued	发卡日期

（8）人口地区统计表（District）：每条记录描述了一个地区的人口统计学信息，共 77 条记录，如表 19-8 所示。

表 19-8 人口地区统计表

名 称	标 签	名 称	标 签
A1 = district_id	地区号，主键	A12	1995 年失业率
GDP	GDP 总量	A13	1996 年失业率
A4	居住人口	A14	1000 人中有多少企业家
A10	城镇人口比例	A15	1995 犯罪率（千人）
A11	平均工资	A16	1996 犯罪率（千人）

实际业务中的一个人可以拥有多个账户号（account_id），一个账户号（account_id）可以对应多个顾客（client_id），即多个顾客共享一个账户号（account_id），但是每个账户号（account_id）的所有者（即最高权限者）只能是一个人。账户号（account_id）与客户号（client_id）的对应关系，在表“Disposition”中进行展示；表“Credit card”表述了银行提供给顾客（client_id）的服务，每个客户可以申请一张信用卡；贷款为基于账户的服务，一个账户（account_id）在一个时点最多只能有一笔贷款。

关系实体图（E-R 图）可以直观地描述表间关系，如图 19-2 所示。图中将每张表的主键与外键通过实线相连接，可以明确指导我们将表进行横向连接。比如要知道贷款客户的性别，就需要使用贷款表（Loan）中的 account_id 先与权限分配表（Disposition）中的 account_id 连接，然后再拿 client_id 和客户表（Client）中的 client_id 连接。

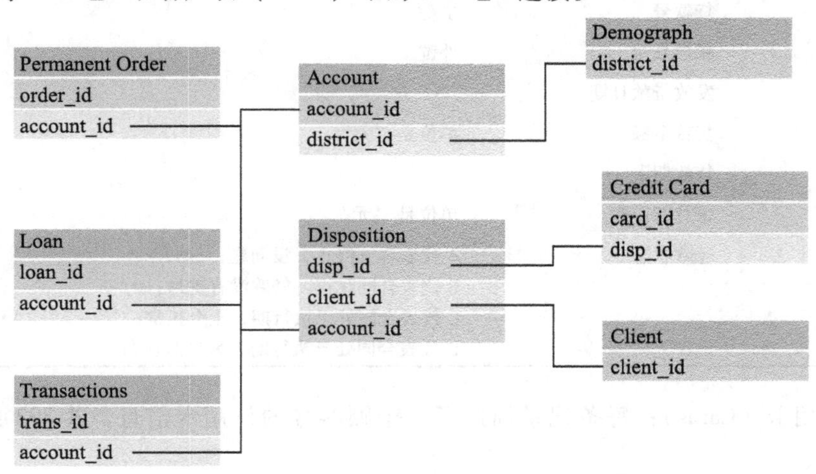

图 19-2 银行数据集的实体 - 关系图

19.1.2　业务分析

在贷款审批方面，可以通过构建量化模型对客户的信用等级进行一定的区分。在信贷资金管理方面，得知了每个账户的违约概率后，可以预估未来的坏账比例，及时做好资金安排。也可以对违约可能性较高的客户更加频繁地“关怀”，及时发现问题，以避免损失。

在这个量化模型中，被解释变量为二分类变量，因此需要构建一个排序类分类模型。而排序类分类模型中最常使用的算法是逻辑回归。

19.1.3　数据理解

建模分析中，获取预测变量是最为艰难的，需要根据建模的主题进行变量的提取。其中第一步称为维度分析，即采集的数据涉及哪些大的方面，如图 19-3 所示。

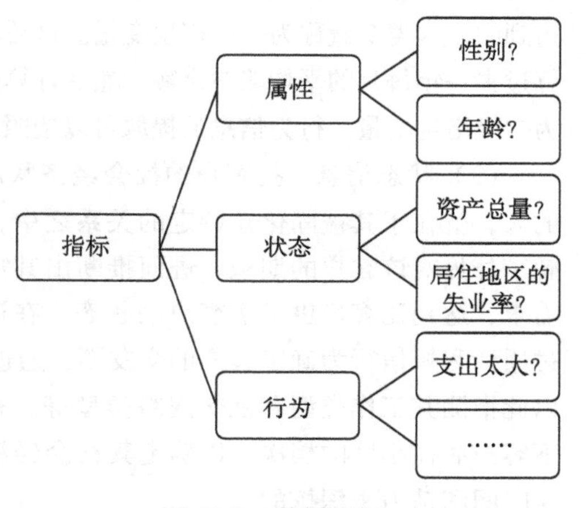

图 19-3　数据理解

有商业智能（BI）经验的人初次接触维度分析这个概念，会联想起联机分析处理（OLAP），这两个概念有相通之处。后者是为业务分析服务的，因此，将信息归结到公司各级部门这个粒度上，比如某支行、分行或总行的某业务的数量。数据挖掘的维度分析会更为广泛，其将数据按照研究对象进行信息提取。比如，如果需要研究的是个人客户的消费行为，则需要将数据以客户为粒度进行归结。这样问题就来了，银行保存的客户数据非常多，如何去整理这些数据以获取合适的信息？单独从内部获取数据是否可以满足分析的需求？为了回答这些问题，需要进行深入研究，以明确研究需要的客户信息。不同的分析主题需要的客户信息是不同的，以下提供了一个信息获取的框架，在实际操作中可以按照以下 4 个方面进行考虑。

（1）属性表征信息：在分析个人客户时，又称人口统计信息。主要涉及最基本的性别、出生日期等信息。这类指标对客户的行为预测并不具有因果关系，只是根据历史数据统计可得到一些规律。比如，随着客户年龄的提高，会对房贷、消费贷款、教育储蓄、个人理财等产品依次产生需求，但是年龄并不是对产品有需求的根本原因，其实婚龄才是其原因。只不过婚龄和年龄在同时期人群中是高度相关的。同理，性别和某种业务表现的高相关性，很多也来自于外部世界对性别类型的一种行为期望。对于银行、汽车 4S 店这类需要客户临柜填写表格的公司而言，是可以获取这方面的“真实”信息的，而对于电商而言，是难以获取“真实”信息的。但是电商的分析人员也不必气馁，其实“真实”这个概念是有很多内涵的，根据电商数据虽然不能知道客户人口学上的“真实”年龄，但是根据其消费行为完全可以刻画出其消费心理上的“真实”年龄，而后者在预测客户需求和行为方面更有效。

（2）行为信息：行为是内部需求在外部特定环境下的一种表现。首先，行为是内部需求的结果。比如，活期存款的客户将手头的钱存起来，以应付不时之需的需求。其次，这些行为是在特定环境下表现出来的，在活期理财产品推出之前，活期存款是唯一的选择。对于银行而言，行为数据仅限于业务数据，而电信公司可以获取的行为数据更加广泛，不仅可以获取通话行为、上网行为等业务信息，还可以获取周末出行、业余生活等个人行为信息。获取的客户行为信息越多，对客户的了解越深入。在这方面，各类企业都具有很大的深挖潜力。由于行为数据均为详细记录，数量庞大，而建模数据是一个样本只能有一条记录，因此需要对行为数据依照 RFM 方法进行行为信息的提取，比如过去一年的账户余额就是按照“M”计算得到的，这类变量称为一级衍生变量。这还不够，比如，要看账户余额是否有增长趋势，就要计算过去一年每月的平均账户余额，然后计算前后两月平均账户余额增长率的均值，这个变量就称为二级衍生变量。行为信息的提取可以按照 RFM 方法做到三级甚至四级衍生变量。

（3）状态信息：指客户的社会经济状态和社会网络关系。社会学认为，人之所以为特定的人，就在于其被固化在特定的关系之中，这被称为嵌入理论。了解客户的社会关系，就了解了外界对该客户的期望，进而推断出其需求。通过深入分析，甚至可以推断出客户未来的需求，达到比客户更了解客户的状态。在这方面，有些企业走在了前面，比如，电信企业通过通话和短信行为确定客户的交友圈，通过信号地理信息定位客户的工作、生活和休闲区域，以此推测其工作类型和社交网络类型等。有些企业刚刚起步，只是通过客户住址大致确定一下客户居住小区的档次，以确定其社会经济地位。这类信息是值得每个以客户为中心的企业花时间和精力去深挖的。

（4）利益信息：如果可以知道客户的内在需求，这当然是最理想的，而这类数据获取方式是很匮乏的。传统方式只能通过市场调研、客户呼入或客户投诉得到相关数据。现在利用客服、微信公众号、微博、论坛等留言信息，可以便捷地获取客户评价信息。

以上构建变量的准则是放之四海而皆准的，而具体到违约预测这个主题，还需要更有针对性的分析。以往的研究认为，影响违约的主要因素有还款能力不足和还款意愿不足两个方面。还款意愿不足有可能是欲望大于能力、生活状态不稳定。以上是概念分析，之后就需要量化，比如使用“资产余额的变异系数”作为生活状态不稳定的代理指标。

在建模过程中，有预测价值的变量基本都是衍生变量，比如：

一级衍生，比如最近一年每月的资产余额均值来自于交易数据中每月的账户余额。

二级衍生，比如年度资产余额的波动率来自于每月的资产余额均值。

三级衍生，比如资产余额的变异系数来自于资产余额的波动率除以资产余额均值。

大数据元年之前，在数据科学领域中有一个不成文的规定：如果一个模型中二级以上的衍生变量不达到80%及以上的比例，是不好意思提交成果的。老牌数据分析强公司（比如美国的第一资本）基本上是以每人每月20～50个衍生变量的速度积累十年才拥有所谓的万级别的衍生变量。而2016年兴起的所谓智能自学习建模，宣称可使用原始指标进行建模。笔者认为这是伪数据科学家大量涌入这个行业而兴起的一股逆流，就像房地产火热时期许多投机者涌入造成了建筑质量的大幅度下滑。这个现象必将回归到以分析作为根底的本源中。

对信息类型分类归纳后可得图 19-4 所示的表。

	表征信息	行为信息	状态信息	利益信息
维度内涵	客户基本属性、外部特征信息。比如：性别、年龄、教育程度、地域	根据客户的业务收集到的信息。比如：产品类型、购买频次、购买数量	客户经济行为、社会网络关系信息。比如：客户的社会经济状态（SES）、交友圈类型和规模	态度、评价和诉求。比如：看重服务质量而对价格不敏感
细分依据	表征—需求	业务—需求	状态—需求	利益—需求
获取方式	办理业务时客户自报	客户办理业务、购买产品和接触渠道的记录	办理业务时通过客户自报、访谈或在业务内容中获取	客户访谈、调研和社会化信息
相关度	低——偶尔表现出相关性，没有因果关系	中——可以表现出相关性，但难以表现出因果关系	较高——表现出较强的相关性和一定的因素关系	高——直接的因果关系
运用场景	了解市场结构，其他方法的补充	产品定位，定价决策，交叉销售	客户提升，价值深挖	新产品开发等

图 19-4　信息类型分类与归纳

19.1.4　数据整理

以上介绍了维度分析要注意的主要方面，下面将根据维度分析的框架创建建模用变量。不过我们不要期望可以创建全部四个维度的变量，一般创建前三个维度足矣。首先生成被解释变量。在贷款（Loans）表中还款状态（status）变量记录了客户的贷款偿还情况，其中 A 代表合同终止且正常还款，B 代表合同终止但是未还款，C 代表合同未结束且正常还款，D 代表合同未结束但是已经拖欠贷款了。我们以此构造一个客户行为信用评级模型，以预测其他客户贷款违约的概率。

1. 数据提取中的取数窗口

我们分析的变量按照时间变化情况可以分为动态变量和静态变量。属性变量（比如性别、是否 90 后）一般是静态变量；行为、状态和利益变量均属于动态变量。动态变量还可分为时点变量和区间变量。状态变量（比如当前账户余额、是否破产）和利益变量（对某产品的诉求）均属于时点变量；行为变量（存款频次、平均账户余额的增长率）为区间变量。在建模过程中，需要按照图 14-5 所示的取数窗口提取变量。其中有两个重要的时间窗口——观察窗口和预测窗口。观察窗口是观测和收集供分析的自变量的时间段；预测窗口是观测因变量变化的时间段，如果在这个时间段中出现显性状态（比如出现贷款拖欠）则将被解释变量设置为“1”，如果始终没有出现，则被解释变量设置为“0”。

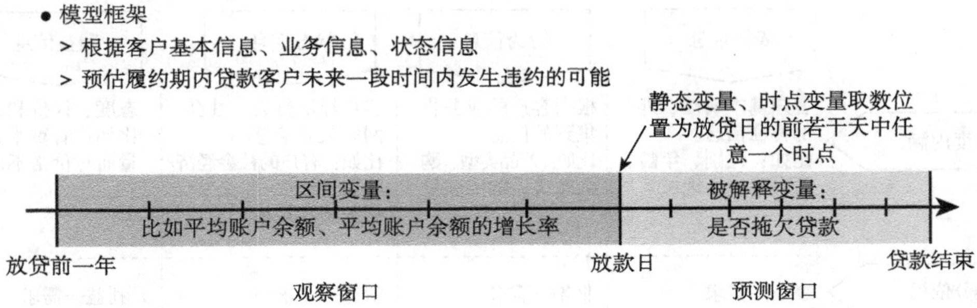

图 19-5 取数窗口

取数窗口期的长短和模型易用性是一对矛盾体：窗口期越短，缺失值越少，可分析的样本就越多、越便于使用。但是区间变量中单个变量的观测期越短，数据越不稳定，这样难以获得稳健的参数。但是取数窗口期越长，新的客户就会因为变量缺失而无法纳入研究样本。因此取数窗口的长短是需要根据建模面临的任务灵活调整的。本案例中的观测窗口定为一年。

同样，预测窗口可长可短，取决于构建什么样的模型，以及目标变量是什么。比如营销响应模型，预测窗口取三天至一周就足够了；而信用卡信用违约模型，须要观测一年的时间。通常，越长的预测窗口样本量越少。而预测窗口过短则会导致有些样本的被解释变量的最终状态还没有表现出来。本书并非标准的信用评级的教科书，因此没有严格按照信用评级模型的取数窗口进行设置，需要深入学习的读者请参考《信用风险评分卡研究：基于 SAS 的开发与实施》。

2. 导入数据

利用 pandas 导入可用于建模的样本数据，利用 Loans 表生成被解释的变量，如图 19-6 所示。

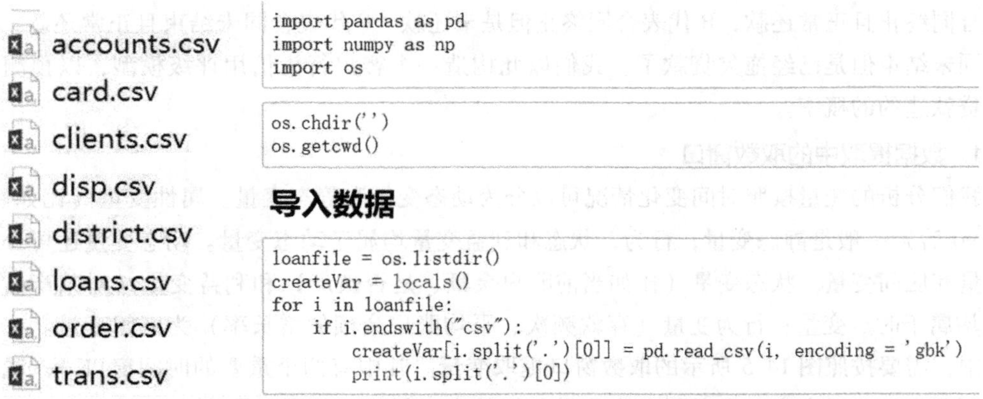

```
import pandas as pd
import numpy as np
import os
```

```
os.chdir('')
os.getcwd()
```

导入数据

```
loanfile = os.listdir()
createVar = locals()
for i in loanfile:
    if i.endswith("csv"):
        createVar[i.split('.')[0]] = pd.read_csv(i, encoding = 'gbk')
        print(i.split('.')[0])
```

图 19-6 导入数据，生成被解释变量

以下代码创建被解释变量。

```
bad_good = {'B':1, 'D':1, 'A':0, 'C': 2}
loans['bad_good'] = loans.status.map(bad_good)
loans.head()
```

3. 表征信息

将所有维度的信息归结到贷款表（LOANS）上，每个贷款账户只有一条记录。寻找有预测能力的指标。首先是寻找客户表征信息，如性别、年龄。客户的人口信息保存在客户信息表（ClIENTS）中，但是该表是以客户为主键的，需要和权限分配表（DISP）相连接才可以获得账号级别的信息，连接条件如图 19-7 所示。

```
data2 = pd.merge(loans, disp, on = 'account_id', how = 'left')
data2 = pd.merge(data2, clients, on = 'client_id', how = 'left')
```

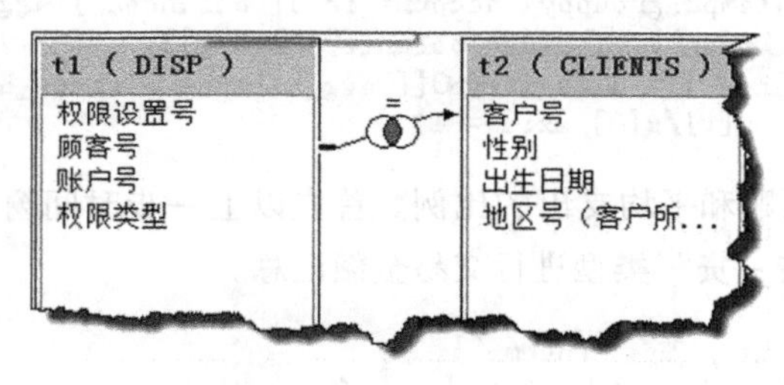

图 19-7　连接条件

4. 状态信息

提取借款人居住地情况，如居住地失业率等变量。与 district 表进行连接。

```
data3 = pd.merge(data2, district, left_on = 'district_id', right_on = 'A1', how = 'left')
```

5. 行为信息

根据客户的账户变动的行为信息，考察借款人还款能力，如账户平均余额、余额的标准差、变异系数、平均入账和平均支出的比例、贷存比等。

首先将贷款表和交易表按照 account_id 内连接。

```
data_4temp1 = pd.merge(loans[['account_id', 'date']],
                       trans[['account_id','type','amount','balance','date']],
                       on = 'account_id')
data_4temp1.columns = ['account_id', 'date', 'type', 'amount', 'balance', 't_date']
data_4temp1 = data_4temp1.sort_values(by = ['account_id','t_date'])
```

然后将来自贷款表和交易表中的两个字符串类型的日期变量转换为日期，为窗口取数做准备。

```
data_4temp1['date']=pd.to_datetime(data_4temp1['date'])
data_4temp1['t_date']=pd.to_datetime(data_4temp1['t_date'])
```

账户余额和交易额度为字符变量，有千分位符，需要进行数据清洗，并转换为数值类型。

```
data_4temp1['balance2'] = data_4temp1['balance'].map(
    lambda x: int(''.join(x[1:].split(','))))
data_4temp1['amount2'] = data_4temp1['amount'].map(
    lambda x: int(''.join(x[1:].split(','))))
```

以下这条语句实现了窗口取数，只保留了贷款日期前365天至贷款前1天内的交易数据。

```
import datetime
data_4temp2 = data_4temp1[data_4temp1.date>data_4temp1.t_date][
    data_4temp1.date<data_4temp1.t_date+datetime.timedelta(days=365)]
data_4temp2.head()
```

以下语句计算了每个贷款账户贷款前一年的平均账户余额（代表财富水平）、账户余额的标准差（代表财富稳定情况）和变异系数（代表财富稳定情况的另一个指标）。

```
data_4temp3 = data_4temp2.groupby('account_id')['balance2'].agg(
    [('avg_balance','mean'), ('stdev_balance','std')])
data_4temp3['cv_balance'] = data_4temp3[['avg_balance','stdev_balance']].
    apply(lambda x: x[1]/x[0],axis = 1)
```

以下语句计算平均入账和平均支出的比例。首先以上一步时间窗口取数得到的数据集为基础，对每个账户的“借－贷”类型进行交易金额汇总。

```
type_dict = {'借':'out','贷':'income'}
data_4temp2['type1'] = data_4temp2.type.map(type_dict)
data_4temp4 = data_4temp2.groupby(['account_id','type1'])[['amount2']].sum()
data_4temp4.head(2)
```

输出如表19-9所示：

表19-9 某账户的总收入和支出（长表）

account_ id	type1	amount2
2	income	276 514
	out	160 286

对于上一步汇总后的数据，每个账号会有两条记录，需要对其进行拆分列操作，将每个账户的两条观测转换为每个账户一条观测。以下语句中使用 pd. pivot_table 函数进行堆叠列。

```
data_4temp5 = pd.pivot_table(
    data_4temp4, values = 'amount2',
    index = 'account_id', columns = 'type1')
data_4temp5.fillna(0, inplace = True)
data_4temp5['r_out_in'] = data_4temp5[
    ['out','income']].apply(lambda x: x[0]/x[1], axis = 1)
data_4temp5.head(2)
```

输出结果如表19-10所示：

表 19-10　某账户的总收入和支出（宽表）

type1 account_id	income	out	r_out_in
2	276514.0	160286.0	0.579667
19	254255.0	198020.0	0.778824

以下语句将分别计算的平均账户余额、账户余额的标准差、变异系数、平均入账和平均支出的比例等变量与之前的 data3 数据合并。

```
data4 = pd.merge(data3, data_4temp3, left_on='account_id', right_index= True, how = 'left')
data4 = pd.merge(data4, data_4temp5, left_on='account_id', right_index= True, how = 'left')
```

最后计算贷存比、贷收比。

```
data4['r_lb'] = data4[['amount','avg_balance']].apply(lambda x: x[0]/x[1],axis = 1)
data4['r_lincome'] = data4[['amount','income']].apply(lambda x: x[0]/x[1],axis = 1)
```

19.1.5　建立分析模型

这部分是从信息中获取知识的过程。数据挖掘方法分为分类和描述两大类，其中预测账户的违约情况属于分类模型。使用逻辑回归为刚才创建的数据建模。

（1）提取状态为 C 的样本用于预测。其他样本随机采样，建立训练集与测试集。

```
data_model=data4[data4.status!='C']
for_predict=data4[data4.status=='C']

train = data_model.sample(frac=0.7, random_state=1235).copy()
test = data_model[~ data_model.index.isin(train.index)].copy()
print(' 训练集样本量: %i \n 测试集样本量: %i' %(len(train), len(test)))

 训练集样本量: 234
 测试集样本量: 100
```

（2）使用向前逐步法进行逻辑回归建模。

```
candidates = ['bad_good', 'A1', 'GDP', 'A4', 'A10', 'A11', 'A12','amount', 'duration',
        'A13', 'A14', 'A15', 'a16', 'avg_balance', 'stdev_balance',
        'cv_balance', 'income', 'out', 'r_out_in', 'r_lb', 'r_lincome']
data_for_select = train[candidates]

lg_m1 = forward_select(data=data_for_select, response='bad_good')
lg_m1.summary().tables[1]
```

通过以上语句得到相关结果。表 19-11 列出了逻辑回归的模型参数。其中申请贷款前一年的贷存比（r_lb）、存款余额的标准差（stdev_balance）、贷款期限（duration）与违约正相关。存款余额的均值（avg_balance）、贷款者当地 1000 人中有多少企业家（A14）与违约负相关。以上这些回归系数的正负号均符合我们的预期，而且均显著。

表 19-11 逻辑回归的变量系数表

	coef	std err	z	P>|z|	[0.025	0.975]
Intercept	0.2328	1.485	0.157	0.875	-2.677	3.143
r_lb	0.2156	0.105	2.046	0.041	0.009	0.422
stdev_batance	0.0003	5.34e-05	4.902	0.000	0.000	0.000
avg_batance	-0.0002	3.83e-05	-4.369	0.000	0.000	-9.22e-05
duration	0.0455	0.020	2.285	0.022	0.006	0.084
A14	-0.0144	0.010	-1.406	0.160	-0.034	0.006

（3）模型效果评估。以下使用测试数据进行模型效果评估。此处调用了 scikit-learn 的评估模块绘制 ROC 曲线。

```
import sklearn.metrics as metrics
import matplotlib.pyplot as plt
fpr, tpr, th = metrics.roc_curve(test.bad_good, lg_m1.predict(test))
plt.figure(figsize=[6, 6])
plt.plot(fpr, tpr, 'b--')
plt.title('ROC curve')
plt.show()
```

可以看到模型的 ROC 曲线非常接近左上角，其曲线下面积（AUC）为 0.9435，这说明模型的排序能力很强，如图 19-8 所示。

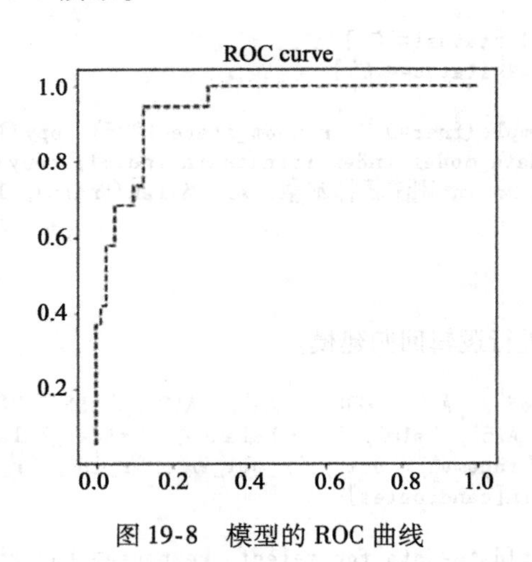

图 19-8 模型的 ROC 曲线

19.1.6 模型运用

在这个案例中，贷款状态为 C 的账户是尚没有出现违约且合同未到期的客户。这些贷款客户中有些人的违约可能性较高，需要业务人员重点关注。一旦发现问题时，可以及时处理，挽回损失。可以通过以下语句得到每笔贷款的违约概率。

```
for_predict['prob']=lg.predict(for_predict)
for_predict[['account_id','prob']].head()
```

输出结果见表 19-12。这里需要强调的是，此处的概率仅是代表违约可能性的相对值，并不代表其真实违约概率。比如预测概率为 0.77 的违约可能性高于 0.46，这已经足够了，因为业务人员知道哪些客户为重点关注的即可。

表 19-12 模型预测的客户违约概率

	account_id	prob		account_id	prob
27	1 071	0.199 024	48	10 079	0.771 649
36	5 313	0.101 291	49	5 385	0.461 082
47	10 079	0.771 649			

19.1.7 流程回顾

本案例中，我们遵照数据挖掘项目通用的流程——CRISP-DM 进行建模。最后回顾一下本案例的建模流程。

（1）**业务分析**：需要构建一个分类模型预测每个客户的违约概率，其实是对客户的信用进行一个排序。分类模型有很多种，其中逻辑回归是最常用到的。

（2）**数据解读**：从业务需求出发，了解、熟悉现有的数据结构、数据质量等信息。主要寻找对客户违约成本、还款意愿、还款能力（资产规模和稳定性）有代表意义的变量。

（3）**数据准备**：结合数据的内在价值与业务分析，提取各类有价值的信息，构建被解释变量和解释变量。

（4）**模型构建与评价**：该步骤按照 SEMMA 标准算法，分为数据采样、变量分布探索、修改变量、构建逻辑回归、评价模型的优劣。

（5）**模型监控**：当模型上线后，对模型的表现进行长期监控，主要检验模型预测准确性与数据的稳定性。

由于本章的重点在于介绍建模之前的宽表构建，关于模型构建的细节在其他章节详细讲解了，本节此部分只提供一个粗略的流程。

在实际的工作中，上面提供流程的第 1~3 步并不一定一次性做好，很多时候这部分需要反复验证、反复解读。因为我们往往需要多次分析审核，所以可以较好地理解拿到的数据，并且能够识别出数据中的异常或错误的内容。而此部分若纳入了错误的数据，则会导致后面的步骤，如建模等工作完全没有意义。

19.2 慈善机构精准营销案例

本案例向读者展现当拥有分析数据集之后，如何建立分类模型。这个流程包括发现并修改数据问题、填补缺失值、消除异常值、变量初筛、变量转换、变量压缩、建立模型、模型评估、模型解释。

背景：有一个老兵社会组织主要通过发信件和邮寄小礼物的形式募集善款。为了减少成本，该组织决定仅向最有可能提供捐款的人发放信件和礼物。目前该组织有 350 万条历史营销记录，其中详细记录了营销信息与响应结果。该组织最感兴趣的是最近 12 ~ 24 个月有过捐款行为的人，并希望通过数据分析完成以下两个任务：确定什么人更有可能成为潜在的捐献人；确定这类人中各人的捐献数额可能是多少。

企业在进行客户精准营销时需要关注两方面：一方面是本次营销客户的响应率，定位响应率高的客户可以降低营销成本；另一方面是潜在客户价值，即客户如果响应，则确定其消费能力的高低，定位潜在消费能力高的人可以提高收入。这样需要同时构造两个模型，分别使用二元逻辑回归预测响应率和线性模型预测潜在消费能力。这类模型在精准营销中大量使用，被称为两阶段模型。分析流程如图 19-9 所示。

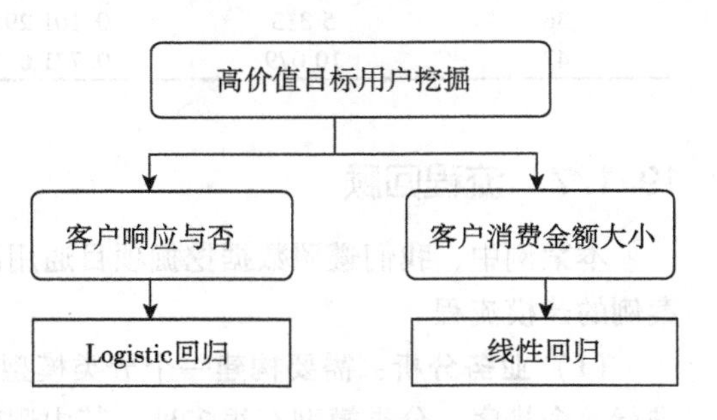

图 19-9 分析技术路线图

综合运用逻辑回归的响应预测模型和线性回归的购买金额预测模型。根据模型分数的高低，为客户挑选一定预算条件下的最优质用户，从而帮助其实现商业目标，如图 19-10 所示。

高响应率 高消费金额　　高响应率 低消费金额　　低响应率 高消费金额

响应Decile \ 消费金额 Decile	1	2	3	4	5	6	7	8	9	10
1	19,624	13,217	10,274	8,042	6,449	4,694	2,939	1,184	1,185	1,186
2	12,543	10,565	9,115	8,237	7,671	6,818	5,965	5,112	4,259	3,406
3	10,070	9,240	8,336	7,737	7,349	7,416	7,483	7,550	7,617	7,684
4	8,043	8,514	8,018	7,745	7,484	7,287	7,090	6,893	6,696	6,499
5	6,195	7,686	7,599	7,514	7,515	7,516	7,517	7,518	7,519	7,520
6	4,296	6,390	7,283	7,492	7,465	7,297	7,297	7,297	7,297	7,297
7	3,048	4,865	6,407	7,166	7,233	8,143	9,054	9,964	10,874	11,784
8	2,087	3,604	5,011	6,130	7,074	8,536	8,536	9,510	10,241	10,972
9	1,408	2,481	3,650	4,788	5,785	8,928	12,072	15,215	18,359	21,502
10	1,272	2,014	2,940	3,728	4,555	9,321	14,087	18,853	23,619	28,385

图 19-10 模型的使用策略

打开数据 donations. csv，分别用逻辑回归和线性回归构建多元回归模型。要确定的两个因变量分别是 TargetB（Target Gift Flag）和 TargetD（Target Gift Amount）。ID 为该表的主键，每个取值代表一个观测；其余均为解释变量。下面的演示中假设我们对字段的含义没有任何的业务了解，仅从统计分析的角度进行建模。

19.2.1　构造营销响应模型

1. 数据获取与导入的 S （抽样） 阶段

数据挖掘的建模遵循 SEMMA 的建模步骤，虽然本案例中数据集已经整理好，但是在导入数据的时候，会出现数据类型（dtype）不匹配的问题。读者可以使用数据框的 dtypes 函数查看变量类型，并按照表 19-9 所示修改每个变量的类型。存在类型不对的变量是 DemMedHome-Value 和 DemMedIncome，因为原始数据文件中，这两个变量是使用逗号做千分位的，因此默认作为字符串读入，故要将其更改为数值类型。

变量度量类型的概念我们在描述性统计分析那一章讲过了，从统计分析上将变量分为名义、等级和连续，因为每种度量类型代表不同的分析套路。这一点在 SPSS、SAS 等软件中保留了下来，可以防止初学者错误地选择统计方法，比如度量类型的变量不能用于分组。在 Python 中本身是无法设置度量类型的，在 pandas 的数据框中增加了这项功能。用 category 对应名义或等级变量，用 float 和 int 对应连续变量，而 object 类型（一般对应的是字符串）是不能参与统计分析和数据挖掘的，需要进行变量的类型转换。若没有相应的设置，会导致在后续的分析中出现莫名其妙的错误。

总结一下：数据类型（dtype）指 Python 本身的数据类型，度量标准是 pandas 针对统计分析改写的，与类型之间有对应关系。详见表 19-13。

表 19-13　变量类型

变量解释		
变量名	变量描述	变量类型
ID	控制编码	分类
TargetB	目标变量：是否捐款	分类
TargetD	目标变量：捐款数量	连续
GiftCnt36	过去 36 个月捐款次数	连续
GiftCntAll	过去所有月捐款总次数	连续
GiftCntCard36	过去 36 个月通过营销卡捐款的次数	连续
GiftCntCardAll	过去所有月通过营销卡捐款的次数	连续
GiftAvgLast	最后一次捐款金额	连续
GiftAvg36	过去 36 个月平均捐款金额	连续
GiftAvgAll	过去所有月平均捐款金额	连续
GiftAvgCard36	过去 36 个月通过营销卡平均捐款金额	连续
GiftTimeLast	距离上次捐款的时间	连续
GiftTimeFirst	距离第一次捐款的时间	连续
PromCnt12	过去 12 个月营销次数	连续
PromCnt36	过去 36 个月营销次数	连续
PromCntAll	过去所有月营销次数	连续

（续）

变量解释		
变量名	变量描述	变量类型
PromCntCard12	过去 12 个月使用卡片营销次数	连续
PromCntCard36	过去 36 个月使用卡片营销次数	连续
PromCntCardAll	过去所有月使用卡片营销次数	连续
StatusCat96NK	状态信息	分类
StatusCatStarAll	综合过去所有月份的状态信息	分类
DemCluster	种族编码	分类
DemAge	年龄	连续
DemGender	性别	分类
DemHomeOwner	是否自有住房	分类
DemMedHomeValue	地区中房屋价格的中位数	连续
DemPctVeterans	地区中老兵的比例	连续
DemMedIncome	地区的收入中位数	连续

上表中这些变量分四大类，其中 Target 开头的变量是被解释变量；Gift 开头的变量是客户捐款的行为变量；Prom 开头的变量代表公司营销数据，之后 Dem 开头的变量代表客户基本信息和社会经济状况数据。不同类型的变量，在后续探索阶段的关注重点不同。比如，对于以 Target 开头的变量来说主要看其有无错误值和其分布情况。Gift 开头的变量和 Prom 开头的变量一般从公司内部的数据库中获取，数据质量较高，主要关注这些变量分布情况，以及其中异常值是否较多。Dem 开头的变量来自客户的自报信息或调研信息，数据质量较低，还需要关注错误编码等问题。

设置好变量的类型，下面就需要进行变量粗筛。在 SEMMA 的标准流程中，将变量筛选放在建模的时候，这不符合现在数据挖掘的实际情况。目前建一个模型，其原始的变量数量可能高达上万个，其中绝大部分的变量是没有解释力度的，清洗这些变量必然会浪费时间。此处，我们使用效果比较好的信息价值（IV）指标作为选择变量的依据，其调用方式如下。

```
iv_d = {}
for i in var_d:
    iv_d[i] = WoE(v_type='d').fit(X[i].copy(), Y.copy()).iv

pd.Series(iv_d).sort_values(ascending = False)
```

分类变量重要性排序如下：

```
StatusCat96NK     0.048839
DemCluster        0.037621
DemHomeOwner      0.000263
DemGender         0.000030
dtype: float64
```

以上是分类变量的 IV 值。可以看到，前两个变量比较有预测价值。这里我们以 2% 作为选取变量的阈值，将来只需要保留前两个分类变量即可。

```
# 保留IV值较高的分类变量
var_d_s = ['StatusCat96NK','DemCluster']
```

连续型解释变量筛选的代码如下所示：

```
iv_c = {}
for i in var_c:
    iv_c[i] = WoE(v_type='c',t_type='b',qnt_num=3).fit(X[i],Y).iv

sort_iv_c = pd.Series(iv_c).sort_values(ascending=False)
sort_iv_c
```

连续变量重要性排序如下：

```
GiftAvgCard36       0.079019
GiftCnt36           0.068140
GiftAvg36           0.063299
GiftAvgAll          0.061579
GiftCntAll          0.060781
GiftAvgLast         0.059258
GiftCntCardAll      0.044608
GiftTimeLast        0.022771
PromCntCard36       0.022314
PromCntAll          0.022096
GiftTimeFirst       0.021442
PromCntCardAll      0.020985
PromCntCard12       0.017793
PromCnt12           0.014559
DemMedHomeValue     0.014360
PromCnt36           0.013919
DemAge              0.008953
DemPctVeterans      0.004013
DemMedIncome        0.003064
StatusCatStarAll    0.000000
GiftCntCard36       0.000000
dtype: float64
```

同样取 2% 作为选取变量的阈值，将来只需要保留前 12 个连续变量即可。保留重要性大于 2% 的代码如下所示：

```
# 以2%作为选取变量的阈值
var_c_s = list(sort_iv_c[sort_iv_c > 0.02].index)
var_c_s
```

2. 针对每个变量的 E （探索） 阶段

首先检验连续变量的分布情况，一般会调用 describe( ) 函数查看 1%、5% 和最小值之间的差异，查看 95%、99% 和最大值之间的差异。如果差异过大，有可能是错误值或者是有特殊意义的编码。

但是 describe( ) 函数并不能很好地协助我们完成数据清洗的探索任务。此阶段我们关心的是错误值、缺失值情况。首先查看变量是否存在错误值，最可靠的方法是看直方图。但是读者会觉得这种看每个变量直方图的方法会比较累。

实际工作中，我们可以分析中位数和众数的关系。如果两者的值差别很大，则说明众数偏离群体较远，那么这个众数有可能是错误值。因为对于连续变量而言，取具体每个值的概率不高，而在数据采集过程中出现一些系统性错误的时候，往往会导致某些值被取到的频次很高。在对应脚本中如下：

```
# 利用众数减去中位数的差值除以四分位距来查找是否有可能存在异常值
abs((X[var_c_s].mode().iloc[0,] - X[var_c_s].median()) /
    (X[var_c_s].quantile(0.75) - X[var_c_s].quantile(0.25)))
```

连续的异常值筛选如下：

```
GiftAvgCard36      0.267953
GiftCnt36          0.500000
GiftAvg36          0.168539
GiftAvgAll         0.591724
GiftCntAll         0.636364
GiftAvgLast        0.000000
GiftCntCardAll     0.500000
GiftTimeLast       0.000000
PromCntCard36      0.444444
PromCntAll         0.972222
GiftTimeFirst      0.391304
PromCntCardAll     0.285714
dtype: float64
```

计算众数偏离中位数的程度时，以笔者的经验，该值大于 0.8 就很值得怀疑了。在本案例中，字段总营销次数（PromCntAll）达到了 0.9，故有可能有错误值，于是绘制了该变量的直方图，从直方图上看，只是出现双峰，没有太大问题，如图 19-11 所示。没有太大问题，不需要修改。由于其他变量均小于 0.8，因此其他变量不需要进行异常值探索。

```
plt.hist(X["PromCntAll"], bins=20);
```

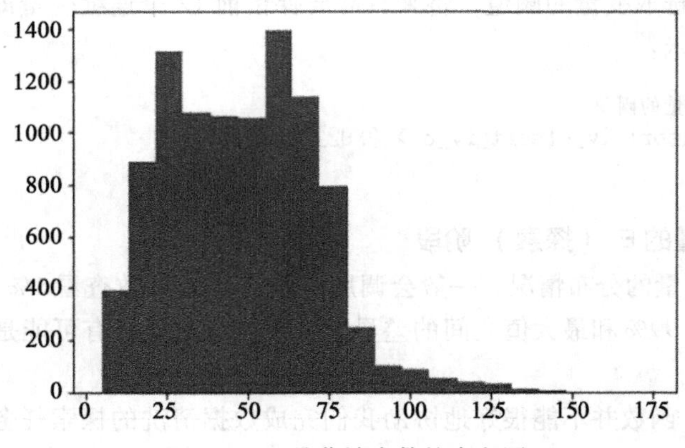

图 19-11 总营销次数的直方图

分析完连续变量的异常值之后，接下来分析分类变量的分布。分类变量主要关注两点：1）一个变量的取值不要太多；2）每个取值应该比较均匀，不要出现某些取值的样本量太少。以下演示通过频次表分析种族这个变量：

```
len(X["DemCluster"].value_counts())
```

输出结果为：

```
54
```

分类变量的处理方式主要是概化处理。比如把相似的取值或样本量少的取值划分为一类并重新编码。比如发现种族的分类太多了，多达 54 类，放到数据挖掘模型中会极大地消耗模型的自由度，则需要进行概化处理。概化处理的方法很多，最简单也是最常用的方法有两种：1）几个样本量多的取值保持不变，其他样本量少的归为一类；2）根据分类变量中被解释变量的分布情况，把被解释变量均值接近的划分为一类。在方法 2 中也要注意概化后的分类变量的取值是大致均匀的，即每个取值的样本量尽量接近。

3. 针对有问题的变量进行修改的 M（修改）阶段

变量修改需要完成三个任务：1）纠正错误值；2）补充被解释变量的缺失值；3）变量分布调整，连续变量调整为正态分布，连续变量进行概化处理。

1）连续变量的修改

通过上一步分析没有发现连续变量有错误值，不需要修改。于是使用以下语句计算缺失值：

```
# 查看缺失比例
1 - (X.describe().T["count"]) / len(X)
```

利用语句探索所有连续变量缺失值情况，发现缺失比例最大的为 GiftAvgCard36，占 18%。这个比例在可接受的范围内，可以考虑使用中位数填补。

```
fill_GiftAvgCard36 = X.GiftAvgCard36.median()
X.GiftAvgCard36.fillna(value=fill_GiftAvgCard36, inplace=True)
```

2）分类变量的修改

对于 DemCluster 变量而言，要进行分类变量水平压缩。如果不压缩，分类变量必须转换为虚拟变量才可以纳入模型中。一个拥有 53 个取值的变量，要生成 52 个虚拟变量，这会明显降低模型自由度，使模型变得过于复杂。在本案例中，我们先对该变量的不同类别的响应率排序，然后按照人数将类别均匀压缩成 10 组。然后将重新编码后的变量利用 WOE 将其转换为连续变量。这样操作之后，该变量放入模型中只会占用一个自由度。

以下是 WOE 转换的讲解：如图 19-12 所示，Level 这一列代表该分类变量的各个不同取值，N_i 代表每个取值出现的频次，$Y=1_i$ 为该取值中显性样本（被解释变量取值为 1）的个数，$Y=0_i$ 为该取值中隐性样本（被解释变量取值为 0）的个数。$P_{y=1}$ 的每一行为本组显性样本个数占显性样本总数的比例，因此这一列纵向来看是显性样本在本分类变量上的分布。同理 $P_{y=0}$ 的每一行为本组隐性样本个数占隐性样本总数的比例。最后一列就是 WOE 值，即显性样本优势比的对数值。

Level	N_i	$Y=1_i$	$Y=0_i$	$P_{y=1}$	$P_{y=0}$	$\log(p_{y=1}/p_{y=0})$
B11	48	23	25	0.009	0.01	-0.084
B4	1368	957	411	0.383	0.164	0.84
B19	96	62	34	0.025	0.014	0.6
B18	134	67	67	0.027	0.027	0
B2	1217	425	792	0.17	0.32	-0.622
B13	118	34	84	0.014	0.034	-0.90
B15	601	174	427	0.070	0.17	-0.89
B6	355	99	356	0.040	0.10	-0.95
B1	704	190	514	0.076	0.21	-0.995
…	…	…	…	…	…	…
$\sum N_i$	5000	2500	2500			

图 19-12　分类变量转连续变量（WOE 转换）的示例

以下是对 DemCluster 变量进行取值（水平）归约（也称为概化）和对所有分类变量进行 WoE 转换的脚本。首先要进行概化，计算该变量每个取值的样本量和被解释变量的均值，并按照该均值排序。代码如下：

```
# 统计每个取值的对应目标变量的均值，和每个取值数量

DemCluster_grp = model_data[['DemCluster',
                             'TARGET_B']].groupby('DemCluster',as_index = False)

DemC_C = DemCluster_grp['TARGET_B'].agg({'mean' : 'mean',
                                         'count':'count'}).sort_values("mean")
```

然后对每个取值的样本量进行累加，并大致均匀的分为 10 份，代码如下：

```
# 将这些类别尽量以人数大致均等的方式以响应率为序归结为10个大类
DemC_C["count_cumsum"] = DemC_C["count"].cumsum()
DemC_C["new_DemCluster"] = DemC_C["count_cumsum"].apply(lambda x: x//(len(model_data)/10))
DemC_C["new_DemCluster"] = DemC_C["new_DemCluster"].astype(int)
```

对 DemCluster 变量进行概化编码后，进行 WOE 转换：

```
X_rep = X.copy()
for i in var_d_s:
    X_rep[i+"_woe"] = WoE(v_type='d').fit_transform(X_rep[i],Y)
```

以上演示了对一个连续变量的概化和 WoE 转换，其他分类变量的 WoE 转换就不在此处讲解了。另外需要强调两点：1）取值多的分类变量必须先进行概化处理，否则会遇到似不完整

数据问题，即某个取值中被解释变量取值为1的样本量过少，甚至没有；2）编码中一定要注意加一个“其他”，因为分类变量将来很可能会增加一些取值。

3）解释变量分布转换

线性回归有残差服从正态分布的假设，而对解释变量的分布没有任何假设。但是在实际建模工作中发现，客户业务使用频次、购买量、客户收入之类的变量往往是右偏的，而且与被解释变量经常是弹性或半弹性的关系。因此经常简单粗暴地对右偏的变量取对数转换。实践表明这样处理比把原始解释变量放入模型的效果好。这一点可以通过后续的模型评估得到验证。

首先是查看每个解释变量的偏度，按照降序排列好，保存在一个序列中。

```
skew_var_x = {}
for i in var_x:
    skew_var_x[i] = abs(X_rep[i].skew())

skew = pd.Series(skew_var_x).sort_values(ascending=False)
skew
```

连续的偏度如下：

```
GiftAvgAll        14.486489
GiftAvgLast        9.918893
GiftAvgCard36      6.747117
GiftAvg36          5.627792
GiftCntAll         1.863109
GiftCntCardAll     1.331353
GiftCnt36          1.288353
GiftTimeLast       0.778047
DemCluster         0.553874
PromCntAll         0.460765
PromCntCard36      0.426600
GiftTimeFirst      0.195399
PromCntCardAll     0.142856
dtype: float64
```

通过观察，我们将偏度大于1的变量进行对数运算。以下代码根据偏度，得到偏度大于1的连续变量的列表。只有这些变量才需要取对数。

```
# 将偏度大于1的变量进行对数运算
var_x_ln = skew.index[skew > 1]
var_x_ln

Index(['GiftAvgAll', 'GiftAvgLast', 'GiftAvgCard36', 'GiftAvg36', 'GiftCntAll',
       'GiftCntCardAll', 'GiftCnt36'],
      dtype='object')
```

以下代码对偏度大于1的连续变量进行取对数操作。这里需要注意，负数和零是不能进行对数运算的，因此对于最小值为负的变量，取对数前需要先把数值平移一下，比如加上最小值的绝对值后再加上0.01。

```
for i in var_x_ln:
    if min(X_rep[i]) <= 0:
        X_rep[i] =np.log(X_rep[i] + abs(min(X_rep[i])) + 0.01)
    else:
        X_rep[i] =np.log(X_rep[i])
```

4）变量压缩

分类变量经过 WOE 转换后，数据集中所有的变量均为连续变量，可以通过主成分分析或因子分析进行变量的压缩，但是笔者并不推荐这类使模型失去解释力度的方式，而是建议采用变量冗余信息剔除法。此次调用的是 Var_Select_auto 函数，该函数直接根据预先设定好的标准明确需要保留的变量数量，默认保留的主成分最小单位根（eig_Vals_min）高于 0.6，在此条件下，积累方差解释占比最多达到 95% 即可。如果需要减少变量个数，可以降低 eig_csum_retio 或调高 eigVals_min。

```
from VarSelec import Var_Select, Var_Select_auto
# 此处的最小的alpha 最大的alpha 以及alpha的步长根据反馈自己调整，找到最佳的即可
X_rep_reduc = Var_Select_auto(X_rep, alphaMin=14, alphaMax=15, alphastep=.5)
X_rep_reduc.head()
```

经过以上的变量选择，最终剩下 6 个变量参与预测响应的模型构建。

```
# 最后选择的变量为
list(X_rep_reduc.columns)

['PromCntAll',
 'PromCntCardAll',
 'GiftCnt36',
 'GiftAvg36',
 'GiftCnt36',
 'DemCluster',
 'GiftTimeLast']
```

经过上面的三个步骤，数据已经清洗干净，也不存在信息冗余，可以用于建立模型了。为了对模型效果进行评估，使用样本内模型检验法，将数据集分为训练和测试两个数据集。

4. 建立逻辑回归模型的 M （建模）阶段

1）分成训练集和测试集

相关代码如下：

```
import sklearn.model_selection as model_selection
ml_data = model_selection.train_test_split(X_rep_reduc, Y, test_size=0.3, random_state=0)
train_data, test_data, train_target, test_target = ml_data
```

2）网格搜索与 Lasso 相结合，寻找最优模型

首先调用 scikit-learn 中的线性模型包，预定义一个逻辑回归对象，但是没有设置最重要的超参数 C（惩罚系数）。此处需要注意，scikit-learn 中的回归算法需要事先对解释变量进行标准化处理，而 statmodels 中的回归算法不需要进行标准化。

```
import sklearn.linear_model as linear_model
logistic_model = linear_model.LogisticRegression(class_weight = None,
                                                 dual = False,
                                                 fit_intercept = True,
                                                 intercept_scaling = 1,
                                                 penalty = '11',
                                                 random_state = None,
                                                 tol = 0.001)
```

之后调用 scikit-learn 中网格搜索的包，定义超参数的搜索空间。这个搜索空间是从 0.01 至 1，按照以 10 为底的对数递增，取 20 个值。调用之前预定义的逻辑回归对象，进行最优参数搜索。

```
from sklearn.model_selection import ParameterGrid, GridSearchCV

C = np.logspace(-3,0,20,base=10)

param_grid = {'C': C}

clf_cv = GridSearchCV(estimator=logistic_model,
                      param_grid=param_grid,
                      cv=5,
                      scoring='roc_auc')

clf_cv.fit(train_data, train_target)
```

得到最优参数，并将这个参数再次带入之前预定义的逻辑回归对象进行模型参数估计。

```
logistic_model = linear_model.LogisticRegression(C=clf_cv.best_params_["C"],
                                                 class_weight=None,
                                                 dual=False,
                                                 fit_intercept=True,
                                                 intercept_scaling=1,
                                                 penalty='11',
                                                 random_state=None,
                                                 tol=0.001)
logistic_model.fit(train_data, train_target)
```

以下是模型估计出的结果。可以看到，第三个变量的系数为 0，这表明经过以上三个步骤的变量选择，Lasso 算法筛除了这个变量。当然这个过程也有可能会出现一些巧合，最后 Lasso 算法没有剔除变量。

```
LogisticRegression(C=1.0, class_weight=None, dual=False, fit_intercept=True,
          intercept_scaling=1, max_iter=100, multi_class='ovr', n_jobs=1,
          penalty='11', random_state=None, solver='liblinear', tol=0.001,
          verbose=0, warm_start=False)


logistic_model.coef_

array([[ 0.6425415 ,  0.54982368,  0.        , -1.32748742, -1.31130964,
         1.54395036]])
```

scikit-learn 提供的结果不直观，我们可以将得到的模型使用 statmodels 包再运行一次。这样结果就直观了，但是这不是建模时必须做的。

```
import statsmodels.api as sm
import statsmodels.formula.api as smf

model=X_rep_reduc.join(train_target)

formula = "TARGET_B ~ " + "+".join(X_rep_reduc)
lg_m = smf.glm(formula=formula, data=model,
          family=sm.families.Binomial(sm.families.links.logit)).fit()
lg_m.summary().tables[1]
```

statmodels 中逻辑回归的系数如表 19-14 所示：

表 19-14 响应模型的回归系数

	coef	stderr	z	P > | z |	[0.025	0.975]
Intercept	0.1717	0.167	1.028	0.304	−0.156	0.499
DemCluster	0.9912	0.130	7.635	0.000	0.737	1.246
PromCntCard36	0.0220	0.006	3.386	0.001	0.009	0.035
GiftAvg36	0.0074	0.031	0.238	0.812	−0.054	0.068
PromCntCardAll	−0.0283	0.006	−4.501	0.000	−0.041	−0.016
GiftAvgCard36	−0.2615	0.064	−4.099	0.000	−0.387	−0.136
GiftCntAll	0.3710	0.062	5.977	0.000	0.249	0.493

到此为止，按照数据挖掘的方法论，建模已经结束。但是统计出身的读者往往觉得不安，因为上面的模型中有的变量的系数并不显著。这是因为 Lasso 算法是贪婪算法，只要解释变量有增量信息就会放入模型，并不会考虑该变量的相关系数是否显著，这个问题并不严重。当然，读者也可以提高上一步的 Lasso 算法的惩罚力度，这样模型中的变量个数会更少，变量的显著性会提高。

5. 模型验证的 A（验证）阶段

接下来我们关心模型的解释力度是否足够强，是否存在过拟合。模型的解释力度通过看测试数据集的 ROC 曲线下的面积（AUC）得到，61.84% 确实是一个不太理想的情况，一般情况下需要达到 75% 以上。是否过拟合是看训练和测试数据集得到的 ROC 曲线是否基本重合，如果基本重合，则说明不存在过拟合问题，如果测试数据集得到的 ROC 曲线远差于训练集得到的 ROC 曲线，则表明模型过度拟合。代码如下，输出的 ROC 曲线见图 19-13。

```
fpr_test, tpr_test, th_test = metrics.roc_curve(test_target, test_est_p)
fpr_train, tpr_train, th_train = metrics.roc_curve(train_target, train_est_p)
plt.figure(figsize=[6,6])
plt.plot(fpr_test, tpr_test, color=blue)
plt.plot(fpr_train, tpr_train, color=red)
plt.title('ROC curve')
print('AUC = %6.4f' %metrics.auc(fpr_test, tpr_test))
```

输出如下：

```
AUC = 0.6184
```

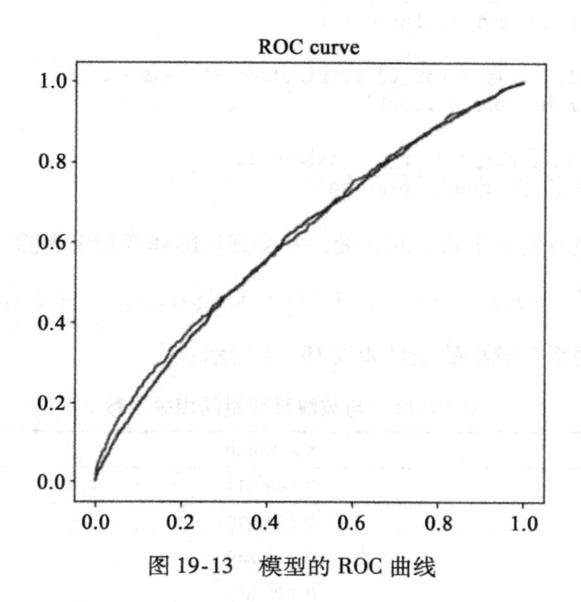

图 19-13　模型的 ROC 曲线

19.2.2　构造客户价值预测模型

此处采用线性回归对捐款数额（TargetD）进行建模，建模流程和上一节类似。

1. 数据导入与采样的 S 阶段

数据导入，识别出被解释变量和解释变量，并将解释变量区分为连续型变量和离散型变量。

```
model_data = pd.read_csv("donations2.csv").drop(["ID","TARGET_B"],1)
model_data.head()
```

其中，var_c 为连续变量的列表，var_d 为分类变量的列表。

```
y = ["TARGET_D"]

var_c = ["GiftCnt36","GiftCntAll","GiftCntCard36","GiftCntCardAll","GiftTimeLast",
        "GiftTimeFirst","PromCnt12","PromCnt36","PromCntAll","PromCntCard12",
        "PromCntCard36","PromCntCardAll","StatusCatStarAll","DemAge",
        "DemMedHomeValue","DemPctVeterans","DemMedIncome","GiftAvgLast",
        "GiftAvg36","GiftAvgAll","GiftAvgCard36"]

var_d = ['DemGender', 'StatusCat96NK', 'DemCluster', 'DemHomeOwner']
```

（1）连续型变量重要性筛选：通过分析每个解释变量与被解释变量的相关性绝对值大小筛选。

利用 pearson 和 spearman 相关系数筛除相关程度过低的变量：

```
corr_s = abs(model_data[y + var_c].corr(method = 'spearman'))
corr_s = pd.DataFrame(corr_s.iloc[0, :])

corr_p = abs(model_data[y + var_c].corr(method = 'pearson'))
corr_p = pd.DataFrame(corr_p.iloc[0, :])

corr_sp = pd.concat([corr_s, corr_p], axis = 1)
corr_sp.columns = ['spearman','pearson']
```

筛选出相关系数绝对值小于0.1的变量，并将其从解释变量中删除。

```
corr_sp[(corr_sp['spearman'] <= 0.1) & (corr_sp['pearson'] <= 0.1)]
```

与被解释变量相关系数较小的变量如表19-15所示：

表19-15 与被解释变量的相关系数

	spearman	pearson
PromCnt12	0.009 414	0.064 494
PromCnt36	0.031 979	0.007 337
PromCntCard12	0.011 849	0.006 996
DemAge	0.098 663	0.056 139
DemPctVeterans	0.023 376	0.021 628
DemMedIncome	0.059 946	0.029 132

接下来从连续变量的集合中，剔除以上这些相关性不大的变量。代码如下：

```
var_c_s = set(var_c) - set(['PromCnt12','PromCnt36',
                            'PromCntCard12','DemAge',
                            'DemPctVeterans','DemMedIncome'])
var_c_s = list(var_c_s)
```

（2）离散型变量：利用解释变量与被解释变量的方差分析的显著性，将不显著的变量筛除。

```
import statsmodels.stats.anova as anova
from statsmodels.formula.api import ols

for i in var_d:
    formula = "TARGET_D ~ " + str(i)
    print(anova.anova_lm(ols(formula, data = model_data[var_d+['TARGET_D']]).fit()))
```

由于数据输出内容较多，这里就不展示了。在这些分类变量中，DemHomeOwner不显著，可以剔除，其他变量保留。

2. 变量探索与变量变换的E阶段

数据探索的第一个任务就是看一下每个变量的分布情况，并找到可疑之处。这些可疑的变量有可能是错误值，也有可能是异常值。一般通过直方图查看变量的分布情况，也可以使用上一节中使用过的众数 - 中位数差异法。由于之前已经详细讲解过，此处不再赘述，仅以一个变量的分析作为示例。通过众数 - 中位数差异发现 DemMedHomeValue 变量有异常，再通过直方图发现该变量有异常值 0。按道理来说，当地人均收入不应该是 0 元。这应该是数据采集人员错误地用 0 代替缺失值。以下语句实现了把 0 修改为缺失值，然后进行缺失值填补。

```
X['DemMedHomeValue'].replace(0, np.nan, inplace = True)
```

3. 变量修改的 M 阶段

(1) 连续变量处理

查看缺失值及其所占比例：

```
# 查看缺失比例
1 - (X.describe().T["count"]) / len(X)
```

发现有缺失值的变量为 GiftAvgCard36、DemMedHomeValue，其中缺失比例最大的为 GiftAvgCard36，占 18%。将上步发现的错误值替换为缺失值，使用中位数填补。

```
GiftAvgCard36_fill = X["GiftAvgCard36"].median()
DemMedHomeValue_fill = X["DemMedHomeValue"].median()

X["GiftAvgCard36"].fillna(GiftAvgCard36_fill,inplace = True)
X["DemMedHomeValue"].fillna(DemMedHomeValue_fill,inplace = True)
```

缺失值填充好后，探索连续型自变量和因变量是否偏态严重。

```
skew_var_x = {}
for i in var_c_s:
    skew_var_x[i]=abs(X[i].skew())

skew = pd.Series(skew_var_x).sort_values(ascending=False)
skew
```

对于偏态严重的（比如大于 1）连续变量，可进行对数变换。

```
var_x_ln = skew[skew >= 1].index
var_x_ln

Index(['GiftAvgAll', 'GiftAvgLast', 'GiftAvgCard36', 'GiftAvg36',
       'DemMedHomeValue', 'GiftCntAll', 'GiftCntCardAll', 'GiftCnt36',
       'GiftCntCard36'],
      dtype='object')
```

对于偏度较大的变量，进行对数变换：

```
for i in var_x_ln:
    if min(X[i]) <= 0:
        X[i] = np.log(X[i] + abs(min(X[i])) + 0.01)
    else:
        X[i] = np.log(X[i])
```

（2）分类变量处理

对水平数量（即分类数量）较多的分类变量 StatusCat96NK 和 DemCluster 进行水平合并。水平合并的原则是将均值接近的被解释变量水平合并在一起。一般将多水平变量转变为样本量接近的二分类变量。此处不再赘述。

4. 建立线性回归模型

由于代表客户价值的被解释变量为连续变量，因此选用线性回归。以下是建立线性回归模型的代码：

```
import statsmodels.api as sm
from statsmodels.formula.api import ols

# fit our model with. fit() and show results
# we use statsmodels' formula API to invoke the syntax below.
# where we write out the formula using

X = model_final.iloc[:, :-1]
Y = model_final.iloc[:, -1]

formula = 'TARGET_D ~ ' + '+'.join(final_var)

donation_model = ols(formula,model_final).fit()
# Summarize our model
print(donation_model.summary())
```

可通过回归模型统计汇总信息，对模型拟合程度、系数相关程度等进行评价。可以看到模型 R^2 为0.434，这说明该模型解释了将近一半的被解释变量的变异。由于变量筛选步骤中使用的模型调整 R^2 作为最优模型的筛选标准，因此不一定每个变量都是显著的。解释变量的回归系数P值如果不显著，则可以模型中删除该变量，重新计算，线性回归的总体信息如下：

```
                            OLS Regression Results
==============================================================================
Dep. Variable:               TARGET_D   R-squared:                       0.433
Model:                            OLS   Adj. R-squared:                  0.432
Method:                 Least Squares   F-statistic:                     368.9
Date:                Wed, 03 Jan 2018   Prob (F-statistic):               0.00
Time:                        17:57:06   Log-Likelihood:                -17709.
No. Observations:                4843   AIC:                         3.544e+04
Df Residuals:                    4832   BIC:                         3.551e+04
Df Model:                          10
Covariance Type:            nonrobust
==================================================================================
==================================================================================
                     coef    std err          t      P>|t|      [0.025      0.975]
----------------------------------------------------------------------------------
Intercept        -28.0753      2.408    -11.658      0.000     -32.796     -23.354
GiftAvgAll         9.5812      0.557     17.199      0.000       8.489      10.673
GiftAvgLast        3.3513      0.289     11.579      0.000       2.784       3.919
GiftAvg36          1.5395      0.280      5.504      0.000       0.991       2.088
```

```
GiftCntAll         1.7415      0.390      4.464      0.000      0.977      2.506
GiftAvgCard36      1.7407      0.555      3.136      0.002      0.652      2.829
GiftCntCard36     -0.1307      0.091     -1.430      0.153     -0.310      0.049
DemGender          0.4601      0.225      2.049      0.041      0.020      0.900
PromCntCardAll    -0.0780      0.035     -2.232      0.026     -0.146     -0.009
GiftCnt36         -0.5809      0.335     -1.734      0.083     -1.238      0.076
DemMedHomeValue    0.2475      0.198      1.251      0.211     -0.140      0.635
==============================================================================
Omnibus:                     6097.693   Durbin-Watson:                   1.999
Prob(Omnibus):                  0.000   Jarque-Bera (JB):          1710271.849
Skew:                           6.634   Prob(JB):                         0.00
Kurtosis:                      94.101   Cond. No.                         440.
==============================================================================
```

19.2.3　制订营销策略

现阶段，我们有对捐款概率预测的变量 PRE_B，也有未来捐款额度的预测变量 Pre_D。有了预测值，应该向谁进行营销呢？首先应该向潜在响应概率高的人进行营销，因此需要按照 PRE_B 从高到低排序。由于对每个客户进行营销的成本基本是一定，在这种情况下应该优先向潜在捐款额度较高的人进行营销。因此，将两个预测值分别使用秩分析等分为 10 分，然后得到下面的交叉表，如图 19-14 所示。

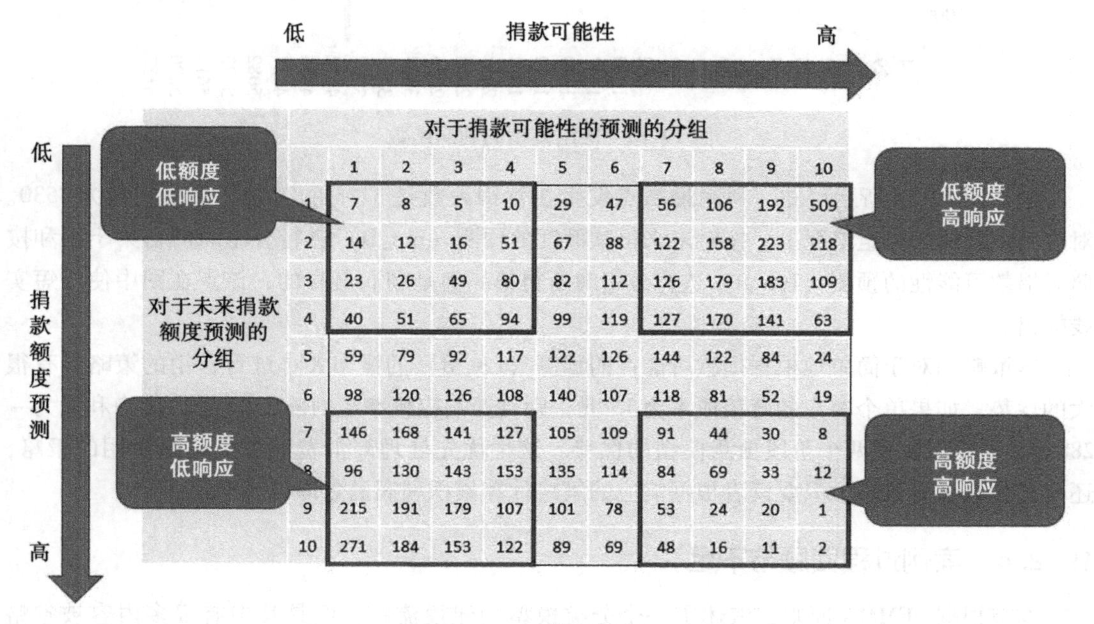

	1	2	3	4	5	6	7	8	9	10
1	7	8	5	10	29	47	56	106	192	509
2	14	12	16	51	67	88	122	158	223	218
3	23	26	49	80	82	112	126	179	183	109
4	40	51	65	94	99	119	127	170	141	63
5	59	79	92	117	122	126	144	122	84	24
6	98	120	126	108	140	107	118	81	52	19
7	146	168	141	127	105	109	91	44	30	8
8	96	130	143	153	135	114	84	69	33	12
9	215	191	179	107	101	78	53	24	20	1
10	271	184	153	122	89	69	48	16	11	2

图 19-14　模型的运用

从图 19-14 所示结果中可以看出，右上角和左下角的人数最多，这表明捐款可能性和预计的捐款金额是明显负相关的。这是商业营销中经常遇到的场景，容易被营销的人消费一般比较低，高价值群体响应营销的概率较低。得到这个矩阵，可以有多种营销策略，比如如上图所示，优先营销潜在捐款额度较高的客户。

既然营销策略已经确定，那营销多少人合适呢？这是数据分析建模八大层次的最高层次，即优化。优化需要目标函数，实际业务中经常是多目标的，比如既要当期营销的效果好、收益高，又要不能过度打扰客户，还要兼顾拓展新客户和客户保留。本案例简化很多，只进行单目标的优化，即利润最大化。假设每个客户的营销成本是一样的，均为15元，则利润函数为：

利润 = 客户累计捐款金额 − 本客户累计营销成本 = 客户累计捐款金额 − 15 × 被营销人数

根据图19-14所示的营销策略，得到利润函数的图形，如图19-15所示。

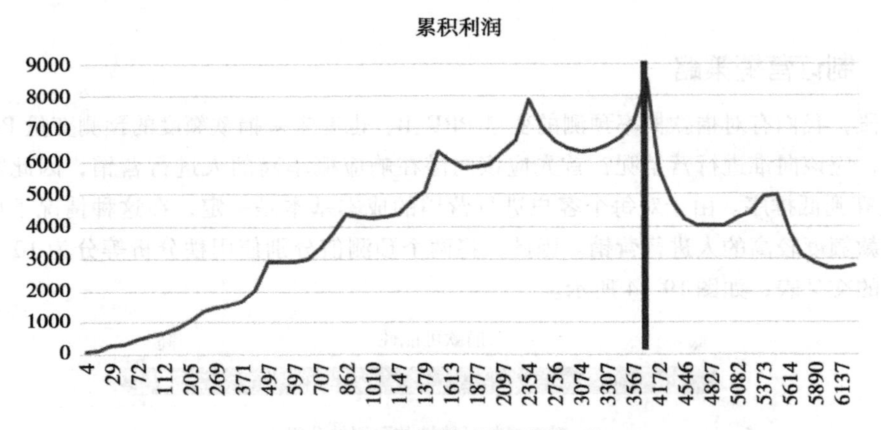

图19-15 使用模型的利润函数

根据图19-15所示可知，利润最高点发生在营销人数是3736的时候，最高利润为8530。对应到矩阵图的分组情况上，按对未来捐款额度的预测（pre_D）进行分组时所得第十组和按照对捐款可能性的预测（Pre_B）进行分组时所得第一组是利润最高的，该点在图中使用短实线标出。

本策略相对于简单地根据捐款可能性的预测（Pre_B）的概率大小进行营销的策略具有很大的优势。如果单个客户的营销成本为15元，则营销响应概率高的前3736个人的净利润为−28829，这足以证明两个阶段预测模型的优势。这种优先处理高消费额的策略是常用的策略，还有其他众多的策略，只要读者根据响应的策略计算累积利润函数即可。

19.2.4 案例过程回顾与不足

本节根据SEMMA原则，叙述了一个分类模型的建模流程，但是其中有很多内容被省略了，比如单变量的异常值剔除，这主要是因为受篇幅所限，且有些前面章节已经叙述过。

本建模流程中缺少对模型效果的真正评估。本例中，在制订营销策略时使用的是建模数据进行模型评估，这是不合理的，应该采用另外一个和建模数据表结构完全一致的数据集进行模型效果评估。在数据挖掘中一般在建模前进行数据拆分，分为建模用数据和评估用数据。

数据分析建模有其标准流程。在本案例中，主要使用了两样本 T 检验、方差分析、相关分析、卡方检验、线性回归和逻辑回归。这是建模的基本功，有些人不重视这些内容，而是喜欢尝试新的算法，这是舍本逐末。学习这些检验方法用几天的时间就可以了，剩下的全是对统计分析流程的掌握。然后经过适当练习就可以胜任数据分析工作了。要提高模型的精确度，可以考虑使用神经网络、随机森林等算法。这需要在基本统计方法掌握熟练之后进行自然延伸。

19.3　旅游企业客户洞察案例

19.3.1　案例说明

一家跨国旅游企业想对公司近 8 年历史消费客户做一个分析，了解客户的特征，从而针对不同客户的特征做出相对应的营销策略，最大化投入产出比。通过识别高价值、高潜力的客户，实行差异化的客户管理策略，优化客户体验。为了实现这一目标，通过客户分群技术，将具有相似特性的客户聚到相同类中，为每个不同特点的客户群体提供具有针对性的、个性化的营销和管理活动。

在对客户进行分群之前，先让我们来了解客户数据构成。该客户数据主要包括客户系统中存储的客户历史消费记录，以及在第三方渠道购买的个人基本信息、家庭经济情况、兴趣爱好等，如表 19-16 所示。

表 19-16　客户数据变量

字　段	含　义	类　型
interested_travel	旅行偏好	二分类
computer_owner	是否有家用电脑	二分类
age	估计的年龄	连续
home_value	房产价格	连续
loan_ratio	贷款比率	连续
risk_score	风险分数	连续
marital	婚姻状况估计	连续
interested_sport	运动偏好	连续
HH_grandparent	户主祖父母是否健在估计	连续
HH_dieting	户主节食偏好	连续
HH_head_age	户主年龄	连续
auto_member	驾驶俱乐部估计	连续
interested_golf	高尔夫偏好	二分类
interested_gambling	博彩偏好	二分类
HH_has_children	户主是否有孩子	二分类
HH_adults_num	家庭成年人数量	连续
interested_reading	阅读偏好	有序分类

首先，引入常用的分析库：

```
%matplotlib inline
import pandas as pd
import numpy as np
import matplotlib.pyplot as plt
```

读取数据并显示前 5 行：

```
travel = pd.read_csv('data_travel.csv',skipinitialspace=True)
travel.head()
```

结果如表 19-17 所示：

表 19-17 data_ travel 数据集（部分）

	interested_travel	computer_owner	age	home_value	loan_ratio	risk_score	marital	inte
0	NaN	NaN	64	124035	73	932	3	312
1	0.0	1.0	69	138574	73	1000	7	241
2	0.0	0.0	57	148136	77	688	1	367
3	1.0	1.0	80	162532	74	932	7	291
4	1.0	1.0	48	133580	77	987	10	137

通过对数据的观察，以及对业务需求的分析，可以确定进行建模分析的思路如下：

（1）数据集中的变量较多，如果全部放入模型会导致模型解释困难。因此，一方面我们对于有相关性的变量进行降维，减少变量数目；另一方面，基于业务理解，预先将变量进行分组，使得同一组的变量能尽量解释业务的一个方面。比如本案例中可以将变量分成两组，分别是用户的家庭基本情况和用户的爱好情况，通过对每组变量分别进行聚类，获取用户一个方面的特征描述，再对两个聚类结果进行综合，以获得较完整的用户画像。

（2）本案例中数据类型复杂，包含了连续变量、等级变量和名义变量，而且数据的实际类型与通常业务理解的类型有出入。例如，有些情况下变量虽是离散型的，但实际是以连续的分数形式给出的，如婚姻状况 marital、爱好运动 interested_sport 等，这是由于作为数据提供的服务商，该公司并不一定知道这些客户的真实个人信息，部分数据是通过模型预测、打分得到的。由于 k-means 仅用于连续型变量聚类，因此需要对变量进行预处理。对于有序分类变量，如果分类水平较多可以按连续变量处理，否则按无序分类变量处理，再进入模型；无序分类变量数目较少时，可以使用其哑变量编码进入模型。本案例中由于有较多的二分类变量，又集中在用户爱好这一方面，因此我们将 interested_reading 这一有序分类变量二值化，再与其他几个二分类变量一起进行汇总，得到用户的“爱好广度”，使用“爱好广度”与其他连续型的爱好类变量进行聚类。

（3）离散变量（如 HH_has_children）一般不参与聚类，因为其本身就可以视作是簇的标签；如果为了后期解释模型时简化处理，在离散变量不多的情况之下，也可以做哑变量变换后进入模型。

19.3.2　数据预处理

1. 填补缺失值

从简单的描述分析可以发现，有缺失情况的变量皆为分类变量，且缺失比例不高，因此用众数进行填补：

```
fill_cols = ['interested_travel', 'computer_owner', 'HH_adults_num']
fill_values = {col: travel[col].mode()[0] for col in fill_cols}

travel = travel.fillna(fill_values)
```

2. 修正错误值

错误值需要结合案例背景与数据对应的业务情况来进行修正。在该数据集当中，HH_has_children 的分类水平以字符形式表示，需要转换为整型，同时其中的缺失值应当表示没有小孩，因此替换为 0；阅读爱好（interested_reading）中包含错误值“.”，将其以 0 进行替换，代表该用户对阅读没有兴趣。下面展示了阅读爱好的各个分类水平的计数：

```
travel['interested_reading'].value_counts(dropna=False)

3    65096
1    43832
0    32919
2    24488
.      842
Name: interested_reading, dtype: int64
```

修正错误值的代码如下：

```
travel['HH_has_children'] = travel['HH_has_children']\
    .replace({'N':0, 'Y':1, np.NaN:0})

travel['interested_reading'] = travel['interested_reading']\
    .replace({'.':'0'}).astype('int')
```

3. 对离散型变量进行处理

使用 k-means 聚类，一般不分析离散变量，但可以根据业务理解，对离散型变量进行变换，使其符合建模需求，因此首先分析一下离散变量的相关性。

选择离散型变量，因为要使用卡方检验判断其相关性，因此需要进行采样（当样本量过大时，统计检验结果会变得显著，或者也可以认为是检验会失效，读者可自行验证）：

```
_cols = [
    'interested_travel',
    'computer_owner',
    'marital',
    'interested_golf', |
    'interested_gambling',
    'HH_has_children',
```

```
    'interested_reading'
]

sample = travel[_cols].sample(3000, random_state=12345)
```

为了判断离散变量的相关性，可以使用scikit-learn提供的卡方检验，但经过验证，至少笔者使用的版本（0.19.0）在计算卡方统计量及p-value时并不准确，因此使用scipy当中的统计检验函数。操作时，将离散型变量进行两两组合，并计算每一组之间的卡方检验p值，使用循环筛选p值大于0.05的组：

```
from itertools import combinations
from scipy import stats

for colA, colB in combinations(_cols, 2):
    crosstab = pd.crosstab(sample[colA], sample[colB])
    pval = stats.chi2_contingency(crosstab)[1]
    if pval > 0.05:
        print('p-value = %0.3f between "%s" and "%s"' %(pval, colA, colB))
```

输出结果如下：

```
p-value = 0.710 between "interested_travel" and "HH_has_children"
p-value = 0.495 between "computer_owner" and "HH_has_children"
p-value = 0.272 between "interested_golf" and "HH_has_children"
```

可以看到，除了HH_has_children与interested_travel、computer_owner、interested_golf这几个变量有较大概率是独立的外，其他变量之间基本都可以认为是相关的，这与业务理解是一致的。

正如前面分析思路所述，这些有相关关系的离散变量大部分都在表述“用户爱好”这一维度，我们通过变换，将这些变量整合为一个连续变量。结合本案例场景中客户的经济文化以及消费水平、生活习惯等，可以将旅行、电脑、高尔夫、博彩、阅读这几个分类型变量综合成一个“爱好广度”指标，其代表了用户休闲娱乐爱好；而连续型的interested_sport、HH_dieting属于健康类爱好，auto_member属于奢侈型爱好。因此，可以从三个不同维度来分析用户的爱好。

为了整合休闲娱乐爱好指标，首先要对interested_reading进行二值化：

```
from sklearn.preprocessing import Binarizer

binarizer = Binarizer(threshold=1.5)
travel['interested_reading'] = binarizer.fit_transform(
    travel[['interested_reading']])
```

然后将旅行、电脑、高尔夫、博彩、阅读这些变量进行加总，生成爱好广度（interest）这个指标：

```
interest =[
    'interested_travel',
    'computer_owner',
```

```
        'interested_golf',
        'interested_gambling',
        'interested_reading'
]
n_ = len(interest)

travel = travel.drop(interest, axis=1)\
              .assign(interest=travel[interest].sum(axis=1) / n_)
```

此时，interest 变量代表了用户休闲娱乐爱好的广泛程度，其可以作为连续变量使用。

4. 正态化、标准化

在使用 k-means 聚类进行用户分群时，对不同类型变量需要执行不同处理，连续变量、有序分类变量及无序分类变量在处理上均有不同，因此先按类型对变量分组，不同组采用不同的处理策略。

如果一个连续变量的可能取值很少，如 marital（10 个水平）、HH_adults_num（8 个水平）等，当将其作为普通连续变量一样进行分布转换后，可能生成一些离群值（例如对 marital 使用 scikit-learn 进行正态转换，会发现 1 和 10 对应的数据点离开均值达到 5 个标准差）。因此本案例中将这几个连续变量作为有序分类变量对待，但不进行分布转化，仅做标准化处理。

本案例中变量的类型如下：

```
continuous_cols = ['age', 'home_value', 'risk_score', 'interested_sport',
                   'HH_dieting', 'auto_member', 'HH_grandparent',
                   'HH_head_age', 'loan_ratio']

categorical_cols = ['marital', 'interest', 'HH_adults_num']

discreate_cols = ['HH_has_children']
```

1）正态化

为了聚类后的簇大小能比较接近，对于偏态严重的连续变量应转换其分布，令其接近正态分布或均匀分布，因此考虑对其进行正态性转换：

```
travel[continuous_cols].hist(bins=25)
plt.show()

from sklearn.preprocessing import QuantileTransformer

qt = QuantileTransformer(n_quantiles=100, output_distribution='normal')
qt_data = qt.fit_transform(travel[continuous_cols])

pd.DataFrame(qt_data, columns=continuous_cols).hist(bins=25)
plt.show()
```

2）标准化

如前所述，尽管 HH_adults_num、marital 和 interest 属于连续变量，但都仅有不到 10 个水平，因此仅做标准化。这里不同的标准化方法会带来不同的结果，本案例使用学生标准化

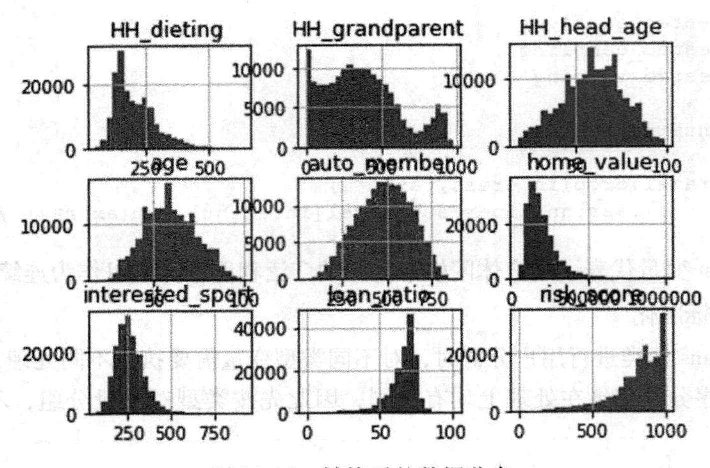

图 19-16 转换后的数据分布

（即中心标准化）：

```
from sklearn.preprocessing import scale

scale_data = scale(travel[categorical_cols])
```

对二分类变量不做处理，合并各类型的变量：

```
data = np.hstack([qt_data, scale_data, travel[discreate_cols]])
data = pd.DataFrame(
    data, columns=continuous_cols + categorical_cols + discreate_cols)
```

5. 连续变量筛选

强相关的连续变量可能会造成聚类结果过于注重某个方面的信息，因此需要进行处理。根据业务需求，将变量从两个大的维度进行考虑：其一为用户家庭属性（包括家庭基本情况及财务情况）；其二为用户个人偏好情况（包括对运动、节食等的兴趣程度）。

```
household = ['age', 'marital', 'HH_adults_num', 'home_value',
             'risk_score', 'HH_grandparent', 'HH_head_age', 'loan_ratio']
hobby = ['HH_dieting', 'auto_member','interest', 'interested_sport']
```

分别对两个维度进行因子分析，由于scikit-learn中的因子分析采用的是极大似然方法，不便于做维度分类。因此我们使用其他提供因子旋转的包，例如fa-kit，这需要事先使用pip install fa-kit进行安装，安装方法请参考https://github.com/bmcmenamin/fa_kit。安装完成后，可以对用户的家庭属性和偏好属性分别进行因子分析。

先使用主成分分析确定保留多少个主成分合适：

```
from sklearn.decomposition import PCA

pca_hh = PCA().fit(data[household])
pca_hh.explained_variance_ratio_.cumsum()
```

结果输出如下：

```
array([ 0.35357953,  0.56512957,  0.7309966 ,  0.83092981,  0.88462417,
        0.92913233,  0.96722655,  1.        ])
```

可以看到，对于描述家庭情况（household）这一组的变量，保留 4 个主成分可以解释数据变异的 83%，因此，因子分析当中也保留 4 个因子：

```
from fa_kit import FactorAnalysis
from fa_kit import plotting as fa_plotting
fa_hh = FactorAnalysis.load_data_samples(
    data[household],
    preproc_demean=True,
    preproc_scale=True
)
fa_hh.extract_components()
```

fa_kit 中设定提取主成分的方式，默认为 broken_stick 方法，建议使用 top_n 方法：

```
fa_hh.find_comps_to_retain(method='top_n',num_keep=4)
```

结果输出如下：

```
array([0, 1, 2, 3], dtype=int64)
```

通过最大方差法进行因子旋转，并将各个因子在 8 个变量上的载荷绘制出来：

```
fa_hh.rotate_components(method='varimax')
fa_plotting.graph_summary(fa_hh)
```

图 19-17 所示的四条折线为四个因子，横轴为 8 个变量，纵轴为因子在每个变量上的载荷。可以看到，相对于使用原始因子（Raw Components），旋转后的因子（Varimax Rotated Components）在变量（横轴表示）上的载荷更加分化，即旋转前后相比，因子载荷的绝对值较大的会变得更大，绝对值较小的会更接近于 0。从图中可以明显看出，旋转后原本集中于 0（虚线）附近的载荷会更靠近参考的虚线。

将旋转后的因子载荷打印出来，结果如表 19-18 所示：

```
pd.DataFrame(fa_hh.comps['rot'].T, columns=household)
```

表 19-18　最大方差旋转后的因子载荷矩阵（家庭属性组）

	age	marital	HH_adults_num	home_value	risk_score	HH_grandparent	HH_head_age	loan_ratio
0	0.545510	-0.105960	0.069976	-0.192339	0.004735	0.565761	0.546766	-0.173892
1	-0.094028	-0.128699	0.091425	-0.667041	0.011122	0.110112	-0.065562	0.710455
2	0.076955	0.643031	0.758012	-0.028567	-0.001772	0.009757	-0.071130	-0.005745
3	0.112246	0.011243	-0.010605	0.059033	0.981900	-0.108074	0.040706	0.078817

从因子载荷矩阵中可以看到：

- 第一个因子在 age、HH_grandparent、HH_head_age 上的权重显著较高，从业务上理解，这三个变量的综合可以认为是用户所处的生命周期。

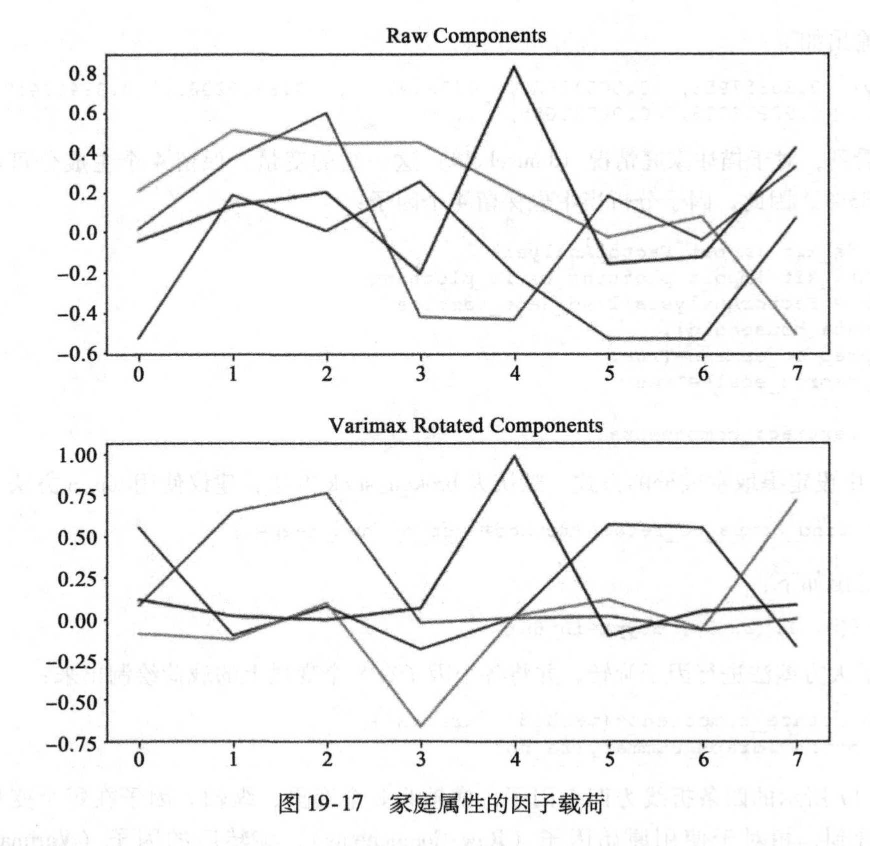

图 19-17 家庭属性的因子载荷

- 第二个因子在 home_value、loan_ratio 上的权重显著较高，这个因子主要表示了用户财务状况。
- 第三个因子在 marital、HH_adults_num 上的权重显著较高，该因子代表了家庭的人口规模。
- 第四个因子仅在 risk_score 上的权重较高，因此该因子代表的就是用户的风险。

计算因子得分，并根据分析结果为每个因子命名：

```
data_hh = pd.DataFrame(
    np.dot(data[household], fa_hh.comps['rot']),
    columns=['life_circle','finance', 'HH_size', 'risk']
)
```

同理，对用户的偏好属性进行因子分析（保留 3 个因子），并将旋转后的因子载荷输出：

```
fa_hb = FactorAnalysis.load_data_samples(
    data[hobby],
    preproc_demean=True,
    preproc_scale=True
)

fa_hb.extract_components()
```

```
fa_hb.find_comps_to_retain(method='top_n', num_keep=3)
fa_hb.rotate_components(method='varimax')
pd.DataFrame(fa_hb.comps['rot'].T, columns=hobby)
```

旋转后的因子载荷矩阵如表 19-19 所示：

表 19-19　最大方差旋转后的因子载荷矩阵（用户偏好）

	HH_dieting	auto_member	interest	interested_sport
0	-0.175730	0.868201	0.033367	0.462853
1	0.832353	-0.120610	0.027787	0.540249
2	0.088253	0.071108	0.978829	-0.170440

从载荷上来看：

- 第一个因子在 auto_member、interested_sport 上的权重较高，这是对用户运动偏好的度量。
- 第二个因子在 HH_dieting、interested_sport 上的权重较高，这是对用户健康生活方式的度量。
- 第三个因子仅在 interest 上的权重较高，这是对用户休闲娱乐偏好的度量。

计算因子得分，并为其命名：

```
data_hb = pd.DataFrame(
    np.dot(data[hobby], fa_hb.comps['rot']),
    columns=['sports', 'health', 'leisure']
)
```

19.3.3　使用 k-means 聚类建模

1. 进行 *k* 值选择

商业分析中，有三种聚类算法的实施策略：

（1）先对数据少量采样做层次聚类以确定分群的数量，即确定 k，然后再做 k-means，由于这个算法先做了层次聚类，其可解释性较强，不过步骤较烦琐。

（2）先做 k-means，聚出 20～50 个小类，然后再通过层次聚类法聚成 3～8 个大类，这种算法具有一定的可解释性，不过需要对结果进行两次编码。

（3）先使用采样数据通过轮廓系数确定一个最优的 k 值，然后在这个 k 值附近做 k-means 聚类，比如通过轮廓系数确定 $k=4$，则可以在 2～6 的范围内作多次 k-means，每次做完之后，使用决策树算法进行分群后的特征探查与理解，这种方法最耗时，但是模型可解释性最强。

本例中，我们使用簇内离差平方和及轮廓系数两个指标来辅助进行 k 值的选择，为了可重用代码，定义函数如下：

```
from sklearn.cluster import KMeans
from sklearn.metrics import silhouette_score
```

```
def cluster_plot(data, k_range=range(2, 12), n_init=5, sample_size=2000,
                 n_jobs=-1):
    scores = []
    models = {}
    for k in k_range:
        kmeans = KMeans(n_clusters=k, n_init=n_init, n_jobs=n_jobs)
        kmeans.fit(data)
        models[k] = kmeans
        sil = silhouette_score(data, kmeans.labels_,
                               sample_size=sample_size)
        scores.append([k, kmeans.inertia_, sil])

    scores_df = pd.DataFrame(scores, columns=['k','sum_square_dist', 'sil'])
    plt.figure(figsize=[9, 2])
    plt.subplot(121, ylabel='sum_square')
    plt.plot(scores_df.k, scores_df.sum_square_dist)
    plt.subplot(122, ylabel='silhouette_score')
    plt.plot(scores_df.k, scores_df.sil)
    plt.show()
    return models
```

由于经过了因子分析，所以新获得的因子得分需要先进行标准化，然后使用该函数分析在不同 k 取值时在用户家庭状况指标下的样本聚类效果：

```
scale_data_hh = scale(data_hh)
models_hh = cluster_plot(scale_data_hh)
```

得到的簇内离差平方和以及轮廓系数结果如图 19-18 所示：

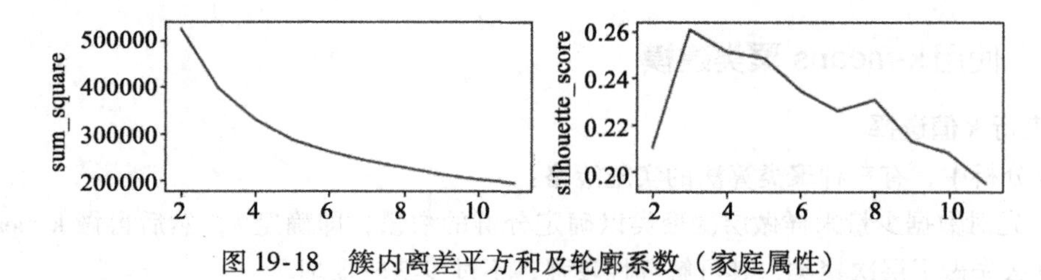

图 19-18　簇内离差平方和及轮廓系数（家庭属性）

可以看到 k 取3时，轮廓系数最高，而簇内离差平方和的变化在 $k>3$ 后有较显著的减缓趋势。结合以上两点，确定 $k=4$ 是比较好的选择。

同理，对用户偏好的因子得分进行标准化，绘制用户偏好的聚类效果如下：

```
scale_data_hb = scale(data_hb)
models_hb = cluster_plot(scale_data_hb)
```

得到的簇内离差平方和以及轮廓系数结果如图 19-19 所示：

从图 19-33 所示可见，使用偏好状况进行样本聚类时，$k>2$ 比 $k=2$ 的轮廓系数下降大，因此均选择 $k=2$。

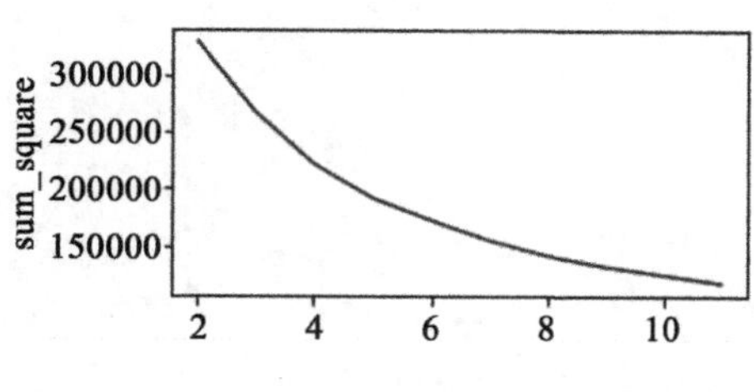

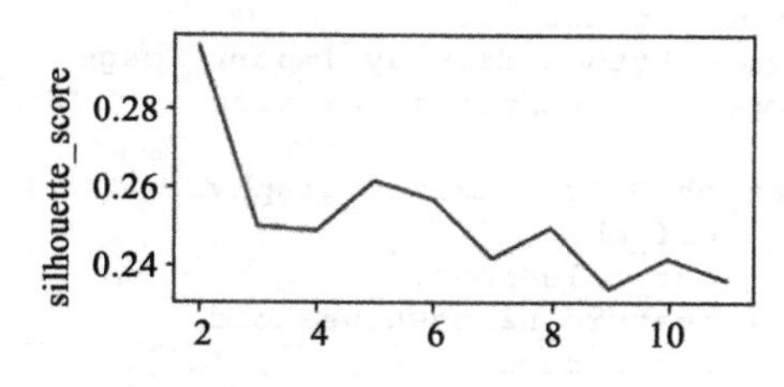

图 19-19　簇内离差平方和及轮廓系数（用户偏好）

2. 聚类

选择适当 k 值分别在三个维度下对样本进行聚类，并将相应标签连接至原始数据集：

```
hh_labels = pd.DataFrame(models_hh[3].labels_, columns=['hh'])
hb_labels = pd.DataFrame(models_hb[2].labels_, columns=['hb'])
clusters = travel.join(hh_labels).join(hb_labels)
clusters.head()
```

打印出数据前 5 行，可以看到在列尾添加了两列，分别为对家庭属性聚类的簇标签和对用户偏好属性进行聚类的簇标签，如表 19-20 所示：

表 19-20　家庭属性及偏好属性聚类簇标签

IH_dieting	HH_head_age	auto_member	HH_has_children	HH_adults_num	interest	hh	hb
49	96	626	0	2.0	0.2	1	1
63	68	658	0	5.0	0.4	0	0
40	56	354	0	2.0	0.2	1	1
97	86	462	1	2.0	1.0	1	0
09	42	423	1	3.0	0.8	1	1

19.3.4　对各个簇的特征进行描述

我们将聚类后的簇标签作为因变量，使用决策树对聚类结果进行分析。这里面需要注意，要使用原始变量进行分析，而不是标准化后的因子得分，这是为了方便对结果进行解释。

我们对两个聚类结果分别进行决策树建模：

```
from sklearn.tree import DecisionTreeClassifier

clf_hh = DecisionTreeClassifier()
clf_hb = DecisionTreeClassifier()

clf_hh.fit(clusters[household], clusters['hh'])
clf_hb.fit(clusters[hobby], clusters['hb'])
```

为了解释模型，我们将决策树的结构输出，一般不需要太多的深度就可以较好地进行分析了，因此我们限定决策树只输出两层结构：

```
import pydotplus
from IPython.display import Image
import sklearn.tree as tree

dot_hh = tree.export_graphviz(
    clf_hh,
    out_file=None,
    feature_names=household,
    class_names=['0','1', '2'],
    max_depth=2,
    filled=True
)
graph_hh = pydotplus.graph_from_dot_data(dot_hh)
Image(graph_hh.create_png())
```

家庭属性聚类结果的树结构如图 19-20 所示：

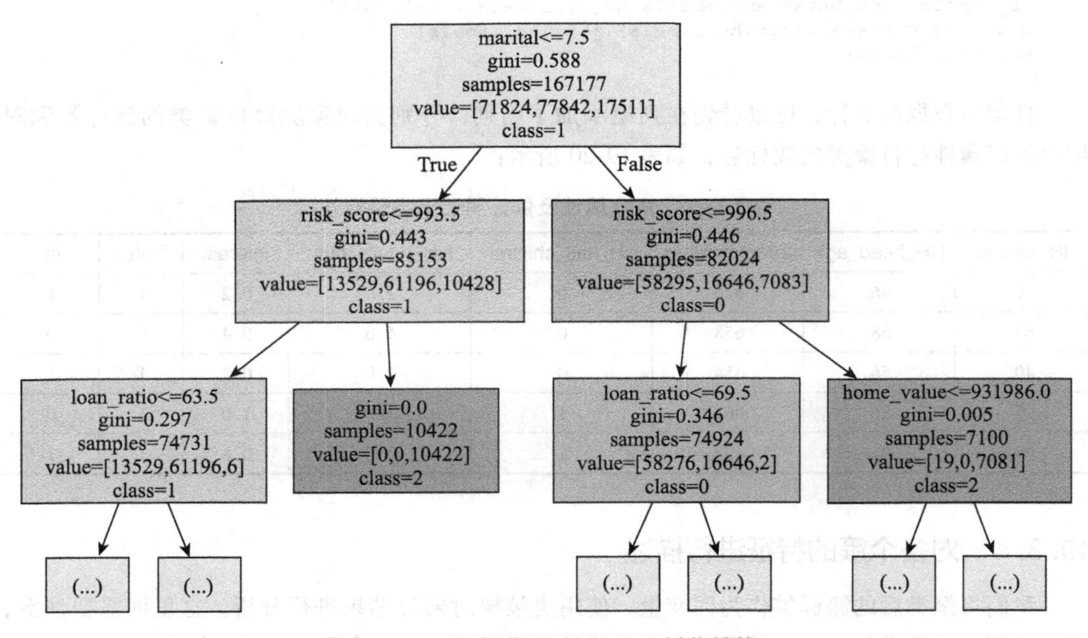

图 19-20　家庭属性聚类结果的树状结构

聚类结果中有多个属性可用于分析用户的特征，使用决策树会计算属性对于类别的重要性，因此可用于发现其中较突出的属性（特征）。例如从图 19-20 所示中，我们可以看到：

- 标签 hh = 0（即 class = 0 的群）用户的突出特征是已婚低风险（因为 marital > 7.5 表明已婚的倾向性较高，且 risk_score < 996.5，表明风险较低）
- 标签 hh = 1（即 class = 1 的群）用户的突出特征是未婚低风险（因为 marital ≤ 7.5 表明已婚的倾向性较低，且 risk_score < 993.5，表明风险较低）
- 标签 hh = 2（即 class = 2 的群）的用户的突出特征是高风险（因为主要起作用的变量是 risk_score 较高，两个组分别是超过 993.5 或 996.5，而婚姻状况 marital 无明显特征）

如果还需要更细致的特征描述，可以通过显现更深的节点来进行分析，但是情况会变得比较复杂，读者可以自行尝试。此外值得注意的是，k-means 聚类的簇标签从 0 开始，但是具体的簇是没有顺序的，因此每执行一次，即便是同样的簇，也可能会生成不同的标签，对应的客户特征仅与本次簇标签对应。

对用户偏好标签建模的树结构也进行输出：

```
dot_hb = tree.export_graphviz(
    clf_hb,
    out_file=None,
    feature_names=hobby,
    class_names=['0','1'],
    max_depth=2,
    filled=True
)
graph_hb = pydotplus.graph_from_dot_data(dot_hb)
Image(graph_hb.create_png())
```

用户偏好属性聚类结果的树结构如图 19-21 所示：

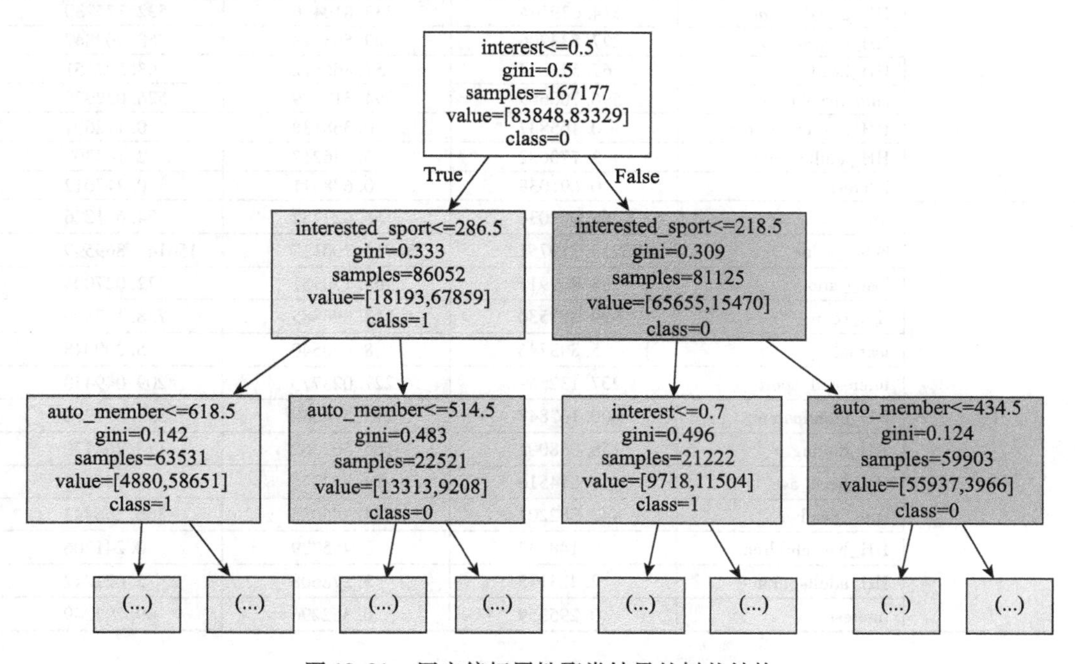

图 19-21　用户偏好属性聚类结果的树状结构

由上图可以看到：

- 标签 hb = 0（即 class = 0 的群）用户的突出特征是喜欢运动及汽车俱乐部活动（interest > 0.5 爱好较广；interested_sport 分别大于 286.5 和 218.5，对汽车和运动比较感兴趣）；
- 标签 hb = 1（即 class = 0 的群）的用户的突出特征是不好运动（interest 爱好不广的，

interested_ sport 运动偏好低于 286.5；爱好广泛的，运动偏好低于 218.5）。

将两个聚类结果放在一起进行解读，以标签为分组依据，汇总各个原始变量的均值如下：

```
ana = pd.pivot_table(clusters, index='hh', columns='hb', aggfunc='mean').T
ana.swaplevel('hb', 0).sortlevel(0)
```

得到的结果如表 19-21 所示：

表 19-21　各簇的属性均值对比

	hh	0	1	2
hb				
0	age	70. 382133	60. 566408	64. 077192
	home_value	210259. 191593	277404. 710259	164595. 348731
	loan_ratio	63. 406262	60. 183204	70. 486481
	risk_score	999. 984010	845. 763539	798. 893249
	marital	6. 863462	8. 609854	5. 607885
	interested_sport	319. 105707	302. 249119	293. 443924
	HH_grandparent	514. 039544	333. 810446	532. 175230
	HH_dieting	227. 833206	229. 555743	258. 069847
	HH_head_age	67. 522884	57. 866572	63. 592151
	auto_member	596. 700689	594. 317289	526. 032979
	HH_has_children	0. 165837	0. 368138	0. 172601
	HH_adults_num	2. 770682	3. 346217	2. 184302
	interest	0. 691038	0. 678511	0. 717012
1	age	66. 070034	56. 027482	54. 621226
	home_value	175219. 319751	236914. 700117	156143. 869599
	loan_ratio	68. 449915	65. 170951	72. 027004
	risk_score	999. 989530	813. 896885	738. 142306
	marital	5. 893746	8. 690540	5. 200048
	interested_sport	237. 132569	227. 023773	209. 049450
	HH_grandparent	400. 162847	272. 574062	353. 671278
	HH_dieting	158. 088002	166. 562062	173. 783770
	HH_head_age	68. 814516	54. 827876	57. 746567
	auto_member	447. 582201	454. 385055	366. 266443
	HH_has_children	0. 148132	0. 455729	0. 241206
	HH_adults_num	2. 423175	3. 278608	2. 021242
	interest	0. 295359	0. 352296	0. 297049

两个聚类结果形成 1 个矩阵，将用户细分为 6 个簇，对每个簇我们都可以描述其特征，例如图 19-22 所示。

其中，婚姻状况并不是分类变量，而是对用户婚姻状况的预测打分，对应的簇特征中也是对客户已婚可能性的推测。

再次说明，每次运行 k-means，相同的簇也可能会被赋予不同的簇标签，因此本例中聚类结果的解读只与本次聚类的簇标签相对应。

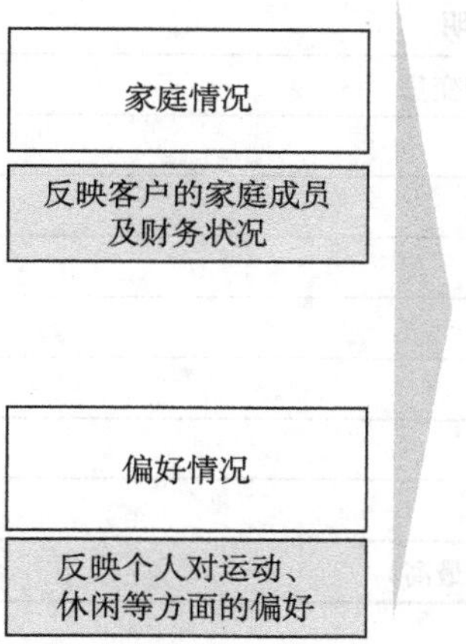

客户群	特征	产品侧重
hh=0, hb=0	年轻的已婚有子中产阶层，偏爱汽车俱乐部	子女保障、定向优惠
hh=0, hb=1	年轻、家庭成员数少，有较高的还贷压力与较低的风险，不喜欢运动、休闲等活动	个性化、便利性
hh=1, hb=0	已婚、高房产价值、低贷款比率家庭成员多	主打产品
hh=1, hb=1	高房产价值和较低贷款比率的年轻已婚有子人群	高端高值
hh=2, hb=0	中龄未婚，有赡养压力和还贷压力，廉价房产，爱好广	养老保障、个性化
hh=2, hb=1	年轻未婚低风险高贷款比率，廉价房产，无特别爱好	性价比、分期付款

家庭情况

反映客户的家庭成员及财务状况

偏好情况

反映个人对运动、休闲等方面的偏好

图 19-22 聚类模型的使用策略

19.4 个人 3C 产品精准营销案例

19.4.1 案例说明

一家著名 3C 产品制造商于 2013 年年底在推出一款新产品，经过一段时间运营发现其销售状况并不理想。因此该公司希望通过已有销售数据来挖掘该产品的受众群，进而进行精准营销。

该公司的销售数据包括大约 40000 个样本和 16 个各种属性变量，其中包括是否购买过该产品，购买者的个人信息如性别、年龄、教育背景等。具体变量如表 19-22 所示，其中 ID 是客户唯一识别信息（ID）。

表 19-22 案例变量说明表

变量名	变量说明
ID	数据库中每个人的 ID
target_flag	是否购买过目标产品
gender	性别
education	教育背景
home_value	所住房屋的价值
age	年龄信息，以类似 25 ~ 35 分组表示
buy_online	有无网购记录

（续）

变量名	变量说明
mosaic_group	根据居住区域归纳的描述消费心理的变量
marital	婚姻状态
poc	有无小孩
occupation	职业信息
mortgage	住房贷款信息
home_owner	所住房屋是否自有
region	所处地区信息
new_car	购买新车的可能性(1代表最可能)
home_income	家庭收入信息（A代表最低，L代表最高）

由于本模型将来是给市场部门的同事使用的，因此需要兼顾模型的预测能力和可解释性，最好可以同时描述出客户的特征，因此首先选择决策树构建可解释模型，进而使用GBDT算法提高预测的精度。决策树算法的优势是数据处理的工作很少，节约开发时间。而且决策树模型可以直接转化为规则，便于市场部门的人员理解。GBDT算法的优势是预测精度高，而且如果模型使用者强烈要求，经过研发也可以转变为规则，只是这个转换比较耗时。因此GBDT相比于SVM和神经网络，不是一个完全的黑盒模型。

首先，引入常用的分析库：

```
%matplotlib inline

import pandas as pd
import numpy as np
import matplotlib.pyplot as plt

pd.set_option('display.max_columns', None)
```

读取数据，并对数据进行初步探索：

```
train = pd.read_csv('response_data_train.csv', skipinitialspace=True)
test = pd.read_csv('response_data_test.csv', skipinitialspace=True)
print(train.shape)
print(test.shape)
```

结果输出为：

```
(30000, 15)
(10000, 15)
```

对数据进行统计，用于初步观察数据的分布特征、缺失值情况等：

```
train.describe(include='all')
```

得到结果如表19-23所示：

表 19-23 训练集统计描述

	target_flag	gender	education	home_value	age	buy_online	mosaic_group
count	30000	30000	29455	3.000000e+04	30000	30000	30000
unique	2	3	5	NaN	7	2	11
top	N	M	2. Some College	NaN	5_< =55	Y	B
freq	15005	16522	8559	NaN	6054	20533	6251
mean	NaN	NaN	NaN	3.079385e+05	NaN	NaN	NaN
std	NaN	NaN	NaN	4.255385e+05	NaN	NaN	NaN
min	NaN	NaN	NaN	0.000000e+00	NaN	NaN	NaN
25%	NaN	NaN	NaN	8.163175e+04	NaN	NaN	NaN
50%	NaN	NaN	NaN	2.146915e+05	NaN	NaN	NaN
75%	NaN	NaN	NaN	3.945250e+05	NaN	NaN	NaN
max	NaN	NaN	NaN	9.999999e+05	NaN	NaN	NaN

为了方便后续处理，我们将变量划分为连续变量和离散变量，x_c 代表连续型（c for continuous）解释变量，x_d 代表离散型（d for discrete）解释变量，target_flag 为被解释变量：

```
cols = train.columns.tolist()
x_c = ['home_value', 'new_car']
x_d = list(set(cols) - set(x_c)); x_d.remove('target_flag')
```

19.4.2 数据预处理

1. 编码同时填补缺失值

SASEM 和 SPSS 等在进行决策树建模时不需要进行缺失值填补，缺失值会被作为单独的一个类别进行建模。但是在 Python 的 scikit-learn 当中，任何一个模型（包括决策树）都是不支持对缺失值进行自动转换的，因此我们需要手动进行填补。此外，scikit - learn 也不支持对字符类型的变量进行直接运算（尽管 pandas 及 numpy 是支持字符串的），这就要求我们手动进行数据的类型转换。

本案例中，由于多个变量是字符串类型的，因此需要将其编码成数字（整型），为此编制一个编码用的函数：

```
def label_encoder(series):
    cat = series.value_counts(dropna=False)
    len_series = len(series)
    return {k:v for k, v in zip(cat.index, range(len_series))}
```

对所有的离散型解释变量进行编码，其中测试集的编码方式要与训练集的一致：

```
for col in x_d:
    encoder = label_encoder(train[col])
    train[col].replace(encoder, inplace=True) # Encode train
    test[col].replace(encoder, inplace=True) # Encode test
```

被解释变量也需要通过编码进行类型转换：

```
encoder = label_encoder(train.target_flag)
train.target_flag.replace(encoder, inplace=True)
test.target_flag.replace(encoder, inplace=True)
```

2. 进行 WOE 编码 （或哑变量变换）

WOE 编码是将离散型变量的各个分类水平，根据其 y 响应率进行连续型数值转换的方式，其值大小与该分类水平下的响应率成正向关系。

对于决策树模型来说，通常情况下离散型变量可以直接进入模型，但分类水平越多的变量在计算重要性（如信息增益）时，更容易得到较大的值。为了消除这种效应，许多工具会采用二叉树来限制每次节点分裂的分支数。此时，多分类水平的离散型变量会因为其编码的不同而计算出不同的重要性。例如图 19-23 所示的例子中，我们将小学、初中、高中、大学四个水平分别编码为 0、1、2、3。

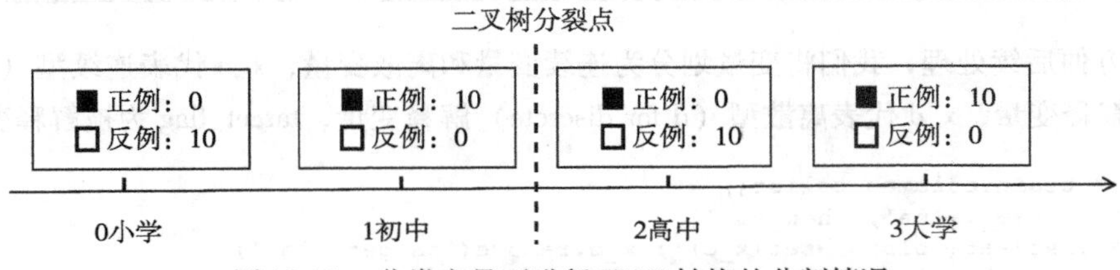

图 19-23 分类变量不进行 WOE 转换的分割情况

可以看到数据本身的规律是很显著的，但是二叉树无论其分裂点取在哪里，都不能取得最好的效果。而如果我们能够按照每个分类水平对应的响应率进行编码，例如将小学、初中、高中、大学编码为 0、2、1、3，则效果将大大不同，如图 19-24 所示。

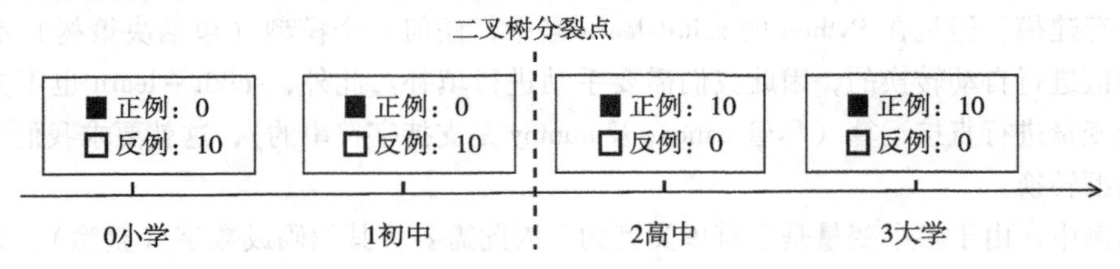

图 19-24 分类变量进行 WOE 转换的分割情况

如图 19-24 所示，仅仅是改变了编码方式，二叉树就可以完美地进行分类了。

因此，在分类问题中，如果结合因变量和自变量的关系进行编码，可能会优于仅根据自变量自身性质进行编码（仅仅是有可能，不是必然），尤其对于决策（二叉）树这类贪婪算法而言。常用的可以结合因变量和自变量关系的编码就是 WOE 编码（在决策树中也可以直接使用每个分类水平的响应率进行编码，或者直接转化为哑变量）。通过 WOE 编码可以消除编码方式的影响，使得每个离散变量尽可能呈现出与目标变量的相关性。

本案例中，我们对所有离散型变量进行 WOE 转换：

```
from woe import WoE

for col in x_d:
    woe = WoE(v_type='d', t_type='b')
    woe.fit(train[col], train.target_flag)
    train[col] = woe.transform(train[col])['woe']
    test[col] = woe.transform(test[col])['woe']

test.head()
```

得到结果将前五行打印出来，如表 19-24 所示：

表 19-24 WOE 编码结果（部分）

	target_flag	gender	education	home_value	age	buy_online	mosaic_group	ma
0	1	0.388459	-0.569207	166880	-0.670878	0.289713	-0.766360	-0.4
1	0	0.388459	0.513493	108231	0.224615	0.289713	-0.469229	0.3
2	1	0.388459	-0.028077	430877	0.508850	0.289713	0.755544	0.3
3	0	-0.443879	0.654383	1348439	-0.028259	0.289713	0.755544	0.3
4	1	0.388459	-0.028077	245795	0.396473	-0.645624	0.755544	0.3

需要注意的是，WOE 转换仅能让每个离散变量呈现出更多与 y 的关联性，并不代表最终建模的结果一定更优，因为决策树是基于贪心的算法，并不能保证一定会获得全局最优解，而 WOE 编码只是能保证决策树在每一步都能足够“贪心”而已。

19.4.3 建模

我们在没有进行变量筛选的情况下，通过搜索参数网格，选择模型的最优超参：

```
from sklearn.tree import DecisionTreeClassifier
from sklearn.model_selection import GridSearchCV

dt = DecisionTreeClassifier()
grid = {'max_leaf_nodes':np.arange(32, 64, 6),
        'min_samples_split':np.arange(50, 301, 50)}
cv = GridSearchCV(dt, grid, scoring='roc_auc', cv=4, n_jobs=-1)
cv.fit(train.ix[:, 1:], train['target_flag'])

print('best_score:%2.4f'  %cv.best_score_)
print('best_params: %s' %cv.best_params_)
```

结果输出为：

```
best_score:0.7405
best_params: {'min_samples_split': 50, 'max_leaf_nodes': 56}
```

我们选择了两个重要参数进行调参。考虑到样本量较大，我们选择的“最大叶节点数目”及“最小可分离样本量”的搜索值均较大。搜索中采用 4 折交叉验证，使用 ROC 曲线下面积作为标准，同时将 n_ jobs 参数设置为 -1（这会令计算机使用 CPU 的全部核心进行运算）。在训练集上的交叉验证得分为 0.7405，最佳参数是“最大叶结点数目”为 56 个，“最小可分离样本量”为 50 个。我们可以通过加大搜索空间获得更优的结果，但是这会消耗更多的计算资源与时间。

当前模型在测试集上的表现如下：

```
from sklearn.metrics import roc_auc_score, roc_curve

test_p = cv.predict_proba(test.ix[:, 1:])
print(roc_auc_score(test.target_flag, test_p[:, 1]))
```

ROC 曲线下面积为 0.74：

```
0.737661817662
```

19.4.4 模型评估

可以通过绘制 ROC 曲线来观察模型过拟合的情况，其他可用评估指标在此不赘述：

```
fpr_test, tpr_test, th_test = roc_curve(test.target_flag, test_p[:, 1])

fpr_train, tpr_train, th_train = roc_curve(train.target_flag, train_p[:, 1])
plt.figure(figsize=[4, 4])
plt.plot(fpr_test, tpr_test, 'b--')
plt.plot(fpr_train, tpr_train, 'r-')
plt.title('ROC curve')
plt.show()
```

得到的 ROC 曲线如图 19-25 所示：

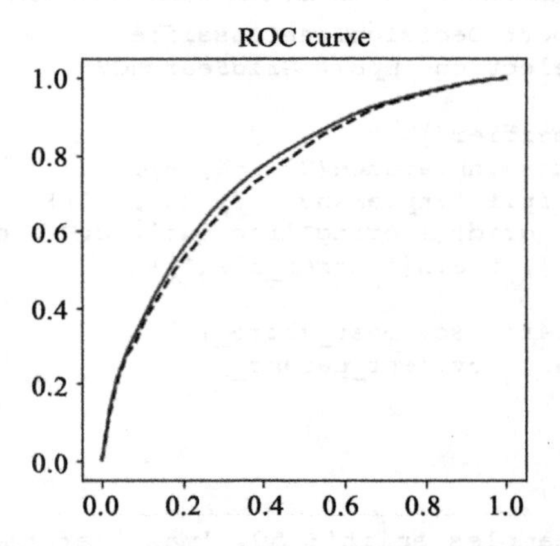

图 19-25 个人 3C 产品营销案例——ROC 曲线

可以看到模型的过拟合情况不太严重，因此模型的过拟合情况不太严重，如果我们需要将决策树可视化，也很容易：

```
import pydotplus
from IPython.display import Image
```

```
import sklearn.tree as tree

dot_data = tree.export_graphviz(
    cv.best_estimator_,
    out_file=None,
    feature_names=train.columns[1:],
    max_depth=2,
    class_names=['0','1'],
    filled=True
)

graph = pydotplus.graph_from_dot_data(dot_data)
Image(graph.create_png())
# graph.write_pdf('response_decision_tree.pdf')
```

决策树结构如图 19-26 所示。

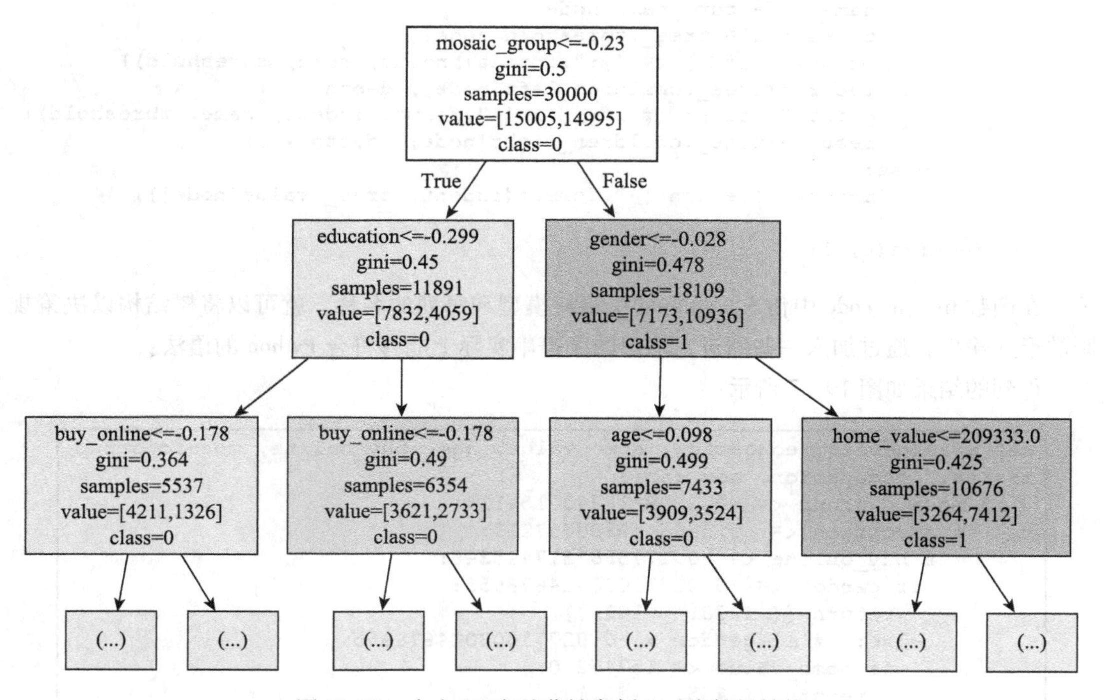

图 19-26　个人 3C 产品营销案例——决策树结构

由于版面限制，我们限制了决策树仅展示了两层节点（通过设置 max_depth = 2），如果需要生成更清晰的完整的树结构，可以将 max_ depth 设置为 None，然后使用 graph. write_ pdf 将树结构保存为 PDF 版（即被注释的代码），这样就可以很清晰地对模型进行解读了。例如本案例中最左侧的第二层节点表示：mosaic_group < = − 0. 23 且 education < = − 0. 299 的记录共有 5537 条，其中 4211 条未响应，1326 条响应了，采用占多数的类标签作为这个节点的预测值即可（当然还可以继续向更深的节点进行解读）。

如果我们要将树的结构以决策规则（decision rules）的形式输出也是可以做到的，不过需要自己编写一些代码：

```
from sklearn.tree import _tree

def tree_to_code(tree, feature_names):
    tree_ = tree.tree_
    feature_name = [
        feature_names[i] if i != _tree.TREE_UNDEFINED else "undefined!"
        for i in tree_.feature
    ]
    print("def tree({}):".format(", ".join(feature_names)))

    def recurse(node, depth):
        indent = "  " * depth
        if tree_.feature[node] != _tree.TREE_UNDEFINED:
            name = feature_name[node]
            threshold = tree_.threshold[node]
            print("{}if {} <= {}:".format(indent, name, threshold))
            recurse(tree_.children_left[node], depth + 1)
            print("{}else:  # if {} > {}".format(indent, name, threshold))
            recurse(tree_.children_right[node], depth + 1)
        else:
            print("{}return {}".format(indent, tree_.value[node]))

    recurse(0, 1)
```

在函数 tree_to_code 中传入训练好的决策树模型和每列的名称，就可以将树结构以决策规则的形式输出，通过加入一些缩进，输出的字符串实际上能够符合 Python 的语法：

得到的结果如图 19-27 所示：

```
def tree(gender, education, home_value, age, buy_online, mosaic_group,
marital, occupation, new_car):
  if mosaic_group <= -0.22991183400154114:
    if education <= -0.2986419200897217:
      if buy_online <= -0.1779557317495346:
        if gender <= -0.02771008014678955:
          return [[ 1338.   181.]]
        else:  # if gender > -0.02771008014678955
          if home_value <= 157472.0:
            return [[ 765.  169.]]
          else:  # if home_value > 157472.0
            if occupation <= 0.33799272775650024:
              return [[ 193.   77.]]
            else:  # if occupation > 0.33799272775650024
              return [[ 14.  21.]]
      else:  # if buy_online > -0.1779557317495346
        if age <= 0.09817798435688019:
          if gender <= -0.02771008014678955:
            return [[ 729.  180.]]
```

图 19-27 决策树转化的规则（部分结果）

可以看到，输出的结果是一个符合 Python 语法的函数。当然了，因为 scikit-learn 中的模型是可以使用 dump 保存下来的，输出这样的规则仅是为了方便解读模型。

19.4.5　下一步建议

本例模型还可以进行进一步优化，可能的方向包括：

- 对连续型变量进行离散化，对离散化的结果进行 WOE 编码，不同的离散化方法会获得不同的效果。
- 对变量进一步筛选，可以利用向前法、向后法、IV 值等进行变量筛选。
- 增加参数搜索空间，但这可能耗时较多，因此可以先对重要的超参进行搜索，然后固定这些重要的超参，再对那些影响较小的超参进行搜索。
- 使用组合（ensemble）方法提高模型表现。

上述方法均可进行尝试，使用组合（ensemble）方法能得到更优的结果，例如使用 GBDT 进行建模：

```
from sklearn.ensemble import GradientBoostingClassifier

gbc = GradientBoostingClassifier()
gbc.fit(train.ix[:, 1:], train.target_flag)
gbc_train_p = gbc.predict_proba(train.ix[:, 1:])
gbc_test_p = gbc.predict_proba(test.ix[:, 1:])

print(roc_auc_score(train.target_flag, gbc_train_p[:, 1]))
print(roc_auc_score(test.target_flag, gbc_test_p[:, 1]))
```

```
0.770601410067
0.757638537639
```

我们在使用梯度提升树 GBDT 进行建模时，仅仅是使用默认参数就已经取得较单棵树更优的效果，如果利用参数搜索网格进行调参，则能获得更大的提升。

此外，当建立了分类模型，将那些可能响应我们产品销售的用户挖掘出来后，可以对这部分用户进行细分，并执行个性化的策略，以提升客户价值。关于这部分的内容可参考 19.3 节的客户洞察案例。

Appendix A 附录 A

数据说明

accepts 数据是一份汽车贷款违约数据，因变量用于表示是否违约（bad_ind）。

名称	类型	标签
application_id	数值	申请者 ID
account_number	数值	账户号
bad_ind	数值	是否违约，违约 = 1，不违约 = 0
vehicle_year	日期	汽车购买时间
vehicle_make	字符	汽车制造商
bankruptcy_ind	字符	曾经破产标识，破产 = Y，未破产 = N
tot_derog	数值	五年内信用不良事件数量（比如手机欠费销号）
tot_tr	数值	全部账户数量
age_oldest_tr	数值	最久账号存续时间（月）
tot_open_tr	数值	在使用账户数量
tot_rev_tr	数值	在使用可循环贷款账户数量（比如信用卡）
tot_rev_debt	数值	在使用可循环贷款账户余额（比如信用卡欠款）
tot_rev_line	数值	可循环贷款账户限额（信用卡授权额度）
rev_util	数值	可循环贷款账户使用比例（余额/限额）
fico_score	数值	FICO 打分
purch_price	数值	汽车购买金额（元）
msrp	数值	建议售价
down_pyt	数值	分期付款的首次交款
loan_term	数值	贷款期限（月）
loan_amt	数值	贷款金额

（续）

名称	类型	标签
ltv	数值	贷款金额/建议售价×100
tot_income	数值	月均收入(元)
veh_mileage	数值	行使历程(Mile)
used_ind	数值	是否使用,使用=1,未使用=0

ADS 数据是一份广告销售额数据。

名称	类型	标签
Ad	字符	广告类型:display、paper、people、radio
Sales	数值	销售额

bank 是一个银行产品数据。

名称	类型	标签
V1	数值	交易号
V2	字符	产品/服务名称

bankS 是一个银行产品数据。

名称	类型	标签
ITEM	字符	物品
SID	数值	序列 ID
EID	数值	事件 ID

cities_10 存放了 10 个省份某年的经济数据，该数据用于因子分析和聚类分析。该数据是一个较为特殊的数据，其中人均 GDP 代表一个维度，其他变量代表另一个维度。其中“AREA”为主键。

名称	类型	标签
AREA	字符	省份
X1	数值	GDP
X2	数值	人均 GDP
X3	数值	工业增加值
X4	数值	第三产业增加值
X5	数值	固定资产投资
X6	数值	基本建设投资
X7	数值	社会消费品零售总额
X8	数值	海关出口总额
X9	数值	地方财政收入

clients 为银行客户信息数据，其中“client_id”为主键。

名称	类型	标签
client_id	数值	客户 ID
sex	字符	性别：男、女
birth_date	日期	出生日期
district_id	数值	地区 ID

creditcard_ exp 为某个时点银行客户信用卡支出数据，其中“id”为主键。

名称	类型	标签
id	数值	ID
Acc	数值	是否开卡：已开通 =1，未开通 =0
avg_exp	数值	月均信用卡支出（元）
avg_exp_ln	数值	月均信用卡支出的自然对数
gender	数值	性别：男 =1，女 =0
Age	数值	年龄
Income	数值	年收入（万元）
Ownrent	数值	是否自有住房：有 =1，无 =0
Selfempl	数值	是否自谋职业：是 =1，否 =0
dist_home_val	数值	所住小区房屋均价（万元）
dist_avg_income	数值	当地人均收入
age2	数值	年龄的平方
high_avg	数值	高出当地平均收入
edu_class	数值	教育等级：小学及以下开通 =0，中学 =1，本科 =2，研究生 =3

date_data2 是某婚恋网站男士的基本信息，以及约会是否成功的信息。

名称	类型	标签
income	数值	收入
attactive	数值	吸引力
assets	数值	财产
edueduclass	数值	教育等级
dated	数值	是否约会成功：1 = 成功，0 = 不成功
Income_rank	数值	收入等级（越优越等级越高，下同）：0、1、2、3
Attractive_rank	数值	吸引力等级：0、1、2、3
Assets_rank	数值	财产等级：0、1、2、3

house_price_gr 是一份不同地区房价增长率数据。

名称	类型	标签
dis_name	字符	房屋所在地区
rate	数值	房价增长率

iris 是 R 内建的鸢尾花数据。

名称	类型	标签
Sepal. Length	数值	花萼长度
Sepal. Width	数值	花萼宽度
Petal. Length	数值	花瓣长度
Petal. Width	数值	花瓣宽度
Species	字符	类别：Setosa、Versicolor 和 Virginica

“profile_bank” 为某一段时间内银行个人客户的业务使用行为数据，其中 “ID” 为主键。

名称	类型	标签
ID	数值	客户 ID
CNT_TBM	数值	柜面次数
CNT_ATM	数值	ATM 机次数
CNT_POS	数值	POS 机次数
CNT_CSC	数值	有偿服务次数
CNT_TOT	数值	总次数

profile_telecom 为某一段时间内电信运营商个人客户的业务使用行为数据，其中 “ID” 为主键。

名称	类型	标签
ID	数值	客户 ID
cnt_call	数值	通话次数
cnt_msg	数值	短信次数
cnt_wei	数值	微信登录次数
cnt_web	数值	Web 登录次数

rfm_trad_flow 为某一段时间内（2009 年 5 月至 2010 年 9 月）某零售商客户的消费记录，其中 “记录 ID” 为主键。该数据是一个较为普遍的事务性数据库中交易流水表，用于演示使用 RFM 方法构造客户消费行为指标。

名称	类型	标签
trad_id	数值	记录 ID
cust_id	数值	客户编号
time	日期	收银时间

（续）

名称	类型	标签
amount	数值	销售金额
type_label	字符	销售类型：特价、退货、赠送、正常
type	字符	销售类型，同上，显示为英文：Special_offer、returned_goods、Presented、Normal

sale 是一份不同地区、不同年份市场销售额及利润数据。

名称	类型	标签
year	日期	年份：2010、2011、2012
market	字符	市场范围：东、南、西、北
sale	数值	销售额
profit	数值	利润

shopping 是商场客户调研数据。

名称	类型	标签
no	数值	用户 ID
salary	字符	薪水区间：<1000，[1000 3000]，[3000 5000]，[5000 7000]，[7000 9000]，>9000
edu	字符	教育等级：<高中，>硕士，本科，大专
freq	字符	消费次数：1 次，2~3 次，4~5 次，6~8 次，9~12 次，>13 次
compan	字符	陪同：家人，客户，朋友，情人，同学，无聊
purpose	字符	目的：共事，陪同异性，生活用品，无聊，享受
average	字符	平均消费：[100 149]，[150 199]，[55 99]，<50，>200

telecom_bill 是一份手机用户通话账单以及对应的客户流失情况。

名称	类型	标签
ID	数值	用户 ID
churn	数值	是否流失：流失=1，未流失=0
join_time	日期	入网时间
vip	数值	是否 VIP：是=1，不是=0
product	数值	套餐编号
expenditure	数值	月消费
call	数值	月通话时长
traffic	数值	月流量消耗
state	数值	用户状态
IMEI	数值	手机串号

参 考 文 献

[1] David R Anderson，等．商务与经济统计［M］．精要版．雷平，译．北京：机械工业出版社，2016.

[2] Gordon S Linoff，等．数据挖掘技术：应用于市场营销、销售与客户关系管理［M］．3 版．巢文涵，等，译．北京：清华大学出版社，2013.

[3] John Zelle. Python 程序设计［M］．3 版．王海鹏，译．北京：人民邮电出版社，2018.

[4] Ivan Idris. Python 数据分析基础教程：NumPy 学习指南［M］．2 版．张驭宇，译．北京：人民邮电出版社，2014.

[5] Stock J H. 经济计量学［M］．王庆石，译．大连：东北财经大学出版社，2005.

[6] Wes McKinney. 利用 Python 进行数据分析［M］．唐学韬，等，译．北京：机械工业出版社，2014.

[7] 风笑天．社会研究方法［M］．4 版．北京：中国人民大学出版社，2013.

[8] 金敬勋，李光．预测的力量：商业成功的 99% 靠预测［M］．北京：中国纺织出版社，2014.

[9] 欧高炎，朱占星，董彬，鄂维南．数据科学导引［M］．北京：高等教育出版社，2017.

[10] 周志华．机器学习［M］．北京：清华大学出版社，2016.

推荐阅读

大数据与机器学习
实践方法与行业案例

Big Data
大数据系统构建

BIGDATA
企业大数据系统构建实战
技术、架构、实施与应用

大数据挖掘
系统方法与实例分析

Data Mining Core Technical Reference
数据挖掘核心
技术揭秘

MATLAB数据分析
与挖掘实战

Hadoop大数据分析
与挖掘实战

Python数据分析
与挖掘实战

数据实践
之美
31位大数据专家的
方法、技术与思想